W0275125

ALLE ZEIT WACH
1842

Ökosystemforschung

Ergebnisse von Symposien der Deutschen Botanischen Gesellschaft und der Gesellschaft für Angewandte Botanik in Innsbruck, Juli 1971

Herausgegeben von
Heinz Ellenberg

Mit 101 Abbildungen

Springer-Verlag Berlin · Heidelberg · New York 1973

Professor Dr. HEINZ ELLENBERG
Lehrstuhl für Geobotanik, Systematisch-Geobotanisches Institut der Universität
3400 Göttingen
Untere Karspüle 2

ISBN-13: 978-3-540-05892-2 e-ISBN-13: 978-3-642-61951-9
DOI: 10.1007/ 978-3-642-61951-9

Vorwort

Von Ökosystemen und der Rolle des Menschen in ihnen sprechen heute Journalisten, Politiker und viele andere Nicht-Biologen, denen noch vor wenigen Jahren selbst die Ökologie – die Wissenschaft von den Umweltbeziehungen der Lebewesen – kaum ein Begriff war. Wem die Bedrohung unserer menschlichen Umwelt und ihr Einbezogensein in natürliche Regulationssysteme bewußt wurde, dem können solche Systeme und ihre Erforschung nicht mehr gleichgültig sein. Ihm leuchtet auch ein, daß ohne Kenntnis „gesunder", im Gleichgewicht befindlicher Ökosysteme keine Heilung „kranker", aus dem Gleichgewicht geratener, möglich ist.

Aber was ist ein Ökosystem? Was bedeutet sein Gleichgewicht? Wie funktioniert es und was leistet es? Solche Fragen beantwortet heute kaum ein Lexikon und nur selten ein Lehrbuch, und wenn, dann an untergeordneter Stelle. Es ist daher sehr zu begrüßen, daß sich der Springer-Verlag bereitfand, einen Sammelband herauszugeben, der ganz der Ökosystemforschung gewidmet ist.

In diesem Bande wird zunächst versucht, einen Überblick über die Begriffe und die verschiedenen Richtungen in der Ökosystemforschung sowie über ihren derzeitigen Stand zu geben. Als Beispiele werden sodann einzelne Fragenkomplexe von verschiedenen Autoren eingehend dargestellt. Die Auswahl dieser Beispiele ergab sich aus dem Programm einer Tagung der Deutschen Botanischen Gesellschaft, die im Juli 1971 in Innsbruck stattfand. „Ökosystemforschung" war hier zum ersten Mal Rahmenthema für einen ganzen Vortragstag. Aus dem anschließenden zweitägigen Symposium über „Stoffproduktion", das von der Gesellschaft für Angewandte Botanik veranstaltet wurde, stammen einige weitere Beiträge, die auf die Primärproduktion, d. h. auf den grundlegenden Energiegewinn der Ökosysteme, ausgerichtet sind. Zur Ergänzung stellte B. ULRICH ein Manuskript zur Verfügung, das er für die Tagung der „Gesellschaft für Ökologie" in Konstanz (Okt. 1971) vorbereitet hatte. Neben Botanikern kamen in Innsbruck und kommen in diesem Bande auch Mikrobiologen, Zoologen sowie Süßwasser- und Meeresbiologen zu Wort, denn Ökosystemforschung verbindet viele verschiedene naturwissenschaftliche Disziplinen miteinander. Trotzdem fehlen in dem hier dargebotenen Spektrum einige wichtige Bereiche.

Der Mensch als Glied von Ökosystemen tritt in der Reihe der Spezialbeiträge leider noch kaum in Erscheinung. Hier steht die Forschung – die gemeinsam mit Soziologen, Psychologen, Medizinern und Ingenieuren betrieben werden müßte – noch vor einem kaum analysierten Komplex schwer übersehbarer Ein- und Rückwirkungen. Doch sei am Ende des Bandes wenigstens der Versuch gemacht, eine Klassifikation sämtlicher Ökosysteme der Erde zu skizzieren, um die Richtungen anzudeuten, in denen das Studium der hier nicht behandelten Typen von Ökosystemen beginnen könnte.

Gesetzmäßigkeiten zu erkennen, die allen oder doch vielen verschiedenen Ökosystemen gemeinsam sind, ist eines der verlockendsten und zugleich anspruchsvollsten Ziele der Ökosystemforschung. Große Hoffnung setzt man hier auf mathematische Modelle. Doch liegen erst für wenige Teilzusammenhänge genügende Daten vor, um natürliche Prozesse zuverlässig simulieren und vorausberechnen zu können. Diese Seite der Ökosystemforschung muß hier deshalb noch fast ganz außer Betracht bleiben.

Um das Buch zu mehr als einer losen Folge verschiedener Beiträge werden zu lassen, waren einige redaktionelle Eingriffe erforderlich. Aus demselben Grunde wurden Zusammenfassungen, Hinweise auf Institute, Geldgeber usw. sowie individuelle Danksagungen weggelassen. Jeder der Autoren ist Ratgebern, wissenschaftlichen Mitarbeitern und technischen Kräften für ihre Hilfe dankbar. Der Herausgeber dankt allen Autoren für ihr verständnisvolles Eingehen auf den Gesamtplan, besonders aber Herrn Dr. KONRAD F. SPRINGER und seinen Mitarbeitern für die Verwirklichung unseres Vorhabens.

Bewußt haben wir uns auf Beispiele aus dem deutschen Sprachraum beschränkt und auf englische Zusammenfassungen verzichtet. In englischer Sprache, und insbesondere auf amerikanische Verhältnisse zugeschnitten, erschienen schon mehrere allgemeine und spezielle Darstellungen der Ökosystemforschung, wenn auch meist im Rahmen breiterer Übersichten über „Ecology“. Auch in Westdeutschland, Österreich und in manchem Nachbarland wächst aber das Interesse an Ökosystemforschung rasch. Und hier – nicht in Amerika – stand ihre eigentliche Wiege, wie das einführende Referat zeigen wird. Möge dieser Band dazu beitragen, wieder das Verständnis für sie zu wecken und neue Mithelfer zu werben!

Der Herausgeber

Inhalt

I. Einführung

Ziele und Stand der Ökosystemforschung. Von H. ELLENBERG

II. Ein Hochgebirgssee als Objekt der Ökosystemforschung

A. Das Ökosystem Vorderer Finstertaler See. Von R. PECHLANER, G. BRETSCHKO, P. GOLLMANN, H. PFEIFER, M. TILZER und H. P. WEISSENBACH

VI. Land-Ökosysteme im Hochgebirge

Mitarbeiter

BRETSCHKO, GERNOT, Dr., Institut für Zoologie der Universität, Innsbruck

BRZOSKA, WOLF, Dr., Institut für Allgemeine Botanik der Universität, Innsbruck

BURIAN, KARL, Doz. Dr., Pflanzenphysiologisches Institut der Universität, Wien

CERNUSCA, ALEXANDER, Dr., Institut für Allgemeine Botanik der Universität, Innsbruck

DOKULIL, MARTIN, Dr., Limnologische Lehrkanzel der Universität, Wien

DRAXLER, GERHARD, Dr., Pflanzenphysiologisches Institut der Universität, Wien

ELLENBERG, HEINZ, Prof. Dr., Lehrstuhl für Geobotanik, Systematisch-Geobotanisches Institut der Universität, Göttingen

FUNKE, WERNER, Prof. Dr., II. Zoologisches Institut der Universität, Abt. für Ökologie, Göttingen

GOLLMANN, PETER, Institut für Zoologie der Universität, Innsbruck

LARCHER, WILHELM, Prof. Dr., Institut für Allgemeine Botanik der Universität, Innsbruck

MAIER, RUDOLF, Dr., Pflanzenphysiologisches Institut der Universität, Wien

MAYER, ROBERT, Dr., Institut für Bodenkunde und Waldernährung der Universität, Göttingen-Weende

MOSER, WALTER, Dr., Alpine Forschungsstelle Obergurgl der Universität, Innsbruck

PECHLANER, ROLAND, Univ.-Doz. Dr., Institut für Zoologie der Universität, Innsbruck

PFEIFER, HUGO, Institut für Systematische Botanik und Geobotanik der Universität, Innsbruck

RHEINHEIMER, GERHARD, Prof. Dr., Institut für Meereskunde der Universität, Abt. Mikrobiologie, Kiel

RUNGE, MICHAEL, Doz. Dr., Lehrstuhl für Geobotanik der Universität, Göttingen

SCHMIDT, LORE, Institut für Allgemeine Botanik der Universität, Innsbruck

SIEGHARDT, HELMUTH, Dr., Pflanzenphysiologisches Institut der Universität, Wien

TILZER, MAX, Dr., Institut für Zoologie der Universität, Innsbruck

ULRICH, BERNHARD, Prof. Dr., Institut für Bodenkunde und Waldernährung der Universität, Göttingen-Weende

WEISSENBACH, HELMUT PAUL, Institut für Zoologie der Universität, Innsbruck

I. Einführung

Ziele und Stand der Ökosystemforschung

H. Ellenberg, Göttingen

1. Ökosysteme und ihr Gleichgewicht

Ein Ökosystem ist ein Wirkungsgefüge von Lebewesen und deren anorganischer Umwelt, das zwar offen, aber bis zu einem gewissen Grade zur Selbstregulation befähigt ist. Diese kurze Definition dürfte den meisten in der Literatur gegebenen Begriffsbestimmungen für den hier zu behandelnden Gegenstand gerecht werden. Ein solches System „ist nie eine additive Summe, sondern eine Einheit oder Ganzheit" (Hartmann, 1933).

Ökologische Systeme sind stets offen, d. h. durch Einflüsse von außen störbar und ohne scharfe Grenzen. Sogar das umfassendste aller uns bekannten Ökosysteme, die gesamte Biosphäre, ist kein geschlossenes System, sondern von den Änderungen in der Sonnenstrahlung und anderen kosmischen Ereignissen abhängig, die sich zyklisch oder gerichtet, allmählich oder plötzlich ändern. Aber auch kleinere Ökosysteme, etwa ein Wald mit seinen vielerlei Lebewesen oder ein See in seinen relativ scharfen Grenzen, bleiben offen für Einflüsse von außen.

Mit dem Gleichgewicht eines solchen Systems kann niemals ein statisches Ruhen gemeint sein; es ist dynamisch, auch wenn im Augenblick keine sichtbaren Veränderungen vor sich gehen. Alle Energien und Stoffe der Umwelt, seien es Wärme, Licht, Feuchtigkeit, Nährstoffe, Luftbeschaffenheit oder sonstige Faktoren, schwanken auch ohne Eingriffe des Menschen und an einem eng begrenzten Ort mit mehr oder minder weiter Amplitude. Selbst wenn die anorganische Umwelt konstant bliebe, würde sich ein Auf und Ab durch die endogenen Rhythmen und Entwicklungsabläufe der verschiedenen Pflanzen- und Tierarten ergeben, ganz zu schweigen von dem oft übersehenen, aber nicht weniger scharfen und unerbittlichen Wettbewerb, der zwischen den aufwachsenden Individuen einer und derselben Art oder sonstiger Sippen herrscht. Trotzdem ist es berechtigt, von einem ökologischen oder biologischen Gleichgewicht zu sprechen, denn offensichtlich führt diese Konkurrenz an vielen Orten in der Natur zu Artenkombinationen, die trotz gewisser Schwankungen in den Populationsgrößen durch lange Zeiträume hindurch qualitativ gleich bleiben. Ebenso offensichtlich ist es aber auch, daß dieses Gleichgewicht dynamisch und anfällig gegen Störungen von außen ist. Es gleicht in gewisser Hinsicht einem Uhrpendel, das aus seiner Halterung springt oder aber stehen bleibt, wenn es zu gewaltsam oder zu wenig angestoßen wird.

Den Wechselwirkungen im Ökosystem kann sich kein Lebewesen entziehen, auch der Mensch nicht. Nirgends lebt ein Organismus allein; er ist auf andere angewiesen und spielt für sie eine Rolle, wenn auch oft nur eine unpersönliche.

Selbst dort, wo der Mensch völlig neue Systeme aufbaut, wie etwa in einer modernen Großstadt oder in einer Industrieregion mit ihrem nie dagewesenen Geflecht von materiellen und geistigen Beziehungen, bleiben sie eingewoben in die Biosphäre und ihre unentbehrlichen natürlichen Hilfsquellen. Wie weit aber werden diese Quellen geschädigt oder gar zerstört, wenn die künstlich geschaffenen Systeme nicht Rücksicht auf die naturnäheren nehmen?

Allgemein läßt sich eine solche Frage ohnehin nicht beantworten, denn jedes Ökosystem hat gewisse Eigenheiten. Aber auch im Sonderfall oder in Teilbereichen ist unser Wissen lückenhaft, um nicht zu sagen gleich Null. Wir wissen ja nicht einmal genügend darüber, wie die meisten natürlichen oder vom Menschen wenig beeinflußten Ökosysteme funktionieren. Nur auf dem Gebiet der aquatischen Ökosysteme ist schon seit Jahrzehnten gearbeitet worden. Durch den Einfluß des Internationalen Biologischen Programms, das offiziell 1967 begann, aber schon seit 1960 vorbereitet wurde, ist auch die Erforschung terrestrischer Ökosysteme in erfreulichem Maße intensiviert worden; sie steht jedoch immer noch in den Anfängen.

2. Wesentliche Bestandteile eines Ökosystems

2.1 Allgemeine Eigenschaften

Bevor wir auf die Entwicklung der Ökosystemforschung und ihre heutigen Ziele näher eingehen, sollten wir uns mit einigen Begriffen vertraut machen. Dabei können wir zugleich die einleitend gegebene kurze Definition ausführlicher interpretieren.

Wesentliche Bestandteile eines jeden Ökosystems sind zunächst einmal Lebewesen, seien es höhere Pflanzen, Mikroorganismen, Tiere oder Menschen, oder seien es mehrere von diesen Gruppen, die miteinander existieren. Unweigerlich wirken sie auch aufeinander ein, bilden also eine *Lebensgemeinschaft* (Biocoenose), die mehr ist als eine Summe von Einzelwesen. Sowohl erbgleiche als auch erbverschiedene Lebewesen treten von frühen Entwicklungstadien an in Konkurrenz miteinander, behindern sich gegenseitig oder merzen Mitbewerber um die verfügbaren Energiequellen und sonstigen Daseinsvoraussetzungen aus.

Solche Voraussetzungen sind mit dem mehr oder minder großen *Lebensraum* (Biotop) gegeben, in dem die Organismen zusammen leben. Welche Eigenschaften dieses Biotops für die Biocoenose und damit für das Funktionieren des gesamten Ökosystems von Bedeutung sind, soll uns später beschäftigen (2.3).

Außer seiner räumlichen Ausdehnung hat jedes Ökosystem auch eine *zeitliche* Dimension. Dies ist so selbstverständlich, daß es in der kurzen Definition nicht eigens ausgedrückt wurde. Oft sind es lange Zeiträume, in denen sich die Lebensgemeinschaft zu ihrer heutigen Struktur entwickelt hat. Aber weder im Raum noch in der Zeit sind die meisten Ökosysteme scharf begrenzt. Nur wo plötzlich die Umweltverhältnisse wechseln, oder wo ein überlegenes Lebewesen, z.B. der Mensch, auftritt, kann man eine deutliche Grenze ausmachen.

Trotz ihrer schier unübersehbaren Mannigfaltigkeit in Größe, Struktur, Dynamik und Geschichte haben die uns bekannten Ökosysteme Gemeinsamkeiten, die sich in einem Schema ausdrücken lassen (Abb. 1). Dieses gilt sowohl für terrestrische Ökosysteme, wie Wälder, Grasländer oder Tundren, als auch für aquatische, z.B. Meere, Korallenriffe, Seen oder Flüsse. Selbst Dörfer und andere vom Menschen gestaltete Ökosysteme lassen sich mit dem Schema interpretieren. Doch ist dieses in erster Linie für natürliche und hinsichtlich der Nahrungsketten vollständige Ökosysteme gedacht (s. Abschnitt 3.1 und Beitrag VII).

2.2 Funktionelle Gruppen von Organismen

Das in Abb. 1 wiedergegebene allgemeine Modell enthält umrahmte Bezeichnungen seiner Bestandteile, sog. *Kompartimente.* Gruppen von Lebewesen sind durch ovale Rahmen von den eckig umrahmten anorganischen Faktoren

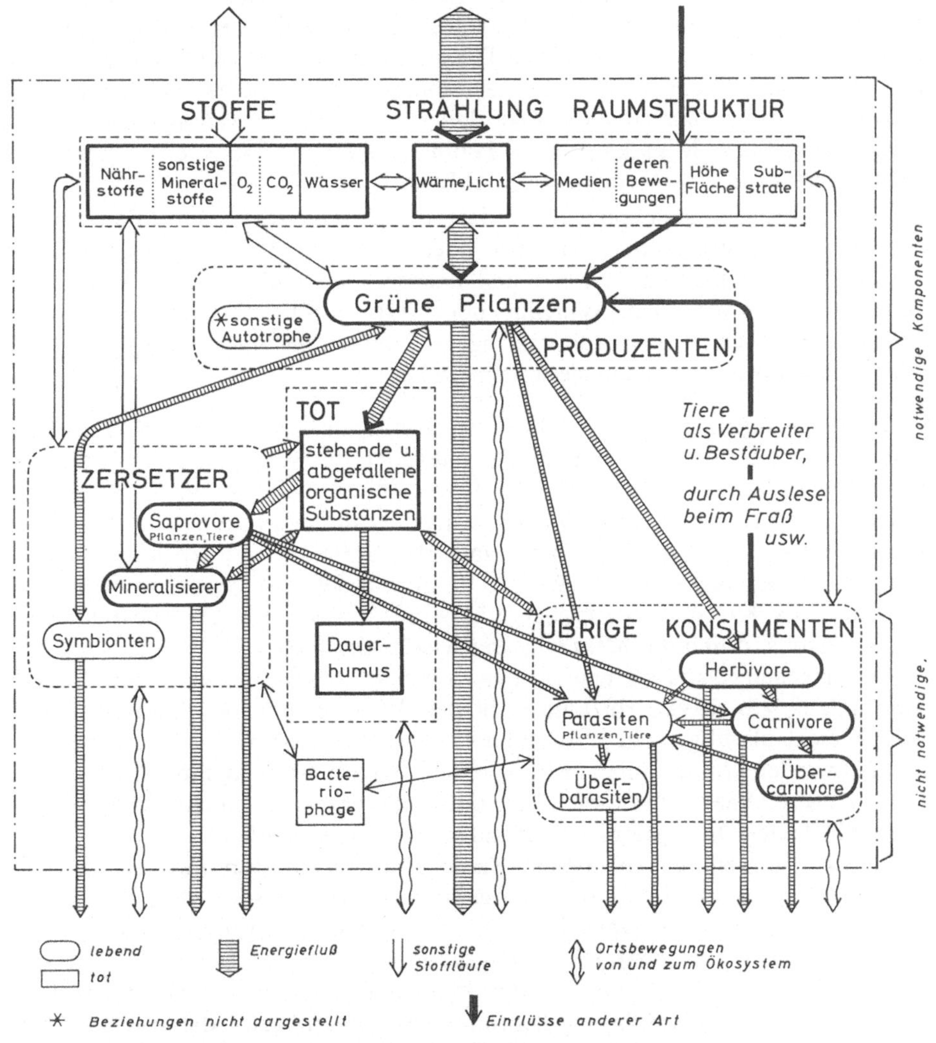

Abb. 1. Modell eines vollständigen Ökosystems (Erläuterung im Text)

abgehoben worden. Als „vollständig“ bezeichnen wir ein Ökosystem nur dann, wenn autotrophe Organismen, d.h. in der Regel ***grüne Pflanzen***, in genügender Menge vorhanden sind, um den Großteil der im System verbrauchten Energie aus der Sonnenenergie zu gewinnen und zur Herstellung organischer Grundstoffe zu verwenden. Solche „autotrophen-beherrschten“ Ökosysteme bedecken auf der Erde heute noch die bei weitem größten Flächen. Es ist unwesentlich, ob die „Primärproduzenten“, wie sie auch genannt werden, in erster Linie hohe Bäume sind, oder ob es sich um Gräser und Kräuter, Ackerfrüchte oder aber nur um winzige Algen handelt, die im Wasser schweben und als einzelne Zelle jeweils nur wenige Tage leben. Ihre Produktionsleistung kann, wie wir sehen werden, durchaus gleiche Größenordnung erreichen.

Selbst langlebige Bäume leben aber nicht ewig, und in fast allen Ökosystemen sinken im Laufe der Zeit große Mengen von *toten organischen Substanzen* zu Boden. Diese würden sich zu mächtigen Schichten anhäufen und die Umweltbedingungen für die meisten grünen Pflanzen immer ungünstiger machen, wenn die anfallenden Reste nicht mehr oder minder rasch zersetzt werden würden. „*Zersetzer*“ oder Destruenten sind daher ebenfalls notwendige Bestandteile eines Ökosystems. Man kann zwei Hauptgruppen unterscheiden: „Saprovore“ (Abfallfresser) und „Mineralisierer“ (Abbauer).

Saprovore oder Saprophage (Detritophage), d.h. Fresser von Pflanzen- und Tierleichen, abgestorbenen Blättern oder sonstigen toten Substanzen, sind Würmer, Insektenlarven, Milben und andere Tiere, die sich von Blattresten, funktionslos gewordenen Wurzeln oder dgl. ernähren. Da der Nährwert solcher Reste verhältnismäßig gering ist, verzehren die Saprovoren große Mengen davon und arbeiten sie in den Boden ein.

Als *Mineralisierer* oder Reduzenten betätigen sich Bakterien, Pilze und andere Mikroorganismen. Sie greifen entweder die von den Saprovoren ausgeschiedenen Reste oder direkt die toten Pflanzenteile an und bauen diese schließlich zu Kohlendioxid, Wasser und mineralischen Stoffen ab. Im Wasser verarbeiten sie vorwiegend gelöste organische Stoffe, die von lebenden Algen in großen Mengen ausgeschieden werden (s. Beitrag IV). Mehr oder weniger rasch wird also der Kreislauf wertvoller Nährstoffe, namentlich des Phosphors und des Stickstoffs, durch die Mineralisierer wieder geschlossen.

In manchen Ökosystemen spielen *Symbionten* eine große Rolle für den Stoffumlauf, z.B. Mykorrhizapilze auf den Wurzeln höherer Pflanzen. Da sie jedoch nicht als allgemein notwendig für die Funktion von Ökosystemen betrachtet werden können, sind sie in Abb. 1 unterhalb der gedachten waagerechten Linie eingezeichnet, durch die die „notwendigen“ und „nicht notwendigen“ Bestandteile des Ökosystems voneinander geschieden werden.

„Nicht notwendig“ in diesem Sinne sind, streng genommen, auch alle übrigen *Konsumenten* oder, präziser gesagt „Lebendfresser“, d.h. die meisten Tiere einschließlich des Menschen. Auch diese Sekundärproduzenten sind nur Nutznießer der pflanzlichen Primärproduktion.

Als *Herbivore* (Phytophage) oder Pflanzenfresser können sie die primäre Produktion sogar beträchtlich herabmindern, indem sie die assimilierende Blattfläche oder andere lebenswichtigen Pflanzenteile zerstören. In der Regel spielt sich aber ein Gleichgewicht zwischen Produzenten und Konsumenten ein, das den ersteren genügenden Spielraum für ihre Entwicklung gibt (s. Beitrag V B). Der mengenmäßig überwiegende Teil der Tiere lebt glücklicherweise von toten Pflanzensubstanzen, beeinträchtigt also die Primärproduzenten nicht.

Außerdem wird dieses Gleichgewicht zugunsten der Pflanzen durch die *Carnivoren* (Zoophagen) oder Raubtiere kontrolliert, die ihrerseits durch *Übercarnivore* (Raubtiere 2. und höherer Ordnung) dezimiert werden. Die Kette der Fresser ist seit langem das bestbekannte Beispiel für sog. Nahrungs- oder Futterketten und deren Auswirkungen auf das biologische Gleichgewicht. Viele Tierarten und auch der Mensch ordnen sich nicht nur an einer einzigen Stelle in diese Kette ein, sondern können sich teils als Herbivore, teils als Carnivore verschiedenen Grades oder auch als Saprovore ernähren. Auf diese Weise sowie dadurch, daß die meisten Konsumenten nicht nur auf eine einzige Beuteart angewiesen sind, entstehen aus Nahrungsketten kompliziert gewobene Nahrungsnetze.

Mit dem Namen *Sekundärproduzenten* faßt man in der Regel sämtliche heterotrophen (d.h. auf organische Stoffe angewiesenen) Organismen zusammen, seien es nun Pflanzen oder Tiere und seien es Zersetzer oder Lebendfresser verschiedener Ernährungsgruppen (Trophiestufen). Die letzten Glieder der Nahrungsketten, z. B. den Menschen oder die von ihm genutzten Carnivoren, kann man auch als „Endproduzenten“ betrachten (s. z. B. PECHLANER u. Mitarb., II A). Für die zwischen die Primärproduzenten und die Endproduzenten eingeschalteten Organismengruppen bietet sich dann die Bezeichnung „Intermediärproduzenten“ (Zwischenproduzenten) an.

Abzweigungen von allen bisher erwähnten Nahrungsketten bilden die *Parasiten*, die von lebenden Pflanzen, Herbivoren, Carnivoren oder Saprovoren zehren oder als *Überparasiten* wirken. Letztere bilden zuweilen das 5.–6. Glied, z. B. als pathogene Bakterien in Milben auf dem Fell eines Fuchses, der eine insektivore Maus frißt. War ein Raubkäfer Nahrung der letzteren, der herbivoren Larven nachstellte, so bildet der Fuchs sogar das 7. Glied der mit einem grünen Pflanzenblatt beginnenden Kette. In der Regel erreichen aber Nahrungsketten nur selten mehr als 5 Glieder.

Beschädigung oder Vernichtung durch Fraß ist nun keineswegs der einzige Weg, auf dem Tiere die Pflanzen in dem von ihnen bewohnten Ökosystem beeinflussen. Altbekannt ist die Rolle vieler Insekten sowie mancher Vögel und Fledermäuse als *Bestäuber* höherer Pflanzen. Fast alle beweglichen Tiere kommen außerdem als *Verbreiter* von Keimen sowohl niederer als höherer Pflanzen in Frage. Auch indirekt können Herbivore das Artengefüge des Ökosystems beeinflussen, indem sie selektierend fressen. Diese *Auslese beim Fraß* führt zur Begünstigung der nicht oder wenig verbissenen Pflanzen im Wettbewerb mit beliebteren Futterpflanzen, also zur Ausbreitung von „Weideunkräutern“. Am weitesten geht der Einfluß des *Menschen* über seine Rolle in Nahrungsnetzen hinaus. Er vermag auch die anorganischen Existenzbedingungen des Ökosystems in mannigfacher Weise zu ändern und dieses bewußt umzugestalten oder ganz zu zerstören.

Was wir bisher besprachen, sind die von Lebewesen jeweils besetzten Kompartimente, gewissermaßen die Rollen, die in dem Schauspiel eines Ökosystems zur Verfügung stehen. Welche Schauspieler, sprich welche *Individuen* oder *Populationen* von Pflanzen und Tieren, diese Rollen besetzen, hängt davon ab, welche von ihnen im Konkurrenzkampf mit anderen Lebensformen erfolgreich genug sind. Schon die Beziehungen der Kompartimente zueinander und ihre Verflechtungen sind recht kompliziert. Um wieviel schwieriger aber ist das Zusammenspiel zu übersehen, wenn man die Populationen aller Pflanzen- und Tierarten oder gar sämtliche Individuen in die Betrachtung einbeziehen möchte! Man begnügt sich in der Ökosystemforschung daher meist mit den Kompartimenten und faßt selbst diese oft zunächst zu Gruppen zusammen, wie sie in Abb. 1 durch gestrichelte Umrisse angedeutet worden sind (s. auch Abb. 1 in Beitrag V A). Nur in sehr einfach strukturierten Ökosystemen gelingt es heute schon, zumindest einige der Kompartimente zu spezifizieren, z. B. die Gruppe der Produzenten im Schilfgürtel des Neusiedler Sees (Beiträge IIIA–E) oder die Gruppen der herbivoren und carnivoren Wirbeltiere in der subarktischen Tundra (Schulz, 1970; s. auch Brown, 1970). In den Beiträgen II A (Tab. 1) und VI A (Tab. 1–3) finden sich mehr oder minder vollständige Artenlisten für die wichtigsten Kompartimente von Hochgebirgs-Ökosystemen, die ebenfalls artenarm sind.

2.3 Faktoren der anorganischen Umwelt

Jeder individuelle Organismus in einem Ökosystem steht in besonderer Beziehung zur anorganischen Umwelt, und seine „persönliche" Umwelt verändert sich im Lauf seiner ontogenetischen Entwicklung. Viele Insekten z. B. sind als Larven Erdbewohner und leben als Imagines im Kronenraum von Bäumen. Nicht wenige Xerophyten (Pflanzen trockener Standorte) sind Naßkeimer und brauchen auch in den ersten Phasen ihrer Entwicklung größere oder doch konstantere Feuchtigkeit als in ihrem späteren Dasein. Noch mehr unterscheiden sich die Umweltansprüche, wenn man verschiedene Populationen oder gar Sippen miteinander vergleicht. Die Umweltbeziehungen der im vorigen Abschnitt besprochenen Gruppen von Lebewesen (organische Kompartimente) in das Schema der Abb. 1 detailliert einzuzeichnen, wäre daher ganz unmöglich. Wir begnügen uns mit zweispitzigen Pfeilen zwischen den gestrichelt umrissenen Hauptgruppen, um die vielfältigen Wechselwirkungen zumindest anzudeuten.

Recht grob lassen sich die anorganischen Bestandteile eines Ökosystems in 3 Gruppen und diese wieder in mehrere Kompartimente gliedern: Strahlungsenergie, anorganische Stoffe und Raumstruktur.

Die *Strahlung* ist die hauptsächliche, wenn nicht die einzige Energiequelle jedes vollständigen Ökosystems, solange nicht der Mensch zusätzliche Quellen erschließt (s. Beitrag VII 1.1). Soweit es sich hierbei um fossile Brennstoffe wie Kohle, Torf, Erdgas oder Erdöl handelt, stammt diese Energie freilich ebenfalls letzten Endes von der Sonne.

Der größte Teil der Einstrahlung wirkt sich als *Wärme* aus, die den Wasserkreislauf und die physikalischen Bedingungen im Raum beeinflußt und innerhalb gewisser Grenzen für jeden Organismus eine notwendige Lebensbedingung darstellt.

Für die grünen Pflanzen (sowie für andere photoautotrophe Organismen, z. B. manche Bakterien) ist außerdem das *Licht* eine notwendige Energiequelle, indem es deren primäre Produktionsleistung durch Photosynthese ermöglicht. Außerdem beeinflußt es gewisse Wachstumsvorgänge und hat auch für viele Tiere eine positive oder negative Bedeutung, insbesondere im Hinblick auf ihre Aktivitätsrhythmen.

Alle Lebewesen benötigen außerdem *Wasser*, nicht nur als Stoff für chemische Synthesen, sondern vor allem zur Aufrechterhaltung eines bestimmten Wasserzustandes (der Hydratur) ihres Zellplasmas. Der Wasserkreislauf verbindet fast alle Kompartimente des Ökosystems miteinander.

Einen wesentlichen Teil des Stoffumsatzes macht in jedem Ökosystem der Gaswechsel aus, denn jedes Lebewesen muß atmen. Es braucht also *Sauerstoff* und scheidet Kohlendioxid aus – auch die grüne Pflanze, bei der am Tage und unter sonst günstigen Bedingungen der umgekehrte Prozeß, die CO_2-Assimilation und O_2-Ausscheidung, überwiegt. Kohlenstoff und Sauerstoff sind im übrigen zusammen mit dem Wasserstoff Grundbausteine sämtlicher organischen Substanzen.

Alle Organismen benötigen endlich gewisse mineralische *Nährstoffe*, namentlich Stickstoff, Phosphor und Schwefel, zum Aufbau von Eiweißen und anderen lebenswichtigen Zellbestandteilen sowie Kalzium, Magnesium, Kalium und Eisen, die im Stoffwechsel bestimmte Rollen spielen. Hinsichtlich der *übrigen Mineralstoffe* weichen Pflanzen und Tiere stärker voneinander ab, insbesondere was das Kochsalz, also Natrium und Chlor, anbetrifft. Während Kochsalz für die meisten Tiere lebenswichtig ist, kommen viele Pflanzen gänzlich ohne NaCl aus. Sogar manche Halophyten – die fakultativen – benötigen es nicht und die obligaten Halophyten in geringeren Mengen, als es ihnen an ihren Wuchsorten in der Regel geboten wird. Im Bedarf an *Spurenelementen*, d. h. an notwendigen, aber nur in sehr geringer Menge gebrauchten Stoffen, unterscheiden sich die Organismen noch stärker. Beispielsweise brauchen Schafe Kobalt, ihre Futterpflanzen jedoch nicht. Sehr ungleich verhalten sich verschiedene Tier- und Pflanzenarten im Hinblick auf ihre Empfindlichkeit gegen ein Übermaß bestimmter Stoffe, die dann als *Gifte* wirken.

Beim Beschreiben der anorganischen Komponenten von Ökosystemen wird häufig vergessen, daß eine gewisse *Raumstruktur* gegeben sein muß, damit sie existieren und funktionieren können. Von wesentlicher Bedeutung ist das *Medium,* in dem sich die Lebewesen entwickeln, sei es die Luft, das Wasser, der Boden oder Eis und Schnee, oder sei es ein Neben- bzw. Übereinander mehrerer Medien. Soweit das Medium *Bewegungen* unterworfen ist, nimmt es die in ihm lebenden Organismen mit oder beansprucht ortsgebundene mechanisch. Man denke nur an die vielfältigen Wirkungen des Windes und des strömenden oder brandenden Wassers.

Pflanzen wie Tiere stellen oft recht eigenartige Ansprüche an die Beschaffenheit ihrer *Substrate* und besiedeln dementsprechend „Nischen“ innerhalb des vom Ökosystem eingenommenen Gesamtraumes. Bekannte Beispiele unter den Pflanzen sind etwa die Epiphyten, d. h. die auf Baumrinden oder in Astgabeln und nicht im Erdboden siedelnden Pflanzen. Angesichts vermodernder Baumstämme und -stümpfe fragt man sich, ob die Moose, Flechten, Pilze, Bakterien und mannigfachen Tierarten, die sich hier nacheinander einfinden, nicht schon ein eigenes, wenn auch teilweise vom Waldganzen abhängiges Ökosystem bilden.

Nicht zuletzt sind *Fläche und Höhe* des Raumes wesentliche Elemente eines jeden Ökosystems. Ohne ein gewisses Minimumareal und eine Mindesttiefe oder -höhe kann sich weder im Wasser noch im Wald ein Ökosystem in charakteristischer Weise entfalten. Bei einem feuchttropischen Tieflandswald kann dieses Minimumareal viele Quadratkilometer umfassen, und für die normale Ausbildung eines marinen Ökosystems sind noch weit größere Ausmaße erforderlich; dies gilt auch im Hinblick auf die Tiefe des Meeresbeckens. Landlebensgemeinschaften, insbesondere Wälder, schaffen sich ihre Höhendimension selbst.

Schon diese knappe, lediglich andeutende Aufzählung läßt erkennen, wie vielfältig die anorganische Umwelt ist, von der ein Ökosystem abhängt. Wenn wir uns nun noch bewußt machen, daß jeder dieser Faktoren *zeitlichen Änderungen* unterworfen ist – seien es Tagesschwankungen, jahreszeitliche Rhythmen oder durch wechselnde Witterung hervorgerufene Unregelmäßigkeiten – so vermögen wir den Aufwand an Feststellungen zu ermessen, der in der Ökosystemforschung notwendig ist, um das Beziehungsgefüge zu analysieren. Oft genügt es allerdings, einige wesentliche Faktoren herauszugreifen und diese in Stichproben zu erfassen, um ihre Größenordnung abzuschätzen.

3. Dynamik der Ökosysteme

3.1 Weitergabe gebundener Energie

Fast alle Komponenten eines Ökosystems werden miteinander verbunden durch die Weitergabe der Energie. In autotrophe Systeme tritt diese in Form von Strahlungsenergie ein und wird von den primären Produzenten zunächst in ihrer eigenen Körpersubstanz, also in chemischer Form, festgelegt. Dieser „Energiefluß“ verteilt sich gewissermaßen wie eine Kaskade über das gesamte System. Aber jeder Teilfluß endet schließlich in Wärmeenergie, die nicht mehr durch das Ökosystem genutzt werden kann und ihm letzten Endes wieder verlorengeht (s. Morowitz, 1968 u. 1970; Gates, 1971).

Um die Energieflüsse besser hervortreten zu lassen, wurden sie in Abb. 1 schraffiert. Die Größenverhältnisse der verschiedenen Teilströme konnten hier nur angedeutet werden. Um die tatsächlichen Ausmaße erkennen zu lassen, wurde eines der bisher am besten untersuchten Beispiele, ein Quellsee in Florida, in entsprechender Weise dargestellt (Abb. 2). Für andere vollständige Ökosysteme, z.B. für einen Laubwald, sähe das Diagramm recht ähnlich aus. Nur spielen hier die Herbivoren eine viel geringere Rolle (s. Funke, V B).

Selbst unter den günstigen Wärmebedingungen dieses subtropischen Quellsees, der keiner Winterruhe unterworfen ist, vermögen die Primärproduzenten – hier sind es vorwiegend einzellige Algen – nur einen kleinen Teil des ins Wasser einfallenden Lichtes in gebundene Energie zu verwandeln. Von den 41000 Kalorien pro cm^2 Seefläche, die im Jahr vom Ökosystem absorbiert werden, nutzen die grünen Pflanzen nur 2081 cal/cm^2/Jahr, d. h. etwas weniger als 5%. Der Rest geht für die Photosynthese ungenutzt verloren. Wie Runge (im Beitrag V A) näher ausführt, ist eine Ausnutzungsquote von 5% keineswegs

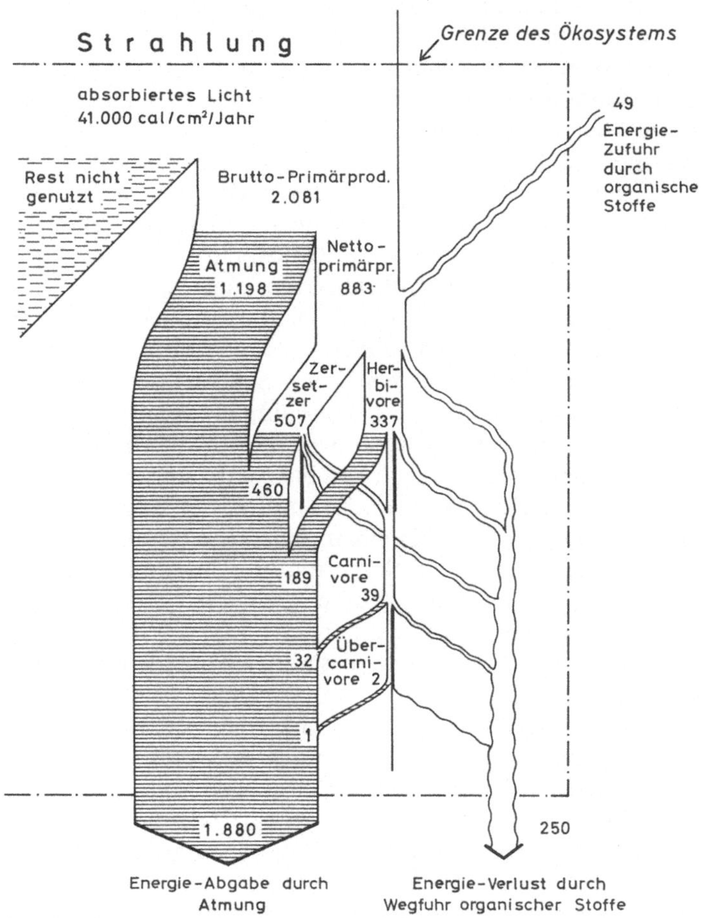

Abb. 2. Energiefluß durch ein Ökosystem, den Quellsee Silver Springs in Florida (nach Daten von H. T. Odum, 1957)

als gering anzusehen, sondern dem Maximum nahe, das überhaupt in natürlichen autotrophen Ökosystemen festgestellt wurde. Der Schilfgürtel des Neusiedler Sees (Sieghardt, III B) und das Plankton des Finstertaler Sees (Tilzer, II B) leisten weit weniger. Auch die Wälder und Wiesen im Solling (Runge, V A) reichen nicht an diese Quote heran, und die Nivalfluren des Hohen Nebelkogels – mit allem Respekt vor ihrer Effektivität bei guten Wetterlagen – im Jahreslauf noch viel weniger (s. Beiträge von Moser, VI C und Brzoska, VI D).

Die Natur kann sich bei der Ausnutzung der Sonnenstrahlung durchaus Energievergeudung leisten. Täglich scheint ja die Sonne aufs neue und an den meisten Orten in mehr als ausreichendem Maße, jedenfalls, was die unmittelbar von der Strahlung getroffenen „Lichtpflanzen" anbetrifft. Es wäre kaum verständlich, wenn die Evolution bei den Lichtpflanzen, d. h. dem größten Teil der grünen Gewächse, zu sparsamerem Umgang mit der Lichtenergie geführt hätte. (Kein Chemiker oder Techniker hat es im übrigen bisher vermocht, diese

Energie effektiver in eine für Organismen verwertbare Form zu verwandeln). „Schattenpflanzen“ am Waldboden oder in lichtarmen Gewässertiefen haben eine wesentlich höhere Lichtausnutzungsquote als Lichtpflanzen. Sie sind aber in der Regel nur untergeordnete Glieder eines mehrschichtigen, an seiner Oberfläche voll bestrahlten Ökosystems.

Die erwähnten 2081 cal/cm²/Jahr stellen eine niemals in Erscheinung tretende Größe dar, die sog. *Brutto-Primärproduktion* oder die gesamte durch Photosynthese festgelegte Energie. Einen großen Teil davon veratmen die grünen Pflanzen sogleich selber, so daß *netto* nur 883 cal/cm² · Jahr in Pflanzensubstanz festgelegt werden. Nur diese Netto-Produktion, auch apparente Photosynthese genannt, kann man unmittelbar feststellen. Die Brutto-Produktion wird lediglich rechnerisch ermittelt, und zwar indem man die Eigenatmung der Pflanzen hinzufügt. Dieser Atmungsverlust ergibt sich aus Versuchen mit zeitweilig abgedunkelten, aber unter den gleichen Temperaturbedingungen lebenden Blättern sowie mit Stamm- und Wurzelteilen. Er kann also nur annähernd bestimmt werden.

Da die mikroskopischen Algen kurzlebig sind, errechnet sich die Netto-Primärproduktion im freien Wasser als Summe der Leistung vieler Algengenerationen über das Jahr. Die jeweils in einem bestimmten Augenblick vorhandene Algenmenge ist erstaunlich gering. Im nordwestlichen Pazifischen Ozean beispielsweise, dessen Algen jährlich 986–2482 kg/ha Trockensubstanz produzieren, beträgt deren aktuell vorhandene Masse nur 0,35–0,6 kg (nach Aruga u. Monsi, 1962). Man nennt diese zu einem gewissen Zeitpunkt pro Flächeneinheit feststellbare Menge an lebender Substanz „*Biomasse*“. Meist gibt man sie allerdings nicht als Frischgewicht an, sondern bestimmt das Trockengewicht der lebend geernteten Pflanzen, weil dieses geringeren Schwankungen unterworfen ist, oder verbrennt die trockene Substanz im Kalorimeter, um ihren Energiegehalt zu errechnen. In jedem Falle spricht man aber von Biomasse („Lebendmasse“), weil sich die Ergebnisse auf Lebewesen beziehen, die im Augenblick der „Ernte“ nicht tot waren.

Ausgehend von der Netto-Primärproduktion, die von den Algen geleistet wird, teilt sich der Energiefluß. Den Zersetzern, die ja die Primärproduzenten nicht schädigen, sondern nur tote organische Substanzen verwerten, fließt in der Regel der größere Teil der Energie zu. Im Falle von Silver Springs sind es 506 cal/cm²/Jahr, von denen die Bakterien und anderen Zersetzer mehr als 90% veratmen. In die mit den Herbivoren beginnende Nahrungskette fließen immerhin noch 337 cal/cm²/Jahr ein. Mehr als ein Drittel der Algen-Nettoproduktion wird also durch Kleinkrebse, Jungfische und andere Tiere „abgegrast“.

Räuberischen Tieren fallen hiervon weniger als ein Zehntel zum Opfer, und in das letzte Glied der Nahrungskette fließen nur noch rund 2 cal/cm² · Jahr, d. h. nur ein Tausendstel der brutto gebundenen Energie, ein. Wie Odum (1969) und andere betonen, werden bei jedem Übergang von einem Glied der Nahrungskette zum anderen – oder von einer Ernährungsstufe (trophic level) zur nächsthöheren – selten mehr als 20% und oft weniger als 10% der in Lebewesen gebundenen Energie weiter verwertet. Der größte Teil wird auf der tieferen trophischen Stufe veratmet oder geht auf andere Weise verloren, z.B. dadurch, daß die Beute nicht restlos verzehrt wird.

Gewöhnlich macht man diese trophischen Stufen in Form von „Nahrungspyramiden“ anschaulich, deren Maßstab entweder die Biomasse oder deren Energiegehalt ist. Praktisch bedeutet die sprunghafte Einschränkung der Energieausnutzung von Stufe zu Stufe, daß viel mehr Herbivoren auf einer gegebenen Fläche satt werden als Carnivoren oder gar Über-Carnivoren. WATT (1968) hat beispielsweise berechnet, daß 1–4 m^2 genügen würden, um einen Menschen auf die Dauer (eine schreckliche Vorstellung!) mit Algen zu ernähren, die unter günstigen Bedingungen herangezogen werden. Bestünde die Nahrung aus Kartoffeln, so wären 600 m^2 nötig, also immer noch verhältnismäßig wenig. Würde die Primärproduktion nicht direkt vom Menschen genutzt, sondern nur auf dem Umwege über Fleisch oder Eier, so wären 4000 bzw. 30000 m^2 erforderlich. Vorwiegend vegetarische Ernährung bietet sich demnach als eines der Mittel an, die wachsende Menschheit auf beengtem Raume ausreichend mit Energie zu versorgen. In übervölkerten Gebieten der Erde, z. B. in Indien oder im alten Inkareich Südamerikas, wird bzw. wurde tatsächlich fast ausschließlich vegetarisch gelebt.

Da es sich bei dem in Abb. 2 verwendeten Beispiel um einen Quellsee handelt, wandert auf allen trophischen Stufen ein Teil der Lebewesen passiv oder aktiv durch den Ausfluß aus dem Ökosystem hinaus. Die Größenordnung dieses Energieverlustes ist durch geschlängelte Pfeile dargestellt worden. Andererseits wird dem System eine gewisse Energiemenge in Form von organischen Stoffen von außen zugeführt, und zwar als Fischfutter (s. Abb. 2, rechts oben). In unserem allgemeinen Schema (Abb. 1) wurde die Möglichkeit einer *Zu- und Abfuhr von Energie durch Ortsbewegungen* vom und zum Ökosystem in entsprechender Weise angedeutet.

In einem Quell-Ökosystem wie Silver Springs treten *tote organische Stoffe* kaum in Erscheinung. Sowohl in aquatischen als auch in terrestrischen Ökosystemen kann es aber zu beträchtlichen Ansammlungen toter Reste kommen. Meist handelt es sich um organischen Bodenschlamm (in Gewässern), um Streu (in Wäldern und anderen Land-Ökosystemen) oder um Torf, also um *abgefallene* tote organische Substanzen. In ungemähten Wiesen, in Tundren oder auf Sphagnum-Hochmooren, aber auch in Wäldern mit teilweise abgestorbenen Bäumen oder toten Ästen, sammelt sich totes organisches Material jedoch auch für mehr oder minder lange Zeit *stehend* an und wird erst allmählich oder überhaupt kaum in den Abbau durch Saprovore und Mineralisierer einbezogen.

In vielen Ökosystemen gehen schwer angreifbare organische Stoffe, wie Lignine und manche Huminsäuren, schließlich in *Dauerhumus* über, der sich auf der Bodenoberfläche oder im Oberboden anreichert. Da dieser kein notwendiger Bestandteil vollständiger Ökosysteme ist, wurde das entsprechende Kompartiment in den unteren Teil von Abb. 1 gerückt.

Wie aus Abb. 1 und 2 klar hervorgeht, fließt die durch Photosynthese gebundene und für andere Lebewesen verwertbar gemachte Energie letzten Endes als ungenutzte Atmungswärme wieder aus dem Ökosystem hinaus. Sie wird nicht zurückgewonnen; man darf also nicht von einem Energie-*Kreislauf*, sondern muß von einem Energie-*Durchfluß* (oder kurz -Fluß) sprechen. Da die Sonnenstrahlung als extraterrestrische Energiequelle immer wieder ungemindert zur Verfügung steht, wirkt sich diese „Verschwendung“ keineswegs nachteilig aus. Im Gegenteil, sie erst erlaubt der Natur den „Luxus“ von Raubtieren und anderen in dieser Hinsicht unökonomischen Lebensformen – einschließlich des Menschen.

Den Energiefluß in anthropogenen Ökosystemen, auch in einer industriellen Gesellschaft, haben kürzlich H. T. Odum (1971) und Cook (1971) dargestellt.

Nunmehr haben wir sämtliche Komponenten unseres allgemeinen Schemas besprochen. Es bleibt nur noch darauf hinzuweisen, wieviele Pfeile selbst in diesem verhältnismäßig einfachen Diagramm die Grenzen des Ökosystems nach außen hin und von außen her überschreiten. Sie sollen zeigen, wie offen jedes Ökosystem ist. Eigentlich müßten noch viel mehr von solchen doppelsinnigen oder einsinnigen Pfeilen eingezeichnet werden. Denn jede der anorganischen Komponenten hat solche Wechselbeziehungen, und viele der ortsbeweglichen Lebewesen halten sich nicht an die Grenze des Ökosystems, auch wo diese eindeutig und scharf ist.

3.2 Wärme- und Wasserumsatz

In den Nahrungsketten der Ökosysteme wird neben chemischer Energie stets auch Wärme und Wasser umgesetzt. Der weitaus größte Teil der eingestrahlten Sonnenenergie geht aber in den Wärme- und Wasserhaushalt der Erde ein, an dem jedes Ökosystem einen mehr oder minder großen Anteil hat. Beide hängen eng zusammen, denn zur Verdunstung des Wassers wird ein Großteil der an der Erdoberfläche umgesetzten Wärme verbraucht. Da diese Tatsachen allgemein bekannt sind, können wir uns hier kurz fassen.

An dem Gesamt-Umsatz sind die verschiedenen Ökosysteme in recht ungleichem Maße beteiligt. Pro Flächeneinheit verdunsten nicht – wie man meinen möchte – die offenen Meere und sonstigen Wasserflächen am meisten, sondern dichte Wälder und andere gut mit Wasser versorgte Pflanzenbestände. Sie haben deshalb auch einen relativ höheren Anteil am Wärmeumsatz.

Verglichen mit der *Oberfläche* eines Gewässers oder der nackten Bodenoberfläche, vergrößern die Blätter und Sprosse eines Waldes oder einer Wiese die zum Austausch befähigte Oberfläche um ein Vielfaches (s. Geyger, 1971). Allerdings kann diese Gesamtoberfläche nicht ohne weiteres mit der des unbewachsenen Bodens verglichen werden. In einem Fichtenbestand mit seiner 25fachen Gesamt-Oberfläche beispielsweise wird immer nur ein Teil der Nadeln, Äste und Stämme bestrahlt, und nicht alle sind dem Winde frei ausgesetzt. Lebhafter Austausch von Gasen, also auch von Wasserdampf, findet nur an offenen Spaltöffnungen statt, und diese machen nur etwa 1% der Blattoberflächen aus. Infolge von Luftturbulenzen gibt ein Blatt an hellen Tagen aber doch 1/4 bis 3/4 so viel Wasser pro Flächeneinheit ab wie offenes Wasser unter gleichen physikalischen Bedingungen.

Leider sind wir aber noch immer nicht genau darüber orientiert, wieviel Wasser und Wärme von bestimmten Waldbeständen und anderen Land-Ökosystemen umgesetzt wird. Alle vorliegenden Angaben beruhen auf Schätzungen, die sich von der Leistung eingetopfter Jungpflanzen herleiten oder aus der Bilanz von langfristig gemessenen Niederschlägen und Abflußspenden begrenzter Wassereinzugsgebiete als Differenz ergeben. Genauere Aufschlüsse sind von Untersuchungen im Internationalen Biologischen Programm zu erwarten, deren Ergebnisse jedoch erst in 1–2 Jahren vorliegen werden (s. BENECKE u. MAYER, 1971 und KIESE, 1971).

Von den Pflanzenbeständen her gesehen, ist die Wasserabgabe durch Transpiration vorwiegend als „notwendiges Übel“ zu werten. Ihre Produktionsleistung durch Photosynthese erfordert raschen Gaswechsel und somit offene Stomata oder andere Austauschmöglichkeiten. Durch diese verlieren sie sehr viel mehr Wasser, als sie für den Aufbau organischer Substanzen und für den Transport wassergelöster Nährstoffe vom Boden in die Blätter benötigen. Um 1kg Trockensubstanz zu erzeugen, transpirieren Kulturpflanzen-Reinbestände, z. B. Mais, zwischen 200 und 800 kg, also ein Mehrhundertfaches an Wasser. Wahrscheinlich liegen die Transpirationskoeffizienten von Wäldern und Grasländern in der gleichen Größenordnung. Doch sind auch in dieser Hinsicht noch genauere Daten abzuwarten.

Wesentlich ökonomischer gehen wahrscheinlich nur manche Pflanzenformationen zeitweilig trockener Klimate mit dem Lebenselement Wasser um, und zwar solche, in denen Kakteen oder andere Stammsukkulente vorherrschen. Doch liegen auch für diese noch keine Messungen vor, aus denen sich die Umsätze ganzer Ökosysteme und deren Effektivität berechnen ließe.

3.3 Stoffkreisläufe

Mit den Nährsalzen und anderen lebenswichtigen Stoffen verfahren viele Ökosysteme weit sparsamer als mit dem Wasser und der Strahlungsenergie. Mangelstoffe werden oft nahezu restlos durch Mineralisierung wieder zurückgewonnen und unzählige Male erneut in einen Kreislauf einbezogen, besonders bei Gewässer- und Land-Ökosystemen im natürlichen Endstadium ihrer Entwicklung.

Schon für den *Kohlenstoff* trifft dies weitgehend zu, dessen Kreislauf eng mit dem in Abschnitt 3.1 besprochenen Energieumsatz verbunden ist. Das von den Zersetzern und anderen Heterotrophen sowie von den grünen Pflanzen selbst bei der Atmung ausgeschiedene Kohlendioxid kehrt zumindest teilweise wieder zu den Primärproduzenten desselben Ökosystems zurück. Es wird z. B. nachts im Seewasser gespeichert oder reichert sich in Landpflanzen-Beständen über dem Boden an, wo es durch Organismen und Wurzeln ständig ausgeschieden wird. Allerdings ist tagsüber die Windzirkulation meistens so groß, daß dieses Kohlendioxid weithin in die Atmosphäre verteilt wird. Für die gesamte Biosphäre als umfassendes Ökosystem ist der Kohlenstoff-Kreislauf aber als geschlossen anzusehen, soweit nicht organische Stoffe im Dauerhumus, im wachsenden Torf, im Schlamm der Tiefsee oder in Gesteinen festgelegt werden, die aus solchen Ablagerungen entstehen. Diese Kohlenstoffverluste der Biosphäre werden wieder wettgemacht durch vulkanische Eruptionen – wenigstens, wenn man größere geologische Zeiträume überblickt.

Für den *Sauerstoff* besteht ebenfalls ein weltweiter Kreislauf, da durch die Luftzirkulation lokale Ansammlungen oder Defizite rasch ausgeglichen werden. Im Laufe der Zeit wurde die Erdatmosphäre allmählich immer reicher an Sauerstoff, weil die soeben erwähnten Depots an kohlenstoffreichen Substanzen indirekt einen Gewinn an Sauerstoff bedeuten. Dauerhumus, Torf, Kohle, Tiefseeschlamm und dgl. wurden ja irgendwann einmal durch Photosynthese aufgebaut, und bei dieser wurde Sauerstoff frei. Erst wenn solche Ansammlungen verbrannt oder veratmet werden, wird der Sauerstoff wieder gebunden.

Man hat deshalb befürchtet, daß gesteigerte Energiegewinnung aus fossilen Brennstoffen wie Kohle und Erdöl den Sauerstoffgehalt der Atmosphäre in gefährlichem Maße vermindern würde. MACHTA und HUGHES (1970) berechneten jedoch, wie gering diese Gefahr tatsächlich ist, jedenfalls wenn man sie weltweit betrachtet. Selbst wenn alle fossilen Brennstoffe der Erde verwertet würden, fiele dadurch der O_2-Gehalt der Atmosphäre nur von 21% auf etwa 20,3%. Diese beruhigende Aussicht verdanken wir einem glücklichen Umstand. Weit größere Mengen von Kohlenstoff-Verbindungen als in den brennbaren Fossilien sind nämlich in den Tiefen der Weltmeere sowie in den Gesteinsschichten der Erde festgelegt, die ja fast alle einen gewissen Gehalt an organischen Substanzen aufweisen.

Ähnlich wie Kohlenstoff und Sauerstoff ist das *Wasser* in einen globalen Kreislauf einbezogen. In enger begrenzte Ökosysteme tritt es mit Niederschlägen und (oder) Zuflüssen ein; und es verläßt sie wieder durch Transpiration, Evaporation und (oder) Abflüsse. Diese Zusammenhänge sind so bekannt, daß sie hier nicht näher erläutert zu werden brauchen.

Im Gegensatz zum Kohlenstoff und zum Wasser, deren Kreislauf die gesamte Biosphäre oder doch große Teile von ihr erfaßt, sind die lebenswichtigen Mineralstoffe oft in recht lokale Kreisläufe einbezogen. Gerade die beiden für das Protoplasma und seine Organellen wichtigsten *Nährstoffe*, Phosphor und Stickstoff, werden von vielen Ökosystemen in sehr engen und ökonomischen Umläufen gehalten. Aber auch andere Mineralstoffe passieren die Körper der Pflanzen und Tiere auf kleinem Raum oft ungezählte Male.

Der *Stickstoff*-Kreislauf ist von RHEINHEIMER (in Beitrag IV) am Beispiel der marinen Ökosysteme in all seinen Abschnitten dargestellt. Die dort gegebene Abb. 1 würde auch für viele Land-Ökosysteme zutreffen. Dem kritischen Betrachter wird auffallen, daß in der von RHEINHEIMER entworfenen Abbildung ein sonst fast immer besonders hervorgehobener Vorgang fehlt: die Bindung des molekularen Luftstickstoffs durch elektrische Entladungen. Durch neuere Untersuchungen zeigte sich nach McKEE (1962), daß diese Quelle für gebundenen Stickstoff in der Natur so gut wie keine Rolle spielt. Vor und nach heftigen Blitzen war der Gehalt der Luft an NO, NO_2, NO_3 und NH_3 mit seiner normalen Streubreite gleich, hatte sich also nicht durch die elektrischen Entladungen nachweisbar erhöht. Ammoniak und Nitrat sind allerdings oft in erstaunlich großen Mengen in der Luft und somit auch im Regenwasser zu finden – nach EMANUELSSON u. Mitarb. z. B. in Schweden. Das NH_3 der Luft stammt aus der Eiweiß-Zersetzung in stickstoffreichen Ökosystemen sowie aus der Verbrennung fossiler organischer Stoffe. Über Städten steigt der NH_3-Gehalt der Luft im Winter nicht selten auf mehr als 30 kg/ha · Jahr N an, während er über großen Waldgebieten, z. B. in Kanada (nach SHUTT u. HEDLAY, 1925), im Sommer sein Maximum erreicht, d. h. zu der Zeit lebhaftester Bodenaktivität. Sauerstoffhaltige N-Verbindungen entstehen aus dem NH_3 der Luft durch Oxydation.

In welchem Maße die einzelnen *Mineralstoffe* in einem Wald-Ökosystem umgesetzt und durch seinen Boden hindurch transportiert werden, geht aus dem Beitrag von ULRICH u. MAYER (V C) hervor. Manche der leicht löslichen Stoffe werden in unserem humiden Klima ausgewaschen, verschwinden also nach und nach aus dem Kreislauf des Ökosystems. Beim Buchenwald auf dem Sollingplateau trifft dies aber offenbar nur für das Calcium zu, und auch hier nur in geringem Maße. Beträchtlich sind dagegen die Stoffzufuhren aus der Luft, besonders was den Schwefel anbetrifft. Die SO_2-Konzentration hat in der Nähe der westeuropäischen Industriegebiete so hohe Konzentrationen erreicht, daß schlecht gepufferte, kalkarme Böden und Gewässer infolge der Anreicherung von Schwefelsäure auf diesem Wege merklich rasch versauern.

3.4 Gegenseitige Beeinflussung von Ökosystemen

Wie bereits einleitend betont, sind sämtliche Ökosysteme offen, d. h. von Einflüssen abhängig, die von außen über ihre mehr oder minder scharfen Grenzen hereinwirken. Oft haben diese Einflüsse ihren Ursprung in benachbarten oder weit entfernten Ökosystemen.

Klassische Beispiele hierfür sind alle Gewässer, besonders aber Süßwasserseen mit ihren ober- und unterirdischen Zuflüssen. Wasser, Sedimente, Nährstoffe und Gifte werden auf diese Weise hereingebracht und begünstigen eine Verlandung und eine – heute oft unerwünscht rasche – Steigerung der Produktivität. Landtiere und Vögel, deren Hauptwohnraum außerhalb der Gewässer liegt, holen aus ihnen einen Teil ihrer Nahrung, bringen aber auch mikroskopische Algen, Samen, Krankheitserreger, Eier von Wassertieren und andere Keime mit, die für das Ökosystem große Bedeutung erlangen können.

Fast alle Raubtiere haben Lebensräume, die mehrere verschiedene Ökosysteme umfassen, und viele Insekten und andere Tiere machen Entwicklungen durch, die sie zum Wechsel der Medien und nicht selten auch der Ökosysteme veranlassen, z. B. vom Boden in die Luft oder vom Wasser aufs Land.

Weniger sichtbar sind die in Abschnitt 3.3 kurz behandelten Stoffkreisläufe, von denen namentlich der Wasser- und Kohlenstoffaustausch verschiedenste Ökosysteme miteinander verbindet. Aber selbst der auf dem Lande recht ortsgebundene Stickstoffkreislauf verknüpft auf dem Wege über die Luft so heterogene Systeme miteinander wie Wälder und Hochmoore, die ohne Stickstoffzufuhren durch Niederschläge wohl kaum jahrhundertelang zu wachsen vermöchten. In der Nähe von Siedlungen werden den oligotrophen Mooren schon so viele Nährstoffe zugeführt, daß sie ihren ursprünglichen Charakter heute mehr und mehr verlieren.

Überhaupt wirken Siedlungen, Industrien und andere vom Menschen geschaffene Systeme weit über ihren eigenen Bereich in die umgebende Landschaft hinaus und empfangen umgekehrt von dieser Einflüsse, die sie nicht entbehren könnten. Man denke einerseits z. B. an die Erhöhung des Schwefeldioxyd-Gehaltes der Luft durch Verbrennung von Öl und anderen organischen Stoffen und die dadurch ausgelöste Versauerung von Böden und Gewässern, die in Südschweden schon zu Fischsterben geführt hat. Und man vergegenwärtige sich andererseits die „Wohlfahrtswirkungen“ großer Wälder auf nahe Großstädte, wenn diese Wirkungen auch z. T. noch nicht bewiesen wurden.

Unser Wissen über die gegenseitige Beeinflussung von Ökosystemen ist überhaupt besonders lückenhaft. Wir kennen nicht einmal die Funktionszusammenhänge innerhalb eines einzelnen Systems mit genügender Sicherheit. Trotzdem sollte nicht nur die Ökosystemforschung an sich, sondern vor allem das Studium der die verschiedenen Systeme verbindenden Beziehungen gefördert werden. Denn hier geht es in vielen Fällen um Lebensfragen für naturnahe wie für anthropogene Ökosysteme, die zu übergeordneten Verbundsystemen zusammenwachsen.

3.5 Entwicklung von Ökosystemen

Trotz ihrer Dynamik im stofflichen, energetischen und lebendigen Bereich sind viele Ökosysteme insofern stabil, als sich alle Schwankungen um eine gleichbleibende Mittellage gruppieren. Ein vom Menschen unberührter Wald, beispielsweise ein Urwald im dauernd humiden tropischen Tiefland des Amazonasbeckens in überschwemmungsfreier Lage, bewahrt seinen Grundcharakter über viele Jahrtausende: Stets bleibt er ein aus immergrünen Bäumen vieler Arten und Größen aufgebauter, hochproduktiver, in seiner Tierwelt ebenfalls artenreicher und zugleich individuenarmer Wald mit raschem Stoffumsatz. Entsprechendes gilt von einem tiefen Meere, das kaum Zuflüsse erhält, oder einem nährstoffarmen Moränensee, in den kein Bach mündet. Auch ein mittelalterliches, auf Selbstversorgung eingestelltes Bauerndorf bewahrte seine Stabilität, solange Viehbestand, Acker und menschliche Bedürfnisse in ausgewogenen Verhältnissen zueinander blieben.

Im Gegensatz zur Konstanz solcher im dynamischen Gleichgewicht verharrenden Ökosysteme steht die rasche Aufeinanderfolge verschiedener Stadien bei der Besiedlung von Neuland, z. B. von natürlichen oder vom Menschen geschaffenen Flächen nackten Bodens. In humidem Klima beginnt eine solche *Sukzession* in der Regel mit einjährigen Kräutern, denen Stadien mit ausdauernden Arten folgen. Pioniere werden durch später Ankommende verdrängt, die sich kräftiger und länger zu behaupten vermögen. Mehr oder minder rasch finden sich Bäume ein, und die konkurrenzkräftigsten unter diesen bilden schließlich das Endstadium der Entwicklung, die Klimax (s. Whittaker, 1953; Braun-Blanquet, 1964).

Jedes Stadium dieser Entwicklung ist zweifellos ein Ökosystem für sich und besteht nicht nur aus den zunächst ins Auge fallenden Pflanzen, sondern auch aus charakteristischen Vertretern anderer Kompartimente. Gerade manche Tiere spielen eine oft entscheidende Rolle für die Sukzession, indem sie Pflanzenkeime herantragen und den Boden durcharbeiten. Doch alle Entwicklungsstadien sind instabil, bis die Klimax erreicht ist. Im Klimaxstadium stehen Primär- und Sekundärproduzenten im Gleichgewicht. Die grünen Pflanzen erzeugen zwar ständig neue organische Substanz, doch verbleibt davon kein Überschuß, weil Pflanzenfresser einen Teil konsumieren und eine dem restlichen Teil entsprechende Menge abstirbt und von Zersetzern verwertet wird. Ein in derartigem Gleichgewicht befindliches Ökosystem, z. B. ein Urwald, vermehrt also seine

Biomasse nicht mehr, obwohl in ihm dauernd Pflanzen, Mikroorganismen und Tiere in großer Zahl und mit beträchtlicher Produktivität heranwachsen.

Viele Sukzessionen wurden vom Menschen ausgelöst, indem er die im Gleichgewicht befindliche Vegetation zerstörte oder doch störte. Insbesondere veranlaßte er neben *progressiven* Sukzessionen, wie der geschilderten Neuland-Besiedlung, auch *regressive* Entwicklungsvorgänge. Darunter versteht man schrittweise erfolgende Umwandlungen von komplizierten und leistungsfähigen Ökosystemen in einfachere und weniger produktive. Ein für das Schicksal vieler Landschaften verhängnisvolles Beispiel ist die Zerstörung von Wäldern durch Viehweide, Holzschlag und Brand, die mit der Entstehung von Heiden und Magerrasen oder gar von kaum bewachsenen, erodierten Hängen enden.

Vom Menschen ausgelöste Sukzessionen führen jedoch nicht immer zur Minderung oder Zerstörung des natürlichen Leistungspotentials. Im Gegenteil, er kann dieses durch geregelte Ernte und Düngung erhöhen. Man denke nur an richtig bewirtschaftete Teiche oder Viehweiden! Durch dauernd gleichmäßig sich wiederholende Maßnahmen kann er schließlich Ökosysteme schaffen, die den natürlichen Wäldern an Stabilität kaum nachstehen. Als Beispiele seien nur die anthropogenen Glatthaferwiesen im südlichen Mitteleuropa genannt, die bei jährlich mehrmaligem Heuschnitt und regelmäßiger Düngung ihr charakteristisches Gefüge und ihre Ertragsfähigkeit durch Jahrhunderte bewahrten.

So richtig es ist, sich die dynamische Natur der Ökosysteme – der relativ stabilen wie der labilen – stets vor Augen zu halten, so falsch wäre es jedoch, überall Entwicklungsvorgänge zu sehen. Nicht alle Ökosysteme, die man nach zunehmender oder abnehmender Kompliziertheit oder nach anderen Merkmalen gedanklich in eine Reihe bringen kann, sind durch Sukzession miteinander verbunden. Oft handelt es sich nur um ein räumliches Nebeneinander von Ökosystemen, die stets verschieden voneinander waren und keineswegs ineinander übergehen. Namentlich im angelsächsischen und amerikanischen Schrifttum wurde die Bedeutung der Sukzessions-Dynamik oft überschätzt. Man sollte sie nur dort für erwiesen halten, wo auch ein zeitliches Nacheinander beobachtet werden konnte.

3.6 Monotonie und Diversität

Eine ähnlich kritische Haltung empfiehlt sich bei Diskussionen über die Bedeutung der Diversität von Ökosystemen, d. h. ihrer inneren Vielfalt an Lebensformen und Arten. Im Laufe der progressiven Sukzession auf vorher unbesiedeltem Neuland (der sogenannten primären Sukzession) wächst parallel zur Mannigfaltigkeit im Artengefüge auch die Widerstands- und Leistungsfähigkeit der Ökosysteme. Diversität, Stabilität und Produktivität sind jedoch nicht unbedingt miteinander gekoppelt. Auch ein artenarmer Bestand kann sehr stabil und leistungsfähig sein, wie das Beispiel der Schilfbestände am Neusiedler See zeigt (III A).

Im Falle des Neusiedler Sees ist die Monotonie der Lebensgemeinschaft natürlich, und zwar eine Folge extremer, für das Schilfrohr jedoch günstiger Lebensbedingungen. Seine Photosyntheseleistung kommt an diejenige eines

Weizenfeldes heran, einer der für Mitteleuropa so charakteristischen wirtschaftsbedingten Monokulturen. Der Weizenbestand ist zweifellos ein unstabiles und anfälliges Ökosystem: Man muß ihn jäten oder mit Herbiziden unkrautarm halten. Um Rostpilze und andere Schädlinge fernzuhalten, muß man das Saatgut beizen und andere chemische Mittel anwenden. Der Stoffentzug durch die Ernte muß durch Düngung wettgemacht werden, zumal sich die Strohreste nur langsam zersetzen. Ja, der Weizen ist nicht einmal selbstverträglich, muß also in der Fruchtfolge durch andere Kulturpflanzen abgelöst und gewissermaßen ergänzt werden. Doch wäre es falsch, aus diesem Beispiel auf Unstabilität von Monokulturen schlechthin zu schließen. Davor sollte schon das Beispiel des Neusiedler Sees bewahren!

Die im vorigen Abschnitt erwähnten regressiven Sukzessionen sind sogar ein Beispiel dafür, daß sich Diversität und Stabilität gegenläufig verhalten können. Die aus einem Walde durch extensive Weidewirtschaft entstandenen Rasen und Heiden sind – zumindest in der gemäßigten Zone – wesentlich artenreicher als ihr natürlicher Ausgangspunkt. Doch ist ihre Stabilität so gering, daß sie sich sogar bei gleichbleibender Beweidung in ihrem Artengefüge verändern und schließlich „verbuschen", weil die vom Vieh verschmähten Arten überhand nehmen.

Mit einfachen Regeln ist es also auch in dieser Hinsicht nicht getan. Es bedarf noch vieler Untersuchungen, um die Reaktionen der Ökosysteme auf Veränderungen ihrer Umwelt richtig beurteilen und voraussagen zu können.

4. Zur Geschichte der Ökosystemforschung

Wenn man die Konzentration auf funktionelle Zusammenhänge in der Biosphäre für das Wesentliche der Ökosystemforschung hält, kann man ihre Anfänge bei Leonardo da Vinci oder noch früheren Naturforschern mit ähnlicher Blickrichtung suchen. Goethe sah dichterisch, „wie alles sich zum Ganzen webt, eins in dem andern wirkt und lebt", und auch Alexander von Humboldt, den man gern als Pionier moderner Wissensgebiete nennt, betrachtete kein Ding und keine Aktivität isoliert.

Ökosystemforschung im engeren Sinne entwickelte sich jedoch erst gegen Ende des 19. Jahrhunderts. Haeckel, der 1866 den Begriff Ökologie schuf, meinte noch in erster Linie die Umweltbeziehungen von Einzelwesen, also das, was wir heute als „Autökologie" oder – experimentell vertieft – als „Ökophysiologie" bezeichnen. Der Zusammenhänge zwischen allen am Lebensort (Biotop) miteinander existierenden Lebewesen wurde man sich erst bewußt, seit Möbius (1877) die Lebensgemeinschaft oder Biocoenose am Beispiel der Austernbänke definiert hatte.

Es ist wohl kein Zufall, daß solche Beziehungen zuerst im Bereich der Flachmeere und der Süßwasserseen gründlich studiert wurden. Denn diese haben relativ scharfe Grenzen oder gut unterscheidbare Teilbereiche, und es ist in ihnen geradezu offensichtlich, wie sehr Tiere und Pflanzen aufeinander angewiesen sind. Als erste klar ausgesprochen haben dies wohl Hensen (1886) und Brandt (1899). Das bevorzugte Studienobjekt der frühen Biocoenoseforschung aber wurde der Süßwassersee in seiner relativ geschlossenen Ganzheit. FORBES (1887) nannte ihn geradezu einen „Mikrokosmos“ und beschrieb ihn bereits als Ökosystem, ohne dieses Wort zu kennen. Die vielseitigsten, auch schon ins Experimentelle gehenden Untersuchungen nahmen THIENEMANN und seine Mitarbeiter vor (s. THIENEMANN, 1918, 1956). Doch fehlt es nicht an Forschern, die in Land-Ökosystemen ähnliche Zusammenhänge sahen. Genannt sei auch hier nur ein Klassiker, der russische Forstmann MOROZOV, der seine „Lehre vom Walde“ von 1902 ab vortrug und 1912 veröffentlichte.

Die Grundzüge des neuen Wissenszweiges waren also schon vor dem ersten Weltkrieg geklärt. Ihren Gegenstand bezeichnete man aber noch in wechselnder Weise. ABOLIN (1914) schlug z. B. den Begriff „Epigen" vor, und MARKUS (1926) sprach anhand estländischer Beispiele von „Naturkomplexen“. Für aquatische wie terrestrische Ganzheiten von Lebensgemeinschaften und Lebensraum prägte FRIEDRICHS (1927) den Begriff „Holocoen“ oder kurz „Coen“.

Das Verdienst, als erster von „ökologischen Systemen“ gesprochen und „Nahrungs-Zehrungs-Systeme (N/Z-Systeme)“, experimentell vereinfacht, untersucht zu haben, gebührt wohl dem deutschen Hydrobiologen WOLTERECK (1928). Den kürzeren Ausdruck „Ecosystem“ führte TANSLEY (1935) ein, ohne selbst in dem heutigen Sinne Ökosystemforschung zu treiben. Nach seiner Definition sollte ein solches System umfassen "not only the organism-complex, but also the whole complex of physical factors forming what we call environment." Das gleiche – nämlich die Ganzheit von Biocoenose und Biotop – meinte SUKACHEV (1939, s. 1958) mit dem Terminus „Geobiocoenose“. Sein späterer Versuch, diesem einen anderen Sinn zu geben als dem Begriff „Ökosystem“, konnte nicht überzeugen, weil er ihn offensichtlich mißverstanden hatte. Beide Ausdrücke werden heute meist als Synonyme gebraucht. Weitere vor und nach TANSLEY verwendete, mehr oder minder synonyme Bezeichnungen hat MAJOR (1969) zusammengestellt.

Raschen Aufschwung nahm die Ökosystemforschung während der letzten beiden Jahrzehnte vor allem in Nordamerika. Wie LINDEMAN (1942) rückte man die „trophisch-dynamischen Aspekte der Ökologie“ in den Vordergrund und sah das Ökosystem als "composed of physical-chemical-biological processes active within a space-time unit of any magnitude". In einem viel beachteten programmatischen Artikel definierte EVANS (1956) das Ökosystem kurz als: "interaction system comprising living things together with their non living habitat". In diese allgemeine Formel konnte er auch "organization levels other than that of the community" einschließen, insbesondere einzelne Lebewesen mit ihrer Umwelt. Mit einer so weiten Fassung des Begriffs sowie mit seinem Vorschlag, das Ökosystem als grundlegende Einheit für ökologische Untersuchungen anzuerkennen, ging er aber wohl zu weit, zumal bis heute keine allgemein verbindliche Typologie und Klassifikation der Ökosysteme vorliegt. Nach wie vor haben Pflanzengesellschaften (Phytocoenosen, Assoziationen) und Lebensgemeinschaften (Biocoenosen) ihre grundlegende Bedeutung in der Ökologie. Namentlich die ersteren sind leichter zu fassen und schärfer zu umgrenzen und werden, zumindest unter terrestrischen Bedingungen, noch lange zur Umschreibung von Ökosystemen benutzt werden müssen.

In das Zentrum der Ökologie versetzte E. P. Odum (1959) die Ökosystemforschung in seinem Lehrbuch "Fundamentals of Ecology", das 1969 in zweiter Auflage erschien. Seines Bruders 1971 veröffentlichtes Buch "Environment, Power and Society" rückt die Ökosysteme sogar in den Mittelpunkt einer Weltanschauung, die auch die menschlichen Gemeinschaften unter gleichen Gesichtspunkten betrachtet. Das Buch klingt mit moralischen, ja religiösen Forderungen aus, denen ich nicht zu folgen vermag und – sollten sie ernst gemeint sein – entschieden widersprechen möchte. Ein in dieser Weise mit moderner Forschung begründeter Machtanspruch kann nur schaden, und zwar der Ethik sowohl als auch der Ökosystemforschung.

Dringender als weltanschauliche Folgerungen sind exakte Messungen und experimentelle Untersuchungen. In dieser Hinsicht bedeutete das Internationale Biologische Programm (IBP) einen entschiedenen Aufschwung. Das IBP lief offiziell von 1967 bis 1972, wurde aber bereits seit 1958 geplant und wird in manchen Ländern noch jahrelang fortgesetzt werden. Sein allgemeines Ziel wurde zwar umschrieben als „biologische Grundlagen der Produktivität und der menschlichen Wohlfahrt" (the biological basis of productivity and human welfare), doch entwickelte es sich eigentlich zu einem grundlegenden Programm der Ökosystemforschung. Insbesondere gilt das für die Sektion Land-Lebensgemeinschaften (PT, Productivity of terrestrial biological communities), deren Programm im Herbst 1963 in Brüssel verbindlich formuliert und 1964 erstmals veröffentlicht wurde (Ellenberg u. Ovington). Heute arbeiten etwa 25 interdisziplinäre Arbeitsgruppen vor allem in West-, Nord- und Osteuropa nach diesen Richtlinien. Fast alle Beiträge in diesem Bande sind Ergebnisse aus solchen IBP-Vorhaben in Österreich und Westdeutschland. Eine Zusammenstellung der bei der Untersuchung von Wald-Ökosystemen bewährten Methoden hat Ellenberg (1971) herausgegeben.

Überblickt man den hier nur kurz skizzierten geschichtlichen Ablauf, so darf man hervorheben, daß die Ökosystemforschung von Europa, und zwar vorwiegend von Mitteleuropa, ausgegangen ist. Sie wurde hier allerdings in der Zeit von 1940 bis etwa 1960 durch so wenige Arbeiten gefördert, daß zuweilen der Eindruck entstehen konnte, sie sei eine amerikanische Errungenschaft. Im letzten Jahrzehnt belebte sich die europäische Tradition aber wieder kraftvoll. Den Auftakt hierzu gab unter anderen Duvigneaud (1961, 1967), dessen Darstellung auch in den Schulunterricht Eingang fand.

Durch die besonders in Amerika spürbare Tendenz zu verfrühter Formulierung von Gesetzmäßigkeiten und zu mathematischer Simplifizierung könnte sie in eine ähnliche Lage geraten wie die Ökologie zur Zeit Schimpers. Wir wissen heute, wie irreführend manche der damaligen Deduktionen waren und wie fruchtbar sich exakte Messungen und ergänzende Experimente auswirken. Nur wenn wir weitere gut ausgewählte Beispiele so genau und so lange wie nötig und so vielseitig wie möglich in wirklicher Zusammenarbeit aller beteiligten Disziplinen studieren, werden wir den Grund legen können zu einer allgemeinen Ökosystemforschung und damit zu dem umfassendsten Teil der Allgemeinen Biologie. Doch bevor wir dieses Fernziel anstreben, sollten wir uns über näherliegende Aufgaben klarwerden.

5. Ziele der heutigen Ökosystemforschung

Ökosysteme gleich welcher Größenordnung und Struktur sind so komplexe und vielseitige Gebilde, daß es stets interdisziplinärer Zusammenarbeit bedarf, um sie zu erforschen. Botaniker, Zoologen, Mikrobiologen sowie Hydrobiologen, Landwirte und Forstleute verschiedener Richtungen, Klimatologen, Bodenkundler und andere Spezialisten für bestimmte Faktorengruppen, aber auch Soziologen, Architekten, Techniker, Landespfleger und Planer müssen zusammenwirken, um gemeinsam zum Verständnis der mannigfaltigen Wechselwirkungen zu gelangen.

Das gilt für alle Aufgaben, die sich in der Ökosystemforschung stellen, d. h. sowohl für die beschreibende Inventarisierung als auch für die Analyse der Funktion und Leistung einzelner Komponenten oder Komponentengruppen, für die Erfassung des Funktionszusammenhanges, für die Aufstellung von Modellen und die mathematische Systemanalyse sowie für experimentelle Abwandlungen von Ökosystemen zur Vertiefung ihrer kausalen Analyse.

5.1 Strukturbeschreibung und ordnende Übersicht

Wenn auch das Schwergewicht der Ökosystemforschung auf der funktionellen Analyse und ihr Hauptziel in einem kausalen Verständnis der Zusammenhänge liegt, so darf sie die mehr beschreibende Arbeit nicht vernachlässigen. Man kann vier Teilaufgaben unterscheiden, die schrittweise zu einer immer vollständigeren Übersicht über die Ökosysteme der Erde führen: Strukturanalysen, Typisierung, Klassifikation und Kartierung.

Strukturanalyse ist hier in umfassendem Sinne gemeint. Sie beginnt mit einer verhältnismäßig einfachen Feststellung der am Aufbau eines Ökosystems beteiligten pflanzlichen und tierischen *Lebensformen.* Diese decken sich teilweise mit den trophischen Stufen, die in den Abschnitten 3.1 und 2.2 besprochen wurden, stellen aber in der Regel feinere Gruppierungen dar.

Was die höheren Pflanzen anbetrifft, kann man sich der bekannten Einteilung von RAUNKIAER bedienen, die von ELLENBERG u. MUELLER-DOMBOIS (1967) im Hinblick auf die Ökosystemforschung ausgebaut und zu einer für die elektronische Datenverarbeitung verwendbaren Dezimalklassifikation entwickelt wurde. Bei den niederen Pflanzen – außer den hier bereits berücksichtigten Moosen und Flechten – liegt eine solche ökologisch orientierte Lebensformen-Übersicht leider noch nicht vor.

Für die Tiere ist vielleicht die von KOEPCKE entwickelte Lebensformen-Gliederung verwendbar, die aber wohl noch an die Bedürfnisse der Ökosystemanalyse angepaßt werden müßte. Vorläufig arbeiten die Zoologen lieber mit sippensystematischen Einheiten, insbesondere mit einzelnen Arten. Das empfiehlt sich nicht zuletzt deshalb, weil die Biologie und Ökologie vieler Arten noch nicht genügend aufgeklärt ist und weil die ökologische Rolle einer und derselben Art im Laufe der ontogenetischen Entwicklung wechselt (s. Beitrag FUNKE, V B).

Für viele Pflanzen- und Tiergruppen ist es z. Z. aber noch sehr schwierig, überhaupt ein *taxonomisches Inventar* aufzustellen, d. h. eine „Artenliste“. Was bei höheren Pflanzen in der gemäßigten Zone eine Kleinigkeit bedeutet, wird in manchen tropischen Ökosystemen schon zu einer zeitraubenden und unvollkommen bleibenden Bemühung. Bei manchen Gruppen von Pilzen und Bakterien, Algen oder sonstigen Thallophyten muß man sich aber auch in Mitteleuropa oft mit der Angabe von Gattungen oder noch höheren Taxa begnügen. Dasselbe gilt für viele Insekten, Würmer und sonstige wirbellose Tiere, während die Wirbeltiere, insbesondere die Vögel, zuweilen rascher einigermaßen vollzählig zu inventarisieren sind als die höheren Pflanzen. Bei den meisten Ökosystemanalysen genügt es jedoch, bis zu dem verhältnismäßig leicht erreichbaren Niveau der taxonomischen Aufgliederung zu kommen und nur diejenigen Organismengruppen gründlicher zu bearbeiten, die in dem untersuchten System eine wichtige Rolle spielen.

Wie in der Vegetationskunde, der Bodenkunde und anderen teilweise beschreibenden Naturwissenschaften, bleibt man auch in der Ökosystemforschung nicht beim bloßen Inventarisieren, sondern versucht, die Fülle der Erscheinungen übersichtlich zu ordnen. Meistens vollzieht sich dieses Ordnen in zwei Schritten: *Typisierung* und *Klassifikation.*

Beide erledigen sich im Hinblick auf Ökosysteme nicht einfach dadurch, daß man eine möglichst ökologisch orientierte Vegetationsgliederung zugrunde legt oder diese mit einer Klimagliederung, einer Übersicht von Bodentypen oder anderen Klassifikationen von Landschaftselementen kombiniert. Obwohl Pflanzen, Klimafaktoren und Böden Bestandteile von Ökosystemen sind, sollten solche Klassifikationen einzelner Komponenten höchstens behelfsmäßig zur Ordnung der Ökosysteme herangezogen werden. Vielmehr sollte man den eigenen Wesenszügen der Ökosysteme und ihrem funktionalen Charakter gerecht werden, die in den Abschnitten 2 und 3 kurz vor Augen geführt wurden.

Um diese Einführung nicht damit zu belasten, wird der Entwurf einer solchen wesensgemäßen Klassifikation gesondert vorgelegt (Beitrag VII). Hauptgesichtspunkte für die Aufstellung von Typen abgestufter Ähnlichkeit sind darin:

- vorherrschende Lebensmedien (Luft, Wasser, Boden),
- Biomasse und Produktivität sowie vorherrschende Lebensformen der Primärproduzenten,
- begrenzende Faktoren für diese Produktivität und für das Verhalten anderer wichtiger Komponenten,
- regelmäßige Stoffgewinne oder -verluste durch Nährstoffzufuhr, Sedimentation oder dgl.,
- relative Rolle der Mineralisierer und anderer Zersetzer sowie der Herbivoren und anderer Gruppen von Konsumenten,
- Rolle des Menschen für die Entstehung des Ökosystems, seine Energieversorgung und seinen Stoffkreislauf.

Da die Analyse einzelner Ökosysteme viel schwieriger und zeitraubender ist als die Analyse einzelner Pflanzenbestände, wird man beim Klassifizieren von Ökosystemen auf jeden Fall deduktiv beginnen, d. h. von umfassenden und großräumigen Einheiten zu den kleineren fortschreiten müssen. Man kann also nicht induktiv von zahlreichen Einzelbeispielen ausgehen und diese nach abnehmender Ähnlichkeit gruppieren, wie dies z. B. bei dem von BRAUN-BLANQUET (1928, 1964) begründeten pflanzensoziologischen System geschieht. Eine hierarchische Betrachtung ist auf jeden Fall auch bei Ökosystemen möglich und zweckmäßig (s. WEISS, 1971).

Für eine Klassifikation der Ökosysteme ergeben sich viele umfassende und selbst manche kleineren Einheiten bereits aus dem allgemeinen Sprachgebrauch, z. B. Süßwassersee, Quellbach, Salzmarsch, Wattenmeer, Grassteppe, Sukkulenten-Halbwüste, sommergrüner Laubwald, Tundra oder dgl. Hauptaufgabe einer Klassifikation der Ökosysteme wäre es also zunächst, solche Einheiten schärfer zu definieren, sie in sinnvoller Weise zu einer Hierarchie zu ordnen, die weitere Untergliederungen zuläßt, und endlich solche feineren Gliederungen zumindest exemplarisch auszuarbeiten. Das ist in Beitrag VII versucht worden.

Eine z. Z. noch kaum lösbare Aufgabe ist die Typisierung und Klassifikation von ökologischen Systemen, in denen der *Mensch* die entscheidende Rolle spielt. Im Prinzip ist beispielsweise eine Stadt mit ihren Randbezirken und dem Umland, aus dem sie vorwiegend versorgt wird, durchaus als Ökosystem zu betrachten. Denn die darin lebenden Menschen sind Glieder von Nahrungsnetzen und nehmen an Energieumsätzen wie Stoffkreisläufen teil. Wie ODUM (1971) mit Recht betont, liegt hier namentlich für die mathematische Systemanalyse kein grundsätzlich anderer Fall vor als etwa bei einem Süßwassersee mit seiner Uferzonierung und seinen Zuflüssen oder bei einem Korallenriff. Über formale oder philosophische Ansätze und Analogieschlüsse ist man hier aber noch kaum hinausgekommen. Es wäre eine der reizvollsten und zugleich dringlichsten Aufgaben, die Erforschung der anthropogenen Ökosysteme auf eine solidere Grundlage zu stellen.

5.2 Analyse der Funktion und Leistung

Schon lange bevor man von Ökosystemen sprach und sich über ihre Typisierung und Klassifikation Gedanken machte, begann man *Teilvorgänge* zu analysieren und die Leistung *einzelner Komponenten* zu erfassen. Namentlich in der Fischereibiologie, in der Limnologie sowie in der Land- und Forstwirtschaft wurden zahlreiche Untersuchungen durchgeführt, die für die Ökosystemforschung unmittelbar verwertbar sind.

Solche Teilanalysen werden beim Studium der Ökosysteme auch in Zukunft stets eine große Rolle spielen, obwohl dessen eigentliches Anliegen das Verständnis des Systems als Ganzheit ist. Im Gegensatz zu einem hochorganisierten Organismus ist jedoch ein Ökosystem keine unteilbare Einheit. Es ist zwar mehr als die bloße Summe seiner Komponenten. Aber es kann sich – wenn auch oft erst in langen Zeiträumen – aus seinen Komponenten neu bilden und unterlag im Laufe seiner Geschichte manchen Veränderungen, von denen seine Komponenten in unterschiedlichem Maße betroffen wurden. Wie BURKAMP (1929), der Philosoph der Ganzheiten, betont, kann man diese gar nicht anders als über Teilvorgänge analysieren. Selbst bei Organismen, also bei individuellen Ganzheiten, ist Erkenntnis nur „auf dem Wege über Partialkausalitäten" möglich.

Die eigentliche und wichtigste Aufgabe der Ökosystemforschung ist aber nicht die Analyse von solchen Teilvorgängen, wie sie seit langem isoliert untersucht wurden und im Prinzip von einem einzigen Fachmann ohne Kontakt mit anderen bewältigt werden können, sondern die interdisziplinäre Analyse von Vorgängen, die alle oder doch mehrere Komponenten miteinander verbinden. Solche Vorgänge könnte man geradezu als „ganzheitschaffende“ oder „systemeigene“ bezeichnen, z. B.:

- Energieumsätze,
- Kreisläufe von Stoffen wie C, N, P, K, Ca,
- den Wasserkreislauf,
- die Konkurrenz innerhalb gleicher Lebensformen und innerhalb einzelner Trophiegruppen,
- die Tätigkeit der Heterotrophen in vorwiegend autotrophen Ökosystemen,
- das dynamische Gleichgewicht zwischen grünen Pflanzen und Tieren verschiedener Trophiestufen.

Auf die meisten dieser Prozesse wurde bereits in den Abschnitten 2 und 3 kurz eingegangen. Ausführliche Beispiele bringen die Mitarbeiter an diesem Buche, namentlich PECHLANER (II A), TILZER (II B), RHEINHEIMER (IV), RUNGE (V A), FUNKE (V B) und ULRICH u. MAYER (V C).

5.3 Studium der Stabilität und der Selbstregulation

Die Gesamtheit dieser Prozesse führt zu dem, was gern als „ökologisches Gleichgewicht“ bezeichnet wird. Dieses ist so kompliziert und so dynamisch, daß man bisher noch bei keinem einzigen in der Natur gegebenen Ökosystem in der Lage ist, es exakt nachzuweisen, experimentell in den Griff zu bekommen oder gar vorauszuberechnen. Der Mangel an Wissen wird gerade auf diesem Gebiete gern durch Zitieren von „Gesetzmäßigkeiten“ ausgeglichen, die wie Axiome behandelt werden. Hier ist also die Ökosystemforschung auf einem Entwicklungsstand wie die Pflanzenökologie etwa zur Zeit von SCHIMPERS „physiologischer Trockenheit“ der Hochmoore. Nur gründliche Analysen der tatsächlichen Zusammenhänge und experimentelle Arbeiten können hier weiterführen.

Wie wenig solide der Grund ist, auf dem allgemeine Aussagen über das ökologische Gleichgewicht beruhen, mag am Beispiel der bereits in Abschnitt 3.6 kurz behandelten biologischen „*Diversität*“ verdeutlicht werden. Einem arten- und lebensformenreichen System wird eine größere Stabilität zugesprochen als einem arten- und formenarmen. Da dieser Satz sehr logisch erscheint, wird er auch vom Laien akzeptiert und dient daher oft mit Erfolg zur Rettung von Zerstörung bedrohter Naturbereiche. Läßt er sich aber wirklich durch Tatsachen stützen?

Auf den Schilfgürtel des Neusiedler Sees als Beispiel für ein wenig diverses, jedoch keineswegs instabiles System wurde schon hingewiesen. Nach BURIAN (III A) hat es sogar fundamentale Störungen seiner Umwelt, wie die mehrmalige Austrocknung des Sees in den Jahren seit 1860, ohne nachhaltigen Schaden überstanden. Zwar bricht der Schilfbestand auf Flächen von einigen Metern Durchmesser immer einmal wieder hier und dort für einige Jahre zusammen, weil möglicherweise seine Rhizome zu dicht oder zu alt wurden. Aber solche

„Lakunen“ heilen rascher wieder aus als z. B. die Lücken, die in einem Urwald durch das Fallen überalterter Bäume entstehen.

Auch der mitteleuropäische Rotbuchenwald auf sauren Böden (Luzulo-Fagetum) ist ein in allen Trophiegruppen artenarmes System und doch eines der stabilsten Waldökosysteme (s. die Beiträge in Abschnitt V). Jedenfalls haben es aus Amerika und anderen Kontinenten eingeführte Baum- und Straucharten niemals vermocht, im Eichen-Buchenwald oder in einer ähnlichen Gesellschaft Fuß zu fassen, auch wo man sie in unmittelbarer Nähe anpflanzte. Krautige Adventivpflanzen fehlen ebenfalls in diesem armen Buchenwaldtyp, während sich z. B. das kleinere Springkraut *(Impatiens parviflora)* in artenreicheren Kalkbuchenwäldern der Nachbarschaft ausbreitete. Der artenarme Hainsimsen-Buchenwald ist also keineswegs weniger stabil als die viel artenreicheren Wälder auf Kalkböden.

Auch im Hinblick auf das Gleichgewicht zwischen Waldbäumen, den diese schädigenden Pflanzenfressern und deren Feinden muß die generelle Richtigkeit des Satzes von der Diversität bezweifelt werden. Zwölfer (1930, 1931) hat nämlich festgestellt, daß bei großem Artenreichtum der carnivoren Feinde die Kontrolle der Herbivoren weniger effektiv sein kann, als wenn nur eine einzige Art oder nur wenige Arten zur Verfügung stehen. Infolge der Konkurrenz innerhalb der Carnivoren gelingt es von den zahlreichen Feinden keinem, einer raschen Vermehrung der Beutepopulation mit ebenso rascher Vermehrung zu folgen. Die Bäume sind also in einem in dieser Hinsicht wenig diversen Ökosystem nicht so sehr gefährdet wie in einem artenreicheren.

Mit diesen Beispielen – die leicht vermehrt werden könnten – soll nun keineswegs ein Anti-Diversitätssatz begründet werden. Die Funktions-Zusammenhänge sind in verschiedenen Typen von Ökosystemen sehr wahrscheinlich nicht gleich, und es bedarf noch vieler Untersuchungen, bevor man Verallgemeinerungen wagen darf.

Der ebenfalls häufig gebrauchte Satz, die Diversität der Lebensgemeinschaften werde durch den Menschen, insbesondere mit dessen steigender Zivilisation, vermindert, gilt ebenfalls nicht ohne Einschränkung. Bei der floristischen Kartierung Südniedersachsens (Ellenberg u. Mitarb., 1968; Haeupler, 1970) beispielsweise hat sich herausgestellt, daß die Zahl der Gefäßpflanzenarten auf einer 5×5 km großen Fläche um so kleiner ist, je weniger lückig sie mit Wald bedeckt ist. Überall wo diese von Natur aus vorherrschende Formation vom Menschen gelichtet und durch Schafweiden, Wiesen, Äcker, Wegraine und dgl. ersetzt wurde, wuchs die Zahl der Arten beträchtlich, nämlich von etwa 200 auf über 500 pro 25 km^2. Die höchsten Zahlen, bis an 1000, wurden im Randgebiet von Großstädten erreicht. Erst bei dichter werdender Bebauung sinkt die Artenzahl wieder, und zwar dann sehr rasch.

Was für den an sich artenarmen Wald im gemäßigten Mitteleuropa gilt, ist jedoch für den an Baumarten außerordentlich reichen Wald des feuchttropischen Tieflandes sicher nicht richtig. Nach allem, was wir bisher über ihn wissen, sinkt hier die Artenzahl der Gefäßpflanzen durch Rodung und landwirtschaftliche Nutzung von vornherein ab. Für diese Verhältnisse gilt denn auch die am Beginn dieses Absatzes angeführte Diversitätsregel, aber wahrscheinlich nur für diese uneingeschränkt.

5.4 Untersuchung von geschichtlichem Werden und Sukzession

In engem Zusammenhang mit den soeben besprochenen Problemen steht die Frage nach der Entstehung des jeweils untersuchten Ökosystems. Dabei sollte man unterscheiden zwischen seiner *Geschichte*, d. h. der Abfolge einmaliger Ereignisse in der Evolution der Organismen und in der Besiedlung und Veränderung ihres Lebensraumes, und der *Sukzession*, d. h. dem Ablauf wiederholbarer Entwicklungsvorgänge, die zu dem betreffenden Ökosystem führten.

Viele natürliche oder naturnahe Ökosysteme haben bereits einen langen Werdegang hinter sich. Derjenige der tropischen Regenwälder im Amazonasgebiet reicht sicher bis in die frühe Tertiärzeit zurück, und die Geschichte der ozeanischen Ökosysteme beginnt in noch weit früheren geologischen Perioden. Wenn man ihren Bestand an Pflanzen- und Tiersippen nimmt, hängt diese Geschichte mit derjenigen der gesamten Biosphäre zusammen.

Alle *Evolutionen* vollzogen sich in Ökosystemen, allerdings nicht in den heute gegebenen, sondern in ihren Vorläufern. Die Entwicklungsgeschichte der Organismen und die der Ökosysteme sind untrennbar miteinander verbunden.

Wenn man beginnt, ein bestimmtes Ökosystem zu untersuchen, sollte man sich zunächst einen Überblick über seine *Geschichte* zu verschaffen suchen, so weit dies nur möglich ist. Besonders wichtig ist es, die durch den Menschen bewirkten Änderungen genau zu erfassen und weit zurückzuverfolgen, denn diese haben den Charakter der Ökosysteme schon auf primitiver Wirtschaftsstufe oft grundlegend gewandelt. Sogar in „natürlich“ anmutenden Wäldern, die als „Urwälder“ unter Schutz stehen, waren die anthropogenen Einflüsse oft stärker und für Struktur und Funktion des heutigen Systems bedeutender als man meinen möchte. Beispielsweise können Humusdecken auf der Bodenoberfläche vorhanden sein, die von früheren Verheidungen herstammen, oder es kann sich um einen Wald handeln, dessen Produktivität allmählich zunimmt, seit man seine Streudecke nicht mehr in Abständen weniger Jahre zur Düngergewinnung entfernt und es dem Wald-Ökosystem selbst überläßt, seinen Stoffkreislauf zu intensivieren.

Zahlreiche Ökosysteme sind Glieder von *Sukzessionsreihen*, die an demselben Ort schon oftmals durchlaufen wurden. Dafür sei nur das in Abschnitt 3.5 kurz erläuterte Beispiel der Besiedlung eines Windbruchs oder Kahlschlags in den von Natur aus dichten und schattigen Wäldern Mitteleuropas angeführt. Solche mehr oder minder zyklischen, *sekundären* Sukzessionen gibt es in vielen Waldgebieten, auch in tropischen. In den Grundzügen ähnlich verläuft auch die *primäre* Sukzession, d. h. die erste Besiedlung von unbewachsenem Neuland im Waldklima. Über diese liegen noch immer zu wenig exakte Beobachtungen vor.

Was für Waldlandschaften gesagt wurde, gilt im Prinzip auch für Grasländer und andere Formationen. Doch sind wir hier über die Ursachen und den Ablauf von sekundären zyklischen Sukzessionen noch ungenügend unterrichtet. Es wird z. B. von Grodzinskij (1968, mdl.) behauptet, daß in den Steppen Südrußlands ein kleinräumiger Artenwechsel stattfindet, weil zentrifugal wachsende Pflanzen ihren Wuchsort im Innern der eigenen Bestände durch Ausscheidung toxischer Substanzen für sich selber unbesiedelbar machen. Auch bei Tieren kennt man solche Zyklen, z. B. bei den Lachmöwen, deren Brutkolonien Gessner (1932) in Zwergstrauchheiden an der Ostseeküste beobachtete. Durch ihren Kot überdüngten die Möwen den Boden und brachten das Zwerggesträuch zum Absterben, so daß sie gezwungen waren, bis zur Regeneration desselben benachbarte Flächen als Brutplatz zu wählen.

Diese Beispiele mögen genügen, um auf die räumliche und strukturelle Dynamik hinzuweisen, der manche Ökosysteme unterworfen sind. Wahrscheinlich spielt diese eine viel größere Rolle für deren langfristige Stabilität als wir heute ahnen.

5.5 Experimentelle Abwandlungen von Ökosystemen

Die Analyse der in unserer Natur- und Kulturlandschaft gegebenen Ökosysteme und ihres Funktionszusammenhangs stellt so komplexe und schwierige Aufgaben, daß es nahe liegt, an Experimente unter vereinfachten Bedingungen zu denken.

Schon WOLTERECK (1928) brachte Süßwasser-Nahrungsketten, die er „Nahrungs-Zehrungssysteme" nannte, auf die einfachste Form von zwei einartigen Gliedern. So experimentierte er mit Reinkulturen einer Grünalge als Primärproduzenten und eines Wasserflohs als Konsumenten, um die Gesetzmäßigkeiten von N/Z-Systemen zu ergründen. SLOBODKIN (1959) fügte als weiteres Glied einen „Raubtierersatz" hinzu, indem er als Experimentator die Vermehrung der Konsumenten durch Herauspipettieren kontrollierte. Entsprechende Experimente in anderen Medien und mit anderen Arten würden wahrscheinlich rascher als andere Untersuchungen dazu führen, die Gesetze der Selbstregulation von Ökosystemen zu erkennen.

Leichter durchführbar und doch aufschlußreich sind Experimente, die darin bestehen, daß wichtige Partner eines Ökosystems gänzlich ausgeschlossen oder durch andere ersetzt werden, oder aber darin, daß neue, bisher nicht vorhandene Pflanzen oder Tiere (Exoten) eingeführt werden. Viele solche Experimente geschahen und geschehen ohne Erkenntnis-Absicht, z. B. durch Anpflanzen von standortsfremden Baumarten, die einen höheren Reinertrag bringen, oder durch Einschleppen kampfkräftiger Bäume oder gefräßiger Tiere in artenarme Insel-Ökosysteme.

Auch mit der Abwandlung von Außenfaktoren experimentierte man bereits lange, bevor man sich Rechenschaft darüber gab, daß man auf diese Weise Ökosystemforschung trieb. Man denke nur an Düngungsversuche, Versuche mit veränderter Bewirtschaftung oder abgestufter Be- und Entwässerung.

Um mehr über die *Belastbarkeit* verschiedener Ökosysteme durch toxische Substanzen, Verunreinigungen oder dgl. zu erfahren, sollte man bewußt zu experimentellen Abwandlungen der Dosierung übergehen. Soweit aus der Literatur ersichtlich, geschieht dies z. Z. nur im Hinblick auf radioaktive Substanzen und Auswirkungen von Kernexplosionen. In Oak Ridge (Tennessee) beispielsweise hat sich ein eigener Forschungszweig, die „Radio-Ecology" (Strahlen-Ökologie), entwickelt. Diese bezieht auch die Untersuchung der Dynamik von Ökosystemen mit ein, indem z. B. Stoffkreisläufe durch Einbringen radioaktiver Elemente verfolgt werden (s. OLSON, 1965 und 1966).

Im ganzen gesehen, steht die experimentelle Ökosystemforschung aber noch in den Anfängen.

5.6 Modellbildung und mathematische Systemanalyse

Eines der vornehmsten Ziele der allgemeinen wie der speziellen Ökosystemforschung ist das Formulieren von Modellen, die die Wirklichkeit vereinfachend und doch richtig zu beschreiben und zu handhaben gestatten.

Am Anfang der Analyse steht das „*Wortmodell*“, d. h. eine klare Beschreibung der Bestandteile eines Systems und ihrer möglichen Zusammenhänge. Im Laufe der Untersuchungen kann es vervollkommnet und nach Bedarf berichtigt werden. Doch auch bei der abschließenden Synthese der Ergebnisse wird man sich seiner noch bedienen, weil es als einziges gestattet, die Komponenten, ihre gegenseitigen Beziehungen, ihre Dynamik und ihre Bedeutung für das Ganze für jeden gebildeten Leser unmißverständlich auszudrücken. Je organismenreicher und je wechselvoller das dargestellte Ökosystem ist und je mehr wir darüber wissen, desto länger und schwerfälliger wird jedoch das Wortmodell. Zudem ist es kaum geeignet, die Gemeinsamkeiten und Gegensätze verschiedener Ökosysteme klar und überschaubar herauszustellen.

Dies leistet ein „*Bildmodell*“ viel besser, das die Komponenten und ihre Beziehungen visuell ausdrückt. Skizzen der beteiligten Organismenformen sprechen den Betrachter ohne Worte an. In Abb. 1 geschieht dies durch verschieden umrahmte Kompartimente mit Begriffs-Bezeichnungen sowie durch Pfeile, die mit ihrer ungleichen Breite und Schraffur Richtung und Wesen der Beziehungen auszudrücken versuchen. Noch abstrakter sind Modelle, die lediglich aus Namen und Pfeilen bestehen, z. B. Abb. 1 im Beitrag von Runge (V A). Um auf den ersten Blick die Parallelen hervortreten zu lassen, die sich zwischen so heterogenen Ökosystemen wie etwa einem See, einem Wald, einem Atoll mit seiner Fischerbevölkerung und einer Industriestadt ergeben, macht man gern von Symbolen statt von Worten Gebrauch (z. B. bei Odum, 1971). Diese konventionellen Zeichen erleichtern den nächsten Schritt der Abstraktion.

Wenn es vor allem darauf ankommt, Meßdaten aufzubereiten und übersichtlich zusammenzustellen, kann man sich auch eines „*Kompartimentierungs-Modells*“ bedienen, wie dies im Beitrag von Ulrich u. Mayer (V C) geschehen ist. Obwohl hierin keine Beziehungen angedeutet sind, erleichtert es deren Berechnung; zumal, wenn es für Daten aus verschiedenen Disziplinen benutzt wird, z. B. für Temperaturen und andere Klimawerte, Produktionen von Pflanzen oder Tieren, Energiegehalte, Gehalte an bestimmten Stoffen usw.

Mathematische Modelle gelten als die Krönung der Systemanalyse, seien es nun Formeln oder umfangreiche Programme für die elektronische Datenverarbeitung. Gerade deren rasche Entwicklung förderte die mathematische Systemanalyse, die das Ziel hat, natürliche Vorgänge möglichst vollkommen zu simulieren und vorauszusagen. Die größten Fortschritte wurden auf diesem Gebiete zweifellos in Nordamerika gemacht, wo die Systemanalyse als eine der Voraussetzungen für Weltraumflüge rasch vervollkommnet wurde. Doch fehlt es gerade hier auch nicht an kritischen Stimmen, die vor einer Überschätzung der Berechenbarkeit von Ökosystemen warnen (namentlich MAELZER, 1965 und WATT, 1968).

Entscheidende Vorteile brachte auf jeden Fall die Registrierung und Verarbeitung zahlreicher Meßdaten, die heute durch elektronische Geräte ermöglicht wird. Erst dadurch sind wir in die Lage versetzt worden, der starken zeitlichen und räumlichen Variabilität Herr zu werden, der alle Vorgänge und Erscheinungen in den Ökosystemen unterworfen sind. Der Beitrag von CERNUSKA (VI B) zur Funktionsanalyse und deren Problematik mag hier als Beispiel genügen.

5.7 Angewandte Ökosystemforschung

In allen vorhergehenden Abschnitten klang bereits an, daß Ökosystemforschung nicht nur wissenschaftlich reizvoll ist, sondern auch große praktische Tragweite erreichen kann. Sie ist eine der wichtigsten Grundlagen für den Umweltschutz, soweit dieser Störungen von Ökosystemen der Natur- oder Kulturlandschaft verhindern oder heilen soll. Hier aber klaffen noch die größten Wissenslücken.

In richtiger Erkenntnis dieses fundamentalen Mangels hat das von der UNESCO entwickelte internationale Programm „Der Mensch und die Biosphäre" die Erforschung von natürlichen und anthropogenen Ökosystemen in den Mittelpunkt gerückt. In zwei für die praktische Anwendung notwendigen Richtungen wird dieses neue Programm über das Internationale Biologische Programm und über die in dem vorliegenden Buch dargestellten Aspekte der Ökosystemforschung hinausgehen: Es wird den Menschen als Glied und Mitschöpfer von Ökosystemen viel stärker berücksichtigen, und es wird die gegenseitigen Beziehungen verschiedener Ökosysteme (s. Abschnitt 3.4) zu einem wesentlichen Forschungsgegenstand machen. Hoffen wir, daß dieses umfassende interdisziplinäre Vorhaben auch in den deutschsprachigen Ländern zum Zuge kommen und wirksam dazu beitragen wird, die Ökosystemforschung zu fördern!

Literatur

ABOLIN, R. I.: Tentative epigenological classification of bogs. Bolotovedenie **3** (russ., zit. nach SUKACHEV and DYLIS, 1964).

ARUGA, Y., MONSI, M.: Primary production in the Northwestern part of the Pacific of Honshu, Japan. J. Oceanograph. Soc. Jap. **18**, 37–46 (1962).

BAKUZIS, E. V.: Forestry viewed in an ecosystem perspective. In: G. M. VAN DYNE (Ed.): The ecosystem concept in natural resource management, pp. 189–258. New York–London: Academic Press 1969.

BENECKE, P., MAYER, R.: Aspects of soil water behavior as related to beach and spruce stands. – Some results of the water balance investigations. Ecolog. Stud. **2**, 153–163 (1971).

BRANDT, K.: Über den Stoffwechsel im Meere. I. II. III. Wiss. Meeresunters. Kiel **4** (1899), **6** (1902), **18** (1918).

BRAUN-BLANQUET, J.: Pflanzensoziologie. Grundzüge der Vegetationskunde, 865 S. 3. Aufl. Wien-New York: Springer 1964.

BROWN, J.: U. S. Tundra biome program. In: O. W. HEAL (Ed.): Working meeting on analyses of ecosystems, Kevo, Finland, Sept. 1970, pp. 171–179. London: IBP Central Office, 7 Marylebone Road 1971.

BURKAMP, W.: Die Struktur der Ganzheiten, 378 S. Berlin: Junker und Dünnhaupt V. 1929.

COOK, E.: The flow of energy in an industrial society. Sci. American **224**, 135–144 (1971).

DUVIGNEAUD, P.: L'écologie, science moderne de Synthèse. Vol. 2: Écosystèmes et biosphère. Bruxelles: Ministère de l'Éducation Nationale et de la Culture, Documentation 23. 1. Aufl. 1961, 2. Aufl. 1967, 137 S., 1967.

ELLENBERG, M. (Ed.): Integrated experimental ecology. Ecolog. Stud. **2**, 214 p. Berlin – Heidelberg – New York: Springer 1971.

ELLENBERG, H., HAEUPLER, H., HAMANN, U.: Arbeitsanleitung für die Kartierung der Flora Mitteleuropas. Mitt. Florist.-Soziol. Arb. gem., N. F. **13**, 284–297 (1968).

ELLENBERG, H., MUELLER-DOMBOIS, D.: A Key to Raunkiaer plant life forms with revised subdivisions. Ber. Geobotan. Inst. ETH, Stiftg. Rübel, Zürich **37**, 56–73 (1967).

ELLENBERG, H., OVINGTON, J. D.: Produktions-Ökologie von Land-Lebensgemeinschaften im Rahmen des Internationalen Biologischen Programmes. Ber. Geobotan. Inst. ETH, Stiftg. Rübel, Zürich **35**, 14–40 (1964).

EMANUELSSON, A., ERIKSON, E., EGNÉR, H.: Composition of atmospheric precipitation in Sweden. Tellus (Stockholm) **6**, 261–267 (1954).

EVANS, F. C.: Ecosystem as the basic unit in ecology. Science **123**, 1127–1128 (1956).

FORBES, S. A.: The lake as a microcosm. Bull. Peoria Sci. Assoc. 1887. Siehe: Illinois Nat. Hist. Surv. Bull. **15**, 537–550 (1925).

FRIEDRICHS, K.: Grundsätzliches über die Lebenseinheiten höherer Ordnung und den ökologischen Einheitsfaktor. Naturwiss. **15**, 153–157, 182–186 (1927).

FRIEDRICHS, K.: Zur Bedeutung der Biozönotik für die Kultur der Gegenwart. Ber. über die Hundertjahrfeier der Deut. Entomol. Ges. Berlin, 30. Sept.–5. Okt. 1956, Berlin, 100–105 (1956).

GATES, D.: The flow of energy in the biosphere. Sci. American **224**, 89–100 (1971).

GESSNER, F.: Die Entstehung und Vernichtung von Pflanzengesellschaften an Vogelnistplätzen. Beih. Botan. Cbl. **49**, Erg.-Bd., 113–128 (1932).

GEYGER, E.: Green area indices of grassland communities and agricultural crops under different fertilizing conditions. Ecolog. Stud. **2**, 68–71 (1971).

HAECKEL, E.: Generelle Morphologie der Organismen. 2 Bde., 576 u. 462 S. Berlin: Reimer 1866.

HAEUPLER, H.: Zwischenbilanz zum Stand der floristischen Kartierung Mitteleuropas in Westdeutschland. Göttinger Florist. Rundbr. **4**, 15–17 (1970).

HARTMANN, M.: Die methodologischen Grundlagen der Biologie. Ann. Philos. **11**, 235–261 (1933).

HENSEN, V.: Über die Bestimmung des Planktons oder des im Meere treibenden Materials an Pflanzen und Tieren. Wiss. Meeresunters., Ber. **5**, 12–16, Kiel (1882–1886).

KIESE, O.: The measurement of climatic elements which determine production in various plant stands. Ecolog. Stud. **2**, 132–142 (1971).

KOEPCKE, H.-W.: Zur Analyse der Lebensformen. Bonn: Zool. Beitr. **7**, 151–185 (1956).

LINDEMAN, R. L.: The trophic-dynamic aspect of ecology. Ecology **23**, 399–418 (1942).

MAECTA, L., HUGHES, E.: Atmospheric oxygen in 1967 to 1970. Science **168**, 1582–1584 (1970).

MCKEE, H. S.: Nitrogen metabolism in plants, 728 p. Oxford: Clarendon Press 1962.

MAELZER, D. A.: Environment, semantics, and system theory in ecology. J. Theoret. Biol. **8**, 395–402 (1965).

MAJOR, J.: Historical development of the ecosystem concept. In: G. M. VAN DYNE (Ed.): The ecosystem concept in natural resource management, p. 9–22. New York and London: Academic Press 1969.

MARKUS, E.: Naturkomplexe. Sitz. ber. Naturforsch. Ges. Univ. Tartu **32**, 79–94 (1926).

MÖBIUS, K.: Die Auster und die Austernwirtschaft. Berlin: Wiegandt, Hempel und Parey 1877.

MOROZOV, G. F.: Lehre vom Walde (russ. 1. Aufl. 1912), 7. Aufl. 456 S. Moskau u. Leningrad: Golesbumizdat 1949.

MOROWITZ, H.: Energy flow in biology, 179 p. New York and London: Academic Press 1968.

MOROWITZ, H.: Entropy for biologists, 195 p. New York and London: Academic Press 1970.

ODUM, E. P.: Relationships between structure and function in ecosystems. Jap. J. Ecol. **12**, 108–118 (1962).

ODUM, E. P.: Fundamentals of ecology. Philadelphia and London 1959, 546 p. 2nd edit. 1969.
ODUM, H. T.: Trophic structure and productivity of Silver Springs, Florida. Ecol. Monogr. **27**, 55–112 (1957).
ODUM, H. T.: Environment, power and society, 331 p. New York–London–Sidney–Toronto: John Wiley & Sons, Inc. 1971.
OLSON, J. S.: Equations for cesium transfer in a Liriodendron forest. Health Physics **11**, 1385–1392 (1965).
OLSON, J. S.: Progress in radiation ecology: Radionuclide movement in major environments. Nuclear Safety **8**, 53–58 (1966).
PATTEN, B. C.: An introduction to the cybernetics of the ecosystem: the trophic-dynamic aspect. Ecology **40**, 221–231 (1959).
SCHIMPER, A. F. W.: Pflanzengeographie auf physiologischer Grundlage, 1. Aufl. Jena: G. Fischer 1898.
SCHULTZ, A. M.: A study of an ecosystem: The arctic tundra. In: G. M. VAN DYNE (Ed.): The ecosystem concept in natural resource management, p. 75–93. New York and London: Academic Press 1969.
SHUTT, F. T.: Nitrogen compounds in rain and snow at Ottawa. Quart. J. Roy. Meteorol. Soc. **41**, 158 (1915).
SHUTT, F. T., HEDLEY, B.: N. Proc. Trans. Roy. Soc. Canada **19**, 1 (1925).
SLOBODKIN, L. B.: Energetics in Daphnia pulex populations. Ecology **40**, 232–243 (1959).
SUKACHEV, V. N.: On the principles of genetic classification in biocenology. Translated from the original Russian (Zhur. Obshchei Biol. **5**, 213–227, 1944) by F. RANEY, edited and condensed by R. DAUBENMIRE. Ecology **39**, 364–367 (1958).
SUKACHEV, V. N., DYLIS, N. V.: Fundamentals of forest biogeocoenology (russ.), 575 p. Moskau: Nauka, 1964, translated by J. M. MACLENNAN, 672 p. Edinburgh and London: Oliver and Boyd LTD 1966.
TANSLEY, A. G.: The use and abuse of vegetational consepts and terms. Ecology **16**, 284–307 (1935).
THIENEMANN, A.: Lebensgemeinschaft und Lebensraum. Naturwiss. Wochenschr. **33** (1918).
THIENEMANN, A. F.: Leben und Umwelt. Vom Gesamthaushalt der Natur, 153 S. Hamburg: Rowohlts Deutsche Encyklopädie 1956.
WATT, K. E. F. (Ed.): Systems analysis in ecology, 276 p. New York and London: Academic Press 1966.
WATT, K. E. F.: Ecology and resource management. A quantitative approach, 450 p. New York, San Francisco etc.: McGraw-Hill Book Company 1968.
WEISS, P. A.: Hierarchically organized systems in theory and practice, 263 p. New York: Hafner 1971.
WHITTAKER, R. H.: A consideration of climax theory: The climax as population and pattern. Ecol. Monogr. **23**, 41–78 (1953).
WOLTERECK, R.: Über die Spezifität des Lebensraumes, der Nahrung und der Körperformen bei pelagischen Cladoceren und über „ökologische Gestaltsysteme". Biol. Zbl. **48**, 521–551 (1928).
ZWÖLFER, W.: Zur Theorie der Insektenepidemien. Biol. Zbl. **50**, 724–759 (1930).
ZWÖLFER, W.: Studien zur Ökologie und Epidemologie der Insekten. I. Die Kieferneule, Panolis flammea Schiff. Z. Angew. Entomol. **17**, 475–682 (1931).

II. Ein Hochgebirgssee als Objekt der Ökosystemforschung

A. Das Ökosystem Vorderer Finstertaler See

R. Pechlaner, G. Bretschko, P. Gollmann, H. Pfeifer, M. Tilzer und H. P. Weissenbach, Innsbruck

1. Einführung

Einleitend (I) hat Ellenberg Ziel und Stand der Ökosystemforschung aufgezeigt und dabei klar gemacht, daß es oft sehr schwierig ist, ein Ökosystem adäquat abzugrenzen, seine Komponenten in ausreichender Vollständigkeit zu beschreiben und die kausalen Zusammenhänge des in ihm ablaufenden Wechselspiels biogener und abiogener Vorgänge zu analysieren.

Wählt man einen Hochgebirgssee als Studienobjekt, so findet man als Ökologe bereits zwei Erleichterungen für die Arbeit: Die erste Vereinfachung liegt in der relativ klaren Abgrenzung des Lebensraumes, die den Limnologen gegenüber dem Ozeanologen und dem terrestrischen Ökologen begünstigt, und die im Falle der alpinen Höhenstufe wegen der durchschnittlich sehr geringen Größe ihrer stehenden Gewässer in besonderem Maße gilt. Die zweite Erleichterung besteht darin, daß Hochgebirgsseen relativ einfach strukturierte Lebensräume darstellen. Hochgebirgsseen sind Extrembiotope. Für sie gilt hinsichtlich des Artenspektrums das zweite biozönotische Grundprinzip von Thienemann (1920). Es lautet: „Je mehr sich die Lebensbedingungen eines Biotops vom Normalen und für die meisten Organismen Optimalen entfernen, um so artenärmer wird die Biozönose, um so charakteristischer wird sie, in um so größerem Individuenreichtum treten die einzelnen Arten auf." Dabei erleichtert die extreme Ausprägung von Milieufaktoren – niedrige Temperaturen; ein schwach gepuffertes, nährstoffarmes chemisches Milieu; der Einfluß von Horizontüberhöhung und langdauernder Eis- und Schneebedeckung auf das Strahlungsklima im See – die Studien nicht nur durch Einschränkung des Artenspektrums, sondern auch dadurch, daß von den abiotischen Milieufaktoren einige als praktisch konstant angesehen werden können und andere durch besonders starke Amplituden ihre Effekte auf die Lebewelt klarer zeigen.

Ein Nachteil der Arbeit im Hochgebirge liegt darin, daß auch der Forscher die Extrembedingungen der alpinen Höhenstufe zu spüren bekommt, angefangen von den Schwierigkeiten bei Anreise und Verpflegung, über die Erschwernis der Feldarbeit durch ungünstige Witterung bis zu den besonderen Problemen beim Einsatz von Untersuchungs- und Registriergeräten. Für das Studium des Vorderen Finstertaler Sees im Kühtai (Tirol, Stubaier Alpen), dessen Ökosystem uns im folgenden beschäftigen wird, waren die Voraussetzungen für fruchtbare Feldarbeit durch den 1969 verstorbenen Ordinarius für Zoologie, Otto Steinböck, geschaffen worden, der 1959 am Südufer des Sees die Limnologische Station Kühtai (2240 m) als Außenstelle des Instituts für Zoologie der Universität

Innsbruck errichtet hatte. Wenn auch mit dieser ersten limnologischen Hochgebirgsstation der Welt vor allem die Voraussetzung geschaffen werden sollte, mehr über die Gewässer der alpinen Höhenstufe zu erfahren (im Kühtaier Seengebiet gibt es ein Dutzend stehender und eine noch größere Zahl fließender Gewässer), so hatte STEINBÖCK bei seiner Gründung von Anfang an doch auch das Ziel im Auge, Ökosystemforschung durch Nutzung der modellhaft vereinfachten Umweltbeziehungen in einem Hochgebirgssee zu fördern.

Der Vordere Finstertaler See (VF), der größte der Kühtaier Seen, deckt ein Areal von 15,8 ha. Seine Länge beträgt rund 600 m, seine Breite 380 m, die maximale Tiefe 28,5 m, die mittlere Tiefe 14,8 m, das Wasservolumen 2,33 Mio. m^3. Er ist ein Durchfluß-See, dessen Wassermasse im Jahr etwa zweimal erneuert wird (PECHLANER, 1966). Die Spitze des Durchflusses liegt in den Monaten Juni oder Juli und fällt damit in die Zeit des Eisbruches. Während der eisfreien Periode, die zwischen Anfang Juni und Mitte Juli beginnt und bis Mitte November dauert, kommt es im See zu einer echten Sommerstagnation, zu einer thermischen Schichtung, die trotz der geringen Temperaturgradienten zwischen Oberfläche und größter Tiefe (maximal 7° C) den See für mehr als 2 Monate in ein Epi-, Meta- und Hypolimnion teilt, wobei jedes dieser 3 thermischen Stockwerke etwa 10 m mächtig ist (Abb. 1). Details der Temperaturverhältnisse und anderer abiotischer Milieufaktoren werden in den folgenden Kapiteln in direktem Zusammenhang mit den räumlichen und zeitlichen Veränderungen von Bestand und Produktionsrate der einzelnen Lebensgemeinschaften des Sees besprochen.

Die seit 1967 im Rahmen des Internationalen Biologischen Programms laufende Ökosystemstudie, in der gegenwärtig 7 Limnologen zusammenarbeiten, umfaßt mit Ausnahme der benthalen Bakterienflora sämtliche Lebensgemeinschaften des Sees. Tab. 1 gibt eine Übersicht über das Spektrum der im VF quantitativ wichtigen Arten.

2. Primärproduzenten

2.1 Phytoplankton

Im Pelagial des VF wurden bisher 83 euplanktische Algenarten nachgewiesen. Nur wenige von ihnen aber sind quantitativ wichtig; sie sind in Tab. 1 genannt. Es handelt sich durchwegs um nanoplanktische Formen – *Gymnodinium uberrimum* mit einem Durchmesser von 40 Mikron und einem Volumen von 18000 μ^3 ist die größte der bestandsbildenden Arten –, von denen rund die Hälfte (bezogen auf Biomasse) zu den Peridineen und mehr als 60% zu Algengruppen mit Eigenbeweglichkeit gehören (PECHLANER, 1967).

Hervorzuheben sind die geringen Oszillationen des Phytoplankton-Frischgewichtes im Jahresgang (PECHLANER u. Mitarb., im Druck; PECHLANER, 1971), aber auch die hohe Konstanz der Biomasse (und des Artenanteils) von Jahr zu Jahr.

Die Vertikalverteilung des Phytoplanktons ändert sich im Jahresgang grundlegend (PECHLANER, 1967, Abb. 2; TILZER in: PECHLANER u. Mitarb., Abb. 10): Unter der Winterdecke ist das Phytoplankton in den obersten Metern der

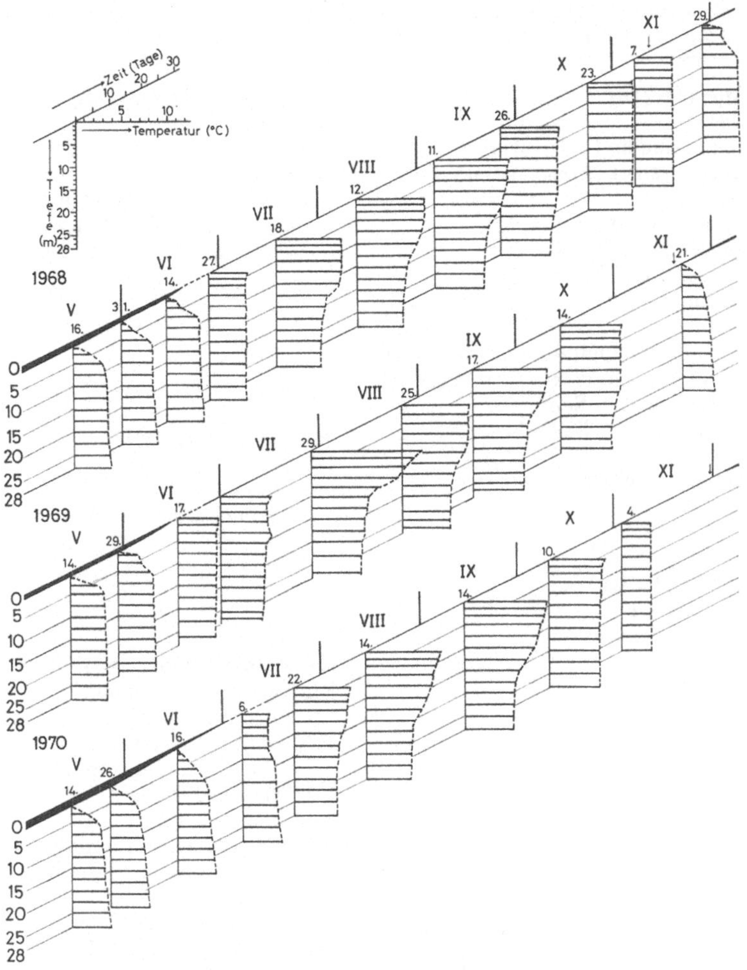

Abb. 1. Temperaturschichtung im Vorderen Finstertaler See in den Monaten Mai bis November der Jahre 1968, 1969 und 1970. Winterdecke als maßstabgetreu verstärkte Oberflächenlinie eingetragen; Eislegung durch Pfeil, Eisbruch durch Strichlierung gekennzeichnet

Wassersäule konzentriert, z. Z. der Sommerstagnation aber in der Tiefe. Eine homogene Verteilung der Algen über das gesamte Profil des Sees tritt nur z. Z. der Herbstvollzirkulation ein. Dieser Schichtung der Biomasse der Algen entspricht weitgehend auch eine analoge Schichtung ihrer Produktionsraten (PECHLANER, 1971; TILZER, Beitrag II B). Auch die jahreszeitlichen Unterschiede der Photosyntheserate der planktischen Primärproduzenten sind überraschend gering (TILZER in: PECHLANER u. Mitarb., Abb. 8 und 11). Der Grund hierfür liegt vor allem darin, daß die Produktionsrate während der eisfreien Zeit durch Nährstoffmangel erheblich gedrosselt wird, so daß der Sommergipfel der planktischen Primärproduktion relativ niedrig ausfällt, und daß Horizontabschirmung und Winterdecke das Strahlungsangebot im eisbedeckten See

Tabelle 1. Spektrum der im Vorderen Finstertaler See quantitativ wichtigen Organismen (mit Angabe der für ihre Bearbeitung verantwortlichen Mitautoren dieses Beitrags)

Phytoplankton (TILZER)
Chlorophyta:
- Tetraedron minimum (A.Br.) Hansg.
- Arthrodesmus ralfsii subhexagonum West

Chrysophyta:
- Synura petersenii Korschikow
- Chrysosphaerella rodhei Skuja
- Dinobryon sertularia Ehrnb.
- Synedra nana Meister

Pyrrophyta:
- Rhodomonas minuta nannoplanctica Skuja
- Cryptomonas spp. (C. erosa, C. ovata u. a.)
- Gymnodinium lacustre Schiller
- G. uberrimum (Allm.) Kofoid et Swezy
- Glenodinium sp.
- Peridinium aciculiferum Lemm.

Bakterioplankton (TILZER)
Gekrümmte Stäbchen
(Typ: Vibrio extorquens)
Kleine Kokken
Lange, zarte Fäden
(Actinomyceten?)

Phytobenthos (PFEIFER)
Chlorophyta:
- Hyalotheca dissiliens Bréb.

Chrysophyta:
- Dinobryon sp.
- Melosira granulata (E.) Ralfs
- Asterionella formosa Hassall
- Fragilaria sp.
- Tabellaria fenestrata (Lyngb.) Kütz.
- T. flocculosa (Roth) Kütz.
- Eunotia spp.
- Amphora ovalis Kütz.
- Cymbella sp.
- Frustulia rhomboides Ehrnb.
- Gomphonema sp.
- Neidium iridis Ehrnb.
- Nitzschia sp.
- Pinnularia elegans Ehrnb.
- Pinnularia sp.
- Stauroneis sp.
- Surirella robusta Ehrnb.
- S. linearis W.Sm.

Bryophyta:
- Marsupella aquatica (Schrad.) Schiffuer
- Drepanocladus exannulatus (Günz.) Warnst.

Zooplankton (GOLLMANN)
Crustacea:
- Cyclops abyssorum tatricus Einsle

Rotifera:
- Keratella hiemalis Carlin
- Polyarthra dolichoptera Idelson
- Synchaeta lakowitziana Lucks

Nekton (PECHLANER)
Pisces:
- Salmo trutta fario L.
- Salvelinus alpinus (L.)

Zoobenthos (BRETSCHKO)
Rhizopoda (det. Laminger):
- Centropyxis constricta (Ehrnb.) Penard
- C. ecornis (Ehrnb.) Leidy
- Difflugia acuminata inflata Penard
- D. elegans Penard
- D. elegans teres Penard
- D. finstertaliensis Laminger
- D. lebes bretschkoi Laminger
- D. oblonga Ehrnb.
- D. oblonga lacustris Penard
- D. visidicula Penard

Nematoda:
- Tobrilus cfr. grandipapillatus (Brak.)
- Monhystera ad stagnalis (Bastian)
- Ethmolaimus pratensis De Man
- Ironus tenuicaudatus De Man
- Tripyla glomerans Bastian

Oligochaeta (det. Brinkhurst):
- Tubifex tubifex (Müller)
- Stylodrilus heringianus Clap.
- Species III, indet.

Crustacea:
- Cladocera: Alona sp.
- Chydorus sp.
- Ostracoda: 3 spp.

Chironomidae:
- Heterotrissocladius marcidus Walk.
- Lauterbornia coracina Kieff.
- Mikropsectra contracta Reiss
- Paratanytarsus austriacus Kieff.

zwar ganz beträchtlich senken, eine sehr starke Schwachlichtadaptation der Algen aber praktisch den ganzen Winter über photoautotrophe Produktion ermöglicht.

2.2 Nährstoff-, insbesondere Phosphorangebot an die Primärproduzenten

Um diese Kausalzusammenhänge klar zu machen, muß zunächst das Nährstoffangebot in unserem See näher besprochen werden: Das Wasser des VF ist sehr arm an gelösten Salzen: Das elektrolytische Leitvermögen beträgt bei 25° C

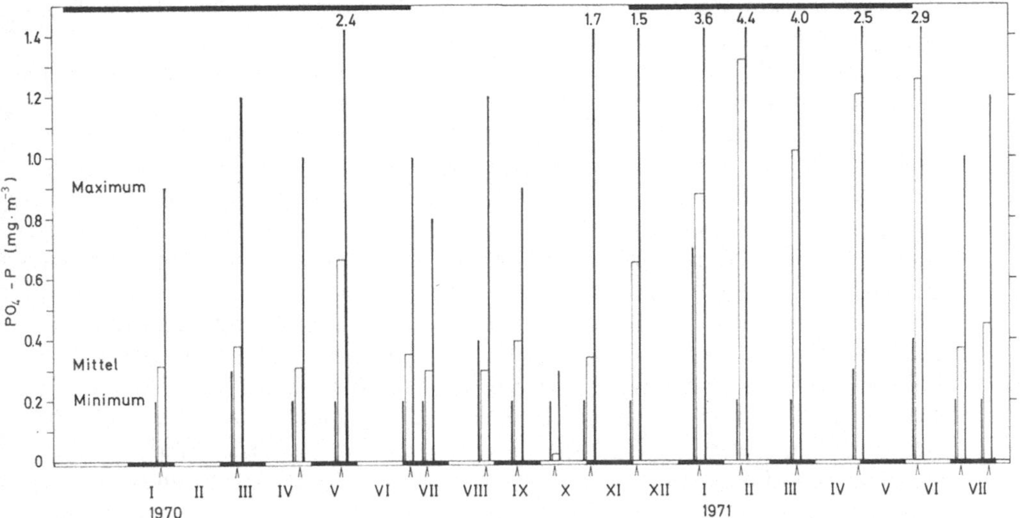

Abb. 2. Jahresgang der Konzentration gelösten Orthophosphates im Vorderen Finstertaler See 1970/71. Die Mittelwerte sind „gewogene Mittel", bei denen die gemessenen Konzentrationen, mit dem Volumen der betreffenden Wasserschicht des Sees multipliziert, in die Durchschnittsbildung eingingen. Dauer der Eisbedeckung am Oberrand schwarz eingetragen

20–25 µS. Die Ca^{2+}-Konzentrationen erreichen nur 2,0–3,7 mg/l, die des Mg^{2+} 0,1–0,8 mg/l. Diese beiden Elemente machen aber 85–90% der Kationen aus (PECHLANER, 1966). Eine einmalige Analyse von Na^+ und K^+ erbrachte Konzentrationen von 0,3 bzw. 0,6 mg/l. Von den Anionen entfallen nur 0,03–0,05 mval/l auf Bikarbonat (meist weniger als 20 mval-% aller Anionen), der Rest ist Sulfat. Chlorid ist nicht nachweisbar. In einem derart salzarmen Wasser gibt es sehr viele potentielle Minimumstoffe. Unsere häufigen Analysen zeigten aber weder für Bikarbonate oder freie Kohlensäure noch für Sulfat, Nitrat, Magnesium oder Silizium Konzentrationen, die für die Aufnahme dieser Nährstoffe durch die Algen zu niedrig gewesen wären. Phosphor aber, das gelöste Orthophosphat, steht stark im Verdacht, der Minimumstoff zu sein: Die Orthophosphat-Konzentrationen im Wasser des VF sind ganzjährig sehr niedrig; sie betragen maximal 4,4 µg PO_4–P/l und können in der eisfreien Zeit unter 0,2 µg/l, d.h. unter die Nachweisbarkeitsgrenze unserer Analysenmethode, sinken (Abb. 2; Daten für 1968/69 vgl. PECHLANER u. Mitarb., im Druck).

Die inverse Korrelation zwischen dem Jahresgang der mittleren Konzentration gelöster Orthophosphate einerseits und der Biomasse und Produktionsrate des Phytoplanktons andererseits, und vor allem das extreme Absinken der Orthophosphatkonzentrationen im Juli und August sind starke Argumente für die Annahme, daß das Orthophosphatangebot die pelagische Primärproduktion begrenzt.

Bei der Frage nach der Verfügbarkeit von Orthophosphaten ist stets zu bedenken, daß

1. Algen Phosphat mindestens bis zum 20fachen ihres Augenblicksbedarfes speichern können (FUHS u. Mitarb., im Druck), was ein Urteil darüber erschwert, wie groß die Phosphatreserven, auf die das Phytoplankton bei seiner Photosynthese zurückgreifen kann, tatsächlich sind, und daß

2. eine große Umsatzgeschwindigkeit dieses Nährstoffes einen Ausgleich für seine niedrigen Konzentrationen bieten kann.

Zu 1. Die Möglichkeit einer Phosphatspeicherung ist sicher für jene Arten bzw. Individuen von Phytoplankton gegeben, die den Winter in aktivem Zustand überdauern. Sie finden unter Eis im Pelagial gelöstes Orthophosphat in Konzentrationen, die etwa das 10fache der Sommerwerte betragen. Den Energiebedarf für die Phosphoraufnahme können die Algen auch im Winter durchaus decken, sei es durch Photosynthese (s.u.), sei es durch Mobilisierung von Reservestoffen (FUHS u. Mitarb., im Druck). Die den Winter überdauernden Individuen von *Gymnodinium uberrimum* zeigen vor Eisbruch die größten Dimensionen (der Durchmesser der Zellen ist um diese Zeit fast doppelt so groß wie im Herbst), und nur in dieser Zeit sind Zellteilungsvorgänge beobachtet worden (PECHLANER, 1967, S. 181). Daraus läßt sich schließen, daß die Nährstoffsituation für *Gymnodinium uberrimum* gegen Ende der Winterstagnation besonders günstig ist, was zu der Verallgemeinerung berechtigt, daß die Möglichkeit der Phosphatspeicherung von den im Winter aktiven Algen genützt wird. Der Phosphatvorrat reicht aber nur für die ersten Wochen der Hauptvegetationsperiode; in der übrigen Zeit ist nur mit der kurzfristigen Nährstoffregeneration während der Nachtstunden zu rechnen.

Zu 2. In Niederungsseen und in Laborexperimenten hat man erstaunlich hohe Umsatzgeschwindigkeiten für Phosphor im Sinne eines raschen Kreislaufes von Phosphatmolekülen durch verschiedene Glieder einer Lebensgemeinschaft nachgewiesen. Derartige Messungen liegen für den VF noch nicht vor. Wir rechnen aber nach den Resultaten von RIGLER (im Druck), die an Extrembiotopen der kanadischen Arktis mit ^{32}P gewonnen wurden, auch für Hochgebirgsseen mit einem relativ geringen "turnover" des Phosphors im „kurzgeschlossenen Kreislauf".

Unter diesen Umständen werden die Anlieferung gelösten Orthophosphats über die Zuflüsse sowie die Freisetzung von Phosphat aus dem minerogenen und organogenen Sediment und Seston des Sees für das Phosphatangebot in der Vegetationsperiode besonders wichtig. Wir sehen in der Dynamik dieser Phosphoranlieferung den entscheidenden Faktor für die Produktionsrate des Phytoplanktons in der eisfreien Zeit.

In unserem Zusammenhang interessieren folgende Fakten: Das Silikatgestein, in dem der VF und sein Einzugsgebiet liegen, bzw. die minerogenen Feinsedimente, die sein Becken auskleiden und zeitweise im freien Wasser suspendiert sind, sind relativ reich an Phosphor; sie bestehen zu 0,10–0,15% ihrer Trockensubstanz aus Phosphor (WEISSENBACH, in Vorbereitung). Die Löslichkeit des mineralisch gebundenen Phosphors als Orthophosphat ist aber sehr gering. Unter Gleichgewichtsbedingungen gehen in dem sauerstoffreichen, schwach sauren Wasser des VF aus diesen mineralischen Partikeln bzw. von dem an ihren Oberflächen chemosorptiv und adsorptiv gebundenen Phosphor nur 3–5 µg/l als Orthophosphat in Lösung, d.h. die Konzentration anorganisch im Wasser gelösten Phosphors bleibt bei Lösungsgleichgewicht 6 Zehnerpotenzen unter der Konzentration im mineralischen Substrat.

Die Orthophosphatführung des oberflächlichen Hauptzuflusses zum VF schwankt im Jahresgang zwischen 0,2 und 1,3 µg PO_4 P/l. Daß hier die Gleichgewichtskonzentration unterschritten wird, dürfte vor allem mit der Phosphataufnahme durch das Phytoplankton des vorgeschalteten Hinteren Finstertaler Sees und die Aufwuchsalgen des Finstertalbaches zusammenhängen. Umgelegt auf die Wasserführung des einmündenden Finstertalbaches bedeuten die gemessenen Orthophosphatkonzentrationen eine Zufuhr von rund 4 kg anorganisch gelöstem Phosphat pro Jahr. Für das unterirdisch eintretende Grundwasser können wir eine Orthophosphatkonzentration von 2,5 µg/l annehmen, was einem Jahresimport von 6 kg entspricht.

Wesentlich schwieriger ist es, die Freisetzung von Orthophosphat aus minerogenen und organogenen Partikeln innerhalb des Sees zu quantifizieren: Da ist zunächst die Freisetzung von Phosphat an der Sedimentoberfläche und von im Wasser schwebenden minerogenen Partikeln, die dadurch in Gang gehalten wird, daß die aktive Phosphataufnahme durch Algen und andere Organismen laufend die Phosphatkonzentration im Wasser unter das Gleichgewichtsniveau senkt, was zur Folge hat, daß nach dem Verteilungsgesetz von DONNAN aus den Kristallen bzw. ihrem Schwarmwasser weitere Phosphationen in Lösung gehen. Wie stark dieser Prozeß das Phosphorbudget des VF beeinflußt, können wir nicht angeben. Nach den Resultaten von BRETSCHKO (1966) gibt Gletscherschluff, der bei Zimmertemperatur in destilliertem Wasser aufgeschlämmt wird, sehr rasch – fast augenblicklich – Orthophosphat bis zur Gleichgewichtskonzentration ab. Daß im VF zur Zeit starker Schwebstofführung seines Oberflächenwassers maximal 1,2 µg/l Orthophosphat zu messen sind, wenn gleichzeitig nur sehr wenig Phytoplankton vorhanden ist, spricht aber dagegen, daß dieser Freisetzungsprozeß auch unter den Temperaturen und dem Mengenverhältnis zwischen Wasser und Kristalloberflächen im VF ähnlich intensiv abläuft.

Ein zweiter Weg des Phosphors aus dem minerogenen Substrat ins freie Wasser scheint wesentlich wichtiger zu sein: Die Freisetzung von Orthophosphat aus dem Interstitial feinkörniger Sedimente durch die Aktivität der Bodenorganismen. Die Bodenorganismen bewirken hierbei nur die Wassererneuerung im Interstitial. Daß sie zugleich mit dem Hinauspumpen von Interstitialwasser in die Schlamm-Wasser-Kontaktzone und ins Pelagial auch erhebliche Mengen gelösten Orthophosphats transportieren, geht auf die besonderen Löslichkeitsbedingungen für Phosphat im Interstitial zurück: Das Redoxpotential des Interstitialwassers liegt nach ersten Messungen von WEISSENBACH (in Vorbereitung; Methode nach HARGRAVE, im Druck) an ungestört entnommenen Sedimentprofilen in vielen Fällen bei oder unter 0,2 Volt. Dies bedeutet, daß dort anaerobe Bedingungen herrschen, unter denen Eisen in 2wertiger Form in Lösung geht und damit adsorptiv und chemosorptiv gebundenen Phosphor freisetzt. In Tab. 2 sind einige Analysenresultate anaerob in Stickstoffatmosphäre ausgepreßter Interstitialwässer wiedergegeben. Sie zeigen wesentlich höhere Orthophosphatkonzentrationen als im freien Wasser, und zwar mit zunehmender Sedimenttiefe ein graduelles Ansteigen der Orthophosphatkonzentrationen auf

Tabelle 2. Gelöstes Orthophosphat (μg PO_4–P/l) im Interstitialwasser der Sedimente des Vorderen Finstertaler Sees, getrennt für 4 Schichten aus Sedimenttiefen zwischen 0 und 8 cm

Entnahmedatum	1970 21. I.	1971 28. IV.		1971 24. VI.		1971 6. VII.
Wassertiefe an Entnahmestelle	24 m	13,5 m	14,5 m	24 m	25 m	11,5 m
Sedimentschicht						
0—2 cm	100	10	144	65	75	26
2—4 cm	420	5	234	170	187	170
4—6 cm	618	85	586	444	455	450
6—8 cm	690	544	645	716	557	560

mehrere 100 μg pro Liter. Nach der Schichtung des Redoxpotentials des natürlich gelagerten Sediments ist die Orthophosphatfreisetzung im obersten Zentimeter besonders begünstigt. Daß trotzdem hier die niedersten Konzentrationen gelösten Orthophosphates in den Analysenresultaten aufscheinen, führen wir auf die laufende Erneuerung des Interstitialwassers durch die Wühltätigkeit und Atmungsbewegungen der Bodenfauna, vor allem der Nematoden, Oligochäten und Chironomiden zurück. Dieser Weg der Phosphatanlieferung ins Pelagial müßte sich einigermaßen quantifizieren lassen; entsprechende Experimente laufen derzeit.

Schließlich wird im See Orthophosphat aus autochthoner und allochthoner organischer Substanz frei. Wegen des geringen Anteils von organischem Detritus am Seston des VF läßt sich fordern, daß derartiges organisches Phosphat mit dem Auftreten von planktischen und benthalen Organismen direkt korreliert ist, von Organismenkonzentrationen also abhängt und nicht – wie wir dies für das minerogene Phosphat gleich noch betonen werden – als Ursache für die räumliche Anhäufung von Organismen wichtig ist. Immerhin haben wir aber damit zu rechnen, daß einzelne Phytoplankter (z.B. *Gymnodinium lacustre*) durch rege Phosphatasenausscheidung auch karge Quellen organogenen Phosphors zu nutzen vermögen und sich deshalb in Wasserregionen behaupten können, wo sich andere Formen wegen Nährstoffmangels nicht auf die Dauer zu halten vermögen.

Zusammenfassend läßt sich bezüglich des Nährstoffangebotes sagen, daß Phosphor als Minimumstoff zu betrachten ist und daß das Angebot gelösten Orthophosphates im Epilimnion besonders ungünstig, im Meta- und Hypolimnion hingegen relativ am günstigsten ist, weil sich sowohl oberirdische wie unterirdische Zuflüsse auf Grund ihrer Temperatur während der Sommerstagnation vor allem ins Meta- und Hypolimnion einschichten und weil die Phosphatfreisetzung im See selbst vor allem vom Sediment her erfolgt und die Relation zwischen Sediment und Wasservolumen mit zunehmender Tiefe immer günstiger wird.

2.3 Bedeutung der Strahlungsenergie

Die relativ breite Darstellung des Phosphorangebotes im VF war notwendig, um meine Überzeugung (PECHLANER) zu begründen, daß in diesem See – und dies gilt generell für klare Hochgebirgsseen – während der Sommerstagnation die Produktionsrate der Primärproduzenten und die Vertikalverteilung des Phytoplanktons primär durch das Nährstoff-(Phosphat-)Angebot bedingt sind, und nicht durch die Strahlungsverhältnisse:

Die Strahlungsdurchlässigkeit des Wassers des VF ist normalerweise so groß, daß während der eisfreien Zeit das gesamte Profil dieses Sees der euphotischen Zone zuzuzählen ist (PECHLANER, 1966, 1967, 1971; PECHLANER u. Mitarb., im Druck). Diese charakteristische Situation wurde allerdings durch die Einschwemmung minerogener Trübung mit dem Hauptzufluß in den letzten Jahren für mehrere Wochen der eisfreien Periode gestört (TILZER, in Abschnitt IIB). Die Anreicherung des Phytoplanktons im Meta- und Hypolimnion des eisfreien Sees bzw. die Tatsache, daß der Schwerpunkt photosynthetischer Aktivität im VF in Tiefen unterhalb 10 m liegt,

— setzt die stabile thermische Schichtung des Wasserkörpers voraus,
— wird bedingt durch den vertikalen Gradienten im Phosphatangebot
— und wird ermöglicht durch die Fähigkeit der Algen, nach entsprechend langer Adaptationszeit niedrige Strahlungsintensitäten effektiv zu nützen.

Bezüglich der Stabilität der sommerlichen Schichtung ist zu präzisieren, daß innerhalb des Epilimnions Windarbeit und abkühlungsbedingte Konvektionsströmungen immer wieder für Turbulenz und den Abbau thermischer und anderer Schichtungen sorgen, wie dies für Seen ganz allgemein gilt, daß aber durch die besonderen hydrographischen Bedingungen auch innerhalb und zwischen Meta- und Hypolimnion ein gewisser Austausch herrscht. Der langzeitige Temperaturgang im Meta- und Hypolimnion, der schon aus Abb. 1 ersichtlich ist, in Abb. 3 aber besonders klar hervortritt (für das Jahr 1960 vgl. PECHLANER, 1971), ist eine Folge der laufenden Beimischung von Zuflußwasser, das durch kinetische Energie und temperaturbedingte Konvektionsströmungen für Turbulenzen sorgt. Im Metalimnion schichtet sich der Finstertalbach ein, der in den 2 Monaten der eigentlichen Sommerstagnation (Mitte oder Ende Juli bis Mitte oder Ende September) in den Jahren 1968–1970 durchschnittlich $4 \cdot 10^6$ m^3 Wasser brachte, was dem 1,7fachen des Seevolumens oder dem 4fachen des Volumens des Metalimnions entspricht. Für die hydrographische Situation des Hypolimnions sind vor allem unterseeische Quellaustritte von Bedeutung (PECHLANER, 1966). Der Grundwasserzufluß macht im VF im Sommer 20–25% des Gesamtzuflusses aus und erreicht während der Sommerstagnation etwa 1 Mio m^3. Mit dieser Unruhe im Meta- und Hypolimnion besteht im VF ein markanter Unterschied zur Situation in thermisch geschichteten Niederungsseen (OVERBECK, 1968).

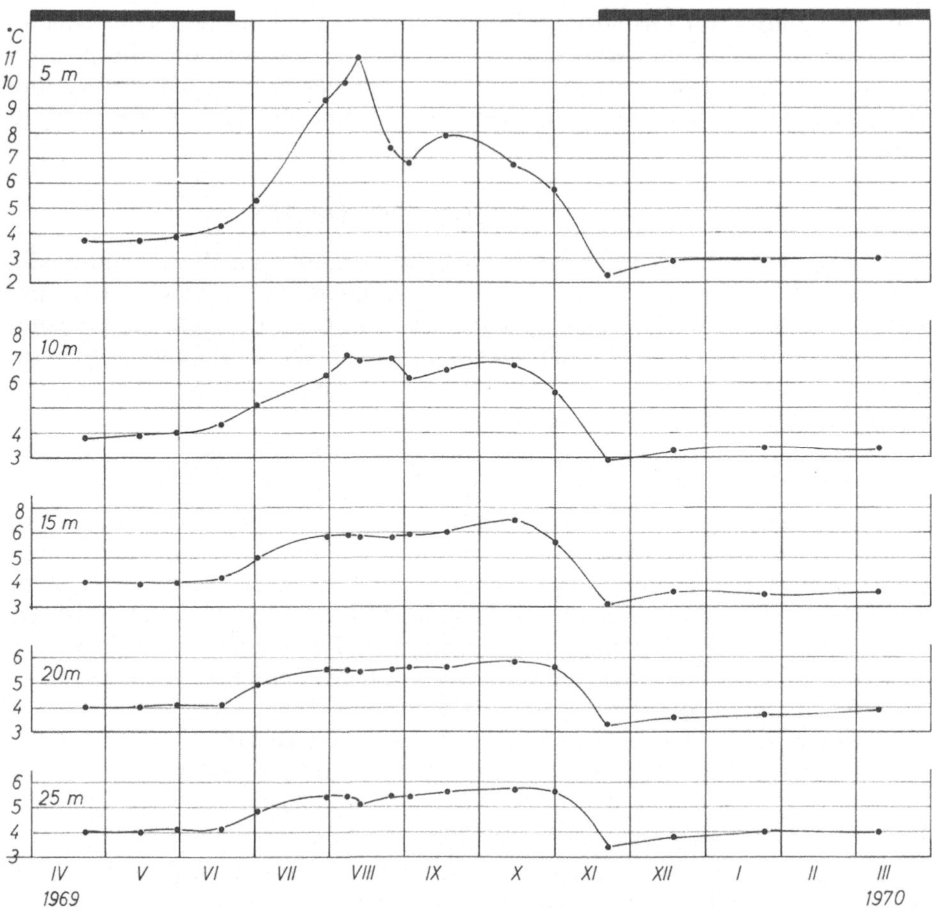

Abb. 3. Veränderung des Wassertemperatur in 5—25 m Tiefe von April 1969 bis März 1970

Bezüglich der energetischen Voraussetzungen für die Primärproduzenten können wir uns kurz fassen, da hierüber schon mehrfach publiziert wurde (PECHLANER, 1967, 1971; PECHLANER u. Mitarb., 1972), und auch die jüngsten Resultate von TILZER bereits vorliegen (II B).

Für das Verständnis des Ökosystems VF seien hier nur folgende Befunde zusammengefaßt:

1. Im Meta- und Hypolimnion des eisfreien VF findet das Phytoplankton zwar gegenüber den Strahlungsintensitäten an der Seeoberfläche ein erheblich reduziertes Energieangebot, dafür aber ein relativ konstantes Strahlungsklima. Während nämlich in Niederungsseen die euphotische Zone mit dem Epilimnion meist zusammenfällt und dadurch die gesamte Phytoplanktongesellschaft häufig passiver Verfrachtung entlang eines starken Strahlungsgradienten ausgesetzt ist, wird zwischen der Ober- und Untergrenze des je 10 m mächtigen Meta- und Hypolimnions die kurzwellige Strahlung nur um eine Zehnerpotenz vermindert, so daß die Amplitude des Strahlungsklimas für die im Meta- und Hypolimnion

lebenden Algen fast nur vom Tagesgang der terrestrischen Strahlung und ihrer Veränderung während der Sommerstagnation abhängt. Eine gewisse Kompensation von Strahlungsschwankungen durch Vertikalmigration hat TILZER (im Druck) für mehrere Arten nachgewiesen.

2. Die reduzierten Intensitäten (weniger als 30 cal $\cdot$ cm^{-2} $\cdot$ d^{-1}) und die geringen Oszillationen dieser Strahlung erfordern und ermöglichen eine hochgradige Adaptation der Phytoplankter an schwaches Licht, die den Algen auch im Winter zugute kommt und das ganze Jahr über Photosynthese ermöglicht. Das Phytoplankton des VF ist imstande, selbst bei nur 0,1 ly pro Tag an photosynthetisch verwertbarer Strahlung photoautotroph zu produzieren. Diese Schwachlichtanpassung pelagischer Algen liegt in derselben Größenordnung, wie sie BIEBL (1954) für das Schattenmoos *Mnium serratum* an einem speziellen Standort gefunden hatte. Die Ausnutzung der innerhalb des Hypolimnions absorbierten Strahlung durch die Algen beträgt bis zu 12% (PECHLANER, 1967) und ist damit vergleichbar der in Algenkulturen bei optimaler Kombination von Nährstoff- und Strahlungsangebot erzielbaren Effektivität. Die Hypothese einer vorwiegend heterotrophen Ernährung des Phytoplanktons während des Winters (RODHE, 1955, 1963; RODHE u. Mitarb., 1966) ist von RODHE aufgrund der neueren Resultate zurückgezogen worden (PECHLANER, 1971, S. 143).

3. Nach der Revision der Wirkung ultravioletter Strahlung auf Algen durch HALLDAHL (1967) kann UV-Schädigung des Phytoplanktons selbst an der Oberfläche klarer Hochgebirgsseen kaum je eine Rolle spielen. Ultraviolett ist bis 310 nm herunter als photosynthetisch verwertbare Strahlung zu betrachten.

4. Ein Großteil des Phytoplanktons tendiert in seinem Adaptationsgrad zur unteren Grenze des Toleranzbereiches photosynthetisch nutzbarer Strahlungsintensitäten. Die Möglichkeit zur Adaptation an Starklicht wird nur von einem geringen Prozentsatz des Phytoplanktons genutzt (z.B. *Gymnodinium lacustre*; PECHLANER, 1967), soweit nicht wegen geringerer Maximaltiefe des Seebeckens im gesamten Wasserkörper hohe Strahlungsintensitäten herrschen (Gossenköllesee: NAUWERCK, 1966; EPPACHER, 1968. Hinterer Finstertaler See: PECHLANER, 1967. Hirschebensee: NAUWERCK, in Vorbereitung).

Demnach kann die Konzentration von Planktonalgen in der Tiefe des VF nicht als ein Ausweichen vor überoptimaler Strahlung verstanden werden, sondern ist zu sehen als ein Aufsuchen oder Beibehalten einer – nährstoffbedingt – günstigen Zone unter Ausnützung der physiologischen Möglichkeiten zur Adaptation an Schwachlicht und damit zur möglichst effektiven Verwertung der dort verfügbaren Energie. Bezüglich der in diesem Zusammenhang auf das Artenspektrum des Phytoplanktons wirkenden Selektionsmechanismen vgl. TILZER (II B).

Eine Gelegenheit gibt es allerdings, bei der in Hochgebirgsseen mit großer Regelmäßigkeit Lichtflucht zu beobachten ist, nämlich die Zeit um den Eisbruch: In dieser Periode – sie fällt je nach der Lage des Sees und der jeweiligen Witterung in die Monate Mai, Juni oder Juli – bewirkt das rasche Schmelzen der Schneedecke und Trübeislagen am See eine rasante Zunahme der Strahlungsdurchlässigkeit der Winterdecke zu einer Zeit, wo besonders hohe Intensitäten kurzwelliger Strahlung auf den See fallen. Damit treffen innerhalb weniger Tage große Energiemengen auf ein vom langen Winter her extrem schwachlichtadaptiertes

Phytoplankton, das vor allem aus beweglichen Algen besteht, welche mit Lichtflucht reagieren und bald je nach Tiefe und Transmissionseigenschaften des Sees in 20, 30, 40, ja selbst 55 m Tiefe (wie im Schwarzsee oberhalb des Morskie Oko in der Hohen Tatra) anzutreffen sind, dort aber photoautotroph assimilieren (PECHLANER, 1967, 1971).

1970 betrug die Phytoplankton-Biomasse durchschnittlich 1060 kg für den ganzen VF, das sind 6,7 g/m². Das Jahresmittel der Produktionsrate lag bei 108 kg pro Tag und See, oder 685 mg $\cdot$ m^{-2} $\cdot$ d^{-1}.

2.4 Phytobenthos

Die Untersuchung der Bodenflora des VF steht noch im Stadium der Bestandsaufnahme. Wir haben ein Verfahren zur Messung der Produktionsrate in situ gerade in Erprobung. Höhere Wasserpflanzen fehlen unserem See vollständig. Das Phytobenthos besteht aus Wassermoosen, sowie fädigen und einzelligen Algen.

Moose (*Marsupella aquatica* und *Drepanocladus exannulatus*) gibt es nur auf einem beschränkten Areal vor der Mündung des Finstertaler Baches bzw. auf jenem Teil des Ostufers, in dem sich die Strömung des Zuflusses noch bemerkbar macht. Das Areal des Vorkommens dieser Moose umfaßt ca. 9% der Bodenfläche des Sees; die Moose sind aber innerhalb dieses Areals nur nestweise vorhanden. An fädigen Formen kommt eine Desmidiale, *Hyalotheca dissiliens*, vom Wasserspiegel bis etwa 20 m Tiefe hinab vor. Sie tritt über einem Drittel der Bodenfläche als zarter, relativ geschlossener Schleier auf.

Biomasse-Angaben können wir vorläufig nur für einzellige Algen geben, die an einem Transekt genauer studiert wurden. Abb. 4 zeigt die Tiefenverteilung

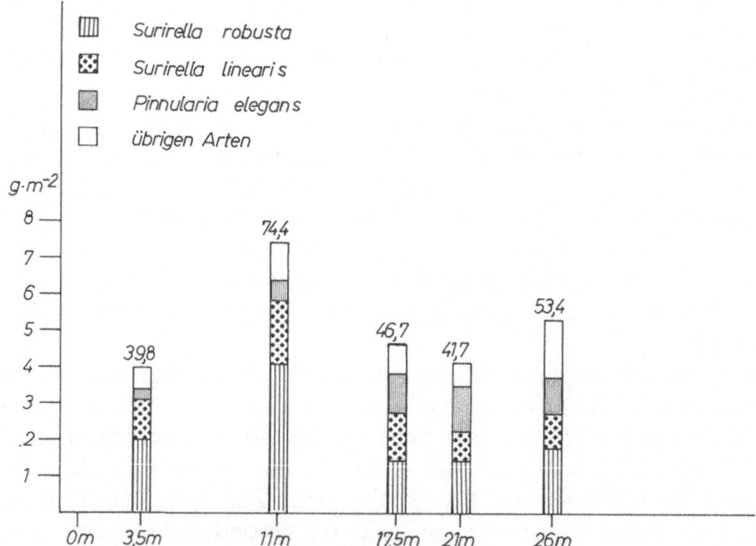

Abb. 4. Biomasse bodenbewohnender einzelliger Algen entlang eines Transektes durch den Vorderen Finstertaler See, Jahresdurchschnitt 1970/71

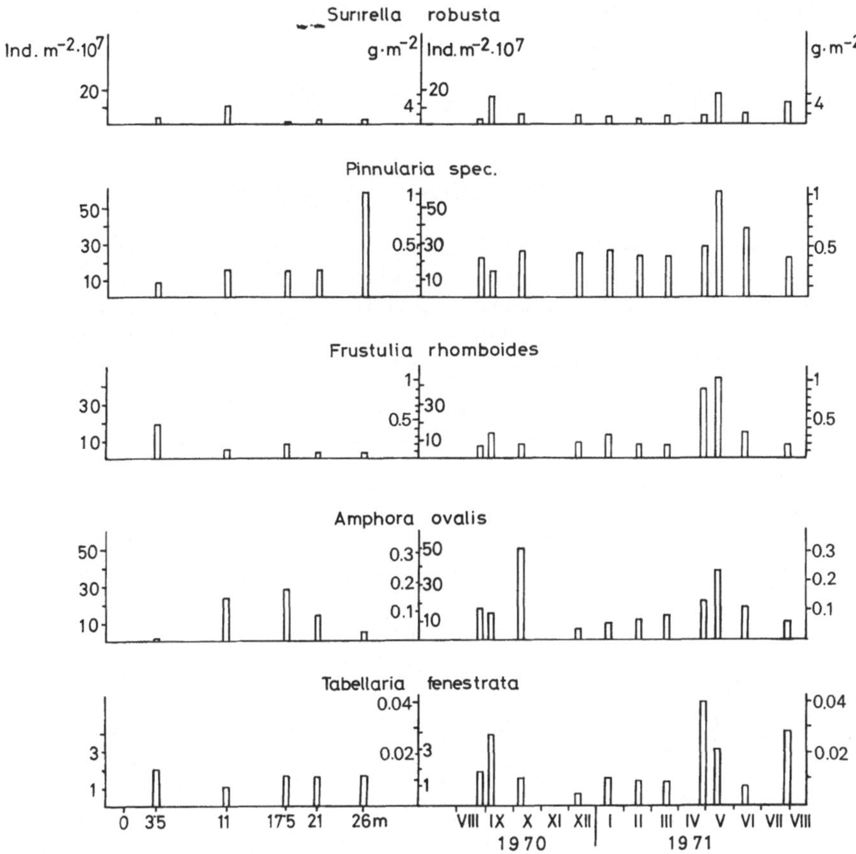

Abb. 5. Verteilung von 5 Periphyton-Arten des Vorderen Finstertaler Sees in Raum und Zeit

der Bodenalgen (Jahresmittel) in g Frischgewicht pro m². Es dominieren 2 Arten der Diatomeengattung *Surirella* sowie *Pinnularia elegans*. Unter den „übrigen" Algen finden sich weitere 15 Kieselalgen, sowie ein *Dinobryon*. Es ist auffallend, daß hier die Kieselalgen so eindeutig dominieren, während sie im Pelagial des VF nur 2% der Algenbiomasse ausmachen. Die Biomasse der einzelligen Bodenalgen unter dem m² Seeoberfläche ist im Jahresdurchschnitt annähernd gleich groß wie die des Phytoplanktons.

Sieht man sich die einzelnen Bodenalgen hinsichtlich ihrer Tiefenverteilung und der jahreszeitlichen Veränderung der Individuendichte an, so findet man, daß praktisch alle bei den Zählungen unterschiedenen Arten in allen Entnahmetiefen und an allen Entnahmedaten vorkommen. Bezüglich der Tiefenverteilung lassen sich aus den Jahresmitteln der Individuenzahlen 5 Verteilungstypen herausschälen, die in Abb. 5 für je einen Vertreter dargestellt sind, während im Jahresgang (gemittelt über die Tiefen) sehr viel größere Ähnlichkeiten bestehen. Auffallend ist, daß selbst eine ausgesprochene Tiefenalge wie *Pinnularia* sich den ganzen Winter über mit relativ hohen Individuenzahlen halten kann. Wenn man bedenkt, daß die im Januar bis 26 m Tiefe eindringende kurzwellige Strahlung in ihrer Tagessumme nur etwa 1 mcal pro cm² beträgt, ist man versucht, für diese Bodenformen fakultativ heterotrophe Lebensweise anzunehmen. Wir hoffen, im Winter 1972/73 die Produktionsraten bereits so gut messen zu können, daß sich diese Frage beantworten läßt (PFEIFER, in Vorbereitung).

3. Intermediärproduzenten

Die folgenden Angaben über Bestand und Produktion der Konsumenten (Intermediär- und Endproduzenten) sind eine kurze Zusammenfassung der an diesen Gliedern des Ökosystems bisher erzielten Resultate. Für nähere Angaben wird auf PECHLANER u. Mitarb. (1972) verwiesen. Abb. 6 gibt ein Schema des Energieflusses durch den VF.

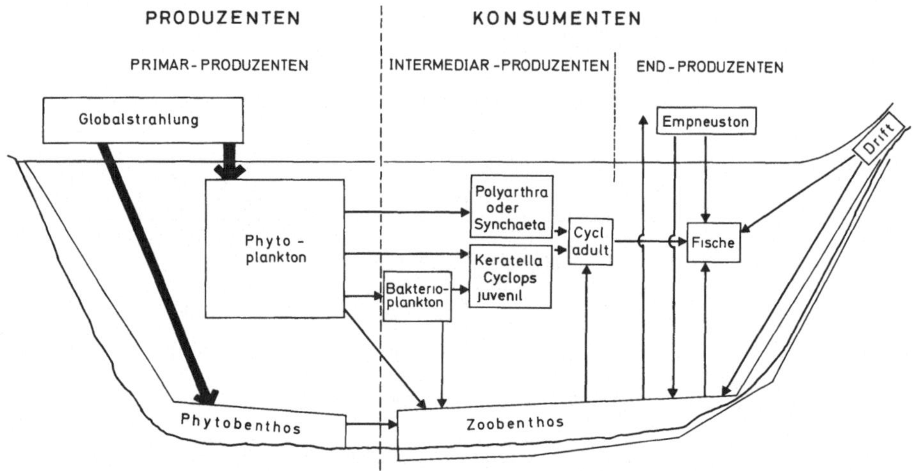

Abb. 6. Schema des Energieflusses durch das Ökosystem des Vorderen Finstertaler Sees

3.1 Bakterioplankton

Die Biomasse der aeroben heterotrophen Bakterien des Pelagials liegt in derselben Größenordnung wie die des Phytoplanktons. Die Individuenzahlen bewegten sich 1970 zwischen 200000 und 800000 Zellen pro ml. Bei einem angenommenen Zellvolumen von 0,5 μm^3 entspricht dies einer Biomasse zwischen 256 und 1170 kg pro Gesamtsee, oder 1,62–7,42 g/m^2. Diese Werte liegen nur wenig unter den entsprechenden Zahlen für das Phytoplankton-Frischgewicht. Es kann angenommen werden, daß die Produktionsrate der pelagischen Bakterien gleich hoch ist wie die der Phytoplankter. Zu dieser Übereinstimmung zwischen Bakterioplankton und Phytoplankton in der absoluten Höhe von Bestand und Produktionsrate kommt ein hoher Grad von Parallelität in der zeitlichen Entwicklung. In der Vertikalverteilung aber treten – im Gegensatz zu Erfahrungen von OVERBECK (1968 und im Druck) am Plußsee – deutliche Unterschiede auf: Das Bakterioplankton ist im VF über die gesamte Wassersäule praktisch homogen verteilt, während das Phytoplankton in der oben beschriebenen Weise charakteristisch geschichtet ist. Wir sehen dies als Folge der Austauschvorgänge innerhalb und zwischen den thermischen Stockwerken unseres Sees, welche einerseits intensiv genug sind, die vom Phytoplankton abgeschiedenen organischen Substanzen und andere Nährsubstrate des Bakterioplanktons – sowie die Bakterien selbst (und kleine unbewegliche Algen) – mehr oder weniger homogen zu verteilen, während sie andererseits den eigenbeweglichen Phytoplanktern eine aktive Anhäufung in bestimmten Tiefen noch erlauben (TILZER, im Druck).

3.2 Zooplankton

Von den Zooplanktern sind die Rädertiere und Naupliusstadien des Hüpferlings *Cyclops abyssorum tatricus* Filtrierer, wobei für *Polyarthra* und *Synchaeta* reine Algenernährung gesichert erscheint, während *Keratella* und *Cyclops* auch Bakterioplankton (und Detritus?) annehmen dürften. Die starke Abhängigkeit der Zooplankter vom Phyto- und Bakterioplankton manifestiert sich deutlich im Jahresgang von Bestand und Produktionsrate der Rädertiere (PECHLANER u. Mitarb., 1972): Wenige Wochen nach dem Anlaufen der „Vegetationszeit" des Phytoplanktons zeigten 1969 *Polyarthra*, 1970 *Synchaeta* und in beiden Jahren etwa 1 Monat später auch *Keratella* einen steilen Anstieg ihrer Biomasse bzw. Produktion (GOLLMANN, in Vorbereitung).

3.3 Bodenfauna

Deutliche Indizien sprechen dafür, daß auch die Energieversorgung der Bodenfauna überwiegend vom Phytoplankton abhängt. Diese Indizien sind einerseits das rasche Verschwinden vor allem der unbeweglichen Phytoplankter in den ersten Wochen nach der Eislegung (PECHLANER, 1971, Fig. 6) und andererseits der nur von einem plötzlichen Energieangebot her verständliche explosionsartige Produktionszuwachs bei fast allen Tiergruppen des Zoobenthos, welcher ein ausgeprägtes Biomassemaximum im Januar bewirkt. Damit wäre die bisherige Annahme, das Empneuston sei der Energiehauptlieferant der Bodenfauna (STEINBÖCK, 1949; 1958) zu revidieren. Darüber hinaus wäre davon abzuleiten, daß die Intermediärproduzenten auch in einem kalten Hochgebirgssee relativ rasch auf ein Energieangebot antworten, was als weiterer Pluspunkt für ökologische Forschung an einem alpinen Ökosystem vermerkt werden kann.

Die späten Entwicklungsstadien und die geschlechtsreifen Tiere von *Cyclops* sind Greifer, die im Experiment sehr geschickt Rädertiere und die Nauplien der eigenen Art fangen und fressen. Das gehäufte Auftreten der Kopepodide und Adulti von *Cyclops* in unmittelbarer Nähe des Seegrundes läßt aber vermuten, daß dieses Tier sich auch von Bodenfauna ernährt. Inwieweit z.B. die Oszillationen der Nematodenpopulationen auf die Räuberei von *Cyclops* zurückgehen, wird noch zu klären sein (BRETSCHKO, im Druck).

Die Puppen der Zuckmücken steigen bald nach Eisbruch zur Wasseroberfläche auf, schlüpfen und verlassen damit den See. In den abgeschlossenen Schlüpftrichtern, die zum Studium der räumlichen und zeitlichen Verteilung dieses Vorganges im VF aufgestellt wurden, erreichen etwa 80% der Zuckmücken ihr Ziel. Im See selbst aber ernten die Fische nach vorläufigen Schätzungen von diesen Chironomidenpuppen etwa 16% (23 kg).

4. Endproduzenten

Insgesamt stellt die Bodenfauna etwa 30% der Nahrung von Bachforelle und Seesaibling im Jahresdurchschnitt. Mit 58% an erster Stelle steht als Nahrungsquelle das Empneuston, d.h. in den See hineingewehtes organisches Material, insbesondere Fluginsekten. Fließwasserorganismen aus dem oberirdischen Zufluß sowie Zooplankton folgen mit 8 bzw. 1 %. Die Jahresproduktion 2 bis mehrjähriger Salmoniden (über die quantitativen Verhältnisse frisch geschlüpfter bis 1jähriger Fische wissen wir noch zu wenig) beträgt 85 kg. Diese potentielle Ernte für den Menschen bleibt vorläufig fast ungenutzt. Das wird sich bald ändern, denn der Bedarf an Möglichkeiten für Sportfischerei ist groß und die Bereitschaft, die Erträge der Hochgebirgsseen zu nutzen und zu steigern, wird mit zunehmender Kenntnis der Zusammenhänge in diesen Ökosystemen wachsen. Hierfür die Grundlagen zu schaffen, ist eines der Ziele limnologischer Forschung und Lehre an der Universität Innsbruck.

Literatur

BIEBL, R.: Lichtgenuß und Strahlenempfindlichkeit einiger Schattenmoose. Österr. Botan. Z. **101**, 502–538 (1954).

BRETSCHKO, G.: Untersuchungen zur Phosphatführung zentralalpiner Gletscherabflüsse. Arch. Hydrobiol. **62**, 327—334 (1966).

BRETSCHKO, G.: Benthos production of a high-mountain lake: Nematoda. Verh. Internat. Verein. Limnol. **18** (im Druck).

ELLENBERG, H.: Ziele und Stand der Ökosystemforschung. Beitrag I in diesem Band.

EPPACHER, T.: Physiographie und Zooplankton des Gossenköllesees. Ber. Nat.-med. Ver. Innsbruck **56**, 31—123 (1968).

FUHS, G. W., DEMMERLE, S. D., CANELLI, E., CHEN, M.: Characterization of phosphorus-limited plankton algae (with reflections on the limiting nutrient concept). Limnol. Oceanogr., Suppl. (im Druck).

GOLLMANN, P.: Das Zooplankton des Vorderen Finstertaler Sees (2237 m, Kühtai, Tirol) in den Jahren 1968—1971. Diss. Universität Innsbruck (in Vorbereitung).

HALLDAL, P.: Ultraviolet action spectra in algology. A review. Photochem. and Photobiol. **6**, 445—460 (1967).

HARGRAVE, B. T.: Oxidation-reduction potentials, oxygen concentration and oxygen uptake of profundal sediments in Lake Esrøm. Oikos (im Druck).

NAUWERCK, A.: Beobachtungen über das Phytoplankton klarer Hochgebirgsseen. Schweiz. Z. Hydrol. **28**, 4—28 (1966).

NAUWERK, A.: Das Phytoplankton des Hirschebensees (2164 m, Kühtai, Österreich). (in Vorbereitung).

OVERBECK, H. J.: Bakterien im Gewässer. Ein Beispiel für die gegenwärtige Entwicklung der Limnologie. Umschau, **1968**, 587—592.

OVERBECK, H. J.: Estimation of bacterial productivity. IBP-Symposium Leningrad, Mai 1969 (im Druck).

PECHLANER, R.: Die Finstertaler Seen (Kühtai, Österreich). I. Morphometrie, Hydrographie, Limnophysik und Limnochemie. Arch. Hydrobiol. **62**, 165—230 (1966).

PECHLANER, R.: Die Finstertaler Seen (Kühtai, Österreich). II. Das Phytoplankton. Arch. Hydrobiol. **63**, 145—193 (1967).

PECHLANER, R.: Factors that control the production rate and biomass of phytoplankton in high-mountain lakes. Mitt. Intern. Ver. Limnol. **19**, 125–145 (1971).

PECHLANER, R., BRETSCHKO, G., GOLLMANN, P., PFEIFER, H., TILZER, M., WEISSENBACH, H. P.: Ein Hochgebirgssee (Vorderer Finstertaler See, Kühtai, Tirol) als Modell des Energietransportes durch ein limnisches Ökosystem. Verh. Deut. Zool. Ges. **1971**, 47–56 (1972).

PECHLANER, R., BRETSCHKO, G., GOLLMANN, P., PFEIFER, H., TILZER, M., WEISSENBACH, H. P.: The production processes in two high-mountain lakes (Vorderer and Hinterer Finstertaler See, Kühtai, Austria). Proc. UNESCO-IBP Symposium on Productivity Problems, Poland, May 6—12, 1970 (im Druck).

PFEIFER, H.: Bestand und Produktion der Bodenflora des Vorderen Finstertaler Sees (2237 m, Kühtai, Tirol). Diss. Universität Innsbruck (in Vorbereitung).

RIGLER, F. H.: The CCIBP Char Lake Project. Proc. UNESCO-IBP Symposium on Productivity Problems, Poland, May 6–12, 1970 (im Druck).

RILEY, G. A.: Marine Biology I. Proceedings of the First International Interdisciplinary Conference, Princeton, New Jersey, 29. X.—1. XI. 1961. Amer. Inst. Biol. Sci., Washington D.C., 286 p., 1963.

RODHE, W.: Can plancton production proceed during winter darkness in subarctic lakes? Verhandl. Intern. Ver. Limnol. **12**, 117—122 (1955).

RODHE, W.: Diskussionsbeiträge. In: RILEY, G. A. (Hrsg.) 55 ff. (1963).

RODHE, W., HOBBIE, J. E., WRIGHT, R. T.: Phototrophy and heterotrophy in high mountain lakes. Verhandl. Intern. Ver. Limnol. **16**, 302—313 (1966).

STEINBÖCK, O.: Fischereimöglichkeiten in Hochgebirgsseen. Verhandl. Intern. Ver. Limnol. **10**, 451—459 (1949).

STEINBÖCK, O.: Grundsätzliches zum „kryoeutrophen" See. Verhandl. Intern. Ver. Limnol. **13**, 181—190 (1958).

THIENEMANN, A.: Die Grundlagen der Biocoenotik und MONARDS faunistische Prinzipien. Festschrift f. Zschokke, Nr. **4**, 14 S., Basel (1920).

TILZER, M.: Dynamik der planktischen Urproduktion unter den extremen Bedingungen des Hochgebirgssees. Beitrag II B in diesem Band.

TILZER, M.: Dynamik und Produktivität von Phytoplankton und pelagischen Bakterien in einem Hochgebirgssee (Vorderer Finstertaler See, Österreich). Arch. Hydrobiol. (im Druck).

TILZER, M.: Diurnal periodicidy in the phytoplankton assemblage of a high-mountain lake. Limnol. Oceanogr. (im Druck).

WEISSENBACH, H. P.: Das Phosphor-Budget des Vorderen Finstertaler Sees (2237 m, Kühtai, Tirol). Diss. Universität Innsbruck (in Vorbereitung).

B. Dynamik der planktischen Urproduktion unter den Extrembedingungen des Hochgebirgssees

M. Tilzer, Innsbruck

1. Das Milieu

Die vorliegenden Untersuchungen wurden am Vorderen Finstertaler See (Kühtai, Tirol) durchgeführt, der von Pechlaner u. Mitarb. im vorigen Beitrag (II A) als Ökosystem dargestellt ist.

Die produktionsbiologischen Besonderheiten von Hochgebirgsseen sind nur vor dem Hintergrund ihrer extremen Umweltfaktoren zu verstehen. Am bemerkenswertesten ist der Unterschied zwischen Sommer- und Winterzustand, bedingt durch die 7–8 Monate bestehende und bis zu 140 cm mächtige Eis- und Schneedecke. Sie bewirkt, daß die Lichtintensitäten als Energiequelle für die Primärproduktion stark gemindert werden (Pechlaner, 1966). Im Gegensatz dazu ist das Strahlungsenergieangebot unter Wasser im Sommer hoch. Es wird allerdings zeitweise durch Einschwemmung feiner minerogener Trübe stark herabgesetzt. Bei klarem Wasser sind in 28 m Tiefe knapp 1 %, bei stark getrübtem Wasser aber nur 0,0005 % der oberflächlich einfallenden Lichtenergie vorhanden, da die Lichtabsorption im Wasser ein multiplikativer Effekt ist (Sauberer u. Ruttner, 1941; Hutchinson, 1957).

Die Wassertemperaturen übersteigen auch an der Seeoberfläche nur selten 12° C, eine deutliche Sprungschicht fehlt meist. Im Winter reicht der Temperaturgradient bis in ca. 10 m Tiefe, im Sommer ist ein geringer, manchmal kontinuierlicher Temperaturabfall bis etwa 20 m festzustellen. Es kommt dadurch im Sommer nur selten zu einer Durchmischung von homothermem Oberflächenwasser. Dafür tritt aber ein diffuser turbulenter Austausch zwischen benachbarten, thermisch nur schwach unterschiedenen Wasserschichten auf, der vor allem durch die starke Durchflutung des Sees gefördert wird. Die „Frühjahrs"-Zirkulation reicht meistens nur bis ca. 20 m, weil die oberflächliche Erwärmung des Wassers nach dem späten Eisbruch sehr rasch erfolgt. Dagegen ist die Herbstvolldurchmischung intensiv und lange andauernd.

Die Nährstoffarmut ist vor allem eine Folge der ungünstigen Freisetzungsbedingungen an der Sedimentoberfläche (vgl. Pechlaner u. Mitarb., im Druck). Die Konzentration des die Produktion in Seen meistens begrenzenden Phosphors erreicht Maximalwerte von 4 µg/l PO_4–P im Winter und 0,2 µg/l im Sommer (Pechlaner, 1966; Weissenbach in: Pechlaner u. Mitarb., im Druck).

2. Auslese und Entwicklung der Phytoplankter

In Hochgebirgsseen gibt es keine endemischen Arten (NAUWERCK, 1966). Die Selektionskriterien für die Lebensfähigkeit von Phytoplanktonarten in Hochgebirgsseen beruhen vor allem auf zwei Eigenschaften:

1. Zellgröße: In Hochgebirgsseen dominieren stets Nanoplanktonalgen (NAUWERCK, 1966; PECHLANER, 1967). Die Erklärung dafür liegt vor allem in der großen relativen Oberfläche kleiner Algenzellen, die dadurch geringe Nährstoff-

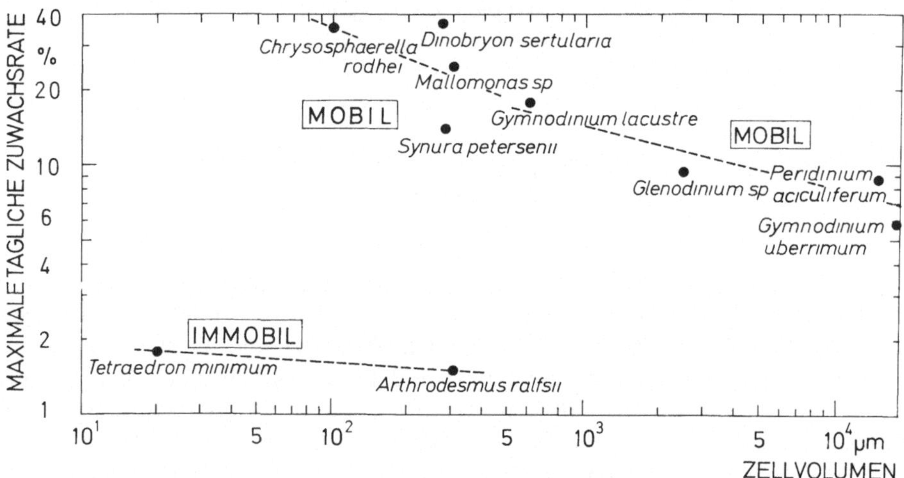

Abb. 1. Maximale tägliche Zuwachsraten in Prozent der wichtigsten Phytoplanktonarten des Vorderen Finstertaler Sees in Beziehung zum Zellvolumen (μm^3), 1970. Aus TILZER (1972), leicht verändert (logarithmisch)

konzentrationen besser ausnützen können (TILZER, 1972). In Abb. 1 zeigt sich eine deutliche inverse Beziehung zwischen maximaler täglicher Zuwachsrate und Zellgröße. Dieser Befund wurde neuerdings durch autoradiographische Messungen der Photosyntheseleistung einzelner Arten durch GOLDMAN und seine Schüler (im Druck) bestätigt.

2. Begeißelung: Flagellate Formen (Chrysophyceen, Peridineen) vermehren sich bei gleicher Zellgröße etwa zehnmal so rasch wie unbegeißelte (Abb. 1). Aktive Beweglichkeit sichert ihnen ein größeres physiologisches Nährstoffangebot, da Diffusionshöfe um die Zellkörper laufend abgebaut werden können (GRAN u. BRAARUD, 1935; MARGALEF, 1958; LUND, 1965). Bewegliche Arten können daher im Durchschnitt größer sein als unbewegliche.

Vor allem aber haben begeißelte Formen den großen Vorteil, daß sie sich in einem Faktorengefälle aktiv einstellen können. Das ist besonders im Hinblick auf das Licht von Bedeutung. Die in Hochgebirgsseen extremen Unterschiede zwischen Winter- und Sommerzustand können dadurch etwas ausgeglichen werden (Abb. 2A). Das bedeutet, daß sich die Phytoplankter während des Sommers, vor allem in der ersten Zeit nach Eisbruch, in tiefen Wasserschichten aufhalten, wo die Lichtintensitäten relativ gering sind. Wie von PECHLANER

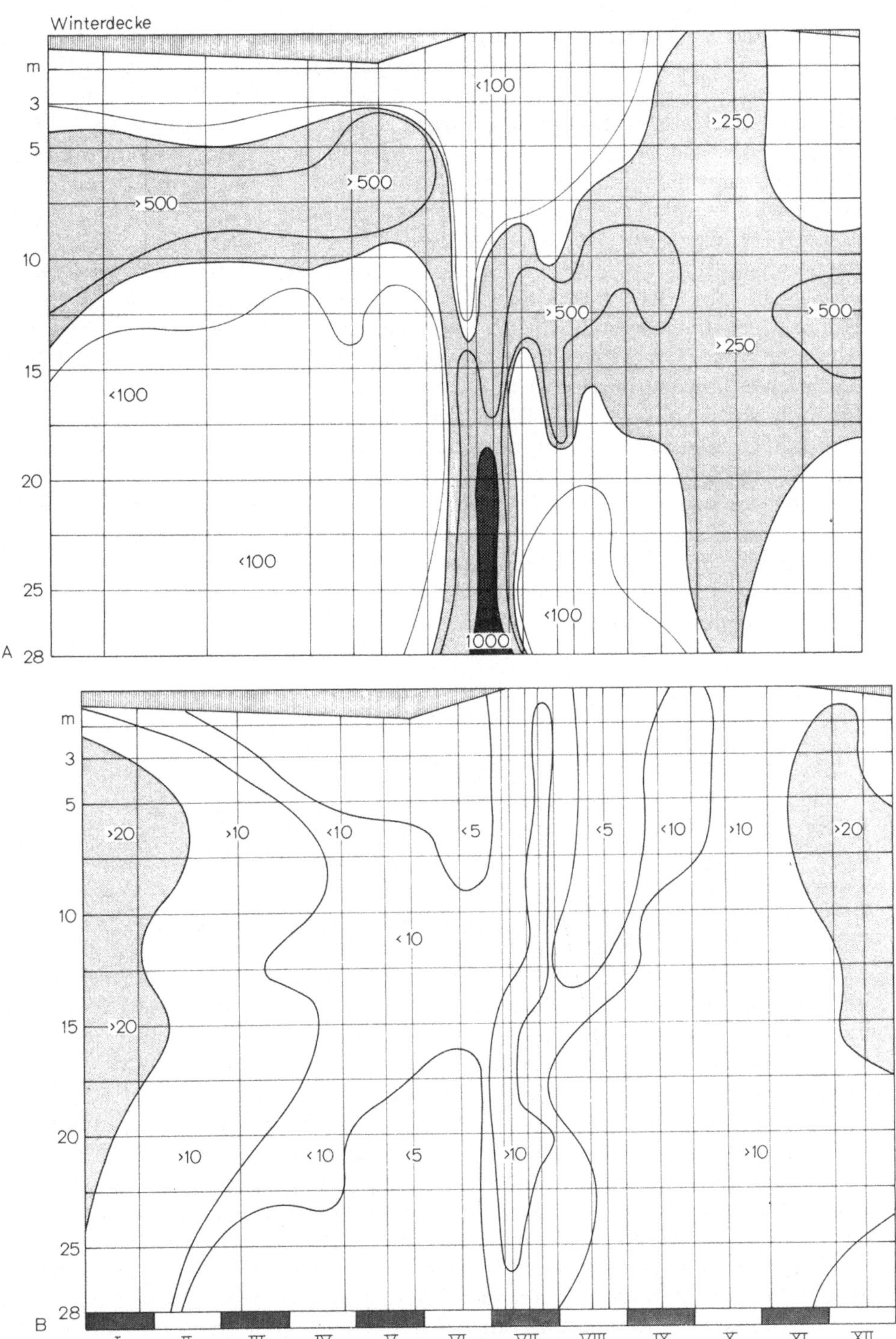

Abb. 2. Räumlich-zeitliche Verteilung A) einer begeißelten Art (*Gymnodinium uberrimum* Kofoid & Swezy) und B) einer unbegeißelten Art (*Tetraedron* sp.) 1970. Isoplethen mg Frischgewicht · m^{-3}

(1967, 1971, u. Mitarb., im Druck) ausgeführt wurde, stehen den Algen in Sedimentnähe zudem höhere Nährstoffmengen zur Verfügung. Die begeißelten Phytoplankter führen z.T. auch erhebliche tägliche Vertikalwanderungen aus, die ihnen einerseits ermöglichen, während der Dämmerung relativ hohe Lichtenergiemengen zu erhalten, anderseits während des Tages die Schwankungen der Lichtintensität zumindest teilweise auszugleichen. Für *Gymnodinium uberrimum* wurden vertikale Wanderungsgeschwindigkeiten bis zu $1\ \mathrm{m} \cdot \mathrm{h}^{-1}$ beobachtet. Interessanterweise ist anscheinend die Wanderungsgeschwindigkeit relativ unabhängig von der Zellgröße, wie der Vergleich von *Gymnodinium uberrimum* mit der viel kleineren *Mallomonas* sp. zeigt, ein deutlicher Hinweis auf Lichtbedingtheit der Wanderungen (Tilzer, in Vorbereitung). Ähnliche Wanderungen wurden auch von Nauwerck (1963) und Soeder (1967) beschrieben und von letzterem mit Phototaxis erklärt. Da sich die begeißelten Phytoplanktonalgen auf diese Weise dem schädigenden Einfluß zu hoher Lichtintensitäten entziehen können, entwickeln sie sich in der eisfreien Periode, die ihnen ansonsten die günstigeren Bedingungen liefert, optimal.

Unbewegliche Phytoplankter (Abb. 2B) werden durch die Turbulenz während der eisfreien Periode fast homogen über die gesamte Wassersäule verteilt. Sie vermögen so dem Einfluß überoptimaler Strahlungsintensitäten nicht zu entgehen. Daher können sie sich erst bei Abnahme des Strahlungsenergie-Angebotes im Herbst deutlich vermehren.

3. Die Dynamik des Produktionsprozesses

3.1 Wirkungsgrad der Primärproduktion

Die extremen jahreszeitlichen Unterschiede im Strahlungsenergie-Angebot haben für Hochgebirgsseen und die ähnlichen subarktischen Seen schon früh die Frage aufgeworfen, ob die Primärproduktion während der winterlichen Dunkelheit aufrechterhalten werden kann oder nicht (Rodhe, 1955). Um diese Frage zu klären, wollen wir nun die Photosynthese vor allem in energetischer Hinsicht betrachten. Rodhe (1965) stellte in Niederungsseen eine „Standard-Korrelation" zwischen Photosyntheseleistung und Strahlungsenergie-Angebot im Vertikalprofil fest, die auch im Meere nachweisbar ist. Aus dieser folgt, daß die Strahlungsenergie-Ausnützung (der Wirkungsgrad der Primärproduktion, s. auch Beiträge III B und V A) im Vertikalprofil, abgesehen von der obersten Wasserschicht, annähernd konstant bleibt. Schon erste Kalkulationen von Pechlaner (1971) haben gezeigt, daß dies in Hochgebirgsseen nur ausnahmsweise der Fall zu sein scheint. Die Betrachtung zahlreicher sommerlicher Vertikalprofile (Abb. 3) zeigt, daß im Hochgebirgssee die Strahlungsenergie-Ausnützung mit der Tiefe, d.h. mit abnehmender Beleuchtung, zunimmt. Das bedeutet, daß die geringen Lichtenergiemengen, die den Seegrund erreichen, wesentlich rationeller ausgenützt werden als das reichliche Licht an der Seeoberfläche. Die Herabminderung der Photosynthese an der Seeoberfläche ist vor allem auf Hemmung und/oder Schädigung durch überoptimale Lichtintensitäten zurückzuführen (Goldman, Mason u. Wood, 1963; Findenegg, 1966). Das in der Tiefe eingeschichtete, vorwiegend bewegliche Phytoplankton

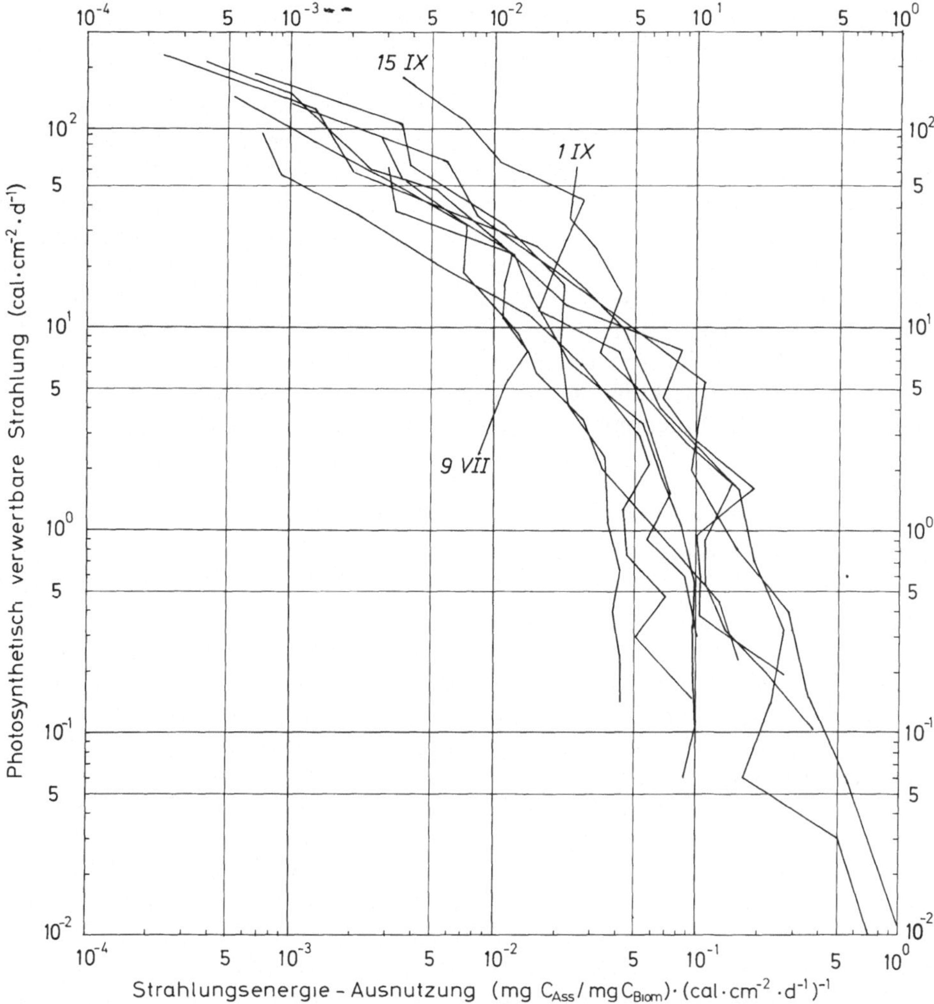

Abb. 3. Abhängigkeit der Ausnützung der photosynthetisch verwertbaren Energie durch die Biomasseeinheit [$(mgC_{ASS}/mgC_{BIOM}) \cdot (cal \cdot cm^{-2} \cdot d^{-1})^{-1}$] von der zugeführten photosynthetisch verwertbaren Strahlungsenergie ($cal \cdot cm^{-2} \cdot d^{-1}$) im Sommer 1970. Jeder Polygonzug entspricht einem Vertikalprofil, Oberflächenwerte im Diagramm links oben. 1. IX.: Keine, 15. IX.: Geringe Lichthemmung in oberflächlichen Wasserschichten durch Überwiegen einer „Lichtart" (*Gymnodinium* sp. cf. *lacustre*); logarithmisch

kann dagegen relativ dunkeladaptiert bleiben (NAUWERCK, 1966). Dieser Sachverhalt konnte auch durch Untersuchungen des Tagesganges der Photosynthese verifiziert werden (TILZER, in Vorbereitung). Demgegenüber werden die Planktonalgen in Niederungsseen durch häufige Zirkulation der oberflächennahen, homothermen Wasserschichten an die Oberfläche getragen, bzw. wieder abgesenkt, sodaß für eine relativ mächtige Wassersäule ein und derselbe Adaptationszustand angenommen werden kann (RYTHER u. MENZEL, 1958).

Wahrscheinlich nützen aber auch dort meta- oder hypolimnische „Schwachlichtalgen" (FINDENEGG, 1943, 1964), z.B. *Oscillatoria rubescens*, die Strahlungsenergie rationeller aus (vgl. auch RODHE, im Druck).

Die großen Unterschiede in der Strahlungsenergie-Ausnützung, die zu einer gegebenen Zeit im Vertikalprofil auftreten, machen die Fähigkeit der Phytoplankter verständlich, auch unter den Schwachlichtbedingungen bei Eisbedeckung weiter zu assimilieren, wenn ihnen lange Zeiträume zur Dunkeladaptation zur Verfügung stehen. Andererseits kann im Sommer, bedingt durch Lichthemmung, in Oberflächennähe sogar im Tagesgang die Strahlenenergie-Ausnützung pro Biomasseeinheit im Verhältnis 1:180 schwanken (TILZER, in Vorbereitung). Wir sehen also, daß die Verwandlung der Strahlenenergie in chemisch gebundene Energie durch zwei Faktoren außerordentlichen Schwankungen ausgesetzt sein kann: Die Langzeitwirkung der Licht- bzw. Dunkeladaptation und die Kurzzeitwirkung der Lichthemmung und/oder Schädigung.

3.2 Äußere Energie-Effektivität und Wachstums-Effektivität

Durch Umrechnung von Biomasse- und Produktivitätswerten auf calorische Äquivalenzwerte (nach CUMMINS u. WUYCHECK, 1971, s. Abb. 4) erhalten wir Einblick in die Dynamik der organischen Urproduktion. Auffällig ist die relative Konstanz der Phytoplanktonbiomasse trotz der beträchtlichen Schwankungsweite der Primärproduktionsraten als Folge des Wechsels im Lichtangebot[1].

Bei der Umformung der auf den See auftreffenden Strahlungsenergie in chemische Bindungsenergie der Biomasse können wir verschiedene Effektivitäten definieren, die uns das Verständnis der Produktionsprozesse erleichtern:

1) Die „äußere Energieeffektivität": Sie ist das Verhältnis zwischen der gesamten kurzwelligen Strahlungsenergie, die auf die Seeoberfläche trifft, zur photosynthetisch gebundenen Energie. Sie umfaßt alle Verluste vor und während des Photosyntheseprozesses: Die Lichtstrahlung wird teilweise an der Seeoberfläche reflektiert (ca. 10% nach SAUBERER u. RUTTNER, 1941, auf der Winterdecke sogar zu 80% (nach PECHLANER, 1966). In jedem Meter der Wassersäule werden weitere 15–35% der Strahlungsenergie absorbiert. Schließlich treten beim Photosyntheseprozeß selber erhebliche Energieverluste auf, ganz abgesehen von der wellenlängenselektiven Ausnützung der Strahlungsenergie durch die photosynthetisch wirksamen Pigmente (vgl. GESSNER, 1955). Die „äußere Energieeffektivität", vergleichbar mit KALLEs (1948) „Produktionsgröße", beträgt im Jahresmittel 0,29‰, im Winter 0,003–0,12‰, im Sommer 0,14–1,7‰. Im Erken, einem mäßig eutrophen Niederungssee in Mittelschweden, ist sie fast sechsmal so hoch (RODHE, 1958).

2) Die „Wachstums-Effektivität": Das Verhältnis zwischen dem zunächst photosynthetisch gebundenen Kohlenstoff, der „Primärproduktionsrate"[2], und der tatsächlich eintretenden Biomasseänderung (dunkelgraue Flächen in Abb. 4) ist ein Maß für sämtliche Verluste, die nach dem eigentlichen Photosynthese-

1 Bestünde nicht die im Vorstehenden erläuterte Beziehung der Strahlungsenergie-Ausnützung zum Strahlenenergie-Angebot, wäre sie noch um ein Vielfaches größer!

2 Es sei hier auf die Unsicherheit hingewiesen, ob die nach der Radiocarbonmethode bestimmten Produktionsraten als Brutto- oder Nettoproduktion aufzufassen sind.

prozeß auftreten. Die enorme relative Oberfläche der Planktonalgen führt zu stark gesteigerten Stoffumsatzraten, verglichen etwa mit terrestrischen oder aquatischen Makrophyten. Das bedeutet nicht nur, daß mehr assimiliert werden kann, sondern auch, daß die Assimilate sehr rasch wieder abgegeben und abgebaut werden. Außerdem kann das Phytoplankton in sehr hohem Maße von der

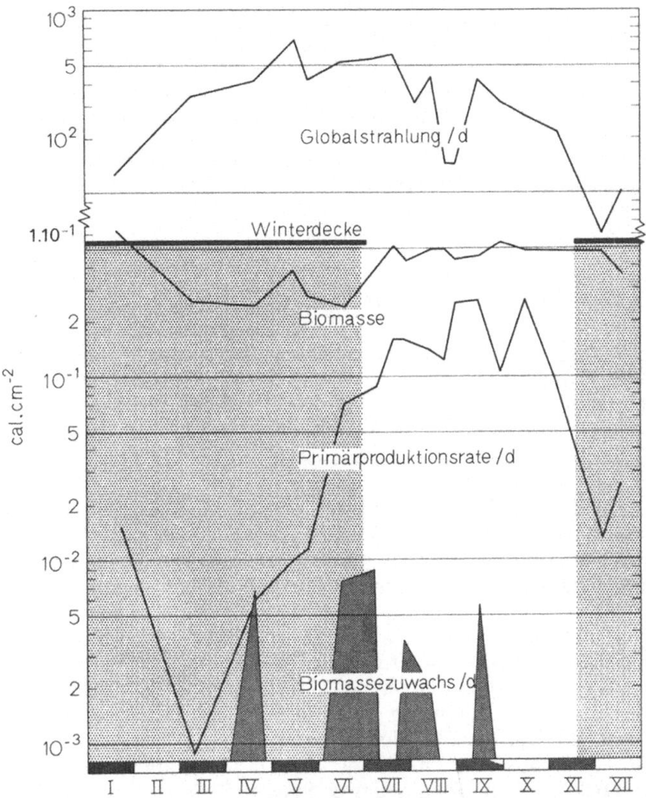

Abb. 4. Globalstrahlung, Phytoplanktonbiomasse, tägliche Primärproduktionsraten und Biomassezunahmen (dunkelgrau) ausgedrückt in cal · cm^{-2}, Vorderer Finstertaler See, 1970. Der hellgraue Raster verdeutlicht die Lichtabschirmung durch die Winterdecke (halblogarithmisch)

Folgeproduktion (vor allem von dem Zooplankton) aufgezehrt werden. Die Verluste während und nach dem Photosyntheseprozeß können wir in „innere" und „äußere" Verluste aufgliedern: Die „inneren" Verluste umfassen vor allem die Respiration, die „äußeren" Ausschwemmung von Plankton aus dem See, Aussedimentieren, Fraß durch Zooplankton und Exkretion (Tilzer, 1972). Nur ein Teil der „äußeren" Verluste kann von der Folgeproduktion verwertet werden. Die täglichen Biomasseverluste betragen in der eisbedeckten Zeit 0–2,6%, im Sommer zwischen 9,5 und 30%, im Jahresmittel 8%. Je nachdem, ob Produktionsraten oder Verlustraten überwiegen, kommt es zu einer Zu- oder Abnahme der Biomasse. Die Biomasse ist von der Resultierenden beider Größen abhängig. Die Verluste verhalten sich dabei annähernd proportional zu den Produktionsraten. Während des Winters bleibt trotz extrem niedriger Produktionsraten die Biomasseabnahme innerhalb relativ enger Grenzen. Während des Sommers erhöht sich die Biomasse aber auch nicht erheblich, weil die Verlustraten im selben Verhältnis zunehmen. Wie wir auf Abb. 4 erkennen können, sind auch während des Sommers Wachstumsphasen stets von Abnahmephasen unterbrochen.

Ein Vergleich mit Niederungsseen zeigt, daß sowohl Produktions- als auch Abbauprozesse in Hochgebirgsseen verlangsamt ablaufen. Da aber die Biomasse von beiden Prozessen abhängt, ist sie unerwartet hoch und trotz der extremen jahreszeitlichen Schwankungen der Milieufaktoren erstaunlich konstant. Es ist naheliegend, als Hauptursache für den geringen Turnover die niedrigen Temperaturen anzunehmen, durch die alle Stoffwechselprozesse gesteuert werden.

Literatur

CUMMINS, K. W., WUYCHECK, J. C.: Caloric equivalents in ecological energetics. Mitt. Intern. Ver. Limnol. **18**, 1—158 (1971).

FINDENEGG, I.: Untersuchungen über die Ökologie und die Produktionsverhältnisse im Kärntner Seengebiet. Int. Rev. Ges. Hydrobiol. **43**, 366–429 (1943).

FINDENEGG, I.: Produktionsbiologische Untersuchungen an Ostalpenseen. Int. Rev. Ges. Hydrobiol. **49**, 381—416 (1964).

FINDENEGG, I.: Die Bedeutung kurzwelliger Strahlung für die planktische Primärproduktion in Seen. Verh. Int. Ver. Limnol. **16**, 314—320 (1966).

GESSNER, F.: Hydrobotanik. Die Physiologischen Grundlagen der Pflanzenverteilung im Wasser. I. Energiehaushalt, 517 S. Berlin: VEB. Deutscher Verlag der Wissenschaften, 1955.

GOLDMAN, C. R., MASON, D. T., WOOD, B. J. B.: Light injury and inhibition in antarctic freshwater phytoplankton. Limnol. Oceanogr. **8**, 313—322 (1963).

GRAN, H. H., BRAARUD, T.: A quantitative study of the phytoplankton in the Bay of Fundy and the Gulf of Maine (including observations on hydrography, chemistry and turbidity). J. Biol. Bd. Can. **1**, 279—467 (1935).

HUTCHINSON, G. E.: A treatise on limnology, Vol. I. Geography, physics and chemistry, 1015 pp. New York-London: John Wiley & Sons 1957.

KALLE, K.: Zur Frage der Produktionsleistung des Meeres. Deut. Hydrograph. Z. **1**, 2—17 (1948).

LUND, J. W. G.: The ecology of freshwater phytoplankton. Biol. Rev. **40**, 231—293 (1965).

MARGALEF, R.: Temporal succession and spatial heterogeneity of phytoplankton. In: BUZZATI-TRAVERSO, A. A. (Ed.): Perspectives on marine biology, pp. 323—349. Berkeley-Los Angeles: Univ. of California Press 1958.

NAUWERCK, A.: Die Beziehungen zwischen Zooplankton und Phytoplankton im See Erken. Symbolae Botan. Upsalienses **17**, 1—163 (1963).

NAUWERCK, A.: Beobachtungen über das Phytoplankton klarer Hochgebirgsseen. Schweiz. Z. Hydrol. **28**, 3—28 (1966).

NAUWERCK, A.: Das Phytoplankton des Latnajaure 1954—1965. Schweiz. Z. Hydrol. **30**, 188—216 (1968).

PECHLANER, R.: Die Finstertaler Seen (Kühtai, Österreich). I. Morphometrie, Hydrographie, Limnophysik, Limnochemie. Arch. Hydrobiol. **62**, 165—230 (1966).

PECHLANER, R.: Die Finstertaler Seen (Kühtai, Österreich). II. Das Phytoplankton. Arch. Hydrobiol. **63**, 145—193 (1967).

PECHLANER, R.: Factors that control production rates and biomass of phytoplankton in high mountain lakes. Mitt. Intern. Ver. Limnol. **19**, 125–145 (1971).

PECHLANER, R., BRETSCHKO, G., GOLLMANN, P., PFEIFER, H., TILZER, M., WEISSENBACH, H. P.: The production processes in two high-mountain lakes (Vorderer and Hinterer Finstertaler See, Kühtai, Austria). Proc. UNESCO/I.B.P. Symposion Kazimierz, Polen, 237–267 (im Druck).

RODHE, W.: Can phytoplankton production proceed during winter darkness in subarctic lakes? Verh. Intern. Ver. Limnol. **12**, 117—122 (1955).

RODHE, W.: Primärproduktion und Seetypen. Verh. Intern. Ver. Limnol. **13**, 121—141 (1958).

RODHE, W.: Standard correlations between photosynthesis and light. Mem. Ist. Ital. Idrobiol. (Suppl.) **18**, 365—381 (1965).

RODHE, W.: Evaluation of primary production data from Lake Kinneret (Israel). Verh. Intern. Ver. Limnol. **18** (im Druck).

RYTHER, J. H., MENZEL, D. W.: Light adaptation by marine phytoplankton. Limnol. Oceanogr. **4**, 492—497 (1958).

SAUBERER, F., RUTTNER, F.: Die Strahlungsverhältnisse der Binnengewässer, 240 S. Leipzig: Akademie-Verlag 1941.

SOEDER, C. J.: Tagesperiodische Wanderungen von begeißelten Planktonalgen. Umschau **1967**, 338 (1967).

STULL, E. A., DE AMEZAGA, F., GOLDMAN, C. R.: The contribution of individual species of algae to the seasonal patterns of primary productivity in Castle Lake, California. Verh. Intern. Ver. Limnol. **18** (im Druck).

TILZER, M.: Dynamik und Produktivität von Phytoplankton und pelagischen Bakterien in einem Hochgebirgssee (Vorderer Finstertaler See, Österreich). Arch. Hydrobiol. Suppl. **40**, 201–273 (1972).

TILZER, M.: Diurnal periodicity in the phytoplankton assemblage of a high-mountain lake. Limnol. Oceanogr. (in Vorbereitung).

III. Das Schilfgürtel-Ökosystem eines Steppensees

A. Phragmites communis Trin. im Röhricht des Neusiedler Sees. Wachstum, Produktion und Wasserverbrauch

K. Burian, Wien

1. Einführender Überblick

1.1 Der See und sein Schilfgürtel

Der „Steppensee" Neusiedler See im österreichisch-ungarischen Grenzgebiet gehört dem Florenbezirk des Arrabonicums an (Kárpáti, 1956) und besitzt als fast geschlossene Einrahmung einen bis zu 5 km breiten Schilfgürtel, dessen Hauptmasse sich im W- und S-Teil des Sees konzentriert. Phytosoziologisch kann „Schilfgürtel" viel bedeuten, besonders in verlandeten oder verlandenden Zonen, die große Masse des Bestandes aber gehört einem artenarmen Typ an, dem *Scirpo-Phragmitetum utricularietosum* (Soó, 1957; Weisser, 1970), das „durch die Massenvegetation von *Utricularia vulgaris* gekennzeichnet" (Soó) werden kann. *Phragmites communis* Trin. wächst in diesem Bereich halbsubmers, 10–80 cm seiner Stengel befinden sich im humatreichen, bräunlich-klaren, weitgehend wellenschlagfreien Wasser, bilden für die Ionenaufnahme wesentliche Adventivwurzeln aus und fallen außer in extremen Dürrezeiten niemals völlig trocken. Submers wird das Schilf von *Utricularia vulgaris* begleitet. Der Wasserschlauch ist trotz seiner Wurzellosigkeit in seinem Vorkommen streng auf den Schilfgürtel beschränkt; nur in den artifiziellen Kanälen und den natürlichen Ausfallszonen des Schilfs, den Lakunen, gerät er in den Bereich höherer, ungedämpfter Einstrahlung (vgl. Maier, III C). Die Lakunen entstehen möglicherweise durch einen Zusammenbruch der Sauerstoffversorgung in überdimensionierten, überalterten Rhizomgeflechten und können bis zu mehrere hundert Quadratmeter umfassen. Ihre Ränder wie auch die der Kanäle werden in geringer Dichte von *Typha angustifolia* besiedelt, das aber vom nachstoßenden Schilf bald wieder verdrängt wird und üblicherweise zu keinem bleibenden Massenbestand auswächst.

Das *Scirpo-Phragmitetum* expandiert seit der letzten Austrocknung des Sees (1868/72) und stößt noch immer, besonders vom W-Ufer her, gegen die Mitte des überaus flachen, im Mittel nur 70 cm tiefen, fast ausschließlich grund- und regenwassergespeisten Steppensees vor (vgl. Kopf, 1967). Allein für die Jahre 1901–1963 wurden 112% Flächenzunahme des Schilfgürtels auf Kosten der freien Seefläche nachgewiesen (Weisser, 1970).

Die Vermehrung von *Phragmites* im halbsubmersen Bereich ist eindeutig nur vegetativ über Rhizomausläufer. Eine Keimung der auf der Wasseroberfläche schwimmenden Samen ist zwar möglich, wenigstens im Laborexperiment, sie gehen nach dem Untersinken aber rasch zugrunde (Geisslhofer, 1970). Die rein vegetative Vermehrung führt zur Ausbildung gut differenzierter Klone, von denen Geisslhofer nach Höhe, Masse, Internodialdiagrammen, Blattform und Blütenstandform im Ruster Bereich eine größere Anzahl unterschieden hat (vgl. Dykyjová, 1969). In unserem Erntegebiet in der Ruster Bucht am W-Ufer des Sees ist der Bestand, wie für Produktionsanalysen notwendig, sehr einheitlich.

Der See ist als ein Carbonatgewässer anzusprechen; der Salzgehalt ist im letzten Jahrzehnt durch Wasseranzapfung im ungarischen Gebiet abgesunken und schwankt außerdem mit dem Pegelstand (nach F. Berger, mündl.; zit. Weisser, 1970: Ionensumme zwischen 11 und 24 mval 1967–1969). Der Chemismus ändert sich im N-S-Profil qualitativ (Neuhuber, 1971: Im S vor allem Na-Carbonat-haltiger Grundwasserzufluß, nach N Zunahme des Mg-Erdalkali-Carbonatsgehalts) und zwischen Schilfgürtel und freier Wasserfläche zumindest quantitativ: die Ionensumme des Schilfwassers ist meist höher als die der freien Seefläche.

Zur Klimatologie des Gebietes liegen außer älteren Darstellungen auch neue Arbeiten vor (z.B. Steinhauser, 1965; Mahringer u. Motschka, 1968; Temperatur-, Einstrahlungs- und Luftfeuchtigkeitsverläufe: Burian, 1969; 1971; Tuschl, 1970; zusammenfassende Übersicht: Weisser, 1970).

1.2 Besondere Merkmale der Vergesellschaftung

Die extreme Artenarmut an Makrophyten in der Streß-Situation des Flachsees, also im *Scirpo-Phragmitetum utricularietosum*, läßt uns den Schilfgürtel als ein echtes, natürliches Pendant zu den landwirtschaftlichen Großgras-Monokulturen betrachten, jedoch zweifellos als eine stabile Monokultur. Die 110 km^2 deckende Graminee ist als Basisart des Ökosystems anzusehen und ist vor allem wohnstattbereitende Pflanze für eine große Zahl von Sekundärproduzenten.

Eine produktionsbiologische und physiologische Analyse des *Scirpo-Phragmitetum* schien überdies deshalb reizvoll, weil sie sehr weitgespannte Vergleiche erlaubt (z.B. Gorham u. Pearsall, 1956; Rudescu et al., 1965; Lieth, 1965; Dykyjová, 1966 u.a.; Björk, 1967; Rychnovská, 1967; Westlake, 1968; Szczepański, 1969, u.v.a.); *Phragmites* besitzt ja sowohl eine hohe großklimatische Toleranz wie auch eine außergewöhnliche Biotopbreite. Allein in unserem engen Neusiedler Seebereich finden wir Schilf sowohl halbsubmers wie auf Staunässeböden, als Halophyten ebenso wie als Ackerunkraut und als Bestandteil thermophiler Gesellschaften.

1.3 Die Produktionsverhältnisse

Das beherrschende *Scirpo-Phragmitetum utricularietosum* ist heute eine in überwiegendem Maß statische Gesellschaft. Ein längerfristiger Netto-Substanzgewinn, vergleichbar etwa dem Zuwachs eines Waldes, gelingt nur in der progredierenden, seeseitig gelegenen Randzone auf Kosten der freien Wasserfläche

(Abb. 1). Wo die Klimax der unterirdischen Rhizom-Wurzelanteile pro Flächeneinheit überschritten wird, kommt es zu Flächenausfällen, die allerdings, großräumig gesehen, durch das Zuwachsen älterer Lakunen produktionsmäßig kompensiert werden. Mit diesen natürlichen Flächenausfällen nicht zu verwechseln sind artifizielle Lakunen, die durch unsachgemäße Ernte entstehen (Stoppellacken, WEISSER, 1970). Der Substanzgewinn des Bestandes geht – soweit nicht von Herbivoren direkt genutzt – in eine wachsende Schicht von zellulose-

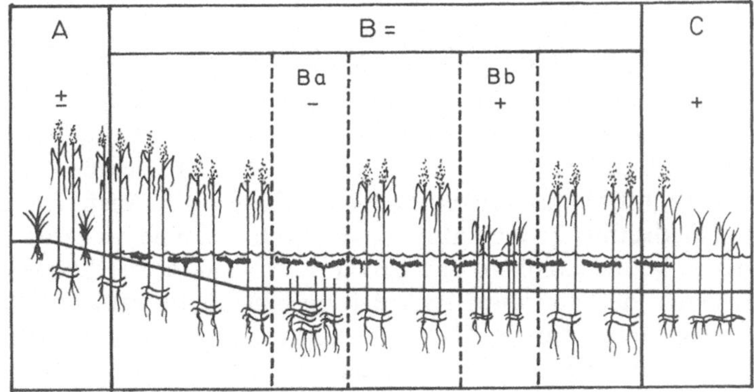

Abb. 1. Schematischer Querschnitt durch den Schilfgürtel bei Rust am Neusiedler See. *A*(+ –): verlandete Zone, starke natürliche Konkurrenz für *Phragmites*, großräumig kein Nettozuwachs, keine Progression landeinwärts, ausgeglichene Produktionsbilanz. *B*(=): *Scirpo-Phragmitetum utricularietosum*, großräumig kein Zuwachs, ausgeglichene Produktionsbilanz. Negative Bilanz kleinräumig (*Ba*—) bei natürlichem oder künstlichem Lakunenausfall; positive Bilanz (*Bb*+) kleinräumig bei Neubesiedlung der Lakunen. *C*(+): Progressionszone des Schilfgürtels seewärts, Nettosubstanzgewinn auf Kosten der freien Seefläche

haltigem Schlamm ein, der besonders in nicht trockenfallenden Schilfgürtelzonen eine geringe dekompositorische bzw. Atmungsaktivität zeigt (FARAHAT u. NOPP, 1966; 1967).

Die Produktionsverhältnisse in der durch starke Konkurrenz gekennzeichneten verlandeten Zone (Abb. 1) sind schwer zu erfassen. Mit Sicherheit kann eine Progression von *Phragmites* landeinwärts ausgeschlossen werden, wobei derzeit noch offen bleiben muß, wieweit diese Statik vom Menschen und wieweit von der natürlichen Konkurrenz abhängig ist.

Im eigentlichen *Scirpo-Phragmitetum utricularietosum* ist eine zusätzliche Komplikation dadurch gegeben, daß die unterirdische Biomasse jeweils die Summe einer mehrjährigen Produktion darstellt, das Alter der Rhizome jedoch kaum zu erkennen ist. Daher sind die Raten einer einzigen Produktionszeit nur im Kulturversuch zu erfassen, der aber selbstverständlich mit Fehlerquellen belastet ist (vgl. 2.6, WESTLAKE, 1968; DYKYJOVÁ, ONDOK u. PŘIBÁŇ, 1970; SIEGHARDT, III B).

2. Ergebnisse der Wachstumsanalyse

2.1 Biometrische Größen

Die Untersuchungen über Produktion, Photosyntheseverhalten, Strahlungsnutzung, Wasserhaushalt etc. von *Phragmites* laufen seit 1965. Die hier angegebenen Daten stammen jedoch zum überwiegenden Teil aus dem Jahr 1971; nur zu Vergleichszwecken werden frühere Ergebnisse angeführt. Der Vergleich zwischen Erntemethode und Gaswechselmessung (3.) wurde im Jahr 1969 ausgeführt (BURIAN, 1972).

2.1.1 Bestandsdichte von Phragmites communis

Die Halmzahl pro Quadratmeter ist einer der wenigen stärker schwankenden Wachstumsparameter im Vergleich mehrerer Produktionsperioden. 1968 betrug die mittlere Halmzahl pro Quadratmeter 75, stieg seither laufend und erreichte in der Saison 1971 ihren bisherigen Höchststand von 90 Halmen. Die Berechnung des idealen Quadratmeters muß also in jedem Jahr auf einer anderen Bezugsbasis erfolgen. Es ist wahrscheinlich, daß neben der Quantität der Stärkespeicherung in den Rhizomen des Vorjahres auch der Verlauf der herbstlichen Wasser- und Schlammtemperaturen für die Halmzahl verantwortlich ist, da während dieser Zeit die Hauptmasse der Rhizomknospen und Unterwasserschößlinge entsteht, die in der nächsten Produktionsperiode den Bestand bilden. Das wird derzeit noch überprüft.

2.1.2 Bestandshöhe und spezifische Wachstumsgrößen

Abb. 2, die den Wachstumsverlauf von *Phragmites* in der Produktionsperiode 1971 darstellt, kann als repräsentativ für die bisherigen Messungen gelten. Das Maximum der mittleren Bestandshöhe (gestrichelte Linie) liegt knapp über 250 cm, gemessen von der Schlammoberfläche bis zum Infloreszenzende. So gleichartig die Endhöhe des Bestandes ist, so ungleichartig ist der Zeit-

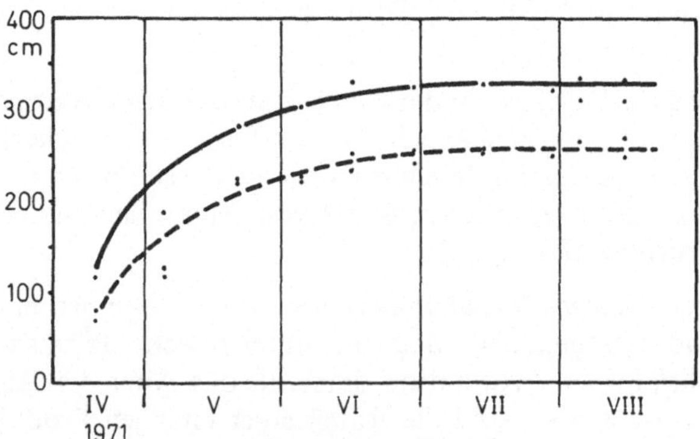

Abb. 2. Wachstumskurve April bis August; mittlere Höhe (strichliert) und maximale Höhe (durchgezogen) der Halme im geschlossenen Bestand (Schlammoberfläche bis Infloreszenzspitze)

punkt, zu dem sie erreicht wird. Im strahlungsreichen Sommer 1971 wurde das Maximum bereits im Juli erreicht, im strahlungsärmeren Sommer 1968 erst im August. Umgekehrt verhalten sich die Infloreszenzen, die in strahlungsärmeren Produktionsperioden früher, noch während des Stengelwachstums, geschoben werden.

Die Beziehung zwischen der Halmhöhe und den spezifischen Größen: Trockengewicht pro Halm (Punkte) und Blattzahl pro Halm (×) entspricht der Kurve in Abb. 3. Die Darstellung zeigt, daß über der durchschnittlichen Höhe

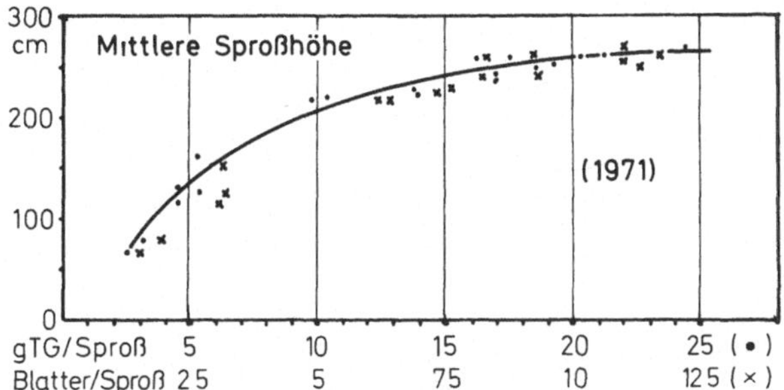

Abb. 3. Beziehung zwischen der Halmhöhe und den spezifischen Wachstumsparametern Trockengewicht pro Sproß (Punkte, obere Zahlenreihe der Abszisse) und Blattzahl pro Sproß (×, untere Zahlenreihe der Abszisse)

von 250 cm über der Schlammoberfläche die weitere Längenzunahme eine unverhältnismäßig starke Trockengewichts(TG)-Zunahme und eine auf gleiche Art sich verflachende Blattzahlkurve bringt. Die TG-Zunahme ergibt sich aus der notwendigen Verstärkung der unteren Schößlingshälfte.

2.1.3 Trockengewicht und Blattfläche

Die TG-Entwicklung und der Verlauf der Blattspreitenentwicklung sind in der unteren Hälfte der Abb. 4 dargestellt. Der Höhepunkt der Produktion (oberirdisch) wird mit großer Regelmäßigkeit zwischen Juni und Mitte Juli erreicht. Dennoch kann es auch nach dem Erreichen der maximalen oberirdischen Biomasse noch zu einem weiteren Zunehmen der Schößlingshöhe kommen (Abb. 2). Warum trotz der Höhenzunahme in der Folge das TG abnimmt, erklärt uns der Verlauf der Blattspreitensumme (dicke Kurve), der zugleich die Entwicklung des Blattflächenindex (LAI) angibt, da es sich um die Blattflächenentwicklung des 90-Halm-Idealquadrates 1971 handelt. Ein durchschnittlicher LAI über 6 (600, linke Ordinate) signalisiert den Beginn verstärkten Blattwurfs; die basalen, alten Blätter gehen verloren. Apikal werden in kurzen Internodialabständen neue Blätter nachgeschoben, die zwar die Blattzahl pro Halm weiter erhöhen, die Flächensumme pro Halm jedoch sinken lassen, da sie nur 20–25% der Fläche der Frühjahrsblätter besitzen. Das TG-Maximum fällt zeitlich stets exakt mit dem Maximum der Blattspreitenentwicklung zusammen. Das Frischgewichtsmaximum dagegen ist zeitlich etwa 4 Wochen vor dem TG-Maximum anzusetzen (GEISSLHOFER u. BURIAN, 1970). Diese Differenz erklärt sich aus dem steigenden Sättigungsdefizit erwachsener Blätter (TUSCHL, 1970), einem Defizit, das regelmäßig und trotz der optimalen Wasserversorgung des halbsubmersen Schilfs auftritt. Die Auswirkung dieser rein endogenen Entwicklung wird noch bei der photosynthetischen Leistung von *Phragmites* zu besprechen sein.

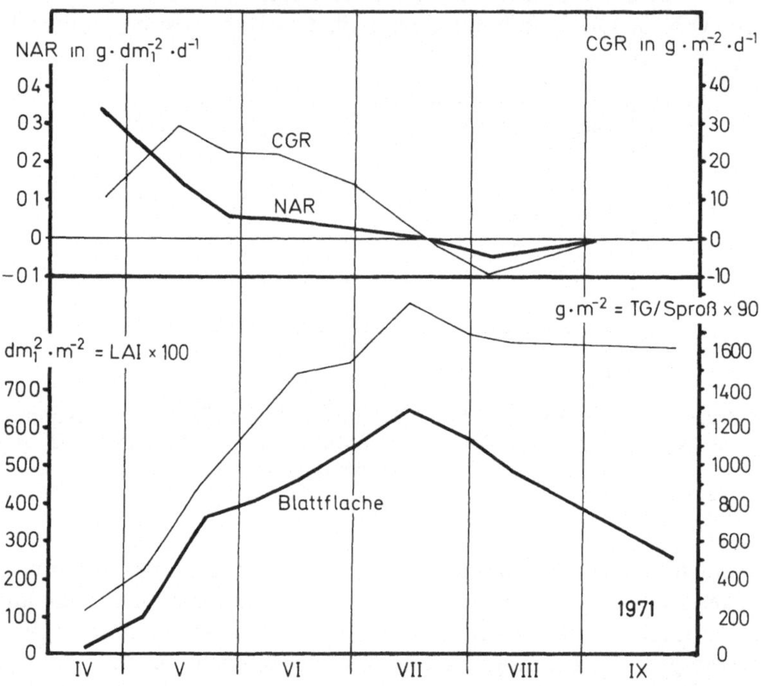

Abb. 4. Oberer Block: Nettoassimilationsrate und Bestandswachstumsrate zwischen April und September. Unterer Block: Blattflächensumme pro m² des Durchschnittsquadrats 1971 (Blattflächenindex (LAI) × 100 = Blattfläche/Sproß × 90); und oberirdische Trockengewichtsentwicklung pro durchschnittlichem m²

2.1.4 Vertikalverteilung der Blattspreiten

Die vertikale Verteilung der Blattspreiten wurde bereits in einer früheren Arbeit (GEISSLHOFER u. BURIAN, 1970) ausführlich dargelegt. Hier sei nur kurz summiert: Die blattspreitenreichste Zone ist im Frühjahr mit der Spitzenregion identisch, verlagert sich später (Juni) in die Mitte des blattragenden Stengelteils und wird bis Juli sogar noch tiefer verschoben. Diese Verschiebung resultiert aus einer starken Internodialstreckung des im Juni blattspreitenreichsten Stengelteils, dessen Blätter dadurch auf eine längere Vertikalstrecke verteilt werden. Der ökologische Sinn der Internodialstreckung liegt in einer Verbesserung des relativen Lichtgenusses tiefer stehender Blätter zur Zeit hoher LAI-Werte.

2.2 Die Parameter der Produktivität

Trägt man die Netto-Assimilations-Rate (NAR) und die Bestands-Wachstums-Rate (CGR) von *Phragmites* gegen den LAI auf, so erhält man nicht nur eine zweidimensionale Darstellung, sondern zusätzlich eine zeitliche Dimension: Der Verlauf in der Produktionszeit wird sichtbar (Abb. 5) (GREGORY, 1926; vgl. KVĚT u. Mitarb., 1971). Der Startwert der NAR im Frühling beim geringsten gemessenen LAI-Wert mit 0,3 g · dm_1^{-2} · d^{-1} liegt auch für Gramineen relativ

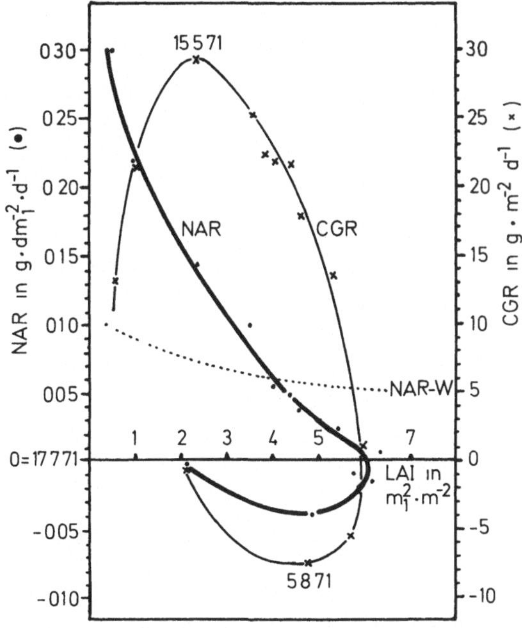

Abb. 5. Beziehung zwischen LAI und NAR bzw. CGR im Verlauf der Produktionszeit zwischen April und September. Gepunktete Linie: LAI-NAR-Beziehung eines Weizenfeldes im Frühjahr. (Umgezeichnet nach STOY, 1965)

hoch (vgl. die gepunktete Linie in Abb. 5, die Vergleichswerte von Weizen nach STOY, 1965, bringt). Es darf aber nicht vergessen werden, daß aus Gründen, die in der Folge erläutert werden, in diese NAR-Berechnung nur die oberirdischen Erntewerte eingehen. Es wird z.Z. überprüft, wieweit diese hohe NAR auf zusätzliche Substanzlieferung aus den Rhizomen zu Beginn der Produktionsperiode zurückzuführen ist. Ein LAI über 6 (zugleich der Juli-Wert) läßt die NAR auf Null absinken, dann gerät sie bei wieder sinkendem LAI in die negativen Zahlen. Der Abbau geht im August bei hohen Temperaturen noch schnell vor sich (tiefster Kurvenpunkt: 5. 8. 1971) und verlangsamt sich im September wiederum sehr stark. Diese Verlangsamung des Abbaus ist ja auch in der Abb. 4 sehr eindringlich im herbstlichen TG-Verlauf dokumentiert. Der Vergleich mit einer anderen Gramineenkultur, einem Weizenfeld (gepunktete Linie, STOY, 1965), ist aufschlußreich: Der Startwert des Weizens, dem der unterirdische

Sukkurs fehlt, ist wesentlich niedriger, sinkt aber dafür bis zu einem LAI von 6 nur mäßig ab. Wir dürfen das frühe Negativwerden der NAR der oberirdischen Masse mit einiger Sicherheit auf einen starken Assimilatstrom nach unten und ein starkes Rhizomwachstum in der zweiten Hälfte der Produktionsperiode zurückführen (vgl. 3.5).

Auch der Verlauf der CGR (Abb. 5) bestärkt diese Annahme. Deren Maximum wird später und bei höherem LAI (über 2) erreicht als jenes der NAR.

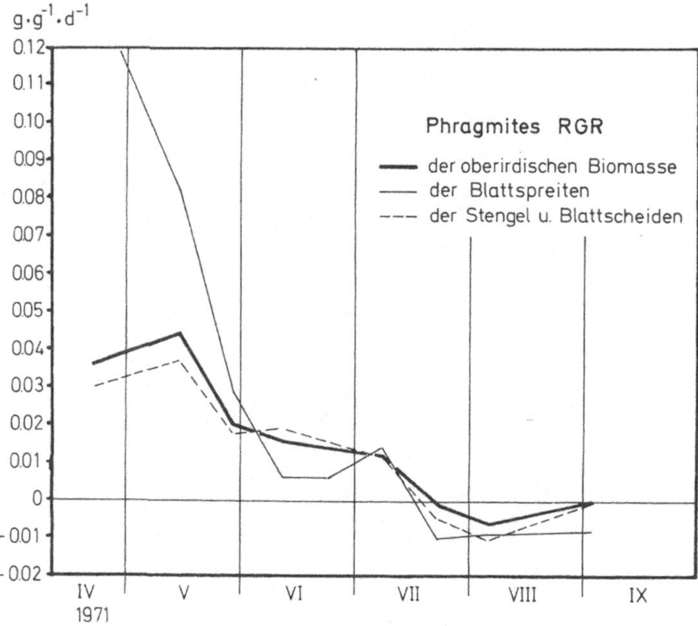

Abb. 6. Entwicklung der Relativen Wachstumsrate (RGR) der gesamten oberirdischen Biomasse, der Blattspreiten und der Stengel mit den Blattscheiden zwischen April und September

Der Sprung über die Kompensationslinie in den Abbau erfolgt aber selbstverständlich zur gleichen Zeit.

Die relative Wachstums-Rate (RGR) in $gTG \cdot gTG^{-1} \cdot d^{-1}$ (Abb. 6) der oberirdischen Masse zeigt uns den Höhepunkt des Blattwachstums zum Starttermin, z.Z., wenn die Schößlinge den Wasserspiegel eben durchbrochen haben. Die relativ stärkste Zunahme der Stengelmasse finden wir dagegen erst, wenn die Frühlingsblätter ihre Photosynthesetätigkeit in vollem Umfang ausüben.

Deutlich wird in der Abbildung (gestrichelte Linie) ein leichtes Ansteigen der Stengel-RGR im Juni, zu jener Zeit also, da die blattspreitentragenden Stengelteile durch stärkeres Internodialwachstum „zerdehnt" werden (vgl. 2.1.4). Unmittelbar danach wird noch einmal ein stärkerer Blattschub (dünne Linie) sichtbar.

Abb. 7 schließlich zeigt die gegenläufige Bewegung der "Leaf Area Ratio" (LAR) in $dm_1^2 \cdot gTG^{-1}$ und des Trockengewichts-Anteils im Frischgewicht. Der

LAR-Wert fällt im September auf die Hälfte der Blattfläche, die pro Gewichtseinheit im April gebildet werden konnte. Der Anstieg der Trockengewichtsrate ist noch massiver: von etwa 15% im April bis annähernd 60% im September. Das stark steigende Sättigungsdefizit alternder Blätter und Sprosse ist hier neben ausgiebiger Mineraleinlagerung ausschlaggebend.

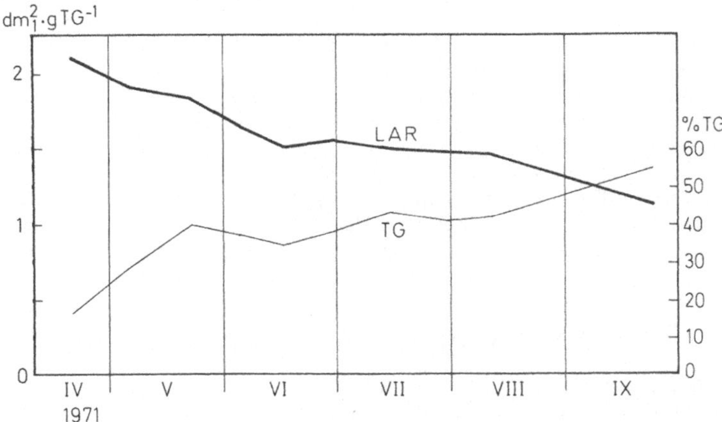

Abb. 7. Leaf Area Ratio und Trockengewichtsanteil in % des Frischgewichts der Blätter zwischen April und September

2.3 Unterirdische Biomasse

Daß die Wachstumsanalyse zum überwiegenden Teil auf die oberirdischen Anteile von *Phragmites* bezogen ist, findet seinen Grund in den enormen technischen Schwierigkeiten einer Rhizom-Wurzel-Ernte im überfluteten Gelände. SZCZEPAŃSKI (1969) gibt ein Untergrund-Obergrund-Verhältnis der Produktion von 2:1 an, das mit unseren eigenen Kulturversuchen (SIEGHARDT, 1972, s. folgenden Bericht) gut korrespondiert. Das würde bis zum Höhepunkt des oberirdischen TG eine Produktion von ca. 6000 $g \cdot m^{-2}$, bzw. 60 $t \cdot ha^{-1}$ bedeuten, die einer einzigen Produktionsperiode zuzuordnen wäre. Sehr wahrscheinlich wird aber der Gipfel der Rhizomproduktion zeitlich später zu finden sein, wie aus den Gaswechseluntersuchungen (s. 3) hervorgeht. Realistischer erscheint es, ein Untergrund-Obergrund-Verhältnis von 1:1 im natürlichen Bestand anzunehmen; das ergibt eine wahrscheinliche mittlere Gesamt-Jahresproduktion zwischen ca. 25 und 35 $t \cdot ha^{-1}$.

Aus Grabungen in einer trockengefallenen Fläche ergab sich ein Untergrund-Obergrund-Verhältnis von annähernd 5:1. Dieses Verhältnis ergäbe bei einer Jahresproduktion von 60 $t \cdot ha^{-1}$ eine Gesamtbiomasse von annähernd 120 $t \cdot ha^{-1}$ aus mehreren Produktionsperioden. Die Rolle der Rhizome und Wurzeln im produktiven Prozeß läßt sich jedoch indirekt aus den Ergebnissen der Kalorimetrie (SIEGHARDT, III B) und der Gaswechselmessung (3) ablesen.

3. Einige Ergebnisse der Gaswechselmessung

3.1 Methodische Vorbemerkungen

Wie bereits an anderer Stelle berichtet (Burian, 1969), wurden zwei Produktionsperioden hindurch (1967 und 1969) Gaswechselregistrierungen im Schilfgürtel durchgeführt, die schließlich durch Labormessungen unter Vollklimatisierung (Ecophyt-Vötsch) ergänzt wurden. Zum Einsatz gelangte ein URAS 1 (Hartmann & Braun) mit gekoppelter Registrierung für 6 Meßstellen.

Die ursprünglich eingesetzte Bestandsküvette (Burian, 1969) mit ca. 2 m^3 Rauminhalt erwies sich nur als bedingt erfolgreich. Die errechnete CO_2-Aufnahme des Schilfs in der Bestandsküvette, bezogen auf 1 g Blatt-TG, betrug im Durchschnitt nur 50% jener Werte, die in nichtklimatisierten Blattküvetten erzielt werden konnten. Die Korrektheit der Blattküvettenmessungen hingegen ließ sich durch Laboruntersuchungen bestätigen: Die Gaswechselraten halbsubmers gezogenen Schilfs lagen mit ca. 24 mg $CO_2 \cdot gTG^{-1} \cdot h^{-1}$ bei Lichtsättigung und 20° C im Klimaschrank genau in der Größenordnung der Freilandwerte aus nichtklimatisierten Blattküvetten (Burian, 1972). Aus diesem Grund wurden schließlich die Ergebnisse der Saison mit Blattküvetten auch zur Errechnung von Produktions-Raten herangezogen.

3.2 Lichtsättigung der CO_2-Aufnahme

Die Lichtsättigungskurve in Abb. 8 wurde im Klimaschrank bei 20° C unter Cool-White-Beleuchtung plus DR-IR-Zusatzbestrahlung gewonnen. Die Lichtsättigung der CO_2-Aufnahme erwachsener Blätter aus der Zone maximaler Blattspreitenentwicklung lag unter diesen Bedingungen bei 13 cal $\cdot$ $cm^{-2} \cdot h^{-1}$. Die Pfeile geben verschiedene im Freiland ermittelte Lichtsättigungspunkte bei unterschiedlicher Temperatur im Juni und Juli 1969 an. Aufgrund der etwas anderen Lichtqualität im Freiland verschiebt sich dabei die Lichtsättigung von Einzelblättern auf 15–19 cal $\cdot$ $cm^{-2} \cdot h^{-1}$ zwischen 10 und 25° C. Erst eine Erhöhung der Temperatur auf 25–30° C verursacht eine starke Verschiebung der Lichtsättigung auf über 30 cal $\cdot$ $cm^{-2} \cdot h^{-1}$ (vgl. auch Abb. 10–12). Grob be-

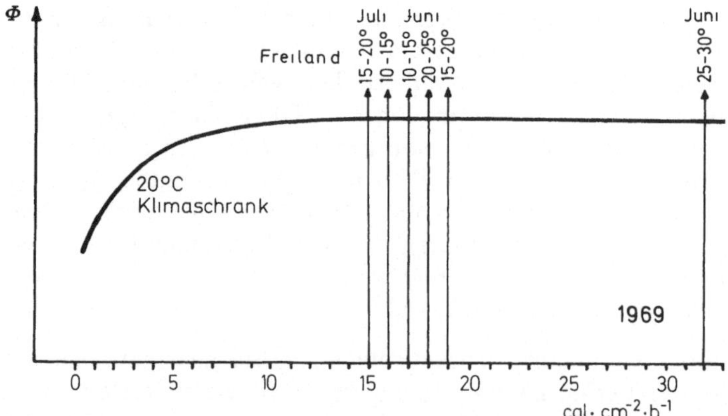

Abb. 8. Lichtsättigungskurve der CO_2-Aufnahme erwachsener Blätter aus der blattspreitenreichsten Vertikalzone bei 20° C im Klimaschrank unter Cool-White + DR + IR-Bestrahlung. Pfeile: Lage der Lichtsättigungspunkte im Freiland in cal $\cdot$ $cm^{-2} \cdot h^{-1}$ der Globalstrahlung bei unterschiedlichen Temperaturen

rechnet liegt also die durchschnittliche Lichtsättigung der CO_2-Aufnahme im erwachsenen Einzelblatt bei ca. 20000 Lux Beleuchtungsstärke. Jüngste Spitzenblätter erreichen ihre Lichtsättigung allerdings schon bei der Hälfte dieser Beleuchtung (BURIAN, 1972).

3.3 Photosynthese-Intensität in vertikaler Verteilung

Je nach ihrer photosynthetischen Aktivität lassen sich am Schilfhalm vertikal ziemlich deutlich 3 Zonen unterscheiden: die Spitzenblätter, kleinflächig und in kurzen Internodialabständen ansitzend; die „zerdehnte" Mittelzone (vgl. 2.1.4), die nach TUSCHL (1970) die stärkste Transpirations-Rate besitzt; und basal die schnell zerschleißenden älteren, schlecht lichtversorgten Blätter, die z. Z. des TG-Maximums abzufallen beginnen. Die spezifische photosynthetische Leistung ist sichtlich mit der Transpirationsrate gekoppelt: Setzt man die auf das Blatt-TG bezogene durchschnittliche CO_2-Aufnahme der Mittelzone mit 1 an, so werden auf gleicher Berechnungsbasis und bei gleicher Lichtversorgung (Sättigung) von der Spitzenregion 40%, von den basalen Blättern nur ca. 20% dieser photosynthetischen Leistung erreicht (Abb. 9, vgl. auch RYCHNOVSKÁ, 1967).

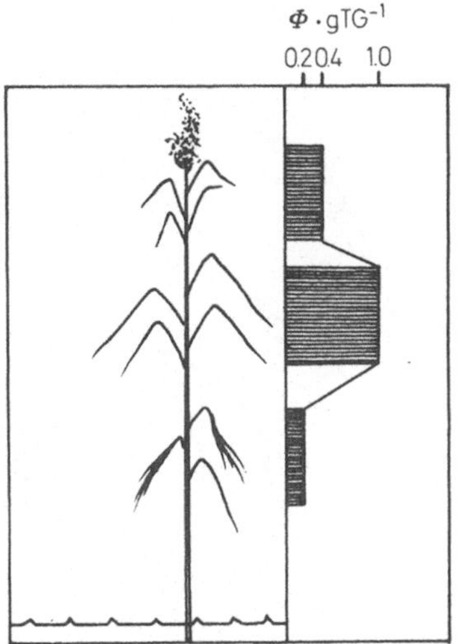

Abb. 9. Vertikale Verteilung der Photosyntheseintensität, bezogen auf die gleich 1 gesetzte Intensität der Mittelzone

3.4 Die Temperatur-Strahlungs-Abhängigkeit der CO_2-Aufnahme

Bereits in einer früheren Mitteilung (1969) habe ich versucht, die Temperatur-Strahlungs-Abhängigkeit der Photosynthese von *Phragmites* darzustellen. Als Bezugsgröße der Temperatur wurde damals das Tagesmittel gewählt, als jene der Strahlung die globale Tagessumme pro cm². Trotz dieser nicht optimalen

Korrelation zeigte sich deutlich, daß im Verlauf der Produktionszeit eine starke Modifizierung der Temperatur-Strahlungs-Abhängigkeit von *Phragmites* nachzuweisen ist:

Die maximale CO_2-Aufnahme wurde in der Serie Mai 1967 nur bei Temperatur-Tagesmitteln unter 20° C erreicht. Deutlich niedriger war die Photosynthese bei 20° und zwischen 13 und 15°. Im Juni veränderte sich das Bild plötzlich. Der optimale Bereich wurde nach oben bis 21° C erweitert. Erst über 21° Tagesmittel wurde wieder ein Absinken der CO_2-Aufnahme sichtbar.

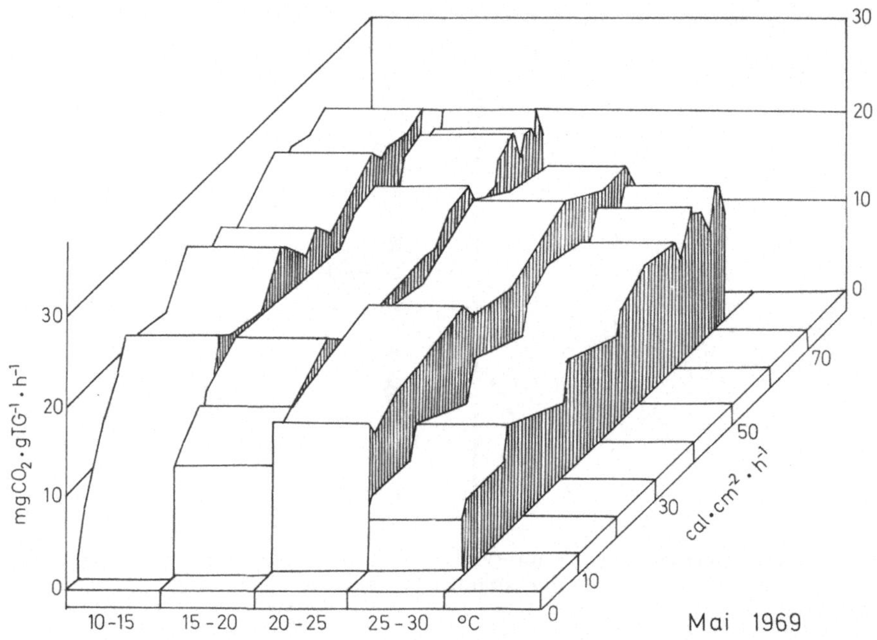

Abb. 10. Stundensummen der CO_2-Aufnahme in Abhängigkeit von der Lufttemperatur und der Einstrahlung im Mai Fur diese Darstellung (und für die Abb. 11 und 12) wurde jeweils der höchste registrierte Photosynthesewert verwendet

Für 1969 konnte aufgrund stärkeren EDV-Einsatzes ein differenzierteres Bild gewonnen werden; vor allem die Bezugsgrößen – das Stundenmittel der Temperatur und die stündliche Strahlungssumme pro cm^2 (global, Pyranometermessung, DIRMHIRN, 1958) – hatten nun mehr Aussagewert. Gemessen wurden Blätter aus der blattspreitenreichsten Zone.

In Abb. 10 sind die Werte bis 28. Mai 1969 verarbeitet: Es läßt sich in diesem Monat ein sehr enges Temperaturoptimum der Photosynthese zwischen 10 und 15° (linker Block) mit früher Lichtsättigung feststellen (jeder Block kann ± auch als Lichtsättigungskurve betrachtet werden). Deutlich niedriger ist die photosynthetische Leistung schon zwischen 15 und 20°; zwischen 25 und 30° schließlich wird ein sehr niedriges Nutzungsniveau mit später Lichtsättigung erreicht. Das korrespondiert (trotz der anderen Bezugsgrößen) gut mit den Ergebnissen von 1967.

Ganz anders ist – nach einer kurzen Kälteperiode – das durchschnittliche Temperatur-Strahlungsverhalten im Juni (Abb. 11). Das enge Temperatur-Optimum ist verschwunden, das Nutzungsniveau liegt zwischen 10 und 30° Stundenmittel ziemlich gleich hoch; nur die Lichtsättigung bleibt bei hohen Temperaturen weiterhin in einen höheren Strahlungsbereich verschoben.

Im Juli schließlich (Abb. 12), dessen Darstellung auch noch für die erste Augusthälfte repräsentativ ist, kann wieder ein leichtes Absinken der photosynthetischen Leistung über 20° C festgestellt werden, allerdings nicht mehr in

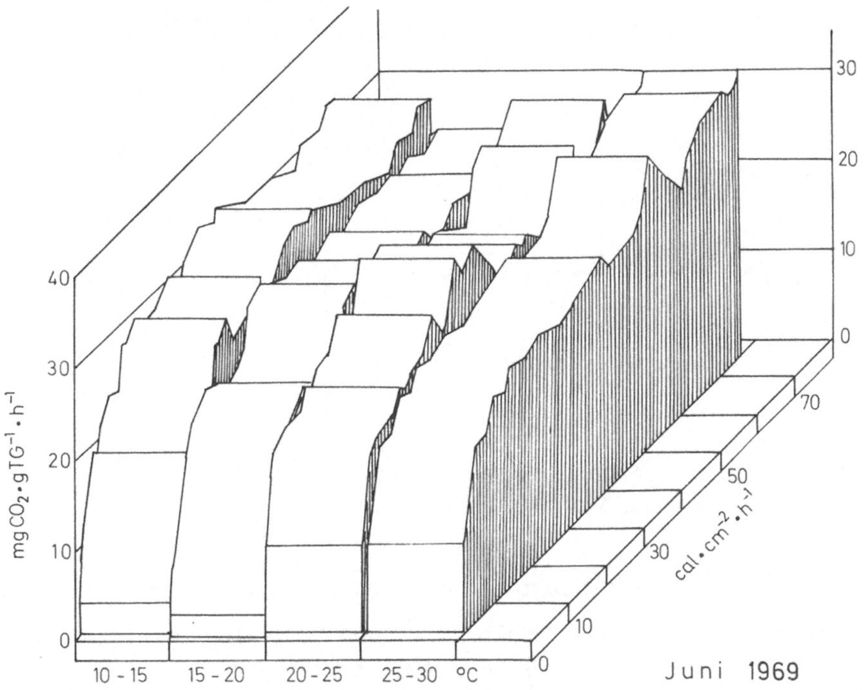

Abb. 11. Stundensummen der CO_2-Aufnahme in Abhängigkeit von der Lufttemperatur und der Einstrahlung im Juni

jenem starken Ausmaß, das für den Mai charakteristisch war. Es konnte also verifiziert werden, daß im Zeitraum hochsommerlicher Temperaturen tatsächlich eine physiologische Modifizierung des Photosyntheseverhaltens von *Phragmites*-Blättern der Halm-Mittelzone auftritt.

Gemäß der relativ frühen Lichtsättigung (in einem Temperaturbereich von 10–25° C) darf man nach diesen Ergebnissen wohl die Temperatur als den entscheidenden ökologischen Faktor für die CO_2-Aufnahme im geschlossenen Schilfbestand ansehen; sie ist zweifellos wichtiger als eine Steigerung der Einstrahlung zwischen ca. 25 und 80 cal $\cdot$ cm^{-2} $\cdot$ h^{-1}, um so mehr, als die wirklich schlecht lichtversorgten Teile des Bestandes (s. Abb. 9) nur einen Bruchteil der gesamten photosynthetischen Kapazität besitzen. Es ist denkbar, daß überdies

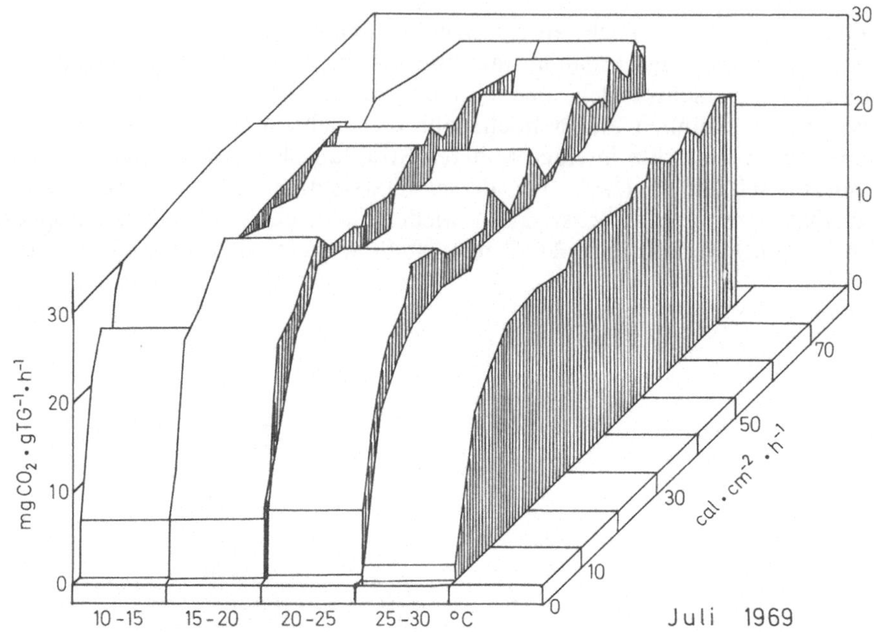

Abb. 12. Stundensummen der CO_2-Aufnahme in Abhängigkeit von der Lufttemperatur und der Einstrahlung im Juli (August)

im Schilfgürtel eine Modellsituation hinsichtlich des Temperatureinflusses für andere Großgramineen-Monokulturen vorliegt.

3.5 Vergleich der Produktivität nach Ernte- und Gaswechsel-Werten

Wie Abb. 5 gezeigt hat, werden NAR und CGR der oberirdischen Masse zur Mitte der tatsächlichen Produktionszeit, im Juli, bereits negativ. Vergleicht man damit den schematischen Verlauf der CO_2-Aufnahme des Schilfs (Abb. 13, oben), so erkennt man, daß im Juli und August – wenngleich auf niedrigerem Niveau – durchaus noch beträchtlich photosynthetisiert wird.

Die quantitative Korrektheit von Werten läßt sich am besten durch den Vergleich qualitativ verschiedener Methoden feststellen. Es wurde daher versucht, die Gaswechselwerte in Produktionswerte umzurechnen. Kalkulatorische Voraussetzung war dabei die Umrechnung der CO_2-Aufnahme in Hexoseaufbau (vgl. Lieth, 1965; Botkin u. Mitarb., 1970). Eine solche Gegenüberstellung kann nicht nur über die Richtigkeit allometrischer Methoden im weitesten Sinn etwas aussagen, sondern darüber hinaus Aufschlüsse über den Assimilathaushalt der untersuchten Pflanzen verschaffen; Untergrundernten sind ja ganz allgemein der wunde Punkt von Produktionsanalysen.

Wie aus der Abb. 13 (unten) ersichtlich, liegt der aus den Gaswechselwerten errechnete durchschnittliche Nettogewinn pro Lichtstunde ($\bar{P}/\Phi$) in der Mai/Juni-Periode bei 23,6 kg/ha, wobei bereits ein adäquater Wert für die Atmung der oberirdischen Teile und der nach Szczepański geschätzten Rhizommasse während einer entsprechend langen Dunkelzeit (je nach Lichtstunden-: Dunkelstunden-Verhältnis) abgezogen wurde. Aus methodischen Gründen wurde jeweils ein Wert von Monatsmitte zu Monatsmitte errechnet. Der VI/VII-Wert der $\bar{P}/\Phi$ liegt bei 30,9, der VII/VIII-Wert bei 27,3 kg/ha · h. Sehen wir uns nun die Erntewerte an ($\bar{P}/E$, schraffierte Blöcke), die nach den Ergebnissen der Kulturversuche und der SZCZEPAŃSKI-Kurve auf die Gesamtbiomasse hochgerechnet wurden: Im V/VI liegt der Erntewert mit 23,4 kg/ha · h überraschend genau

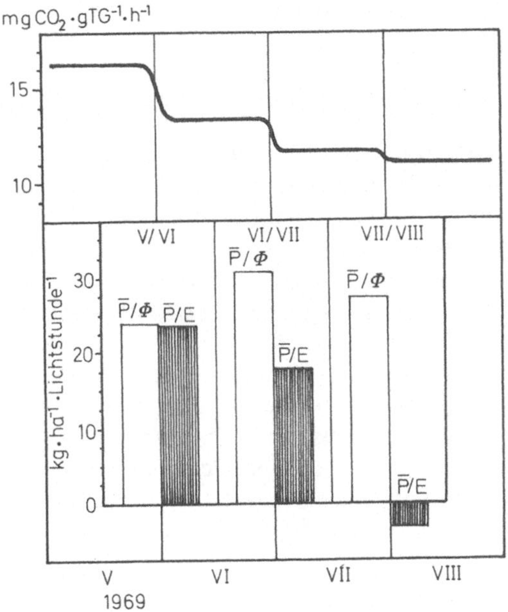

Abb. 13. Oberer Teil: Schematischer Verlauf der CO_2-Aufnahme in mg · g Blatt-Trockengewicht^{-1} · h^{-1} zwischen Mai und August 1969 (Mittelwert für den ganzen Halm). Unterer Teil: Vergleich der aus der Gaswechselregistrierung errechneten Produktivitätswerte (in kg TG · ha^{-1} · Lichtstunde^{-1}, $\bar{P}/\Phi$, weiße Blöcke) mit den aus den oberirdischen Ernten errechneten Produktivitätswerten ($\bar{P}/E$). Erläuterungen im Text

neben dem Gaswechselwert. In der VI/VII Periode finden wir dagegen schon eine Differenz zu ungunsten des Erntewertes, die einem Multiplikationsfaktor von 1,8 entspricht. Im VII/VIII würde der stur nach der Obergrundernte berechnete Wert sogar schon negativ werden, obwohl nach dem Gaswechselkalkül noch immer erhebliche Mengen an Biomasse gewonnen werden müssen.

Zwei Dinge werden aus dieser Darstellung klar: 1. Die Wichtigkeit der Gaswechselanalyse bei Produktionsuntersuchungen bestimmter schwer zu erntender Vegetationstypen; 2. die Rolle der Rhizome im Assimilathaushalt von *Phragmites*. In der Differenz ab VII/VIII stecken folgende Gründe: die rechnerische Einbeziehung noch grüner, aber photosynthetisch nicht mehr aktiver Blattspreiten in die Gaswechselbilanz (rechnerischer Fehler, der die $\bar{P}/\Phi$-Werte wahrscheinlich etwas zu hoch ausfallen läßt); und natürlich das Umschwenken des Assimilatstroms. Wie aus den V/VI-Blöcken der Abb. 13 ersichtlich, wird der Assimilatgewinn nach Anlaufen der Photosynthese im Frühling offenbar zu gleichen Teilen den oberirdischen und unterirdischen Organen zugeleitet, sonst würde keine so glatte Übereinstimmung der beiden Werte möglich sein. Die Periode bis Mitte Juni kann aus diesem Grund als eine Zeit gleichmäßiger Investition bezeichnet werden. Wenn aber ab VII/VIII die Investition ungleichmäßig wird und der Assimilatgewinn zum überwiegenden Teil der Untergrundmasse zugute kommt, dann ist bei technischer Unmöglichkeit von Untergrundernten der Erntewert nicht mehr zuverlässig! Dann ist der wahre Substanzgewinn nur mehr aus der Gaswechselmessung zu dokumentieren.

4. Der Wasserverbrauch im Schilfgürtel

Die bisher im Untersuchungsgebiet Rust gewonnenen Transpirationswerte wurden von TUSCHL (1970) erarbeitet, der im Verlauf der Jahre 1966–1968 über 1700 Einzelmessungen nach der Schnellwägemethode (STOCKER, 1929) ausführte. Wie nach STOCKERs (1967) Ergebnissen an anderen Gramineen zu erwarten, ist auch *Phragmites* eindeutig ein Eingipfler, der keinerlei Mittagsdepression, nicht einmal eine Verflachung der mittäglichen Transpirationsrate, erkennen läßt. Die transpirationsintensivste Vertikalzone ist keineswegs die windexponierte Spitzenregion des Halmes, sondern jene Mittelzone des erwachsenen Schilfhalms, die auch die höchste photosynthetische Leistung aufzuweisen hat. Das Fehlen jeder Anspannung des Wasserhaushalts im halbsubmersen Bereich ermöglichte es, die Transpirationsraten des voll ausgebildeten Schilfblatts allein zur relativen Luftfeuchtigkeit und zur Umgebungstemperatur in eine klare Relation zu bringen (Abb. 14).

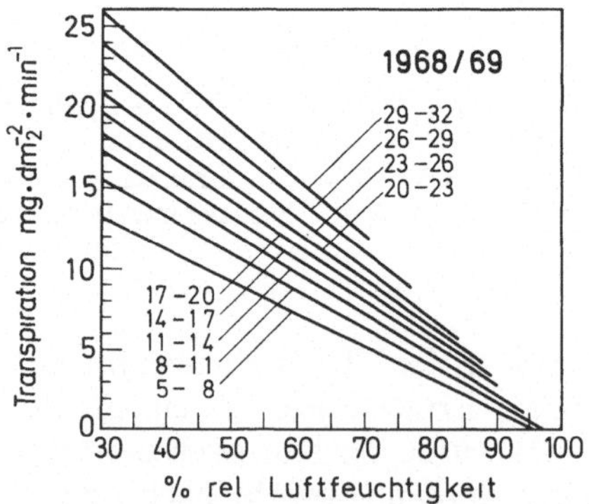

Abb. 14. Transpirationsrate der Blattspreiten in Abhängigkeit von der relativen Luftfeuchtigkeit und der Lufttemperatur. (Nach TUSCHL, 1970)

Von produktionsbiologischer Bedeutung ist vor allem der Gesamtwasserverbrauch des Schilfbestandes. Nach TUSCHLs Messungen verbraucht ein durchschnittlicher m^2 eines geschlossenen Schilfbestandes in der Produktionsperiode zwischen April und Oktober ca. 1 m^3 Wasser (genaue Werte zwischen 944 und 1095 l). Die Evaporation der unverschilften Seefläche schwankt in der gleichen Zeit zwischen 400 und 700 l/m² (MOTSCHKA, NEUWIRTH, mündl. Mitt.). Nur die Hälfte des Wasserverbrauchs von *Phragmites* wird durch den jährlichen Niederschlag gedeckt. Wir können also feststellen, daß *Phragmites* – trotz seiner an anderen Pflanzenbeständen gemessen großen Sparsamkeit – für den (oberirdisch) praktisch zuflußlosen Neusiedler See durch seine Wasserzehrung zur Gefahr werden kann. Es ist durchaus denkbar, daß das periodische Austrocknen des extrem flachen Sees vom starken Schilfaufwuchs mitverschuldet wird (letzte Austrocknung 1868). Einerseits ist *Phragmites* die Basisart des gesamten Ökosystems am Neusiedler See, andererseits könnte es durch seinen Wasserverbrauch das Funktionieren dieses Ökosystems zeitweilig in Frage stellen. Derzeit wird mit einem modifizierten lysimetrischen System (Verdunstungswannen) überprüft, ob die mit der Schnellwägemethode erzielten Werte quantitativ korrekt sind.

Literatur

BJÖRK, S.: Ecologic investigations of *Phragmites communis*. Studies Theoret. and Appl. Limnol., Folia Limnol. Scand. **14** (1967).

BOTKIN, D. B., WOODWELL, G. M., TEMPEL, N.: Forest productivity estimated from carbon dioxide uptake. Ecology **51**, 1057—1060 (1970).

BURIAN, K.: Die photosynthetische Aktivität eines *Phragmites-communis*-Bestandes am Neusiedler See. Sitzber. Österr. Akad. Wiss., Math.-Naturw. Kl. Abt. I., **178**, 43—62 (1969).

BURIAN, K.: Primary production, carbon dioxide exchange, and transpiration in *Phragmites communis* Trin. on the lake Neusiedler See, Austria. Hidrobiologia (Bukarest) (im Druck) (1971).

BURIAN, K.: Der CO_2-Gaswechsel von *Phragmites communis* Trin. Oecol. Plant (F) (im Druck) (1972).

DIRMHIRN, I.: Untersuchungen an Sternpyranometern. Arch. Meteorol. Geophys. Bioklimatol. Ser. B, **9**, 124—142 (1958).

DYKYJOVÁ, D.: Primary productivity of littoral stands in the basin of Třebon (S. Bohemia). IBP-Rundschreiben, 4 p. (1966).

DYKYJOVÁ, D.: Kontaktdiagramme als Hilfsmethode für vergleichende Biometrie, Allometrie und Produktionsanalyse von *Phragmites*-Ökotypen. Rev. Roumaine Biol., Ser. Zool. **1969**/2.

DYKYJOVÁ, D., ONDOK, J. P., PŘIBÁŇ, K.: Seasonal changes in productivity and vertical structure of reed-stands (*Phragmites communis* Trin.). Photosynthetica **4**, 280—287 (1970).

FARAHAT, A. Z., NOPP, H.: Über die Bodenatmung im Schilfgürtel des Neusiedler Sees. Sitzber. Österr. Akad. Wiss., Math.-Naturw. Kl., Abt. I. **175**, 237—255 (1966).

FARAHAT, A. Z., NOPP, H.: Jahreszeitliche Änderungen der Bodenatmung im Schilfgürtel des Neusiedler Sees. Anz. Math.-Naturw. Kl. Österr. Akad. Wiss. **1969**/9, 220—223 (1967).

GEISSLHOFER, M.: Biometrische Untersuchungen an *Phragmites communis* im Verlauf der Produktionsperiode. Diss. Wien. 1970.

GEISSLHOFER, M., BURIAN, K.: Biometrische Untersuchungen im geschlossenen Schilfbestand des Neusiedler Sees. Oikos **21**, 248—254 (1970).

GORHAM, E., PEARSALL, W. H.: Production ecology. III. Shoot production in *Phragmites* in relation to habitat. Oikos **7**/II, 206—214 (1956).

GREGORY, F. G.: The effect of climatic conditions on the growth of barley. Ann. Botany (London) **40**, 1—26 (1926).

KARPATI, Z.: Die Florengrenzen in der Umgebung von Sopron und des Florendistriktes Laitaicum. Acta Botan. Acad. Scient. Hung. (Budapest) **2**, 281—305 (1956).

KOPF, F.: Die Rettung des Neusiedler Sees. Österr. Wasserwirtsch. **19**/7—8, 139—151 (1967).

KVĚT, J., ONDOK, J. P., NEČAS, J., JARVIS, P. G.: Methods of growth analysis. In: ŠESTÁK, Z., ČATSKÝ, J., JARVIS, P. G. (Eds.): Plant Photosynthetic Production, pp. 343—391. Den Haag: W. Junk N.V. 1971.

LIETH, H.: Ökologische Fragestellungen bei der Untersuchung der biologischen Stoffproduktion. I. Qualitas Plant. Mater. Vegetabiles **12**, 241—261 (1965).

MAHRINGER, W., MOTSCHKA, O.: Meteorologische Untersuchungen am Neusiedler See im Jahre 1967 im Rahmen der Internationalen Hydrologischen Dekade. Wetter u. Leben **20**, 159—163 (1968).

MAIER, R.: Produktions- und Pigmentanalysen an *Utricularia vulgaris* L. im Schilfgürtel des Neusiedler Sees. (in diesem Band, III C).

NEUHUBER, F.: Ein Beitrag zum Chemismus des Neusiedler Sees. Sitzber. Österr. Akad. Wiss. (im Druck) (1971).

RUDESCU, L., NICULESCU, C., CHIVU, I. P.: Monografia stufului din delta Dunării. Bukarest: Academiei Republicii Socialiste România 1965.

RYCHNOVSKÁ, M.: A contribution to the autecology of *Phragmites communis* Trin. I. Physiological heterogeneity of leaves. Folia Geobot. Phytotax. (Praha) **2**, 179—188 (1967).

SIEGHARDT, B.: Strahlungsnutzung von *Phragmites communis*. Beitrag III B in diesem Band.

SOÓ, R.: Systematische Übersicht der pannonischen Pflanzengesellschaften. I. Acta Botan. Acad. Sci. Hung. **3**, 317—373 (1957).

STEINHAUSER, F.: Klimatologische Gesichtspunkte für die Kurorteplanung im Burgenland. Wiss. Arb. Burgenland **30**, 125—137 (1965).

STOCKER, O.: Eine Feldmethode zur Bestimmung der momentanen Transpirations- und Evaporationsgröße. Ber. Deut. Botan. Ges. **47**, 129—136 (1929).

STOCKER, O.: Der Wasser- und Photosynthesehaushalt mitteleuropäischer Gräser, ein Beitrag zum allgemeinen Konstitutionsproblem des Grastyps. Flora B **157**, 56—96 (1967).

STOY, V.: Photosynthesis, respiration and carbohydrate accumulation in spring wheat in relation to yield. Physiol. Plant. **18** (Suppl. IV), 1—125 (1965).

SZCZEPAŃSKI, A.: Biomass of underground parts of the reed *Phragmites communis* Trin. Bull. Acad. Polon. Sci. **17**, 245—247 (1969).

TUSCHL, P.: Die Transpiration von *Phragmites communis* im geschlossenen Bestand des Neusiedler Sees. Wiss. Arb. Burgenland **44**, 126—186 (1970).

WEISSER, P.: Die Vegetationsverhältnisse des Neusiedler Sees. Wiss. Arb. Burgenland **45**, 1—83 (1970).

WESTLAKE, D. F.: Methods used to determine the annual production of reedswamp plants with extensive rhizomes. Int. Symp. USSR: Methods of productivity studies in root systems and rhizosphere organisms. Leningrad: Nauka 1968.

B. Strahlungsnutzung von Phragmites communis

H. SIEGHARDT, Wien

1. Einleitung

Für die pflanzliche Stoffproduktion spielt das „Licht“ neben den klimatischen Faktoren (Temperatur, Niederschlag, Luftfeuchtigkeit, Wind usw.) eine entscheidende Rolle. Nur jener Teil des elektromagnetischen Spektrums zwischen 400 und 700 nm Wellenlänge, der tatsächlich vom photosynthetischen Apparat der Chloroplasten in den Pflanzenzellen absorbiert wird, kann auch genützt und in chemische Energie umgewandelt werden.

Das Verhältnis zwischen Gesamtenergie eines bestimmten Pflanzenbestandes und der jeweilig eingestrahlten Sonnenenergie charakterisiert die Ausnutzung der Strahlung durch die Bildung potentiell chemischer Energie, die in der pflanzlichen Trockensubstanz gebunden ist. Die ökologische Energieausbeute, d.h. den Prozentsatz fixierter Sonnenenergie, bei *Phragmites communis* Trin. festzustellen, war Ziel und Aufgabe vorliegender Arbeit. Darüber hinaus wurde auch versucht, einen Einblick in das Verhältnis von ober- zu unterirdischer Biomasse in Kulturversuchen im Freiland zu gewinnen.

2. Material und Methoden

Ab dem Jahre 1965 wurden von einer Arbeitsgruppe des Pflanzenphysiologischen Instituts laufend Analysen zur Stoffproduktion von *Phragmites communis* im geschlossenen Schilfbestand des Neusiedler Sees durchgeführt. Es wurde Probenmaterial aus den Jahren 1966, 1967 und 1970 im Hinblick auf die Strahlungsnutzung kalorimetrisch untersucht.

Von April bis Oktober 1970 (mit Ausnahme September, wo keine Ernte durchgeführt werden konnte) wurde monatlich eine Bestandesfläche von einem Quadratmeter abgeerntet. Die Sprosse wurden mit einer Sense unmittelbar über dem Schlammboden abgeschnitten; zusätzlich wurden Rhizom- und Wurzelproben gesammelt. Anschließend wurden Halm- und Blattzahl der geernteten Sprosse festgestellt und das Frischgewicht aller gesammelten Proben bestimmt. Im Labor wurden Blätter, Blattscheiden, Halme, Rhizome und Wurzeln bei 85° C bis zur Gewichtskonstanz getrocknet und ihr Trockengewicht ermittelt (vgl. WESTLAKE, 1965). Das in einer Schlagmühle fein vermahlene Pflanzenmaterial wurde zu Pillen gepreßt, deren Trockengewicht zwischen 0,5 und 1 g betrug. Die Heizwerte der Proben wurden durch Verbrennen in einem adiabatischen Kalorimeter in reiner Sauerstoffatmosphäre bei 16–20 atm. Überdruck bestimmt (IKA-Nachrichten 3, 5, 6, 7). Der Aschengehalt der Proben wurde auf zweifachem Wege ermittelt: einerseits durch Rückwägung der Aschenanteile nach Verbrennung im Kalorimeter, andererseits durch Wägung veraschter Kontrollproben, wobei die Abweichungen gering waren (vgl. GÓRECKI, 1967). In gleicher Weise wurden die von HÜBL u. BURIAN (1966 und 1967) gesammelten Proben untersucht (vgl. hierzu RUNGE, V A).

Die Bestimmung der Produktion von Makrophyten ist zumeist auf die oberirdischen Anteile beschränkt, da die Bestimmung des Zuwachses an unterirdischer Biomasse mit sehr großen technischen Schwierigkeiten verbunden ist (WESTLAKE, 1965; SZCZEPAŃSKI, 1969; BURIAN, III A).

Um primär Klarheit über das Verhältnis der oberirdischen zur unterirdischen Biomasse zu bekommen, wurden im Versuchsgarten des Institutes 35 Parzellen mit Schilfrhizomen aus der Verlandungszone des Neusiedler Sees in ungedüngter Gartenerde ausgelegt und im darauffolgenden Jahr die ober- und unterirdischen Zuwachsraten bestimmt. Die Schilfrhizome und -wurzeln wurden von Erde gesäubert, ihr Frisch- und Trockengewicht ermittelt und zur Bestimmung des Energiegehaltes nach oben beschriebener Methode im Kalorimeter verbrannt.

3. Ergebnisse

3.1 Veränderung des Trockengewichts nach der Erntemethode

Zur graphischen Darstellung wurden die Trockengewichte auf Standardquadrate kalkuliert: 1966 – 71 Halme pro m^2, 1967 – 64 Halme pro m^2, 1970 – 87 Halme pro m^2. Aus Abb. 1 geht deutlich hervor, daß die Trockengewichtsentwicklung in den drei Produktionsperioden einen ähnlichen Verlauf zeigt. Der relativ steile Anstieg in den Monaten April und Mai resultiert aus der raschen Blattentwicklung durch das reichlich vorhandene Reservematerial in Form gespeicherter Kohlenhydrate in den ausdauernden unterirdischen Organen. Die sehr hohen Kalorienwerte in den Rhizomen und Wurzeln während der Wintermonate können als Beweis für die Speicherfunktion der unterirdischen Organe angesehen werden. Ein Vergleich der Trockengewichtsentwicklung

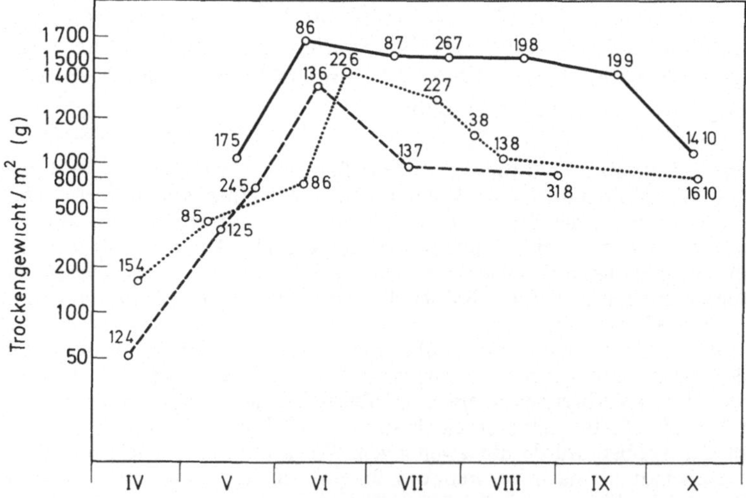

Abb. 1. Verlauf der Trockengewichtsentwicklung (nach der Erntemethode) für die Jahre 1966 (———), 1967 (— — —) und 1970 (.....)

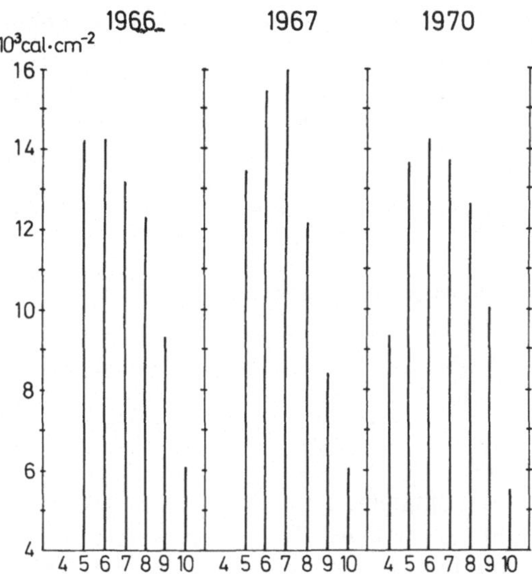

Abb. 2. Monatssummen der Globalstrahlung (1966, 1967 und 1970)

(Abb. 1) mit der Gesamteinstrahlung (Abb. 2) läßt erkennen, daß die Trockengewichtsmaxima der Jahre 1966 und 1970 mit den entsprechenden Globalstrahlungsmaxima zusammenfallen; 1967 sind die beiden Maxima zeitlich verschoben.

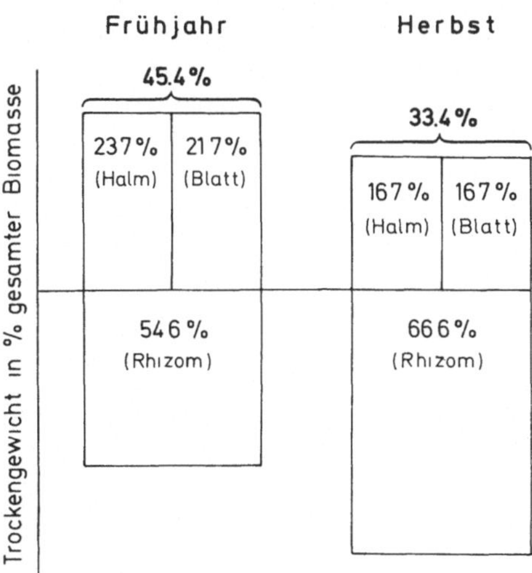

Abb. 3. Verhältnis von ober- zu unterirdischer Trockensubstanz in % der gesamten Biomasse

3.2 Vergleich der oberirdischen mit der unterirdischen Biomasse

Abb. 3 soll das Verhältnis von ober- zu unterirdischer Biomasse an im Kulturversuch gewonnenen Ergebnissen widerspiegeln. Beim Vergleich mit Werten aus der Literatur (FIALA, 1970; DYKYJOVÁ u. KVĚT, 1970) ist jedoch zu beachten,

Tabelle 1. Energievorrat von ober- und unterirdischer Trockensubstanz in kcal bzw. KJ

	Frühjahr		Herbst	
	kcal	KJ	kcal	KJ
Rhizom (Rh)	18,268	76,470	36,960	154,715
Blatt (B)	8,849	37,042	8,690	36,376
Halm (H)	8,431	35,292	9,020	37,758
	Verhältnis der Kalorienwerte			
Rh:B:H	2,2:1,1:1		4,2:1:1	
	Verhältnis ober- zu unterirdischer Biomasse			
oB:uB	1:1		1:2	

daß die zu den Untersuchungen herangezogenen Rhizome altersmäßig nicht definiert werden konnten. Im Frühjahr ist das Verhältnis von ober- zu unterirdischer Biomasse annähernd 1:1, während im Herbst eine deutliche Verschiebung zugunsten des Rhizomanteiles, sowohl im Hinblick auf den Energievorrat als auch auf die Trockengewichte, zu erkennen ist (s. Tab. 1).

Um die Verteilung von ober- zu unterirdischer Biomasse deutlicher zu machen, wurde nach SZCZEPAŃSKI (1969) ein Diagramm erstellt (Abb. 4), das ein Verhältnis von 1:2 (ober- zu unterirdischer Biomasse) erkennen läßt. Dies gilt jedoch nur für die in der zweiten Hälfte der Produktionsperiode untersuchten Pflanzen. Der gefundene Quotient stimmt mit den experimentellen Befunden von SZCZEPAŃSKI überein. Das bedeutet also, daß unter Kulturbedingungen etwa 30–33% der gesamten Trockensubstanz auf oberirdische und ca. 67–70% auf unterirdische Anteile entfallen.

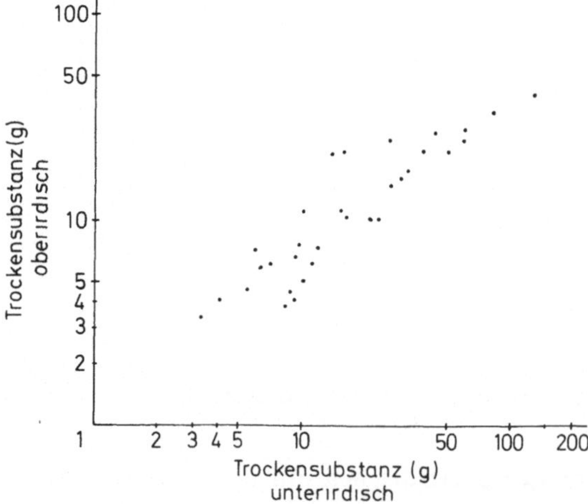

Abb. 4. Verhältnis zwischen ober- und unterirdischer Trockensubstanz (Darstellung nach SZCZEPAŃSKI, 1969). Die Punkte in der graphischen Darstellung korrelieren mit einer Versuchsserie

3.3 Nutzungsverlauf und ökologische Energieausbeute

Die Energie und die mittleren Aschengehalte zeigen in den drei Jahren keine wesentlichen Unterschiede; ein Hinweis darauf, daß während der gesamten Vegetationszeit ein mittleres Energieniveau beibehalten wird (Tab. 2).

Für die Berechnung der Nutzung sind zwei Parameter maßgebend: die Zunahme an Trockengewicht pro Flächeneinheit und die Einstrahlung. Als Berechnungsgrundlage kann einerseits die Globalstrahlung, andererseits deren photosynthetisch aktiver Anteil (PhAR) gewählt werden. Die PhAR wurde bei

Tabelle 2. Mittlere Kalorien- und Aschengehalte der oberirdischen Trockensubstanz in kcal und KJ

	AG in % TG	kcal/g aschefrei	KJ/g aschefrei
1966	7%	4,512	18,887
1967	6%	4,465	18,690
1970	6%	4,468	18,703
Mittel		4,482	18,760

den vorliegenden Untersuchungen speziell nicht gemessen und daher nach Angaben von BLACKWELL (1953) und DRUMMOND (1960) mit 45% der Globalstrahlung angenommen, einem Wert, der nach den beiden Autoren sogar unter den unterschiedlichsten Wetterbedingungen relativ konstant bleibt.

Die Nutzung (N) fixierter Sonnenenergie kann durch folgendes Verhältnis ausgedrückt werden:

$$N = \frac{\text{die in der organischen Trockensubstanz gebundene Energie } [\text{kcal} \cdot \text{m}^{-2} \cdot \Delta t^{-1}]}{\text{absorbierte Strahlung } [\text{kcal} \cdot \text{m}^{-2} \cdot \Delta t^{-1}]}$$

Δt stellt das gewählte Zeitintervall dar.

Vergleicht man den in Abb. 5 dargestellten Nutzungsverlauf der drei Produktionsperioden mit der PhAR, so lassen sich, mit Ausnahme von 1967, deutliche Parallelen zwischen den Maximalwerten der Nutzung und der Einstrahlung erkennen. Der Anfangswert des Nutzungsverlaufes im Jahre 1966 liegt mit 5,0% sicher zu hoch; diese Tatsache läßt sich aus dem Fehlen der Ernten vom Beginn der Produktionsperiode bis zum Mai erklären (vgl. DYKYJOVÁ, ONDOK u. PŘIBÁŇ, 1970; LIETH, 1968).

3.4 Wirkungsgrad der Primärproduktion

Abb. 6 zeigt die Analyse der photosynthetischen Effektivität in vier Blockdiagrammen unter speziellen Gesichtspunkten.

Block 1: die maximale Nutzung pro Jahr zwischen den Ernteterminen. Auffallend ist die enorme Ausbeute an fixierter Sonnenenergie im Jahre 1970 mit einem Absolutwert von 8,6%.

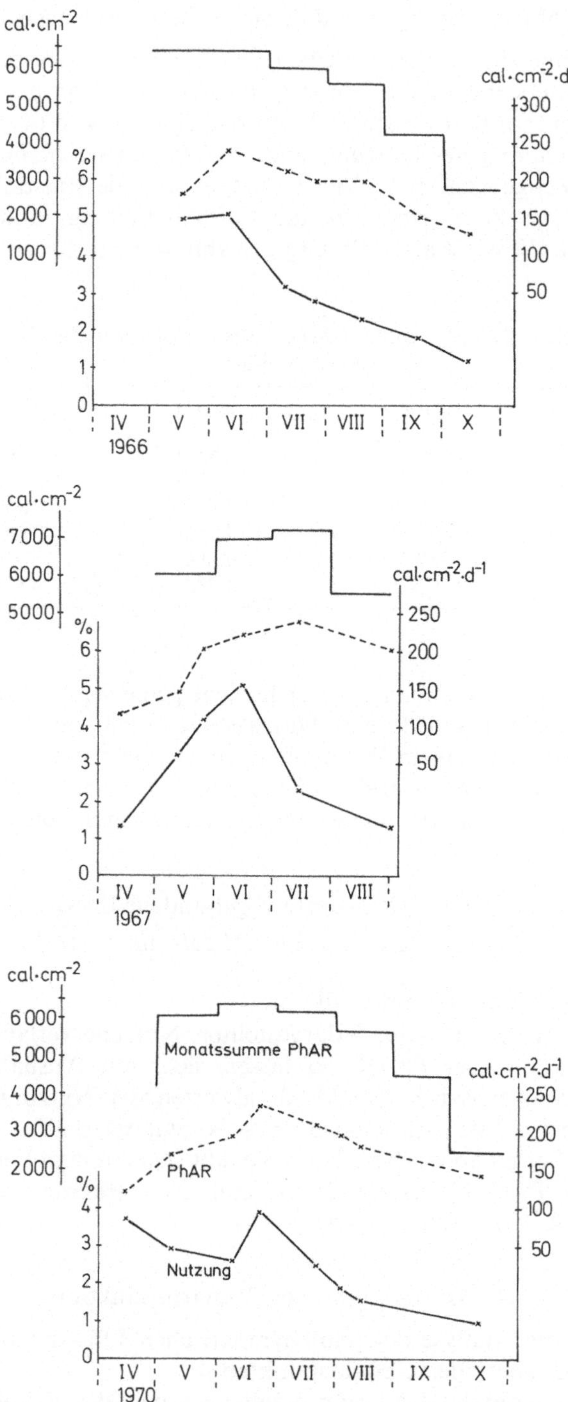

Abb. 5. Nutzungsverlauf (kalkuliert auf die oberirdische Biomasse) in Abhängigkeit zur PhAR der Jahre 1966, 1967 und 1970

Block 2: die Nutzung bis zum höchsten Trockengewicht; sie zeigt für 1966 und 1967 gleiche Werte von 5,1%. Lediglich 1970 war die Nutzung geringer (absoluter Wert 3,9%).

Block 3: Nutzung bis zum Ende der Produktionszeit (mit Ausnahme von 1967, wo die letzte Ernte Ende August durchgeführt wurde). In allen drei Fällen lagen die Werte bei annähernd 1%.

Block 4: durchschnittliche Nutzung während der gesamten Produktionszeit. Diese war in allen drei Jahren mit annähernd 3% gleich hoch, obwohl im Laufe der Produktionsperiode beträchtliche Unterschiede zu Tage traten.

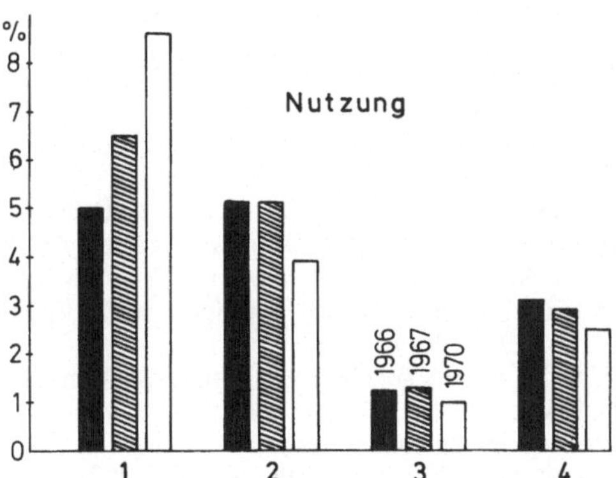

Abb. 6. Nutzungsanalyse für die Jahre 1966, 1967 und 1970. Nähere Erläuterungen im Text

In diesem Zusammenhang sei nochmals erwähnt, daß die mittleren Kalorienwerte der Jahre 1966, 1967 und 1970 gleich hoch waren. Hierin zeigt sich erneut, wie ausgeglichen die Energiebilanz in den drei untersuchten Vegetationsperioden trotz unterschiedlicher Witterungsbedingungen war. Dies bedeutet, daß *Phragmites communis* mit einem durchschnittlichen Nutzungswert von 3% während der gesamten Produktionszeit mit Kulturgramineen (z.B. Weizen und Mais) zu vergleichen ist, die nach verschiedenen Autoren ebenfalls einen durchschnittlichen Nutzungswert von 3% aufweisen (Ken-Ichi Hayashi, 1967, 1968, 1969; Ōkubo, Ōizumi u. Hoshino, 1968 u.a.). Im Vergleich dazu liegt die ökologische Energieausbeute natürlicher Graslandgesellschaften temperierter Zonen um 1%. Alpine Tundrengesellschaften besitzen eine Energieausbeute von 0,04–0,09% (Daniels, 1950; Bray et al., 1959; Bliss, 1962; Golley, 1960). Weitere Daten bringt der Beitrag von Runge (V A).

Literatur

Blackwell, M. G.: Five years continuous recording of daylight illumination at Kew Observatory. Meteorol. Res. Commun. Air Min., Lond. Meteorol. Res. Pamphl. **791**, 1—10 (1953).

Bliss, L. C.: Net primary production of tundra ecosystems. In: Lieth, H.: Die Stoffproduktion der Pflanzendecke. Stuttgart: G. Fischer 1962.

Bray, J. R., Lawrence, D. B., Pearson, L. C.: Primary production in some Minnesota terrestrial communities. Oikos **10**, 38—49 (1959).

BURIAN, K.: Herbstliche Gaswechselbilanz im Schilfbestand des Neusiedler Sees. Sitzber. Österr. Akad. Wiss., Math.-Naturw. **14**, 278–282 (1966).

BURIAN, K.: *Phragmites communis* Trin. im Röhricht des Neusiedler Sees. Wachstum, Produktion und Wasserverbrauch. Beitrag III A in diesem Band.

DANIELS, F.: Atomic and solar energy. Amer. Sci. **38**, 521—548 (1950).

DRUMMOND, A. G.: Notes on the measurement of natural illumination. II. Daylight and skylight at Pretoria; the luminous efficiency of daylight. Arch. Meteorol. Geophys. Bioklimatol. Ser. B **9**, 149—163 (1960).

DYKYJOVÁ, D., KVĚT, J.: Comparison of biomass production in reedswamp communities growing in South Bohemia and South Moravia. PT-PP Report No. 1 (1964—1969), Praha 1970.

DYKYJOVÁ, D., ONDOK, J. P., PŘIBÁŇ, K.: Seasonal changes in productivity and vertical structure of reed-stands (*Phragmites communis* Trin.). Photosynthetica **4**, 280—287 (1970).

FIALA, K.: Rhizome biomass and its relation to shoot biomass and stand pattern in eight clones of *Phragmites communis* Trin. PT-PP Report No. 1 (1964—1969), Praha 1970.

GOLLEY, F. B.: Energy dynamics of a food chain ot an old-field community. Ecol. Monogr. **30**, 187—206 (1960).

GÓRECKI, A.: Caloric values of the body in small rodents. In: PETRUSEWICZ, K. (Ed.): Secondary Productivity of Terrestrial Ecosystems. Polish Academy of Sciences (1967).

HÜBL, E.: Stoffproduktion von *Phragmites communis* Trin. im Schilfgürtel des Neusiedler Sees im Jahre 1966 (Ergebnisse nach der Erntemethode). Sitzber. Österr. Akad. Wiss., Math.-Naturw. **14**, 271–278 (1967).

IKA-Nachrichten 3, 5, 6, 7: Herausgegeben von Janke & Kunkel K.G., Staufen i.Br., im Selbstverlag (1959–1962).

KEN-ICHI HAYASHI: Efficiencies of solar energy conversion in rice varieties as affected by cultivating period. Proc. Crop Sci. Japan **36**, No. 4. (1967).

KEN-ICHI HAYASHI: Response of net-assimilation rates to differing intensity of sunlight in rice varieties. Proc. Crop Sci. Japan **36**, No. 4 (1968).

KEN-ICHI HAYASHI: Efficiencies of solar energy conversion and relating characteristics in rice varieties. Proc. Crop Sci. Japan **38**, No. 3 (1969).

LIETH, H.: The measurement of calorific values of biological material and the determination of ecological efficiency. In: ECKARDT, F. E. (Ed.): Functioning of terrestrial ecosystems at the primary production level, pp. 233—242. Paris: UNESCO 1968.

ŌKUBO, T., ŌIZUMI, K., HOSHINO, M.: An observation on solar energy conversion in primary canopies of forage crops. Report 1968 presented by the Research Group for the Photosynthesis Level III Experiments, JIBP/PP, March 1969, Tokyo.

RUNGE, M.: Der biologische Energieumsatz in Land-Ökosystemen unter Einfluß des Menschen. Beitrag V A in diesem Band.

SZCZEPAŃSKI, A.: Biomass of the underground part of the reed *Phragmites communis* Trin. Bull. Akad. Polon. Sci. Cl. II **17**, No. 4, Sér. Sci. Biol. (1969).

WESTLAKE, D. F.: Some basic data for investigations of the productivity of aquatic macrophytes. Mem. Ist. Ital. Idrobiol. **18**, Suppl., 229—248 (1965).

C. Produktions- und Pigmentanalysen an Utricularia vulgaris L.

R. MAIER, Wien

1. Einleitung

Um ein Gesamtbild der Primärproduktion des Neusiedler Sees zu erhalten, ist es erforderlich, zumindest jene Pflanzenarten zu erfassen, die einen prozentuell großen Anteil an der Vegetation der Seefläche bilden. Nachdem die Untersuchungen über die Produktivität von *Phragmites communis* Trin. schon ein recht klares Bild ergeben (zusammenfassende Darstellung bei BURIAN, III A), stellte sich die Aufgabe, ökologisch-produktionsbiologische Analysen auch an *Utricularia vulgaris* L. durchzuführen, die durch die Eigenart ihrer Lebensweise fest an den Schilfbestand des Sees gebunden ist.

Der größte Teil des Schilfgürtels am Neusiedler See gehört einem Typus an, den man pflanzensoziologisch als *Scirpo-Phragmitetum utricularietosum* (WEISSER, 1970; vgl. TÓTH u. SZABÓ, 1961) einordnet. Er reicht vom Verlandungsgebiet bis in die Nähe der offenen Wasserfläche (s. Abb. 1 bei BURIAN, III A) und ist der Lebensraum dieser wurzellosen, submers wachsenden Pflanze. Die offene Seefläche wird von *Utricularia* nicht besiedelt, ebensowenig alle unmittelbar vom Wellenschlag beeinflußten Gebiete des Schilfgürtels (TÓTH u. SZABÓ, 1961). Innerhalb des Schilfgürtels besiedelt die Pflanze auch jene Teile, die völlig schilffrei sind, wie etwa die Kanäle sowie die Lakunen, die natürliche Ausfallszonen, aber auch artifizielle Bildungen durch unsachgemäße Ernte bei der winterlichen Schilfnutzung sein können (WEISSER, 1970). Im folgenden Text wird öfters die am Neusiedler See übliche Bezeichnung „Lacken" für die Lakunen gebraucht (s. auch BURIAN, III A, 1.1).

2. Klimatische Bedingungen im Jahre 1971

2.1 Strahlungsverhältnisse im Schilfgürtel

Utricularia vulgaris bevorzugt als Lebensraum die mehr oder weniger dichten Röhrichte, in denen die wurzellosen Pflanzen ruhiges und dadurch weniger getrübtes Wasser vorfinden und gleichzeitig den notwendigen Halt vor starker Verdriftung erlangen. Sie muß jedoch damit einen beträchtlichen Lichtverlust nach Austrieb des Schilfes und dessen Blattentfaltung in Kauf nehmen. Abb. 1, die einen Vergleich von Globalstrahlung und Strahlungsintensität an der Wasseroberfläche in einem normalen Schilfbestand zeigt, bringt den großen Strahlungsverlust durch die Schilfpflanzen zum Ausdruck. Das stark gedämpfte, gleichzeitig spektral veränderte Licht im Schilf unterliegt im Wasser einer weiteren

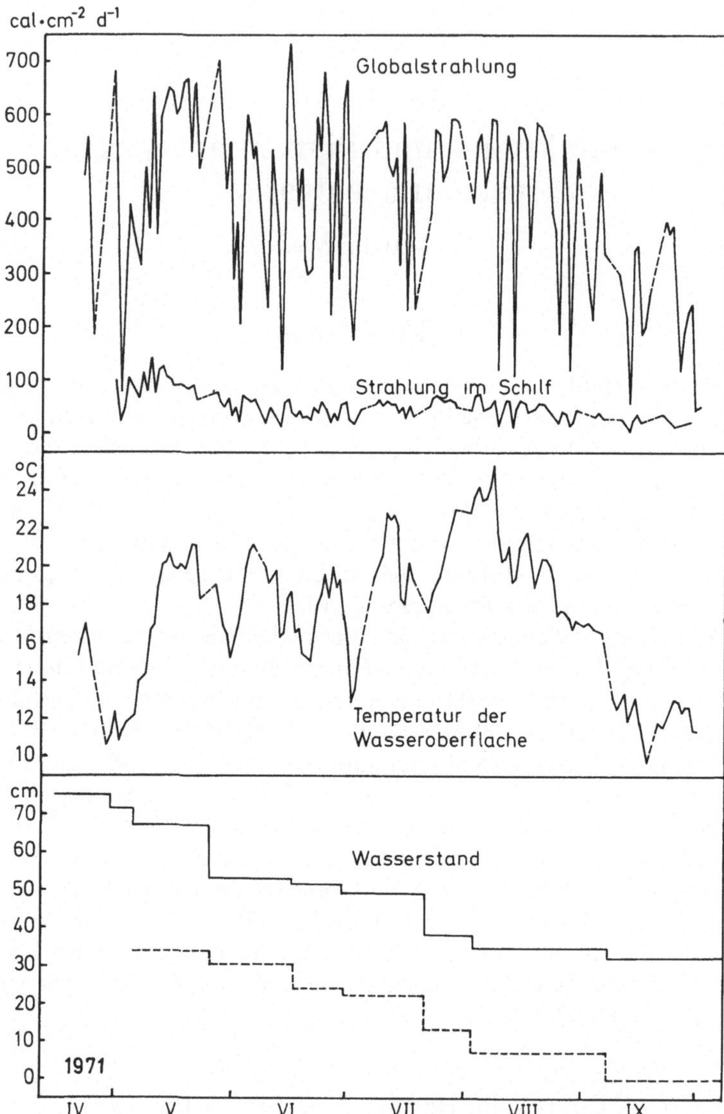

Abb. 1. Einstrahlung, Wassertemperatur und Wasserstand im Schilfgürtel des Neusiedler Sees (April–September 1971). Oben: Tagessummen der Globalstrahlung und der Strahlung im Schilf (Wasseroberfläche); Mitte: Mittlere Tagestemperatur der Wasseroberfläche; Unten: Wassertiefe im seeseitig gelegenen Teil des Schilfgürtels (———) und in der Verlandungszone (- - - - - -)

Schwächung und spektralen Filterung. Allerdings muß bei der Darstellung des Lichtklimas im Wasser der Bereich des Schilfes und der des offenen Wassers getrennt werden. Am wesentlichsten ist, daß in der Schilfzone das Wasser immer weniger getrübt und damit die Lichtdurchlässigkeit immer größer ist als im freien Wasser, in dem durch die windoffene Lage der Bodenschlamm ständig aufgewirbelt wird.

Charakteristisch für den See ist der Huminsäuregehalt des Wassers, der besonders in der Röhrichtzone, dem Bildungsort dieser organischen Verbindung, das Wasser mehr oder weniger intensiv braun färbt. Diese Humate bewirken eine starke Absorption der kurzen Wellenbereiche des Lichtes – damit ein Fehlen von UV-Strahlung und in einer Tiefe von etwa 10 cm auch ein Ausfallen der blauen Komponente (SAUBERER, 1952). Für das Lichtklima in Gewässern kennzeichnend ist weiters das fast vollständige Fehlen der IR-Strahlung (DIRMHIRN, 1964).

Um individuell auf das Lichtklima der in vorliegender Arbeit untersuchten *Utricularia*-Standorte einzugehen, wurde in den Mittagsstunden eines Modelltages Anfang August (6. 8. 1971) der relative Lichtgenuß an der Wasseroberfläche gemessen. Zu dieser Zeit liegt das Schilf noch im Gipfelbereich seines Blattflächenindex, also um 6 (s. BURIAN, III A, Abb. 4). Man kann sagen, daß somit der Lichtgenuß bei maximaler Beschattung erfaßt wurde. Demnach trifft die Wasseroberfläche in einem natürlichen Schilfbestand, wenn also zwischen den frischen Halmen noch die nackten Halme des Vorjahres eingestreut sind, 1/12 der globalen Strahlung. Fallen diese alten Halme, wenn im Winter Schilf geerntet wird, weg, steigt der relative Lichtgenuß am Standort auf 1/9. In den Lacken trifft das volle Licht die Wasseroberfläche, hingegen sinkt in der Verlandungszone infolge doppelter Schwächung des Lichtes durch *Phragmites communis* und *Carex riparia* Curt. der relative Lichtgenuß auf 1/43.

2.2 Oberflächentemperatur des Wassers

Die große Wasseroberfläche im Zusammenhang mit der geringen Tiefe des Sees bewirkt ein schnelles Erwärmen im Frühjahr und ein schnelles Auskühlen im Herbst. Nach ECKEL (1953) erfolgt die herbstliche Abkühlung des Neusiedler Sees fast ebenso rasch wie die des festen Erdbodens bzw. der Luft. Im Durchschnitt ist der See 54 Tage von einer Eisschicht bedeckt (STEINHAUSER, 1965).

Für den Zeitraum Mai bis September 1971 sind im zweiten Block der Abb. 1 die Tagesmittel der Temperatur an der Wasseroberfläche eingetragen.

2.3 Pegelschwankungen

Der geringe Wasserinhalt im Vergleich zur Oberfläche hat aber auch eine hohe Instabilität in der Wasserbilanz zur Folge. Wasserverluste durch Verdunstung und Evapotranspiration des Schilfes (TUSCHL, 1969) führen zu einem alljährlichen Wassertiefstand etwa im Oktober, während in der kalten Periode das Wasser wieder steigt und etwa im April seinen Höchststand erreicht (SCHREINER, 1959; zit. nach SAUERZOPF, 1962). Diese Jahresschwankungen in der Wasserführung sind vor allem abhängig von den Witterungsverhältnissen und sind besonders ausgeprägt in Jahren mit geringer Niederschlagstätigkeit. Der starke Wasserverlust (einschließlich der Ableitung durch den ungarischen Einserkanal), der durch die sehr geringe Wasserzufuhr der Wulka und durch die Grundwasserquellen nicht kompensiert werden kann, führt zu einer Trockenlegung des landseitig gelegenen *Scirpo-Phragmitetum*, das verlandet. Block 3 der Abb. 1 vermittelt die Wassertiefen im Jahre 1971 bei Rust mit Pegelmessungen im seewärts gelegenen Teil des Schilfgürtels und in der Verlandungszone.

Durch die Winddrift werden ebenfalls Wasserstandsschwankungen ausgelöst. Das Wasser wird von den vorherrschenden NW-Winden abgetrieben, so daß sich der Wasserspiegel schräg stellt. Im Extremfall können die Pegelunterschiede zwischen dem Nord- und Südufer einen Meter erreichen (nach Kopf, 1963).

Über die jährlichen Schwankungen hinaus unterliegt der Neusiedler See Wasserstandsschwankungen über große Zeiträume; er kann völlig austrocknen und andererseits weit sein heutiges Flächenausmaß überschreiten. Diese langjährigen Schwankungen der Seetiefe gehen parallel mit der Änderung des Grundwasserspiegels im östlichen Teil des Karpatenbeckens (Sauerzopf, 1962).

3. Charakteristik der untersuchten Utricularia-Standorte

Für die Produktionsanalysen wurden vier charakteristische, ökologisch unterschiedliche Stellen des Schilfgürtels im Raume von Rust gewählt, um eine möglichst umfassende Übersicht der Produktivitätsverhältnisse von *Utricularia vulgaris* zu erhalten. Ein Erntepunkt befand sich innerhalb eines natürlichen Schilfbestandes. Diesem soll ein Besatz von *Utricularia* einer im Winter wirtschaftlich genutzten Schilffläche gegenübergestellt werden. Weiters lag ein Erntepunkt in einer Schilfausfallszone, also in einer Lakune. Schließlich wurde noch die Produktion dieser Wasserpflanze in der Verlandungszone untersucht, in der als Lichtkonkurrent neben *Phragmites* noch ein dichter Unterwuchs von *Carex riparia* hinzukommt.

Die Auswahl derart ökologisch unterschiedlicher Standorte schien notwendig, um auf eine durchschnittliche Produktivität durch eine Mittelrechnung aus allen vier Erntepunkten schließen zu können. Die Verallgemeinerung eines erfaßten Standortes könnte nicht echte Durchschnittsverhältnisse des gesamten *Utricularia*-Bestandes wiedergeben, da die Besatzdichte recht unterschiedlich ist; denn im Gegensatz zu den meisten Pflanzenarten des Sees ist die Pflanze passiven Ortsveränderungen unterlegen. Vor allem im Frühjahr, nach der Eisschmelze, setzt eine Verfrachtung der Winterknospen (Turionen) durch die Wasserdrift ein. Sie wird dann besonders stark, wenn dem Wind gute Ansatzmöglichkeiten auf die Wasseroberfläche gegeben werden, demnach dort, wo das Schilf im vorangegangenen Winter geschnitten wurde. Am Rande solcher schilffreier Stellen kommt es daher nicht selten zur Massenakkumulation von *Utricularia*-Turionen, die einerseits aus dem Schilf transportiert und andererseits auf der gegenüberliegenden Seite wieder in das Schilf gedriftet werden, allerdings zu einem geringeren Prozentsatz, so daß meist eine große Masse von Turionen vor der alten Halmfront liegen bleibt. Später verfangen sich die austreibenden Pflanzen an den inzwischen neugetriebenen Schilfhalmen. An solchen Stellen wird die Biomasse pro Grundfläche sehr hoch sein.

Nicht so extrem sind in dieser Hinsicht die Verhältnisse in den Lacken, die größtenteils kleinflächig sind, vor allem wenn es sich um natürliche Schilf-Ausfallszonen handelt. Die Windwirkung wird durch das umliegende Schilf abgeschwächt und der Turionentransport dadurch eingeschränkt. Daher können Lacken relativ schwach mit *Utricularia* besiedelt sein. Dazu kommt noch, daß das Schilf ganzjährig ausbleibt, wodurch den Pflanzen jede Verankerungsmöglichkeit genommen wird.

4. Methoden

Biometrische Größen bei dieser submers wachsenden, wurzellosen Pflanze sind auf wenige Möglichkeiten eingeschränkt. Die relativ kleinen, stark geteilten Blätter lassen eine Bestimmung der Blattfläche auf übliche Weise nicht zu, sie wäre lediglich auf empfindlicher photoelektrischer Basis zu definieren. Die biometrischen Untersuchungen beschränken sich daher auf die Sproßlänge sowie auf die für die Pflanze charakteristischen Fangblasenzahlen der Blätter.

Zur Darstellung der Sproßlänge wurden im Durchschnitt 10 Pflanzen meist schon an den Untersuchungsstandorten vermessen. Die Längenangaben beziehen sich auf alle lebenden Teile der verzweigten Pflanze. Die mittlere Fangblasenzahl wurde so errechnet, daß von ca. 5 Pflanzen jeweils an 5 Blättern der Spitzen-, Mittel- und Basisregion die Blasen gezählt und schließlich daraus das arithmetische Mittel gezogen wurde.

Für *Produktionsanalysen* wurde die Erntemethode gewählt. Um einen Standort durch die ständigen Materialentnahmen in seiner Besatzdichte nicht zu beeinflussen – was bei späteren Produktionsbestimmungen zu Fehlwerten geführt hätte – und wegen der etwas schwierigen Erntebedingungen mußte die Probenfläche auf 1/4 m^2 eingeschränkt werden. Um diese Fläche genau abzugrenzen, wurde ein quadratischer Fangrechen benutzt.

Zur Bestimmung des *Chlorophyllgehaltes* mußten die Pflanzen zuerst von dem ihnen anhaftenden Belag befreit werden. Nur völlig gesunde Pflanzenteile wurden für die Untersuchungen herangezogen. Um der Fehlerquelle Frischgewicht auszuweichen, kam als Bezugsgröße nur das Trockengewicht in Frage. Durch Gefriertrocknen konnte pigmentschonend das vorher eingefrorene Material getrocknet werden. Anschließend wurden die Proben gemahlen und in Azeton und 0,05 molarer Ammoniaklösung im Verhältnis 1:4 extrahiert, nach 24 Std filtriert und im Spektralphotometer (Beckman) vermessen. Aus der Extinktionskurve konnten dann die Werte bei 664 nm und 647 nm abgelesen werden und nach der Formel:

$$C_{\mathrm{Chl\,a}} = 11{,}78\ E_{664} - 2{,}29\ E_{647}\ (\mathrm{mg} \cdot \mathrm{l}^{-1})$$

$$C_{\mathrm{Chl\,b}} = 20{,}05\ E_{647} - 4{,}77\ E_{664}\ (\mathrm{mg} \cdot \mathrm{l}^{-1})$$

die Konzentration von Chlorophyll a und b errechnet werden (Ziegler u. Egle, 1965; Schopfer, 1970). Als eventuell zu berücksichtigender Korrekturwert diente eine Hintergrundmessung bei 730 nm.

5. Ergebnisse

5.1 Sproßlänge und "relative growth rate"

Wagner (1882) schreibt: „Die wurzelähnlichen schwimmenden Zweige sind oft 0,15–0,30 m lang". Die gleichen Längenangaben finden sich auch bei Rothmaler (1967). Hegi (1928) gibt als Sproßlänge 60 cm (2 m) an. Weisser (1970) zeigt, daß bei Längenbeurteilungen zwischen Pflanzen im Schilfbestand und solchen in Lakunen zu unterscheiden ist. Wesentlich ist, daß die Länge der Sprosse sehr variabel sein kann, geprägt von den Standortsverhältnissen (vor allem dem Lichtklima) und vom Alter der Pflanzen, denn die Eigenart dieser Pflanze ist ja das langsame Absterben des Sprosses von der Basis her. Die ersten basalen toten Sproßteile konnten schon Anfang Mai beobachtet werden. In der weiteren Entwicklung werden diese Teile immer länger, bis schließlich der Sproß bei Einsetzen der kalten Witterung bis auf die inzwischen gebildeten Turionen abstirbt. Um einen Vergleich der lebenden Teile mit den toten aufzuzeigen, soll als Beispiel eine Lackenvegetation am 16. 6. 1971 herausgegriffen werden. Die mittlere Länge lebender Sprosse betrug zu diesem Zeitpunkt 92,4 cm, an diese schloß ein blattloser, jedoch noch lebender Abschnitt von 15,3 cm Länge an, der dann schließlich in den toten Teil von 94 cm Länge überging. Innerhalb des Schilfgebietes sind die Todesraten geringer, vergleichsweise liegen sie zu dieser Zeit in der Verlandungszone im Mittel bei 2,6 cm. Dieser steht ein blattloser Sproßteil von 34 cm und ein völlig intakter Sproß von 156 cm Länge gegenüber. Allerdings wird ein genaues Erfassen der Todesraten im Schilf wesentlich erschwert, wenn nicht überhaupt unmöglich gemacht.

Nach dieser Gegenüberstellung scheint die Frage der Längenausbildung der Sprosse in Lacke und Schilfbestand geklärt. Momentanbeobachtungen fehlt jedoch die dynamische Komponente, die ja für die gesamte Produktionszeit kennzeichnend ist. Über die Wachstumsdynamik der Sprosse von *Utricularia vulgaris* im Schilfgürtel des Neusiedler Sees möge eine graphische Darstellung Aufschluß geben (Abb. 2). Generell in allen untersuchten Standorten findet man einen klaren Gewinn an Länge in der ersten Hälfte der Produktionszeit, in der zweiten Hälfte den Abbauprozeß, ausgedrückt im Längenverlust und in der starken Progression der basalen toten Sproßteile.

In der detaillierten Aussage ergibt sich aus der Darstellung, daß durchaus nicht einheitlich an einem Standort die längsten, an einem anderen die kürzesten Sprosse gebildet werden. Volle Einstrahlung in den Lacken, stark geschwächtes Licht in der Verlandungszone sind die Extremsituationen, denen die Pflanzen ausgesetzt sind. Kennzeichnend für die Pflanzen der lichtarmen Zone ist ein starkes Sproßwachstum bis Juni; es werden Längen erreicht, die an keinem anderen Standort übertroffen werden können. Durch das frühe Negativwerden der Stoffbilanz wird auch das Längenwachstum eingeschränkt. Der starke Längenverlust im Vergleich zu den geringen Todesraten resultiert aus einem langsamen Zerfall der inaktiv gewordenen Sprosse, die an ihnen ursprünglich angelegten, sehr typischen kurzen Sprosse mit turioartiger Vegetationsknospe wachsen aus, erreichen aber nicht mehr die Länge der Mutterpflanzen und bilden schon sehr zeitig im Jahr normale Turionen aus (im Juli sind diese bereits gut entwickelt). Mit dem Absterben der langen Sprosse muß die Todesrate recht beachtlich sein. Tatsächlich scheint dies aber nicht in der Darstellung auf, da in die Messung nur Daten vollständiger Exemplare eingehen, während auf eine Analyse ausschließlich toter Reste verzichtet wurde. Rein hypothetischer Natur ist die in der Abbildung strichlierte Abgrenzung des toten Pflanzenkörpers im September. Durch den Rückgang des Wassers stirbt der Sproß bis auf den Turio ab.

In den Lacken dagegen wird durch die hohe Einstrahlungsstärke mehr organische Masse pro Pflanze aufgebaut, was sich in der Mächtigkeit und dem starken Streckungswachstum ausdrückt. Allerdings erreichen Lackenpflanzen und Pflanzen der Verlandungsgebiete nicht zur gleichen Zeit ihre maximale Länge. In der lichtarmen Zone ist das Längenwachstum der Sprosse dem der Lackenpflanzen zeitlich voraus. Erst dann, wenn in der Verlandungszone, durch die immer schlechter werdenden Lichtverhältnisse, der Zerfall der Sprosse bereits eingesetzt hat, erreichen die Lackenpflanzen ihre volle Länge. Doch sehr bald überwiegt hier der starke Abbauprozeß das apikale Wachstum; die Sprosse verlieren stark an Länge.

Im Schilfbestand, wenn das Licht gerade eine normale Entwicklung garantiert, erlangen die Sprosse keine beachtliche Längenausdehnung, auch die

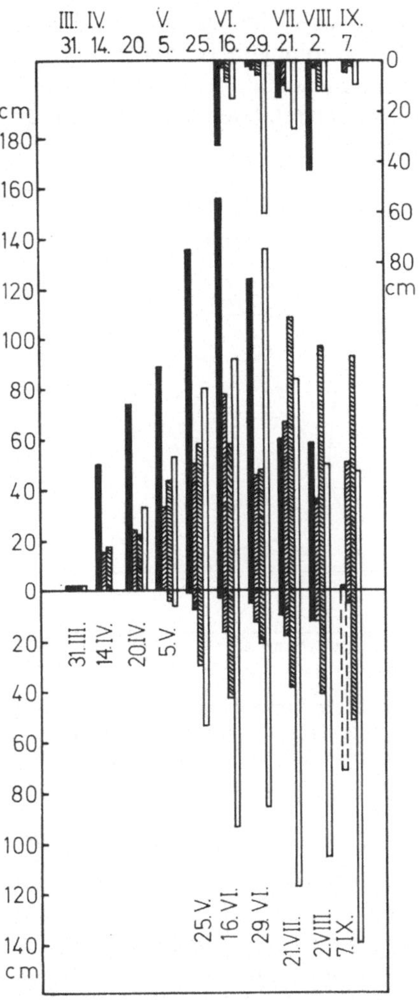

Abb. 2. Längenverhältnisse der Sprosse von *Utricularia vulgaris* an vier charakteristischen Stellen des Schilfgürtels: ■ Verlandungsbereich, ▨ ungeschnittener Schilfbestand, ▧ im Winter geschnittener Schilfbestand, □ schilffreie Lacken. Die Richtung der Blöcke symbolisiert 3 Sproßabschnitte: nach oben: voll funktionsfähiger Sproßabschnitt; von oben: blattloser, jedoch noch lebender Teil; nach unten: toter Teil

toten Sproßabschnitte, die an diesem Standort ziemlich genau zu definieren waren, werden nur langsam vorangetrieben. Werden die Lichtverhältnisse günstiger, etwa in Beständen, die im Winter geschnitten werden, so drückt sich dies im beträchtlichen Längengewinn gegenüber den Pflanzen im ungeschnittenen Bestand aus. Ab Juli finden sich an solchen Stellen Sprosse mit größter räumlicher Ausdehnung. Sollen nun diese verschiedenen, ökologisch geprägten Erscheinungsformen als ein Gesamtes dargestellt werden, so ergibt sich aus einer Mittelrechnung der vier Standortstypen eine Längenwachstumskurve wie sie Abb. 3 zeigt. Demnach wird die maximale Länge von etwa 111 cm Mitte Juni erreicht. Sehr auffällig und gut korreliert mit der Trockengewichts-Entwicklung (Abb. 5) ist die rasche Längenzunahme am Beginn der Vegetationsperiode, wie die Aprilspitze der relativen Wachstumsrate (RGR, bezogen auf die Länge) in Abb. 3 ausdrückt.

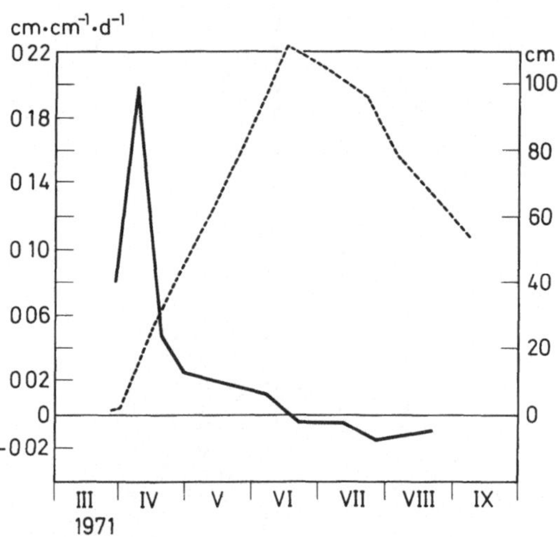

Abb. 3. Mittleres Längenwachstum von *Utricularia vulgaris* im Schilfgürtel des Neusiedler Sees. - - - - -: Längenverhältnisse der lebenden Sproßabschnitte während der Produktionszeit; ——: relative Wachstumsrate, bezogen auf die Länge

5.2 Blütezeit, Luftsproßbildung und Fangblasenzahl

Die Blütezeit von *Utricularia vulgaris* an den untersuchten Standorten dauerte von Ende Mai bis in den Juli, wobei wieder an lichtreicheren Stellen früher Blüten anzutreffen sind als an lichtärmeren. An anderen Standorten können noch im August Blüten erscheinen.

Etwa ab Juni bildet die Pflanze Luftsprosse aus, d.h. chlorophyllfreie Fäden, die gegen die Wasseroberfläche gerichtet sind und möglicherweise dem Gasaustausch dienen (GOEBEL, 1889; HEGI, 1928). In den Lacken werden die zahlreichsten und längsten Luftsprosse gebildet. Wird das Licht – je nach Dichte des Schilfes – schwächer, so nimmt deren Zahl pro Pflanze und deren Länge ab (Tab. 1). Besonders auffällig und ihrem Zweck entsprechend treten diese Luft-

Tabelle 1. Durchschnittliche Länge und *Anzahl* der Luftsprosse pro Pflanze von *Utricularia vulgaris* an vier Standorten mit unterschiedlichem Lichtklima (s. Text)

Datum:	3. 6.		21. 7.		2. 8.		7. 9. 1971	
Verlandungszone	0	*0*	4,0	*1*	1,0	*1*	—	
natürlicher Schilfbestand	0	*0*	5,4	*2*	3,9	*1*	2,0	*1*
geschnittener Schilfbestand	0	*0*	7,7	*3*	5,1	*2*	5,0	*2*
schilffreie Lakune	1,0	*1*	9,3	*3*	6,4	*4*	6,6	*3*

sprosse in Erscheinung, wenn Pflanzen, infolge der Belastung durch den organischen Aufwuchs, nicht mehr horizontal unter der Wasseroberfläche fluten, sondern mit der basalen Seite voraus in die Tiefe absinken.

Eine produktionsbiologisch gut verwertbare biometrische Größe bei *Utricularia vulgaris*, die ihren Stickstoffbedarf zusätzlich durch den Fang und die

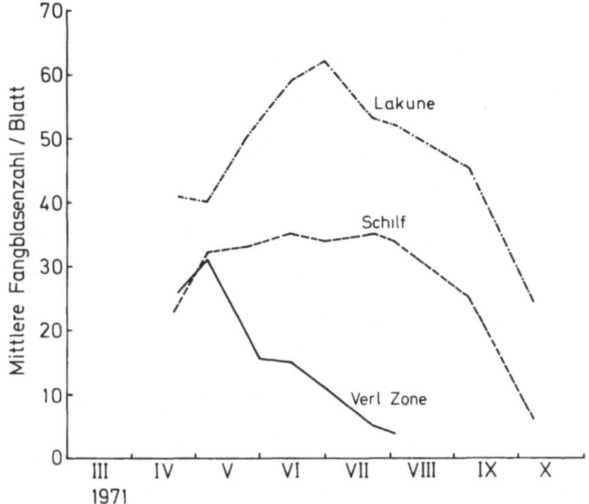

Abb. 4. *Utricularia vulgaris:* Mittlere Fangblasenverteilung pro Blatt an Standorten mit stark geschwächter (Verlandungszone), geschwächter (Schilf) und ungeschwächter globaler Einstrahlung (Lakune)

Verdauung von kleinen Wassertieren zu decken vermag, stellt die Fangblasenzahl der Blätter dar. In den schilffreien Lacken werden wesentlich mehr Fangblasen ausgebildet als in einem durchschnittlichen Schilfbestand, während unter schlechten Lichtverhältnissen, wie sie in der Verlandungszone vorherrschen können, ihre Zahl sehr früh reduziert wird (Abb. 4). Zu beachten ist, daß die Maxima der Kurven stark verschoben sind. Wie ein Vergleich mit der Trockengewichts-Entwicklung zeigt (Abb. 7–9), ergibt das eine gute Übereinstimmung mit der Produktion an den vergleichbaren Standorten.

5.3 Trockengewichts-Entwicklung und "crop growth rate"

Abb. 5 soll den Verlauf des Trockengewichts pro Fläche von März bis Oktober 1971 zeigen. Es handelt sich hierbei um einen Mittelwert aller untersuchten Bestände. Daraus sieht man, daß die maximale Biomasse in die zweite Junihälfte fällt, und zwar mit einem Trockengewicht um 30 g/m². Wie zu sehen ist, wird der Verlauf der Kurve ab Mai flacher. Vergegenwärtigt man sich die Strahlungsverhältnisse im Schilf (Abb. 1), so ist ersichtlich, daß im Mai ein Abfall der Strahlung an der Wasseroberfläche zu verzeichnen ist. Durch die Blattentfaltung des Schilfes muß also *Utricularia* weitere Lichtverluste in Kauf nehmen, die trotz geringer Lichtsättigungswerte (DRAXLER, III D) sehr wohl auf die Produktion der Pflanzen Einfluß haben. In dem in Abb. 5 ebenfalls eingetragenen CGR-Wert, also die Bestandswachstumsrate, kommt dies recht gut zum Ausdruck. Weiter fällt der ungemein hohe Zuwachs Mitte April auf. Dieses schnelle Ansteigen der Produktion stimmt völlig mit dem Austrieb der Turionen überein (Abb. 3). Im Juli wird die CGR negativ, und mit dem Abschluß der Ausbildung von Winterknospen im Herbst (Ausnahme: Pflanzen in der Verlandungszone; s. 5.4.4) ist der Entwicklungszyklus der Pflanzen geschlossen.

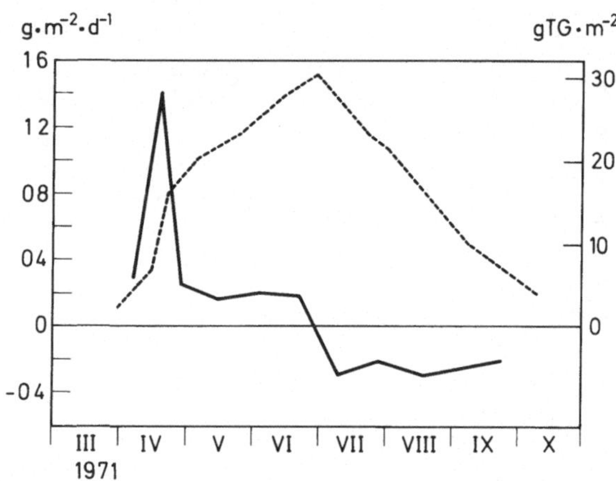

Abb. 5. *Utricularia vulgaris* Mittlere Biomasse (- - - - - -) pro m² und Bestandes-Wachstumsrate (——)

5.4 Trockengewicht und Chlorophyllgehalt

Die Bestimmung des Chlorophyllgehaltes dient in der Produktionsbiologie sehr häufig als allometrische Methode (Bray, 1962; Medina u. Lieth, 1964 mit weiteren Literaturangaben). An den vorhin genannten Standorten wurde parallel zu den Proben für das Trockengewicht auch der Chlorophyllgehalt untersucht. Die Ergebnisse sollen nun in ihrem Zusammenhang mit der Trockengewichts-Produktion verglichen werden.

5.4.1 Utricularia im natürlichen Schilfbestand

In einem natürlichen Schilfbestand sind anthropogene Einflüsse weitgehend ausgeschaltet. Zusätzliche Eutrophierung durch Restaurations- und Badebetrieb haben hier auf die Entwicklung der *Phragmites*-Bestände keinen sichtbaren Einfluß mehr. Am wichtigsten aber ist – wie schon vorher dargetan –, daß der Schilfschnitt unterbleibt.

Abb. 6 zeigt die Produktionsverhältnisse von *Utricularia* in solchen Röhrichten. Trockengewicht und Chlorophyllgehalt pro Grundfläche (!) steigen parallel an; allerdings ist die Abstiegskurve des Chlorophylls flacher. Das wird verständlich, wenn man den Anteil des Chlorophylls pro g Trockengewicht verfolgt (mittlerer Block der Abb. 6). Man kann sehen, daß der Anteil pro Gewichtseinheit noch im Juli steigt, zu einer Zeit, in der die Parameter der Produktivität bereits negativ werden, wie aus der CGR entnommen werden kann.

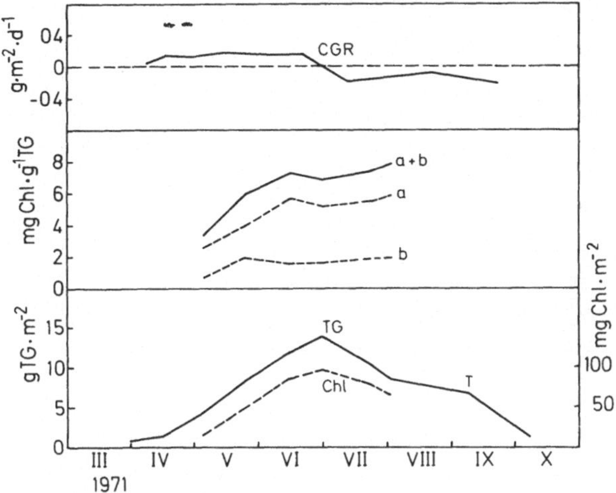

Abb. 6. Biomasse und Chlorophyllgehalt von *Utricularia vulgaris* im natürlichen Schilfbestand. Unten: Verlauf des Trockengewichts/m² (———) und Chlorophyllgehalt/m² (- - - - -); *T* Turionenbildung; Mitte: Verteilung von Chlorophyll *a* und *b* (- - - - -), sowie Gesamtchlorophyllgehalt/gTG (———); Oben: Bestandes-Wachstumsrate (CGR)

5.4.2 Utricularia in wirtschaftlich genutzten Röhrichten

Das gleiche sei nun an einem Standort betrachtet, an dem im Winter das Schilf geschnitten wurde. Durch die im Frühjahr angeschwemmten Turionen liegt der Ausgangswert der Biomasse pro Grundfläche wesentlich höher. Der rasche Austrieb der Turionen, der, wie aus den CGR-Werten ersichtlich ist, eine recht hohe Zuwachsrate ergibt, fällt mit dem hohen Lichtgenuß in dieser Zeit zusammen, der sich erst mit dem Aufkommen des Schilfes bzw. mit dem Entfalten der Blätter ändert. Die Chlorophyllkurve (bezogen auf die Fläche) ist nicht so steil wie die Kurve des Trockengewichtes. Bei besseren Lichtverhältnissen am Standort wird also pro g TG weniger Chlorophyll synthetisiert als bei Pflanzen im ungeschnittenen Schilfbestand (Abb. 7).

5.4.3 Utricularia-Bewuchs in den Lakunen

Durch den Ausfall des Schilfes sind die Pflanzen gänzlich anderen ökologischen Bedingungen unterworfen, vor allem in Hinsicht auf geänderte Lichtverhältnisse und größere Temperaturamplituden. Interessant ist, daß die Produktion durchaus nicht so gering ist, wie man es aufgrund der relativ schwachen Besiedlungsdichte erwarten würde. Auch hier verhalten sich die Pflanzen anfangs nicht anders als jene im Schilf. Mit dem ersten Wachstum ist die hohe Trockengewichts-Zunahme kombiniert, die in der weiteren Entwicklung – ganz gegen die Erwartungen, wenn man die steigende Einstrahlung in Betracht zieht – wieder fällt. Allerdings sinkt dann die CGR nicht weiter ab, sondern steigt wieder bis Mitte Juni an. Sehr gedrückt wird der Chlorophyllgehalt; im Laufe der Produktionszeit sinkt sogar der Gehalt pro g Trockengewicht (Abb. 8).

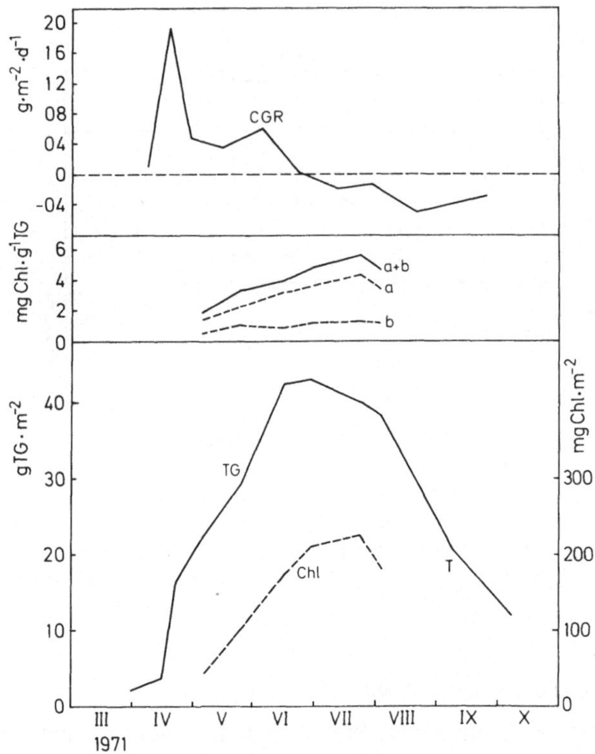

Abb. 7. Biomasse und Chlorophyllgehalt von *Utricularia vulgaris* in Schilfbeständen, die im Winter geschnitten werden. Zeichenerklärung in Abb. 6

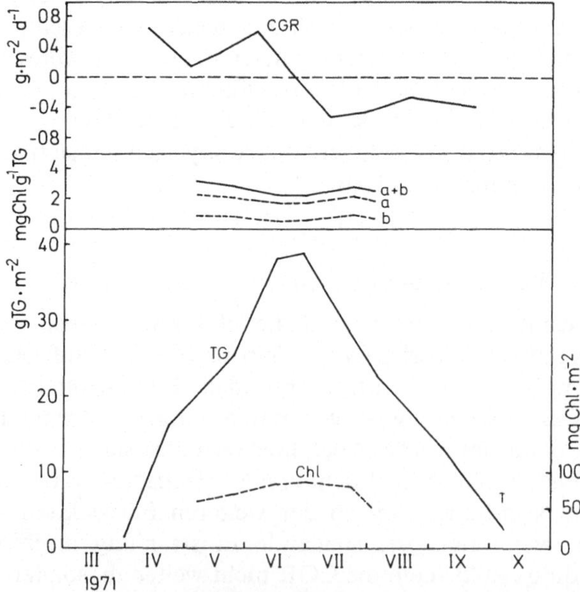

Abb. 8. Biomasse und Chlorophyllgehalt von *Utricularia vulgaris* in schilffreien Lacken. Zeichenerklärung in Abb. 6

5.4.4 *Utricularia in der Verlandungszone*

Das Produktionsschema in der Verlandungszone (natürlicher Schilfbestand mit *Carex riparia*-Unterwuchs) wird maßgeblich von zwei Komponenten bestimmt, der Lichtarmut und der Pegelschwankung. Der Ausgangswert des Trockengewichtes liegt mit etwa 3 g/m² relativ hoch. Der entsprechend steile Anstieg nach Anlaufen der Stoffproduktion kann aber nur im Zusammenhang

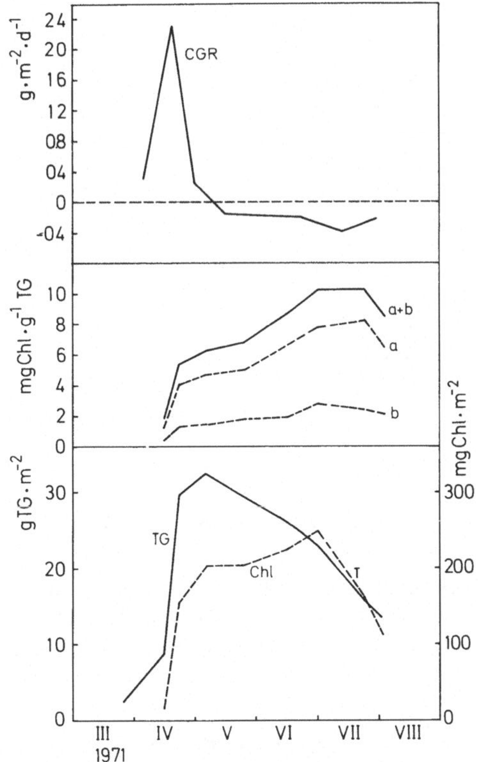

Abb. 9. Biomasse und Chlorophyllgehalt von *Utricularia vulgaris* in der Verlandungszone. Zeichenerklärung in Abb. 6

mit der ungewöhnlich hohen Chlorophyllsynthese verstanden werden. Mit dem Aufkommen von Schilf und Riedgras wird der Stoffaufbau bei *Utricularia* bald unterbunden, die Bestandswachstumsrate wird bereits im Mai negativ. Da die Erntewerte im Juni und Juli streuen, wurde durch graphische Interpolierung eine idealisierte Kurve erstellt. Der Chlorophyllgehalt jedoch, auf die Fläche bezogen, steigt auch dann noch an, wenn das Trockengewicht schon längst wieder abnimmt. Es bleibt also lediglich bei einem Versuch, den Lichtabfall damit zu kompensieren (Abb. 9).

Wenn man Produktion, Fangblasenzahl und Längenwachstum an diesem Standort verfolgt (Abb. 10), so ergibt sich, daß mit dem Abnehmen der Produktion Anfang Mai auch die Fangblasenzahl abnimmt; die Sprosse erreichen aber erst Mitte Juni die maximale Länge (s. dazu 5.1).

Alljährlich sind die Pflanzen in der Verlandungszone vom Rückgang des Wassers betroffen. Anfang September, wahrscheinlich aber auch schon in den letzten Augustwochen, ist das Wasser bereits so tief gesunken, daß der Standort völlig wasserlos ist. Voll entwickelte *Utricularia*-Pflanzen, da ohne jeden Ver-

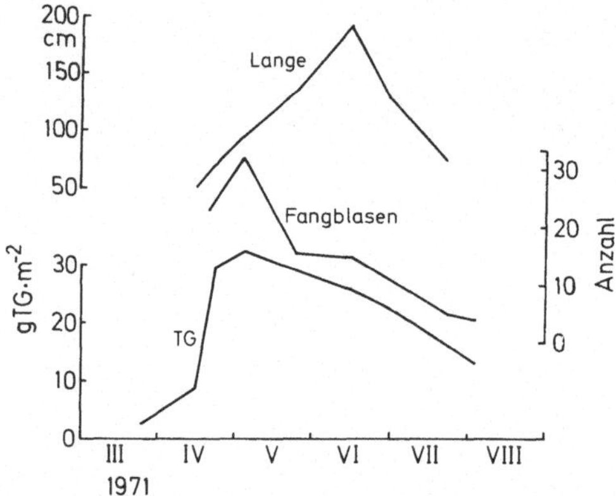

Abb. 10. Vergleich von Biomasse (Trockengewicht), Fangblasenzahl pro Blatt und Längenentwicklung an Pflanzen in der lichtarmen Verlandungszone

dunstungsschutz, würden nur kurze Zeit ein Trockenliegen überstehen. Die frühe Ausbildung von Turionen, die ja schon im Juli erfolgte, scheint aber ein Überdauern der Trockenperiode in Turionenform zu gewährleisten. Wohl nur so ist die große Besiedlungsdichte im Verlandungsbereich zu verstehen, die allein aus dem Windtransport der Turionen nicht erklärt werden kann.

Literatur

Bray, J. R.: The primary productivity of vegetation of Central Minnesota, USA, and its relationship to chlorophyll content and albedo. In: Lieth, H. (Ed.): Stoffproduktion der Pflanzendecke, 102–107 (1962).

Burian, K.: *Phragmites communis* Trin. im Röhricht des Neusiedler Sees: Wachstumsanalysen, Produktion und Wasserverbrauch. Beitrag III A in diesem Band.

Dirmhirn, I.: Das Strahlungsfeld im Lebensraum, 426 S. Frankfurt am Main: Akad. Verlagsgesellschaft 1964.

Draxler, G.: Gaswechselmessungen an *Utricularia vulgaris* L. Beitrag III D in diesem Band.

Eckel, O.: Zur Thermik des Neusiedler Sees. Wetter und Leben **5**, 72—78 (1953).

Goebel, K.: Pflanzenbiologische Schilderungen I. Teil, 386 S. Marburg: Elwert'sche Verlagsbuchhandlung, 1889.

Hegi, G.: Illustrierte Flora von Mittel-Europa VI/I. München-Wien 1928.

Kopf, F.: Wasserwirtschaftliche Probleme des Neusiedler Sees und des Seewinkels. Österr. Wasserwirtschaft **15**, 190—203 (1963).

Medina, E., Lieth, H.: Die Beziehungen zwischen Chlorophyllgehalt, assimilierender Fläche und Trockensubstanzproduktion in einigen Pflanzengemeinschaften. Beitr. Biol. Pflanze **40**, 451—494 (1964).

ROTHMALER, H.: Exkursionsflora von Deutschland. 6. Aufl. Berlin: Volk und Wissen 1967.

SAUBERER, F.: Über das Licht im Neusiedler See. Wetter und Leben **4**, 12—15 (1952).

SAUERZOPF, F.: Zur Frage der Wasserstandsschwankungen des Neusiedler Sees. Wiss. Arb. Burgenland **29**, 117—123 (1962).

SCHOPFER, P.: Experimente zur Pflanzenphysiologie. Eine Einführung, 418 S. Freiburg: Rombach 1970.

STEINHAUSER, F.: Klimatologische Gesichtspunkte für die Kurorteplanung im Burgenland. Wiss. Arb. Burgenland **30**, 125—137 (1965).

TÓTH, L., SZABÓ, E.: Zönologische und ökologische Untersuchungen in den Röhrichten des Neusiedler Sees (Fertö-tó). Annal. Biol. Tihany **28**, 151—168, Hungaria (1961).

TUSCHL, P.: Die Transpiration von *Phragmites communis* Trin. im geschlossenen Bestand des Neusiedler Sees. Wiss. Arb. Burgenland **44**, 126—186 (1969).

Wagner, H.: Illustrierte Deutsche Flora. 2. Aufl., 914 S. Stuttgart: K. Thienemann's Verlag 1882.

WEISSER, P.: Die Vegetationsverhältnisse des Neusiedler Sees, pflanzensoziologische und ökologische Studien. Wiss. Arb. Burgenland **45**, 1 – 83 (1970).

ZIEGLER, E., EGLE, K.: Zur quantitativen Analyse der Chloroplastenpigmente: I. Kritische Überprüfung der spektralphotometrischen Chlorophyll-Bestimmung. Beitr. Biol. Pflanze **41**, 11—37 (1965).

D. Gaswechselmessungen an Utricularia vulgaris

G. Draxler, Wien

1. Einleitung

Ähnlich wie bei *Phragmites communis* (s. die vorangegangenen Referate) sollten im Neusiedler See-Programm auch die Wachstums- und Produktionsanalysen an *Utricularia vulgaris* L. durch Gaswechselmessungen ergänzt und erweitert werden.

Utricularia vulgaris tritt im Schilfgürtel (nach Maier, III C) massenhaft auf, weil die Sprosse des Wasserschlauchs vor dem Wellenschlag der freien Wasserfläche durch den dichten Schilfbestand geschützt sind. Der mechanische Schutz bedeutet jedoch eine ökologische Beeinträchtigung, denn der Schilfbestand schwächt auch die Einstrahlung bis zur Wasserfläche sehr stark ab, woraus wieder eine langsamere Erwärmung des Seewassers im Schilfgürtel resultiert.

In den folgenden Versuchen ging es nun darum, festzustellen, welchen Einfluß die relativ geringe Beleuchtung und der Temperaturverlauf während des Tages auf den Gaswechsel von *Utricularia vulgaris* ausüben.

2. Methoden

Junge Endtriebe von *Utricularia* wurden in einer Länge von 15 cm von der Mutterpflanze abgetrennt und in 160–170 ml fassende Glasgefäße eingebracht. Fünf Gefäße (drei Kolben für parallele Photosynthesemessungen, zwei für Atmungsmessungen) wurden mit Standortwasser mit vorher ermitteltem O_2-Gehalt gefüllt und knapp unter der Wasseroberfläche exponiert. Der Versuch begann meist um 4 Uhr früh und endete zwischen 20 und 22 Uhr. Die Versuchsdauer für eine Messung, also die Expositionszeit, betrug stets 45 min. Mittels eines Sternpyranographen und eines Widerstandsthermometers wurden die Einstrahlung bzw. die Temperatur fortlaufend registriert. Nach der Expositionszeit wurde aus den Kolben das Wasser abgelassen und die Konzentrationsänderung des Sauerstoffs mit einer Sauerstoffelektrode (Yellow Springs Instrument Co., Inc., Model 54 Oxygen Meter) bestimmt. Daraus berechnet sich auch die apparente Photosynthese, die in mg $O_2 \cdot (\text{g TS} \cdot \text{h})^{-1}$ angegeben wird.

Durch die lange tägliche Versuchsdauer war es möglich, die gesamte Sauerstoffabgabe bzw. -aufnahme während einer Lichtperiode kontinuierlich zu erfassen.

3. Ergebnisse

3.1 Gaswechsel bei verschiedenen Temperaturbedingungen

In den folgenden Abbildungen zeigt immer die oberste Kurve (ausgezogene Linie) die Einstrahlung während der Versuchszeit (in cal $\cdot$ $cm^{-2} \cdot h^{-1}$) und die darunter eingetragene (strichpunktiert) den Temperaturverlauf in °C. Die apparente Photosynthese wird in mg $O_2 \cdot (\text{g TS} \cdot \text{h})^{-1}$ angegeben (darunterliegende, voll ausgezogene Linie). Unter der Abszisse (strichliert) ist der Verlauf der experimentell festgestellten Dunkelatmung, ebenfalls in mg $O_2 \cdot (\text{g TS} \cdot \text{h})^{-1}$ ausgedrückt, eingetragen.

Abb. 1 zeigt die Verhältnisse an einem Sommertag mit *großer Änderung* der Tagestemperatur. Die sehr geringe Zunahme der Einstrahlung in den Morgenstunden bewirkt eine wesentlich intensivere Sauerstoffproduktion. Die Einstrahlung zwischen 8 und 9 Uhr ist mit ca. 4 cal $\cdot$ cm$^{-2} \cdot$ h^{-1} relativ hoch, was

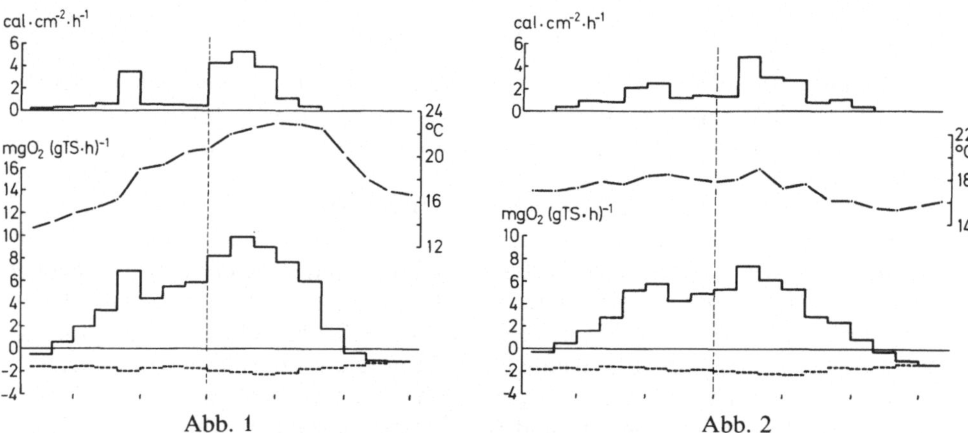

Abb. 1 und 2. Einstrahlung (oben), Wassertemperatur (Mitte) und Gaswechsel (unten) am 2.6.1971 (links) und am 16.6.1971 (rechts)

sich auch in einer vermehrten Sauerstoffabgabe äußert. Jedoch bewirken diese 4 cal $\cdot$ cm$^{-2} \cdot$ h^{-1} eine viel geringere Photosynthese-Intensität, als man es aus der Leistung der Pflanze bei den geringen Lichtintensitäten am Morgen erwarten würde. Bemerkenswert ist der Anstieg der apparenten Photosynthese zwischen 9 und 12 Uhr, weil die Einstrahlung innerhalb dieses Zeitraumes sehr niedrig war. Hier dürfte die Steigerung der Photosynthese allein auf die Temperaturzunahme zurückzuführen sein. Die einige Stunden lang herrschenden hohen Beleuchtungsstärken am Nachmittag führen auch zu verstärkter Photosynthese. In den Abendstunden hält wohl die hohe Temperatur, trotz rascher Abnahme der Einstrahlung, die intensive Photosynthese noch einige Zeit aufrecht. Nimmt die Temperatur jedoch ab, fällt auch die Photosynthese rasch.

Die experimentell festgestellte Dunkelatmung verläuft während des ganzen Tages ziemlich gleichmäßig mit der Temperatur. Lediglich in den Nachmittagsstunden ist durch die hohe Temperatur eine geringe Steigerung festzustellen.

Der Verlauf der Einstrahlung und der Temperatur ist typisch für einen Sommertag. Die sich daraus ergebenden Photosynthesewerte gleichen sehr dem von Gessner (1938) angegebenen Schema des Tagesverlaufs der Photosynthese bei höheren Wasserpflanzen. Die Photosyntheseleistung wird hier also, wie zu erwarten, durch das Zusammenwirken der Faktoren Licht und Temperatur bestimmt.

Die Einstrahlung am 16. 6. 1971 (Abb. 2) ähnelt sowohl in ihrer Intensität als auch im Verlauf sehr den in Abb. 1 gezeigten Werten. Doch hier ist die Temperatur während des Tages weitaus *niedriger* und gleichmäßiger. Dies dürfte auch die Ursache der geringen Photosynthese-Intensität sein. Die Sauerstoff-Ausscheidung verläuft deutlich parallel mit der Einstrahlung.

Geradezu ein Modellfall für Photosynthese-Untersuchungen am Standort ist in Abb. 3 dargestellt. Es könnte hier eine Gaswechselmessung unter *gleichbleibender* Temperatur angenommen werden, denn die Temperaturschwankung

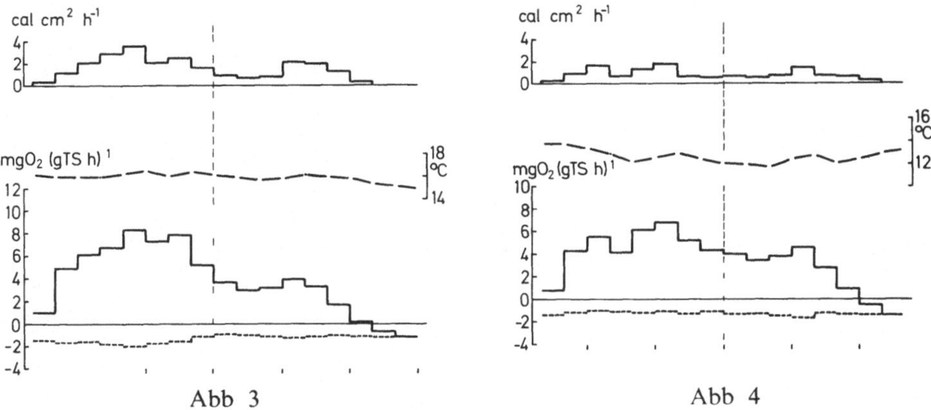

Abb. 3 und 4. Einstrahlung, Wassertemperatur und Gaswechsel am 30.6.1971 (links) und am 1.7.1971 (rechts)

betrug während des Tages nur 1° C. Die geringen Änderungen der Wassertemperatur ergaben sich aus einer verstärkten Wasserströmung von der offenen Seefläche in den Schilfgürtel, wobei auch das kühlere Wasser vom Seeboden bis an die Oberfläche gebracht wurde. Die Änderung in der Sauerstoffproduktion verläuft auffallend parallel mit der Einstrahlung. In den Abendstunden sinkt die Photosynthese rascher ab, als es bei der noch vorhandenen Beleuchtungsstärke anzunehmen wäre. Hier ist nicht, wie in Abb. 1 gezeigt, die höhere Temperatur der verzögernde Faktor des abendlichen Photosynthese-Abfalls, sondern nur die absinkende Einstrahlung für den Abfall der photosynthetischen Leistung maßgebend. Da eine annähernd konstante Wassertemperatur während des ganzen Versuchstages vorlag, muß die Abnahme der apparenten Photosynthese hier allein durch die Einstrahlung bestimmt sein.

Der Verlauf der Dunkelatmung ist während der gesamten Versuchsdauer relativ gleichmäßig. Nur in den Vormittagsstunden, gerade in der Zeit der stärksten Photosynthese, ist auch eine etwas verstärkte Dunkelatmung festzustellen. Dies kann jedoch durch die Temperatur nicht erklärt werden.

3.2 Gaswechsel bei geringer und hoher Einstrahlung

Abb. 4 zeigt uns die Verhältnisse an einem Schlechtwettertag, also bei sehr *niedriger* Einstrahlung. Diese steigt nie über 2 cal $\cdot$ cm^{-2} $\cdot$ h^{-1}. Deshalb erreicht auch die apparente Photosynthese im Maximum nur 7 mg O_2 $\cdot$ (g TS $\cdot$ h)$^{-1}$, was recht gut mit ungefähr gleich hohen Einstrahlungswerten, wie sie bei Schönwettertagen am Morgen anzutreffen sind, übereinstimmt.

Bei *hoher* Einstrahlung und Wassertemperatur (Abb. 5) wurden die höchsten Photosynthesewerte in diesem Untersuchungszeitraum festgestellt. Die sehr hohe Einstrahlung von 8 cal · cm^{-2} · h^{-1} bewirkt bereits eine Hemmung der Photosynthese. Möglicherweise wirkt hier auch die für *Utricularia vulgaris* hohe Temperatur von über 22° C hemmend auf die Photosynthese, was jedoch für die Atmung nicht bestimmend sein kann. In diesem Versuch wird deutlich, daß die Lichtsättigung von *Utricularia vulgaris* unter natürlichen Standortsbedingungen bei etwa 6 cal · cm^{-2} · h^{-1} (und etwa 20° C) liegt.

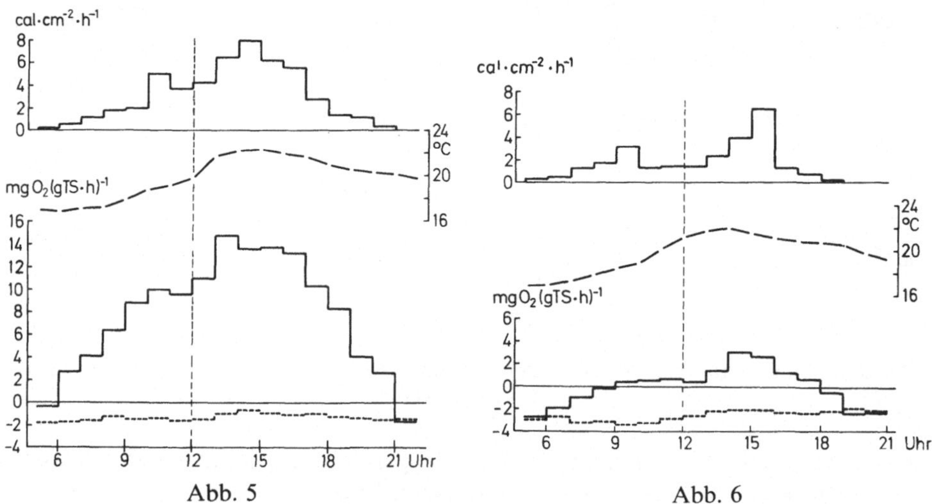

Abb. 5 und 6. Einstrahlung, Wassertemperatur und Gaswechsel am 22.7.1971 (links) und am 14.7.1971 (rechts)

3.3 Gaswechsel von anthocyanreichen Sprossen

Alle bisher angeführten Werte beziehen sich auf junge, frisch grüne Endtriebe. Es sei noch der Photosynthese- und Atmungsverlauf bei alten, anthocyanreichen Sprossen dargestellt (Abb. 6).

Bis in den späten Vormittag hinein ist eine negative Sauerstoffbilanz festzustellen, und auch in den darauffolgenden Stunden erreicht sie nur Werte, die knapp über dem Nullpunkt liegen. Lediglich bei länger anhaltender starker Einstrahlung steigt die Photosynthese etwas an, wobei jedoch höhere Einstrahlung von ungefähr 6 cal · cm^{-2} · h^{-1} auf die Sauerstoffproduktion bereits hemmend wirkt. Es treten hier bei Anthocyananhäufung sogar etwas niedrigere Lichtsättigungswerte als bei jungem Material auf. Die Dunkelatmung ist in den Morgenstunden, also bei einer Temperatur zwischen 17 und 19° C, auffallend hoch; die Werte liegen um –3,5 mg O_2 · (g TS · h)$^{-1}$.

Wenn die Atmung, wie zu erwarten, auch während der Nachtstunden in dieser Intensität verläuft, verbrauchen diese alten Pflanzenteile ca. 27 mg O_2/g TS, während durch die geringe apparente Photosynthese nur ca. 11 mg O_2/g TS frei werden. Das heißt, fast die 3fache Menge des apparenten Photosynthesegewinns wird durch die Nachtatmung abgebaut.

Im Vergleich dazu werden von jungen Endtrieben an einem Tag mit hoher Einstrahlung (Abb. 5) etwa 130 mg O_2/g TS abgegeben, während der Nachtstunden jedoch nur etwa 10 mg O_2/g TS bei der Atmung verbraucht. Das Alter der Sprosse ist für die photosynthetische Leistung von ausschlaggebender Bedeutung.

Literatur

BURIAN, K.: Die photosynthetische Aktivität eines *Phragmites-communis*-Bestandes am Neusiedler See. Sitzber. Österr. Akad. Wiss., Math.-Naturw. Kl., Abt. I., **178**, 43—62 (1969).

GESSNER, F.: Die Beziehung zwischen Lichtintensität und Assimilation bei submersen Wasserpflanzen. Jb. Wiss. Botan. **86**, 491—526 (1938).

MAIER, R.: Produktions- und Pigmentanalysen an *Utricularia vulgaris* L. Beitrag III C in diesem Band.

E. Zur Steuerung der planktischen Primärproduktion durch die Schwebstoffe

M. DOKULIL, Wien

1. Ursachen des hohen Schwebstoffgehaltes

Die Primärproduktion des Phytoplanktons wird im Neusiedler See durch Faktoren beeinflußt, wie sie in kaum einem anderen europäischen See gleichzeitig auftreten:

1. Geringe Tiefe (maximal 2 m),
2. Große Ausdehnung (32 km Länge, bei einer größten Breite von 15 km),
3. Starke Windexposition,
4. Hoher Gehalt an anorganischen Schwebstoffen.

Die geringe Wassertiefe und die heftigen Winde bewirken eine fast ständige Durchmischung der Wasserschichten bis zum Grund. Infolgedessen werden viele Boden- und Aufwuchsalgen ins Plankton eingeschwemmt und dort lange Zeit in Schwebe gehalten, wie zum Beispiel die beiden großen Diatomeen *Surirella peisonis* und *Campylodiscus clypeus*. Durch Versuche konnte gezeigt werden, daß dieselben Algen durch die Umwälzung der Wassermassen mehrmals in den obersten Wasserschichten exponiert werden. Weiters kommt es durch die enorme Windwirkung in dem flachen Seebecken zu einer Verdriftung des gesamten Wasserkörpers, wodurch starke örtliche Unterschiede in der Produktionsgröße auftreten können.

Von entscheidender Bedeutung ist auch die Thermik des Sees, der sich zwar rasch zu erwärmen vermag, wegen des fehlenden Wärmereservoirs aber ebenso rasch wieder auskühlt. Im allgemeinen folgt die Wassertemperatur mit nur geringer Verzögerung der Lufttemperatur. Jede etwas längere kühle Wetterperiode wirkt sich daher über die Wassertemperatur sofort auf die Produktion aus. Zu einer thermischen Schichtung kommt es auch im Hochsommer nie. Eine noch ungeklärte Frage ist die extrem niedrige Produktionsrate während der Wintermonate z.Z. der Eisbedeckung. Trotz der relativen Verbesserung der Lichtverhältnisse infolge des Aussedimentierens der Schwebstoffe sinkt die Produktion auf gerade noch meßbare Werte ab. Die Individuenzahlen des Phytoplanktons nehmen sehr stark ab, da viele Formen absterben oder aussedimentieren. Neue, für die kalte Jahreszeit charakteristische Formen treten hingegen nicht auf.

2. Auswirkungen auf die Produktion der Planktonalgen

Der hohe Schwebstoffgehalt, hervorgerufen durch die bis zum Grund reichende Windwirkung, welche hauptsächlich anorganisches Sediment und teilweise organischen Detritus aufwirbelt, beeinflußt die Produktionsgröße auf dreierlei Weise:

Einerseits indirekt über das Lichtklima, andererseits direkt, indem beim Aussedimentieren der Schwebstoffpartikel bei ruhiger Wetterlage viele Algen, besonders Diatomeen, mit in die Tiefe gerissen werden. Beide Effekte wirken einander entgegen, da durch das Sedimentieren der Schwebstoffpartikel zwar die Lichtverhältnisse besser werden, gleichzeitig aber die Planktonpopulation Verluste erleidet, wodurch die tatsächliche Produktion hinter der maximal möglichen zurückbleibt. Durch rasche Vermehrung der Algen werden beide Effekte oft maskiert.

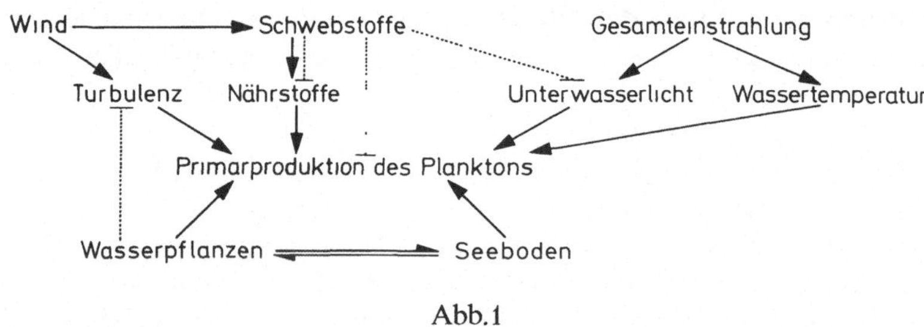

Abb. 1

In der Zone der Makrophyten kommt noch hinzu, daß vagile Formen (Euglenen, Peridineen) vermutlich vom Boden und den Wasserpflanzen aus in das Plankton vordringen sowie die Sichttiefe zunimmt und somit zu einer Erhöhung der Produktionsrate beitragen.

Die dritte Art der Beeinflussung erfolgt möglicherweise durch Anlagerung von Stickstoff- und Phosphorverbindungen in irgendeiner Form an die Schwebstoffpartikel. Dadurch würden dem See Nährstoffe durch Sedimentation oder Verfrachtung in den Schilfgürtel entzogen.

Die besprochenen Steuerungsmechanismen sind in Abb. 1 schematisch zusammengestellt. Wenn auch noch manche Zusammenhänge genauer analysiert werden müssen, so läßt sich doch schon jetzt erkennen, daß die Schwebstoffbelastung wesentlichen Einfluß auf die Größe der möglichen Primärproduktion im Neusiedler See nimmt.

IV. Beitrag zur Erforschung mariner Ökosysteme

Bakterien im Stickstoffkreislauf des Meeres

G. RHEINHEIMER, Kiel

1. Einleitung

Der Kreislauf des Stickstoffs (Abb. 1) weist in den marinen und terrestrischen Lebensräumen keine grundsätzlichen Unterschiede auf, und in jedem Falle spielen Bakterien dabei eine große Rolle. Die biochemischen Prozesse der Proteolyse, der Ammonifikation, Nitrifikation und Denitrifikation erfolgen sowohl auf dem Land als auch im Meer in der gleichen Weise. Doch die an diesen Prozessen beteiligten Bakterien sind in den marinen Biotopen fast durchweg andere als in den terrestrischen. Auch hat das Ökosystem des Stickstoffkreislaufes im Meer einen noch größeren Anteil an dem gesamten Lebens-

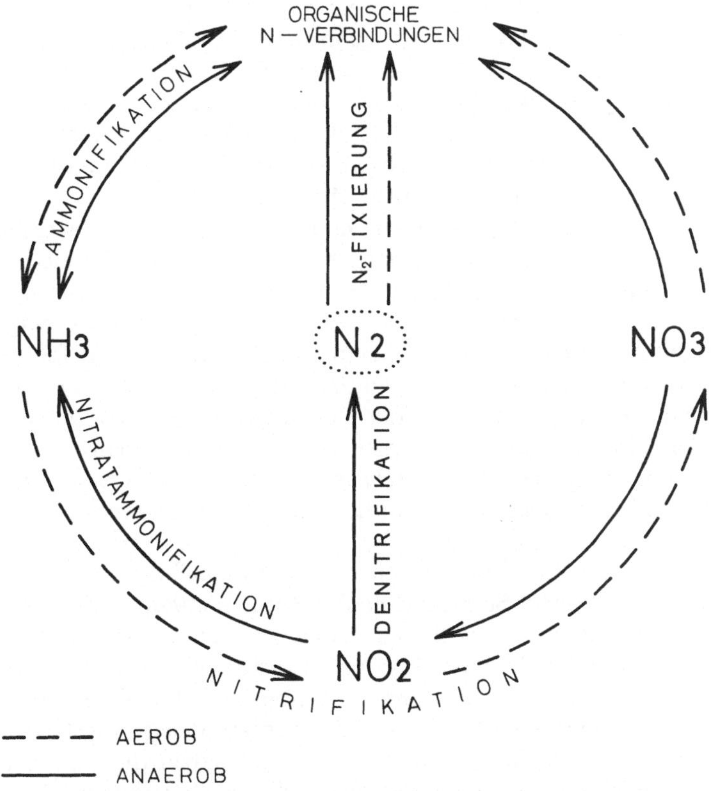

Abb. 1. Die bakteriologischen Prozesse des Stickstoffkreislaufs

geschehen als in den Binnengewässern und im Erdboden. So ist nach ZOBELL (1946) der Anteil der proteolytischen Bakterien an der Gesamtzahl der saprophytischen Formen größer als in allen anderen Lebensräumen. Die meisten in Kultur genommenen C-heterotrophen marinen Bakterien sind in der Lage, Ammoniak aus Pepton freizusetzen, und viele von ihnen lösen Gelatine.

2. Teilprozesse des Stickstoffkreislaufs

2.1 Proteolyse und Ammonifikation

Entsprechend der großen Vielfalt der zur Proteolyse (Eiweiß-Zersetzung) und zur Ammonifikation befähigten Meeresbakterien werden diese Prozesse je nach den Gegebenheiten von sehr unterschiedlichen Populationen bewirkt. In Abhängigkeit vor allem von der Nährstoffzusammensetzung und -konzentration, der Temperatur und in Küstengewässern auch von der Höhe des Salzgehaltes sind am Abbau der vorhandenen Eiweißstoffe sehr verschiedene Bakterien beteiligt. Mehrjährige Untersuchungen in der westlichen Ostsee zeigten, daß hier im Spätherbst und im Frühjahr stets eine charakteristische Gruppe von Fäulnisbakterien dominiert, die regelmäßig im Winter und noch ausgeprägter im Sommer stark zurückgeht und anderen Formen Platz macht. Im November und Anfang Dezember, wenn durch das Absterben eines großen Teils des Phytoplanktons Eiweißstoffe reichlich vorhanden sind, gehören nicht selten 60–90% aller saprophytischen Bakterien zu dieser Gruppe. Es handelt sich dabei um *Agrobacterium*-Arten (vor allem *A. ferrugineum* und *A. stellulatum*), die stern- oder raupenförmige Zellaggregate bilden und auf Agarnährböden an ihren typischen rostbraun gefärbten und von einem farblosen Saum umgebenen Kolonien leicht zu erkennen sind (AHRENS u. RHEINHEIMER, 1967; AHRENS, 1969).

Diese Bakterien sind halophile Formen, die sich optimal bei Salzgehalten von 10–25‰ entwickeln – das entspricht genau dem Salinitätsbereich der westlichen Ostsee. Dementsprechend haben die oben genannten *Agrobacterium*-Arten den geographischen Schwerpunkt ihrer Verbreitung in diesem Meeresgebiet. Sie finden sich kaum mehr in der salzärmeren östlichen Ostsee und fehlen auch in der Nordsee westlich von Helgoland, wo der Salzgehalt des Wassers mit ±35‰ bereits dem der Ozeane entspricht. Hier stellen sich unter sonst gleichen Bedingungen andere Populationen von proteolytischen Bakterien ein, in denen Pseudomonaden, Vibrionen und *Achromobacter*-Arten vorherrschen. Diese ebenfalls halophilen Formen haben ein höheres Salzoptimum, das sich zwischen 25 und 40‰ bewegt.

Sehr groß ist auch der Einfluß der Temperatur auf die Zusammensetzung der Bakterienpopulationen. So nimmt nach SIEBURTH (1968) in den oberflächennahen Meeresgebieten der gemäßigten Klimazone im Laufe des Winters der Anteil der psychrophilen Formen kräftig zu, während im Sommer mesophile dominieren. In den küstenfernen Ozeangebieten sind die Nährstoffkonzentrationen teilweise so niedrig, daß nur die Bakterien mit den geringsten Nahrungsansprüchen sich entwickeln können. In der Regel haben die Fäulnisbakterien hier nur dann eine Wachstumschance, wenn durch das Absterben von pflanzlichen oder tierischen Organismen oder das Anfallen von Exkrementen vorübergehend ein ausreichendes Nahrungsangebot besteht. Die übrige Zeit werden sie großenteils in einem Zustand des latenten Lebens verbringen – sozusagen in Wartestellung, um jederzeit plötzlich anfallende Nahrung ausnutzen zu können und so die schnellstmögliche Remineralisierung der organischen Stoffe zu gewährleisten (s. RHEINHEIMER, 1971). Es ist klar, daß sich in solchen extrem nährstoffarmen Meeresgebieten andere Bakterienpopulationen finden als in den verhältnismäßig nährstoffreichen Küstengewässern.

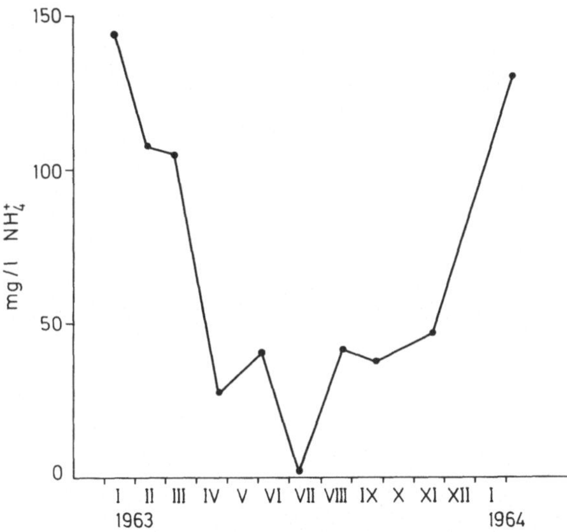

Abb. 2. Ammonifikationspotenz des Elbewassers als Ausdruck für die Zahl der aktiven Fäulnisbakterien. Die Kurve zeigt den ausgeprägten Jahresrhythmus mit winterlichen Maxima und sommerlichem Minimum (bei Stromkilometer 550)

Besondere Bedeutung kommt innerhalb des Stickstoffkreislaufes der Ammonifikation zu – d.h. der Desaminierung der durch die Proteolyse freigesetzten Aminosäuren und ähnlichen organischen Stickstoffverbindungen. Das Ausmaß der Ammonifikation in einem Gewässer läßt sich sehr gut anhand der durch die Fäulnisbakterien verursachten Ammoniakbildung verfolgen. Ein relatives Maß für die Zahl der aktiven Fäulnisbakterien ist die sog. Ammonifikationspotenz, die durch die in einer Wasserprobe in einer bestimmten Zeit bei konstanter Temperatur aus Asparagin oder Aminosäuren freigesetzte Ammoniakmenge gemessen wird (RHEINHEIMER, 1965). In abwasserbelasteten Küstengewässern weisen Gesamtzahl und artenmäßige Zusammensetzung der Fäulnisbakterienpopulation oft sehr große jahreszeitliche Unterschiede auf – wobei die Maxima sich stets im Winter und die Minima im Sommer finden (Abb. 2). Das hat seinen Grund vor allem in dem geringeren Energiebedarf der Bakterien bei niedrigen Temperaturen. Andererseits ist die Aktivität der Fäulnisbakterien, dem Van't Hoffschen Gesetz entsprechend, bei sommerlichen Wassertemperaturen beträchtlich größer. Untersuchungen im Elbe-Aestuar zeigten (RHEINHEIMER, 1959, 1965), daß hier während des ganzen Jahres eine lebhafte Ammonifikation erfolgt.

Die größere Aktivität während des Sommers wird im Winter weitgehend durch die höhere Fäulnisbakterienzahl ausgeglichen. In nicht durch Abwässer belasteten Meeresgebieten ist der beschriebene Jahresrhythmus der Fäulnisbakterienzahl nicht festzustellen. Diese hängt hier vor allem von der Menge der durch das Phytoplankton gelieferten Proteine und Aminosäuren ab, die infolge ihrer durchweg geringen Konzentration in der Regel sofort abgebaut werden.

2.2 Nitrifikation

Das von den Fäulnisbakterien freigesetzte Ammoniak dient zahlreichen pflanzlichen Lebewesen als Stickstoffquelle, und zwar sowohl autotrophen Planktonalgen als auch heterotrophen Bakterien und Pilzen. Es ist aber auch der

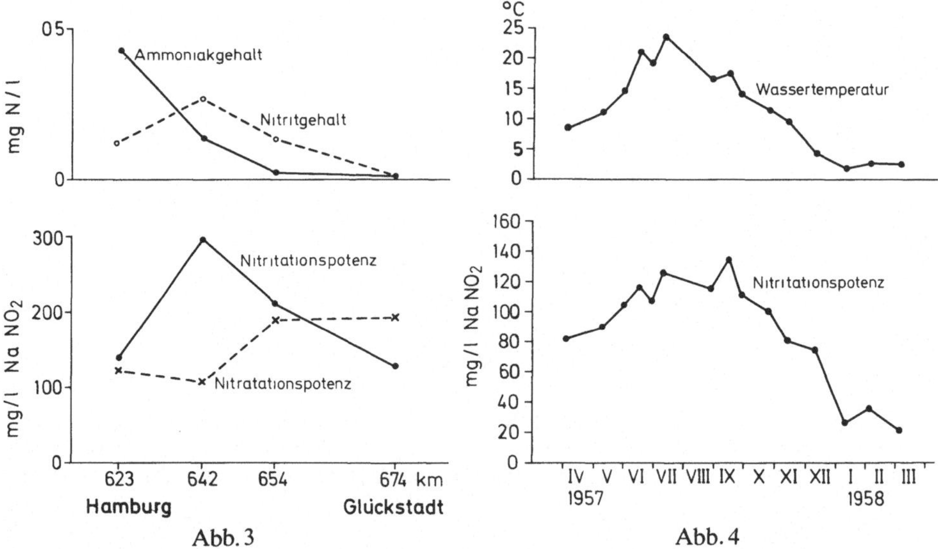

Abb. 3. Ammoniak- und Nitritgehalt des Wassers sowie dessen Nitritations- und Nitratationspotenz als Ausdruck für die Nitrit- und Nitratbakterienzahl im Elbe-Aestuar zwischen Hamburg und Glückstadt am 29. 8. 1958. Die Nitritspitze fällt mit dem Maximum der Nitritationspotenz und dem Minimum der Nitratationspotenz zusammen

Abb. 4. Wassertemperatur und Nitritationspotenz des Elbewassers bei Bleckede (km 550). Die Kurven zeigen, daß sich schon geringfügige Temperaturschwankungen auf die Höhe der Nitritationspotenz auswirken

Energielieferant der Nitritbakterien, die bei Vorhandensein von Sauerstoff Ammoniak zu Nitrit oxydieren, das dann normalerweise von Nitratbakterien weiter zu Nitrat oxydiert wird. Diesen Vorgang bezeichnet man als Nitrifikation. Die erste Stufe wird Nitritation, die zweite sinngemäß Nitratation genannt. Die chemoautotrophen Salpeterbakterien benötigen die bei den Nitrifikationsprozessen gewonnene Energie zur Reduktion von Kohlendioxid – und damit zum Aufbau von organischer Substanz. Mit dem Nitrat ist dann die Endstufe der Mineralisierung der organischen Stickstoffverbindungen erreicht (ENGEL, 1958a, 1960).

Normalerweise wird das von den Nitritbakterien gebildete Nitrit sofort von den Nitratbakterien weiter zu Nitrat oxydiert, so daß allenfalls eine geringe Nitritmenge nachzuweisen ist. In den Fluß-Aestuaren, wie z.B. dem der Elbe, ist das jedoch nicht der Fall. Hier kommt es unterhalb von Hamburg – etwa in dem Bereich zwischen Blankenese und Stadersand – in der warmen Jahreszeit regelmäßig zu einer kräftigen Nitritspitze, die bis zu 2 mg NO_2/l erreichen

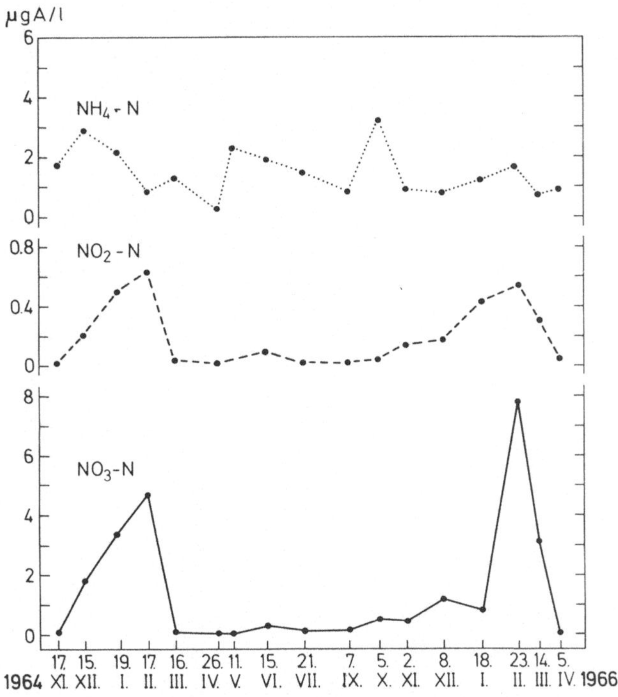

Abb. 5. Ammon-, Nitrit- und Nitratstickstoffgehalte des Ostseewassers bei der Station Breitgrund in 10 m Tiefe

kann. Diese starke Nitritzunahme wird durch die lebhafte Nitritation bei gleichzeitiger Hemmung der Nitratation bewirkt. Letztere ist wahrscheinlich auf die größere Empfindlichkeit der Nitratbakterien gegenüber unteroptimalen Sauerstoff- und Nährstoffkonzentrationen sowie der Einwirkung von Licht und Giftstoffen zurückzuführen (RHEINHEIMER, 1959; ULKEN, 1963; SCHÖBERL u. ENGEL, 1964; BOCK, 1965). Unterhalb von Stadersand kommt dann auch die Nitratation in Gang, so daß der Nitritgehalt des Wassers rasch abnimmt (Abb. 3 und 4).

Anders sind die Verhältnisse in der Ostsee. Hier kommt es während des Winters – in den Monaten Dezember bis März – zu einem starken Anstieg des Gehaltes an Nitrat (Abb. 5 und 6), während dieses im Sommerhalbjahr fast vollständig vom Phytoplankton assimiliert wird (RHEINHEIMER, 1967).

In Küstengewässern mit starkem Landeinfluß finden sich oft die gleichen Nitrifizierer wie im Erdboden und in den Binnengewässern, nämlich *Nitrosomonas europaea* und *Nitrobacter winogradskyi*. In den Ozeanen hingegen suchte man jahrzehntelang vergebens nach nitrifizierenden Bakterien, obwohl man dort seit langem eine bakterielle Ammoniakoxydation vermutet hat. Vor einigen Jahren gelang es dann endlich WATSON (1963, 1965), mit *Nitrosocystis oceanus* ein marines chemoautotrophes Nitritbakterium aus dem Wasser des Nordatlantik zu isolieren. Später fand er auch noch die marinen Nitratbakterien *Nitrospina gracilis* und *Nitrococcus mobilis* (WATSON u. WATERBURY, 1971).

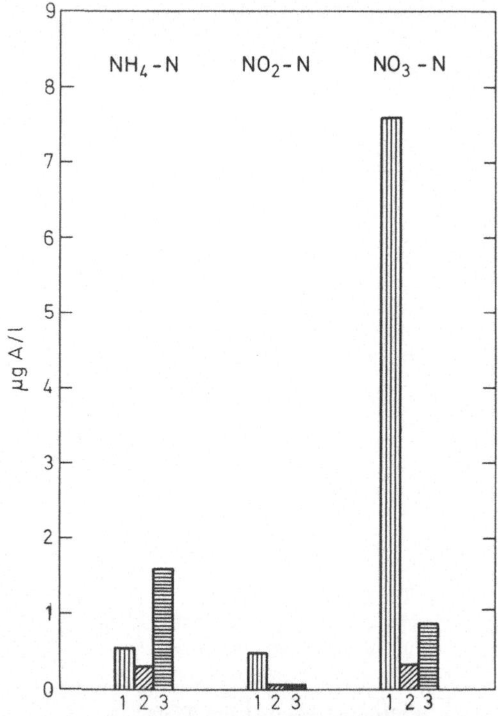

Abb. 6. Ammon-, Nitrit- und Nitratstickstoffgehalte des Ostseewassers bei der Station Kieler Bucht Mitte. *1* am 10. 3. 1966, *2* am 11. 5. 1966, *3* am 17. 8. 1966. Der anorganisch gebundene Stickstoff liegt im Winter hauptsächlich in Form von Nitrat und im Sommer in Form von Ammoniak vor

Nitrosocystis konnte noch in einer Tiefe von 1500 m nachgewiesen werden. Allerdings scheinen im Durchschnitt nur etwa 1000 *Nitrosocystis*-Keime auf 1 m^3 Wasser zu kommen. Das dürfte auch der Grund dafür sein, daß diese Bakterien früher immer wieder übersehen worden sind. Nach WATSON (1965) soll die Nitrifikation in flachen Meeresteilen sowohl im Wasser als auch in den Sedimenten, in den tiefen Ozeangebieten jedoch nur im Wasser erfolgen. Die chemoautotrophen Nitrifizierer sind hochspezialisierte Bakterien, von denen es nur wenige Arten gibt. Sie kommen daher auch in allen Klimabereichen vor. So haben z.B. die aus der Tiefe des Nordatlantik isolierten *Nitrosocystis*-Stämme mit 30° C ein höheres Temperaturoptimum als fast alle anderen dort vorkommenden Bakterien. In neuerer Zeit wurde vielerorts auch eine heterotrophe Nitrifikation entdeckt, zu der zahlreiche C-heterotrophe Bakterien befähigt sein sollen; über ihr Wesen und ihren Umfang ist jedoch erst wenig bekannt.

2.3 Denitrifikation und Nitratammonifikation

Die Nitrifikation kann nur bei Vorhandensein von Sauerstoff erfolgen, wenn auch schon sehr geringe Konzentrationen ausreichen. Im anaeroben Milieu kommt es vielfach zu einem entgegengesetzten Prozeß, den man als Denitrifikation bezeichnet. Man versteht darunter die dissimilatorische Reduktion von Nitrat über Nitrit zu freiem Stickstoff. Hierzu sind zahlreiche fakultativ anaerobe Bakterien befähigt. Sie benutzen unter anaeroben Bedingungen und bei Vorhandensein von organischen Wasserstoff-Donatoren Nitrat (bzw. Nitrit) an Stelle von Sauerstoff als terminalen Wasserstoff-Akzeptor. Es handelt sich also um eine anaerobe Atmung, die auch als Nitratatmung bezeichnet wird. Allerdings ist eine größere Zahl von Bakterien in der Lage, Nitrat zu Nitrit, als dieses weiter zu molekularem Stickstoff zu reduzieren. Daher tritt fast überall, wo eine lebhafte Denitrifikation erfolgt, zunächst reichlich Nitrit auf.

Zur Denitrifikation befähigte Bakterien können in allen Meeresgebieten – sowohl im Wasser als auch im Sediment – nachgewiesen werden, auch wenn es dort niemals zu Sauerstoffmangel kommt. Als fakultativ anaerobe Organismen veratmen sie Sauerstoff, solange dieser zur Verfügung steht, und erst wenn er restlos verbraucht ist, stellt sich das Enzymsystem auf die Nitratatmung um. Hierzu ist aber eine gewisse Zeit erforderlich (ENGEL, 1958b), da sich die Nitratreduktase nur im anaeroben Milieu bilden kann. Die Umstellung von der Nitrat- auf die Sauerstoffatmung erfolgt jedoch sofort. Man kann daraus folgern, daß die Nitratatmung eine Art von Notlösung darstellt, die immer dann wirksam wird, wenn kein Sauerstoff zur Verfügung steht. Der mögliche Energiegewinn ist dabei nur um etwa 10% geringer als bei Verwendung von molekularem Sauerstoff.

Es lassen sich aber auch mitunter Denitrifikationsprozesse in aeroben Gewässern nachweisen. Das ist allerdings nur dann der Fall, wenn diese einen relativ hohen Detritusgehalt besitzen. Denn die Aufwuchsflora vermag um die Schwebstoffkörper sauerstoff-freie Mikrozonen zu schaffen, in denen eine Denitrifikation möglich ist (JANNASCH, 1960). Solche anaeroben Mikrozonen spielen auch in den Sedimenten eine wichtige Rolle.

Da bei Sauerstoffmangel die Denitrifizierer den obligat aeroben Bakterien überlegen sind, kommt es dann in der Regel zu einer entsprechenden Veränderung in der artenmäßigen Zusammensetzung der Mikroflora. So läßt sich nach Verschwinden des Sauerstoffs meist eine deutliche Zunahme der zur Denitrifikation befähigten Bakterien feststellen. Im marinen Bereich sind Denitrifikationsvorgänge weitgehend auf die Nebenmeere, Küstengewässer und die Sedimente beschränkt. In den offenen Ozeanen spielen sie dagegen keine bedeutende Rolle, da es hier kaum irgendwo völlig anaerobe Zonen gibt.

Weniger verbreitet als die Denitrifikation ist die Nitratammonifikation, bei der das Nitrat über Nitrit zu Ammoniak reduziert wird. Im marinen Bereich erfolgt sie vor allem an der Oberfläche von anaeroben Sedimenten und dürfte zu dem raschen Anstieg des Ammoniakgehaltes im Bodenwasser beitragen, der z.B. oft nach dem Verschwinden des Sauerstoffs in einigen tiefen Mulden der Ostsee zu beobachten ist. Die Zahl der zur Nitratammonifikation befähigten marinen Bakterien ist offenbar nicht sehr groß. Bisher wurde diese Eigenschaft bei verschiedenen *Bacillus*-Arten sowie einigen anderen Formen festgestellt.

2.4 Bindung von molekularem Stickstoff

Während die denitrifizierenden Bakterien eine Stickstoffentbindung bewirken, vermag eine Reihe anderer Bakterien wiederum molekularen Stickstoff zu binden. Diese bakterielle Stickstoffbindung ist auf dem Land weit verbreitet und beeinflußt in manchen Biotopen die Stickstoffbilanz sehr beträchtlich. Im marinen Bereich wurde sie bisher mit Sicherheit nur in Küstengewässern nachgewiesen. Aus Fluß-Aestuaren wurden *Azotobacter*-Arten isoliert; nach Pschenin (1963) sollen Angehörige dieser Gattung auch im Schwarzen Meer verbreitet sein. In anaeroben Sedimenten kommen stickstoffbindende *Clostridium*-Arten vor. Eine nennenswerte Bedeutung für die Stickstoffbilanz haben diese Bakterien jedoch nur dort, wo Mangel an assimilierbaren Stickstoffverbindungen herrscht bei gleichzeitigem Vorhandensein von geeigneten organischen Nährstoffen. Das ist aber im marinen Bereich nur relativ selten der Fall. Aus diesem Grunde ist nicht sehr wahrscheinlich, daß die bakterielle Stickstoffbindung in den Ozeanen eine große Rolle spielt. Die bakterielle Bindung und Entbindung des Stickstoffs hat im Meer insgesamt also nach unseren gegenwärtigen Kenntnissen eine viel geringere Bedeutung als auf dem Land.

3. Stickstoffverteilung im Meer

Die Hauptfunktion der Bakterien im Stickstoffkreislauf des Meeres liegt in der schnellstmöglichen Remineralisierung der organischen Stickstoffverbindungen. Da diese nur zu einem – wenn auch im allgemeinen recht großen – Teil in der euphotischen Zone erfolgt, wo die anorganischen Stickstoffverbindungen Ammoniak und Nitrat stets von neuem vom Phytoplankton genutzt werden können, hat das in dem riesigen Raum der aphotischen Zone zu einer starken Anreicherung an anorganisch gebundenem Stickstoff geführt, der hier größtenteils in Form von Nitrat vorliegt. Dessen Konzentration nimmt meist bis zu einer Tiefe von 500–1000 m zu (Abb. 7) und bleibt dann annähernd konstant, so daß in der aphotischen Zone des Meeres gewaltige Mengen von Nitrat stillgelegt sind. Ein gewisser Ausgleich erfolgt in den Auftriebsgebieten entlang der Kontinente, in denen das nährstoffreiche Tiefenwasser an die Oberfläche gelangt und hier eine starke Phytoplanktonentwicklung bewirkt, die dann ihrerseits wieder die Nahrungsgrundlage für eine reichhaltige Fauna darstellt. Außerdem werden dem Meer ständig Stickstoffverbindungen vom Land zugeführt, vor allem durch die großen Flüsse sowie durch den Regen.

Nach Emery, Orr u. Rittenberg (1955) enthalten die Ozeane eine Stickstoffreserve von 920 Milliarden t, von denen jährlich nur 9,6 Milliarden t vom Phytoplankton genutzt werden. Diese Autoren schätzen die Stickstoffzufuhr durch

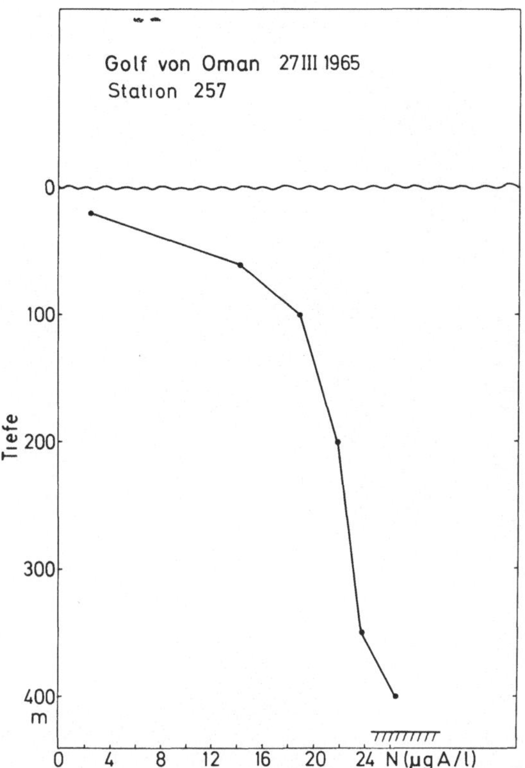

Abb. 7. Konzentration des anorganisch gebundenen Stickstoffs (NH_3, NO_2 und NO_3) in einem Vertikalprofil vom Arabischen Meer

Flüsse auf 19 Millionen und durch Regen auf 59 Millionen t im Jahr. Der jährliche Verlust an die Sedimente soll 9 Millionen t betragen. In weiten Bereichen der Ozeane, die abseits der großen Meeresströmungen liegen, ist es jedoch in der photischen Zone zu einer extremen Verarmung an anorganischen Stickstoffverbindungen wie auch an Phosphaten gekommen, so daß sie fast unbelebt erscheinen und oft als die Wüstengebiete des Meeres bezeichnet werden (Abb. 8).

4. Marine und terrestrische Stickstoffkreisläufe

Trotz der grundsätzlichen Übereinstimmung der bakteriellen Prozesse sind die Stickstoffkreisläufe im marinen und im terrestrischen Bereich also sehr verschieden. Hinzu kommt, daß ein Teil der auf dem Land gebildeten Überschüsse an gebundenem Stickstoff immer wieder an das Meer abgegeben wird, so daß sich in dessen Tiefe ein ungeheurer Vorrat an Nitrat befindet. Wir ersehen daraus, daß sich die Ökosysteme von Meer und Land in vielfältiger Weise beeinflussen. Daher führt gerade die Ökosystemforschung die marinen und terrestrischen Ökologen trotz ihrer unterschiedlichen Methoden wieder zusammen.

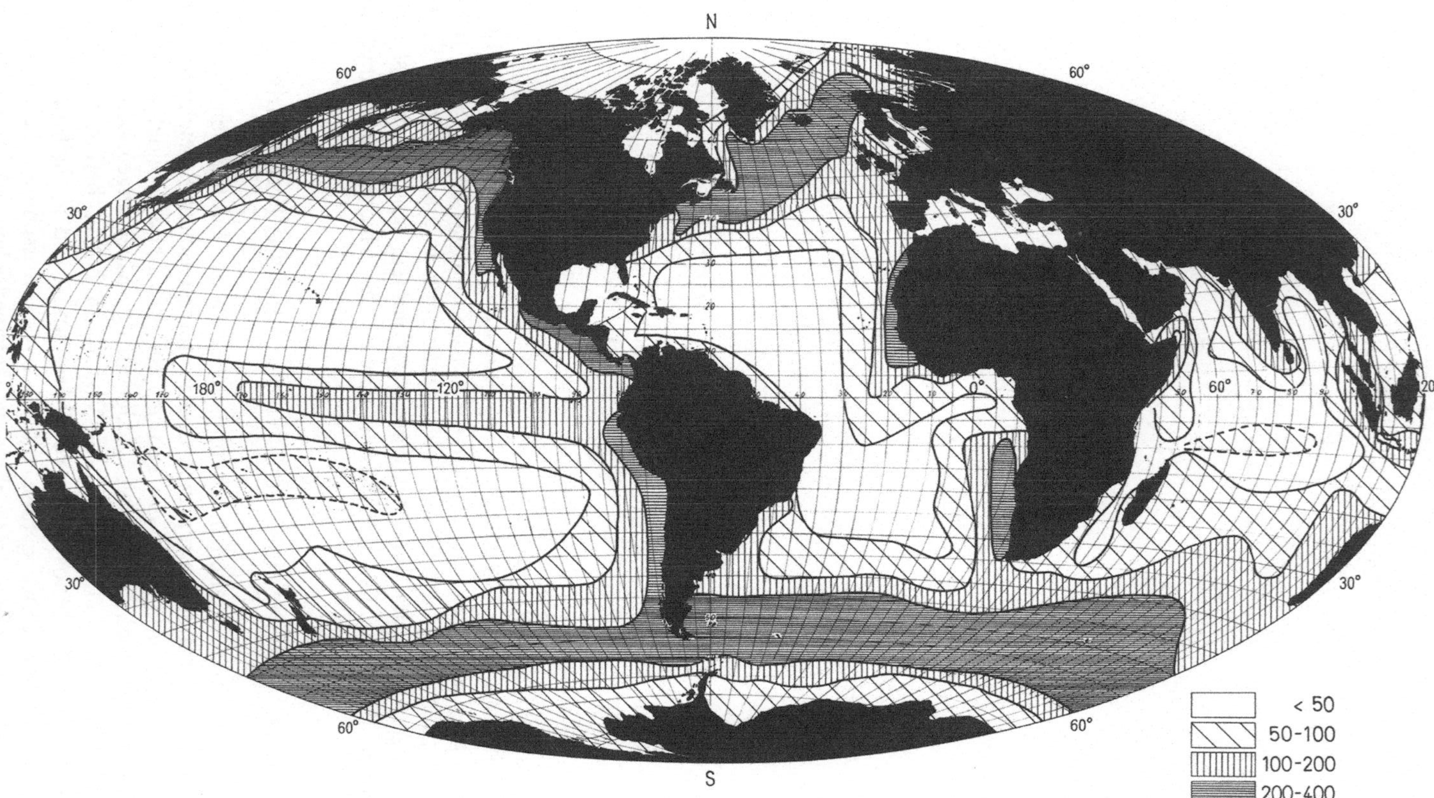

Abb. 8. Primärproduktion von organischer Substanz (gC/m² · Jahr) in den Weltmeeren. (Nach Krey, 1960, auf Kesteven und Laevastu, FAO, 1958, fußend)

Literatur

AHRENS, R.: Ökologische Untersuchungen an sternbildenden *Agrobacterium*-Arten aus der Ostsee. Kieler Meeresforsch. **25**, 190—204 (1969).

AHRENS, R., RHEINHEIMER, G.: Über einige sternbildende Bakterien aus der Ostsee. Kieler Meeresforsch. **23**, 127—136 (1967).

BOCK, E.: Vergleichende Untersuchungen über die Wirkung sichtbaren Lichtes auf *Nitrosomonas europaea* und *Nitrobacter winogradskyi*. Arch. Mikrobiol. **51**, 18—41 (1965).

EMERY, K. O., ORR, W. L., RITTENBERG, S. C.: Nutrient budgets in the ocean. In: Essays in the natural sciences in honor of Captain Allan Hancock, p. 299—309. Los Angeles: Univ. South Calif. Press 1955.

ENGEL, H.: Nitrifikation. Handbuch der Pflanzenphysiologie VIII, S. 1107—1127. Berlin-Göttingen-Heidelberg: Springer 1958a.

ENGEL, H.: Die Stickstoffentbindung. Handbuch der Pflanzenphysiologie VIII, S. 1083 bis 1106. Berlin-Göttingen-Heidelberg: Springer 1958b.

ENGEL, H.: Die Nitrifikanten. Handbuch der Pflanzenphysiologie V, T. 2, S. 664—681. Berlin-Göttingen-Heidelberg: Springer 1960.

JANNASCH, H. W.: Versuche über Denitrifikation und die Verfügbarkeit des Sauerstoffes in Wasser und Schlamm. Arch. Hydrobiol. **56**, 355—369 (1960).

KREY, J.: Die Urproduktion organischer Substanz im Meere. Umschau **24**, 737—740 (1960).

PSCHENIN, L. N.: Distribution and ecology of *Azotobacter* in the Black Sea. Symp. Marine Microbiology, p. 383—391. OPPENHEIMER, C. H. (Ed.). Springfield, Ill.: Thomas 1963.

RHEINHEIMER, G.: Mikrobiologische Untersuchungen über den Stickstoffhaushalt der Elbe. Arch. Mikrobiol. **34**, 358—373 (1959).

RHEINHEIMER, G.: Mikrobiologische Untersuchungen in der Elbe zwischen Schnackenburg und Cuxhaven. Arch. Hydrobiol. **29**, Suppl. Elbe-Aestuar **2**, 181—251 (1965).

RHEINHEIMER, G.: Ökologische Untersuchungen zur Nitrifikation in Nord- und Ostsee. Helgoländer Wiss. Meeresunters. **15**, 243—252 (1967).

RHEINHEIMER, G.: Mikrobiologie der Gewässer, 184 S. Jena: Gustav Fischer Verlag 1971.

SCHÖBERL, P., ENGEL, H.: Das Verhalten der nitrifizierenden Bakterien gegenüber gelöstem Sauerstoff. Arch. Mikrobiol. **48**, 393—400 (1964).

SIEBURTH, J. MCN.: Observations on bacteria planktonic in Narragansett Bay, Rhode Island; a résumé. Bull. Misaki Mar. Biol. Inst. Kyoto Univ. **12**, 49—64 (1968).

ULKEN, A.: Die Herkunft des Nitrits in der Elbe. Arch. Hydrobiol. **59**, 486—501 (1963).

WATSON, S. W.: Autotrophic nitrificating bacteria in the ocean. Symposium on Marine Microbiology, p. 73—84. OPPENHEIMER, C. H. (Ed.). Springfield, Ill.: Thomas 1963.

WATSON, S. W.: Characteristics of a marine nitrifying bacterium, *Nitrosocystis oceanus* sp. n. Limnol. Oceanogr. **10**, Suppl. 1965, R 274—R 289 (1965).

WATSON, S. W., WATERBURY, J. B.: Characteristics of two marine nitrite oxidizing bacteria, *Nitrospina gracilis* nov. gen. nov. spec. and *Nitrococcus mobilis* nov. gen. nov. spec. Arch. Mikrobiol. **77**, 203–230 (1971).

ZOBELL, C.: Marine Microbiology: A monograph on hydrobacteriology, 244 p. Waltham Mass.: Chronicle Botanic. Co. 1946.

V. Land-Ökosysteme außerhalb der Hochgebirge

A. Der biologische Energieumsatz in Land-Ökosystemen unter Einfluß des Menschen

M. Runge, Göttingen

1. Einleitung

Ständiger Energiefluß ist Voraussetzung für Entwicklung und Erhaltung biologischer Systeme. Auch die biotische Komponente (Biocoenose) jedes Ökosystems ist dementsprechend durch einen bestimmten Energiefluß charakterisiert. Dieser Energiefluß kann in Ökosystemen der im Internationalen Biologischen Programm untersuchten Größenordnung nach einem allgemein gültigen Schema beschrieben werden (Abb. 1):

Die Biocoenose läßt sich in funktionelle Gruppen gliedern, die jeweils einen bestimmten Vorrat an chemischer Energie in ihrer Biomasse enthalten. Zwischen den Gruppen verlaufen die einzelnen Teilflüsse des gesamten Energieflusses der Biocoenose. Die Primärproduzenten, d.h. in der Regel die grünen Pflanzen, nehmen Energie in das System auf, indem sie bei der Photosynthese Strahlungsenergie in chemische Energie umwandeln. Ein Teil davon wird bei ihrer Atmung als Wärme und Entropie wieder freigesetzt. Die insgesamt gebildete chemische Energie wird im folgenden als Brutto-Primärproduktion (BPP) bezeichnet, der nach Abzug des veratmeten Teiles verbleibende Rest als Netto-Primärproduktion (NPP). Die NPP steht zur weiteren Nutzung durch die Biocoenose zur Verfügung und wird z.T. von Herbivoren, die von der lebenden Pflanzensubstanz zehren, z.T. von Zersetzern nach dem Absterben der Pflanzen oder ihrer Teile übernommen. Zusätzlich sind in der Regel Carnivoren in den Energiefluß eingeschaltet. Die in Ausscheidungen und Leichen enthaltene chemische Energie wird ebenfalls von Zersetzern aufgenommen. Alle aufgeführten Gruppen bilden bei ihrer Atmung ständig Wärme und Entropie, sodaß die gesamte NPP nach unterschiedlich langer Speicherung wieder aus dem System abgegeben wird.

Als gesondertes Kompartiment ist in Abb. 1 Bestandesstreu und Dauerhumus ausgeschieden worden. Im Unterschied zu den verschiedenen Gliedern der Biocoenose handelt es sich dabei um reine Vorratsgrößen.

Die Aufgliederung der Energieteilflüsse bei Untersuchung eines Ökosystems ist abhängig von der Fragestellung. Im gegenwärtigen Stand der Ökosystemforschung ist die Erfassung des Gesamtflusses, d.h. vor allem der NPP als Eingangsgröße und der größeren, in Abb. 1 aufgeführten Teilflüsse von vordringlichem Interesse. Wichtiger als die gesonderte Berücksichtigung aller möglichen Teilflüsse, die theoretisch bis zum Individuum aufgegliedert werden könnten, ist die Erstellung einer vollständigen Energiebilanz von der Aufnahme als Strahlungsenergie über die zeitweilige Speicherung im System bis zur restlosen Abgabe als Wärme und Entropie. Spezielle Untersuchungen an kleineren Teilflüssen können dann in diesen größeren Rahmen eingefügt werden. Die vollständige Bilanz ermöglicht es, den gesamten biologischen Energieumsatz verschiedenartiger Ökosysteme zu vergleichen. Gleichzeitig ist sie eine Voraussetzung für die angestrebte Entwicklung mathematischer Modelle dieses Umsatzes.

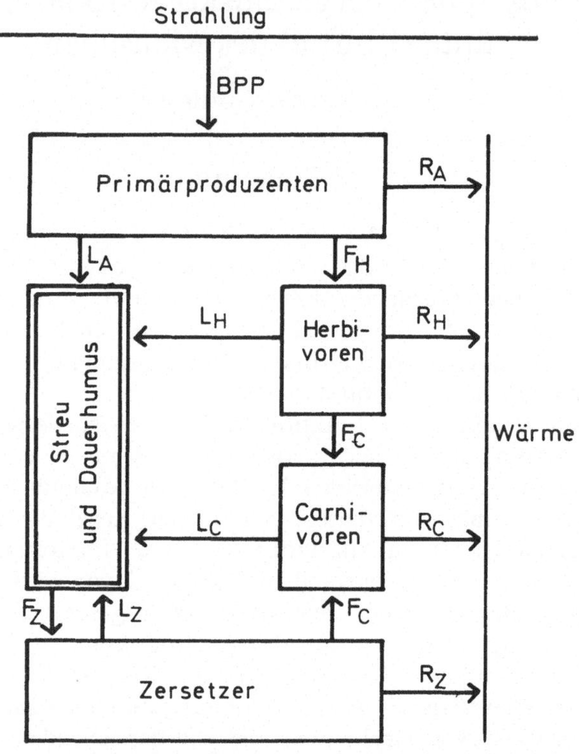

Abb. 1. Schema des Energieflusses durch die Biocoenose eines Ökosystems. *BPP* Brutto-Primärproduktion, *A* Primärproduzenten, *H* Herbivoren, *C* Carnivoren, *Z* Zersetzer, *R* Atmung, *L* Streufall, Leichen und Ausscheidungen, *F* Fraß

Zu den Zielen des Sollingprojekts, einem Teilprojekt der BRD im Internationalen Biologischen Programm (s. ELLENBERG, 1971), gehört die Aufstellung möglichst vollständiger Bilanzen der biologischen Energieumsetzungen für Buchen- und Fichtenbestände unterschiedlichen Alters, für Wiesenbestände bei unterschiedlicher Düngung und für einen Acker. Eine ausführliche Darstellung aller Ergebnisse ist vorgesehen (RUNGE, in Vorber.). In der vorliegenden Darstellung soll ein erster Vergleich der verschiedenen Vegetationstypen durchgeführt werden.

2. Methoden

2.1 Allgemeines

Die NPP ist eingangs definiert worden als BPP abzüglich Atmungsanteil der Primärproduzenten. Wie aus Abb. 1 hervorgeht, läßt sie sich jedoch auch als Änderung des Energievorrates der Primärproduzenten (dV_A) zuzüglich Streuproduktion (L_A) und Herbivorenfraß (F_H) definieren. Nach der daraus resultierenden Formel

$$NPP = dV_A + L_A + F_H$$

wird die Netto-Primärproduktion in den Ökosystemen des Sollingprojekts bestimmt.

Diese Bestimmung erfolgt in Zusammenarbeit mehrerer Arbeitsgruppen. Zuwachs, Streuanfall und Fraßverluste an organischer Substanz der Primär-

Tabelle 1. Bezeichnung der Versuchsflächen, Alter der Waldbestände und Düngung der landwirtschaftlichen Nutzflächen im Sollingprojekt

	Bezeichnung	Alter (Jahre)	Düngung (kg/ha)[a]			
			N	P_2O_5	K_2O	MgO
Buche:	B 1	122				
	B 3	80				
	B 4	59				
Fichte:	F 1	87				
	F 2	115				
	F 3	41				
Wiese:	NPK		200	120	240	—
	PK		—	90	120	—
	0		—	—	—	—
Acker:	A		270	120	200	40

[a] Nach SPEIDEL u. WEISS (1971); BAEUMER (unveröffentlicht).

produzenten werden in speziellen Untersuchungen für Waldbestände, Wiesen und Acker ermittelt. Die parallellaufende Bestimmung der Energiegehalte (Brennwerte) der unterschiedenen Teile (Kompartimente) wird von einer weiteren Arbeitsgruppe übernommen. Aus den Brennwerten und den Trockengewichten der verschiedenen Kompartimente können anschließend die Energievorräte und -umsätze berechnet werden. Die von den verschiedenen Arbeitsgruppen benutzten Verfahren sind bereits ausführlich publiziert worden und sollen hier nur soweit angeführt werden, wie es zum Verständnis der folgenden Darstellung notwendig ist.

Die untersuchten Bestände sind in Tab. 1 aufgeführt worden. Eine genaue pflanzensoziologische Beschreibung findet sich für die Waldgesellschaften (*Luzulo-Fagetum* und Fichten-Ersatzgesellschaften) bei GERLACH (1970) und für die Wiesen (*Trisetetum flavescentis hercynicum*) bei SPEIDEL (1970). Bei den Böden handelt es sich um saure Braunerden, hervorgegangen aus Lößlehm-Fließerden über Buntsandstein-Verwitterungsmaterial (BENECKE u. MAYER, 1971).

2.2 Bestimmung der Stoffproduktion

2.2.1 *Waldbestände*

Die Bestimmung der Biomasse der Waldbestände erfolgt über Regressionen zwischen dem Trockengewicht der Bäume (oder bestimmter Kompartimente, wie Derbholz, Astholz, Grobwurzeln, usw.) und leicht meßbaren Baumdimensionen (Brusthöhendurchmesser, Baumhöhe, s. Heller, 1971). Aus der Änderung der Baumdimensionen in mehreren Jahren (Schober u. Seibt, 1971) ergibt sich der Holz- und Rindenzuwachs im Untersuchungszeitraum.

Die Feinwurzeln ($\varnothing < 0{,}5$ cm) werden gesondert durch Ausgraben und Auswaschen bestimmter Bodenvolumina ermittelt. Ihre Produktion wird aus kurzfristigen Änderungen der Menge an lebenden Wurzeln errechnet (Meyer u. Göttsche, 1971; Göttsche, 1972). Der Streufall (Blätter, Nadeln, Knospenschuppen, usw.) wird durch Auffangen in Fangtrichtern direkt erfaßt (Heller, 1971). Der Tierfraß kann nur anhand der Fraßspuren geschätzt werden, spielt jedoch mit Sicherheit eine geringe Rolle (s. Funke, V B). Biomasse und Produktion der spärlichen Krautschicht werden durch Abernten von Einzelpflanzen und Auszählen von Probequadraten bestimmt (Eber, 1971). Die Vorräte an organischer Substanz in den Auflagehorizonten des Bodens werden durch restlose Entnahme aus einer großen Zahl von Probequadraten erfaßt.

2.2.2 *Wiese und Acker*

Die Biomasse der Wiesen wird zu verschiedenen Terminen durch Schnitt bis auf eine bestimmte Stoppelhöhe und Abernten der verbleibenden Stoppeln in kleinen Probequadraten sowie durch Auswaschen der Wurzeln aus Bohrkernen der verschiedenen Bodentiefen ermittelt. Zusätzlich wird der Streuvorrat durch Entnahme aus den zur Stoppelbestimmung gewählten Probequadraten bestimmt (Speidel u. Weiss, 1971).

Aus der Abnahme des Streuvorrats innerhalb von 4 Wochen nach jedem Schnitt läßt sich die Zersetzungsintensität der Streu errechnen. Die daraus abzuleitende durchschnittliche Zersetzungsintensität zu verschiedenen Jahreszeiten und der durchschnittliche Vorrat ermöglichen die Kalkulation der jährlich zersetzten Streumenge. Da der durchschnittliche Streuvorrat von Jahr zu Jahr annähernd gleich bleibt, entspricht die jährlich zersetzte Streumenge dem Streuanfall. Aus geernteter Grünmasse und Streuanfall ergibt sich der oberirdische Anteil der NPP. Herbivorenfraß muß unberücksichtigt bleiben, ebenso wie der unterirdische Anteil der NPP.

Auf dem mit *Lolium multiflorum* bestellten Acker wird die geerntete Grünmasse in mehreren Schnitten bestimmt, die Stoppel- und Wurzelbiomasse nur zu einem Termin am Ende der Vegetationsperiode 1968 (Baeumer, unveröffentlicht). Der Streuanfall wird nicht ermittelt.

2.3 Bestimmung der Brennwerte

Der Brennwert stellt die Wärmemenge dar, die bei völliger Oxydation der Gewichtseinheit eines Materiales in Sauerstoffatmosphäre bei konstantem Volumen entwickelt wird. Sie wird als die maximale Energiemenge angesehen, die umgesetzt werden könnte, wenn das Material von anderen Organismen vollständig mineralisiert (oxydiert) würde. Diese Betrachtung ist nicht völlig korrekt, da im Unterschied zum Bestimmungsverfahren biologische Reaktionen bei annähernd konstantem Druck ablaufen, doch ist die Differenz zwischen den ermittelten und den entsprechend korrigierten Brennwerten in der Regel unbedeutend (Scott, 1965).

Die kalorimetrische Analyse wird mit nur geringfügigen Abweichungen nach dem von Lieth (1968) beschriebenen Verfahren in einem adiabatischen Kalorimeter (IKA) ausgeführt. Für die vorliegenden Untersuchungen sind die Aufbereitung des Materiales und die Durchführung der Analyse von Runge (1971) dargestellt worden. Eine ausführliche Darstellung der Ergebnisse erfolgt an anderer Stelle (Runge, in Vorber.).

Die Gliederung des Materials in einzelne Fraktionen folgt im allgemeinen dem für die Trockengewichtsbestimmungen gewählten Vorgehen. Nur in wenigen Fällen ist eine weitergehende Aufteilung notwendig, wie z.B. in Rinde und Holz, die sich in ihren Brennwerten stark unterscheiden.

3. Ergebnisse

3.1 Energievorrat der Biomasse in Wäldern, Wiesen und Acker

3.1.1 Waldbestände

Den höchsten Energievorrat aller Waldbestände besitzt der älteste Fichtenbestand F2 (Tab. 2a). Fichtenbestände weisen durchweg höhere Gesamtvorräte auf als Buchenbestände vergleichbaren Alters. Diese Feststellung gilt auch, wenn nur das Holz als quantitativ wichtigstes Kompartiment allein betrachtet wird. Prozentual, d.h. als Anteil des Gesamtvorrates gesehen, hat das Holz bei den Buchenbeständen jedoch höhere Werte (Tab. 2b). Übereinstimmend bei Buche und Fichte nimmt der Holzanteil nicht nur absolut, sondern auch prozentual mit zunehmendem Bestandesalter zu.

Den zweitgrößten Anteil am Gesamtvorrat haben die Grobwurzeln (∅ > 0,5 cm). Auch hier ist sowohl eine absolute wie eine prozentuale Zunahme mit dem Alter festzustellen, die jedoch bei Fichte stärker ausgeprägt ist. Besonders auffallend sind die wesentlich höheren Werte der Fichte gegenüber der Buche. Dieser Unterschied ist nur zu einem geringen Teil auf die bei Fichtenholz

Tabelle 2. Energievorrat der Waldbestände des Sollingprojekts (1969)

a) in 10^5 kcal/ha

	B1	B3	B4	F2	F1	F3
Holz	9078	6845	6325	10160	9983	5692
Rinde	813	679	709	979	975	576
Grobwurzeln	1605	1148	1066	3566	3237	1535
Feinwurzeln	322	?	?	?	130[a]	?
Blätter/Nadeln	147	157	150	882	1006	783
Summe oberird.	10037	7681	7184	12021	11964	7051
Summe total	11965	8829[b]	8250[b]	15587[b]	15331[a]	8586[b]

b) in % der oberirdischen Summe

	B1	B3	B4	F2	F1	F3
Holz	90,4	89,1	88,0	84,5	83,5	80,7
Rinde	8,1	8,8	9,9	8,1	8,1	8,2
Grobwurzeln	16,0	14,9	14,8	29,7	27,1	21,8
Feinwurzeln	3,2	?	?	?	1,1[a]	?
Blätter/Nadeln	1,5	2,0	2,1	7,3	8,4	11,1
Summe oberird.	100,0	100,0	100,0	100,0	100,0	100,0
Summe total	119,2	114,9[b]	114,8[b]	129,7[b]	128,2[a]	121,8[b]

[a] Feinwurzeln z.T. geschätzt.
[b] ohne Feinwurzeln.

etwas höheren Brennwerte zurückzuführen, zum größten Teil jedoch auf die viel höhere Biomasse an Fichtenwurzeln.

Die Feinwurzeln können bisher nur für die beiden Haupt-Probeflächen B1 und F1 angegeben werden. Dabei stellt die Angabe für die Fläche F1 nur einen Schätzwert dar, weil die Biomasse der Fraktion unter 2 mm ∅ bisher nicht bestimmt worden ist. Da für die Fraktion von 2–5 mm ∅ ein Energievorrat von etwa 80×10^5 kcal/ha ermittelt wurde, wurden für die Restfraktion 50×10^5 kcal/ha eingesetzt (entsprechend dem Verhältnis zwischen diesen Durchmessergruppen bei der Buchenfläche B1). Insgesamt machen die Feinwurzeln nur einen relativ unbedeutenden Anteil am gesamten Energievorrat aus. In jedem Falle ist er bei Fichte noch niedriger als bei Buche.

Der Anteil der Rinde (bzw. Borke) liegt bei Buche und Fichte in gleicher Größenordnung. Absolut weist er bei den älteren Fichtenbeständen die höchsten Werte auf, prozentual ist er beim jüngsten Buchenbestand am höchsten. Die letztere Feststellung geht darauf zurück, daß in jüngeren Beständen der prozentuale Anteil von Zweigen geringeren Durchmessers zunimmt, deren Rinde bei Buche durch besonders hohe Brennwerte ausgezeichnet ist.

Den niedrigsten Anteil aller unterschiedenen Kompartimente hat bei den Buchenbeständen das Laub. Der Nadelanteil bei den Fichtenbeständen liegt wesentlich höher. Auch in diesem Falle ist dafür die höhere Biomasse ausschlaggebend, da sich die Brennwerte des Buchenlaubes und der Fichtennadeln kaum unterscheiden. Die bei der Fichte absolut und prozentual höheren Anteile der Grobwurzeln und der Nadeln führen zu der bereits erwähnten Tatsache, daß der prozentuale Holzanteil niedriger ist als bei Buche.

Der Energievorrat in der Biomasse der Krautschicht ist in den untersuchten Beständen völlig bedeutungslos. Aus den von EBER (1971) angegebenen Trockengewichten läßt sich für die Probefläche B1 ein maximaler Vorrat von etwas mehr als 1×10^5 kcal/ha errechnen. Über die Energievorräte in den Herbivoren, Carnivoren und Zersetzern liegen noch keine Daten vor, doch läßt sich aus den Untersuchungen an speziellen Gruppen schließen, daß sie ebenfalls um mehrere Zehnerpotenzen niedriger sind als die der Primärproduzenten (vgl. FUNKE, V B).

3.1.2 Wiese und Acker

Die Energievorräte in der Biomasse der Wiesenbestände liegen in einer ganz anderen Größenordnung als bei den Wäldern. Ihre Angabe ist aus zwei Gründen schwierig: Erstens sind die ständigen Veränderungen im Verhältnis zum Durchschnittsvorrat beträchtlich, und zweitens lassen sich lebende und tote Wurzeln nicht trennen, d.h. die Energievorräte lassen sich nur für Wurzelbiomasse und Wurzelstreu gemeinsam angeben. Aus diesen Gründen sind in Tab. 3 die jahreszeitlichen Maxima und Minima der zusammengefaßten Energievorräte von Biomasse und Streu dargestellt worden.

Die Datenübersicht zeigt, daß die gesamten Energievorräte in den drei Düngungsstufen weitgehend übereinstimmen. Einzelne Abweichungen, wie im Falle des Minimums der NPK-Fläche, ergeben sich aus den unterschiedlichen Schnitterminen. Der unterirdische Anteil überwiegt im Unterschied zu den Waldbeständen bei weitem. Der Anteil der oberirdischen Streu erreicht beträcht-

Tabelle 3. Energievorrat in Biomasse und Streu der Wiesenbestände des Sollingprojekts in 10^5 kcal/ha (1969)

	ungedüngt		PK-gedüngt		NPK-gedüngt	
	20. 5.	13. 8.	20. 5.	13. 8.	18. 6.	13. 8.
Grünmasse	—	43 [a]	—	104 [a]	—	99 [b]
Stoppel	40	35	73	44	53	29
Streu, oberird.	20	67	19	71	27	84
Wurzeln u.a.	314	386	290	310	242	329
Summe	374	531	382	529	322	541

Angegeben sind die Termine, an denen jeweils das Minimum und das Maximum des Energievorrats in der Vegetationsperiode festgestellt wurde.

[a] 2. Schnitt.
[b] 3. Schnitt.

liche Werte, die zumindest bei der ungedüngten Variante den Anteil der nutzbaren Grünmasse überschreiten können. Bei Beurteilung der Grünmasse ist allerdings zu berücksichtigen, daß die angegebenen Daten für einen Schnitt gelten, während sich die Gesamtnutzung aus 2 (0, PK) bzw. 3 (NPK) Schnitten ergibt.

Im Ackerversuch ist nur zu einem Zeitpunkt zum Ende der Vegetationsperiode 1968 die Verteilung von oberirdischer und unterirdischer Biomasse bestimmt worden. Daraus ergibt sich, daß zu diesem Termin Wurzeln und Stoppeln zusammengenommen einen Energievorrat von etwa 190×10^5 kcal/ha besitzen, während der Vorrat der nutzbaren Grünmasse 70×10^5 kcal/ha beträgt. Der maximal erreichte Energievorrat in der nutzbaren Grünmasse, festgestellt am 14. 8. 1968, liegt dagegen mit 265×10^5 kcal/ha wesentlich höher als bei den Wiesenbeständen. Die niedrigen Werte für die Wurzeln lassen sich z.T. damit erklären, daß *Lolium multiflorum* einjährig kultiviert wird.

3.2 Die Netto-Primärproduktion in Wäldern, Wiesen und Acker

3.2.1 Waldbestände

In Tab. 4 ist die NPP der wichtigsten Kompartimente der Waldbestände unter Zusammenfassung der einzeln untersuchten, kleineren Einheiten zusammengestellt worden. Die Erörterung bezieht sich auf Mittelwerte aus den Zuwachs- und Streubestimmungen der vier Untersuchungsjahre 1967–1970, da die Bestimmung über kürzere Zeiträume mit erheblichem Fehlerrisiko belastet ist. Die Darstellung ist nach der vorher gegebenen Definition der NPP (2.1) gegliedert worden.

Der höchste Anteil der NPP entfällt auf Holz und Rinde. Dabei ist auffallend, daß die Werte für die Buchenbestände durchschnittlich höher liegen als die der Fichtenbestände, obwohl diese in vergleichbarem Alter die höheren Energievorräte aufweisen. Wie in der Diskussion erläutert werden soll, stehen diese Ergebnisse jedoch nicht in Widerspruch miteinander. Bei einem Vergleich der Bestände einer Art untereinander ergibt sich ein deutlicher Unterschied zwischen

Tabelle 4. Jährliche Netto-Primärproduktion auf den Versuchsflächen des Sollingprojekts (in 10^5 kcal/ha)

	B1	B3	B4	F2	F1	F3	0	PK	NPK	A
Zuwachs (dV_A):										
Holz + Rinde	402	342	405	195	291	384				
Grobwurzeln	66	49	63	71	96	108				
Grünmasse				12	20	37				
Streu (L_A):										
Grünmasse	149	164	159	135	152	135	194	220	198	70
Feinwurzeln [a]	83	?	?	?	?	?	140	71	134	188
Grobstreu [b]	23	?	?	?	18	?				
Reststreu	34	18	19	6	4	—				
Fraß (F_H):										
Grünmasse genutzt							98	204	306	469
Grünmasse gefressen	8	?	8	?	?	?	?	?	?	?
Samen	10	—	—	—	—	—				
Vorläufige Summe oberird.	626	524	591	348	485	556	292	424	504	539
Vorläufige Summe total	775	573	654	419	581	664	432	495	638	727

[a] $\varnothing < 2$ mm, bestimmt vom Mai 1969 bis Mai 1970.
[b] Bestimmt vom Juni 1969 bis Juni 1971.

den Arten: Bei den Fichten hat der jüngste Bestand (F 3), die höchste Holz-NPP, während mit steigendem Alter über die F 1 zur F 2 eine starke Abnahme festzustellen ist. Dagegen ist die Holz-NPP der verschiedenen Buchenbestände wesentlich ausgeglichener. Der niedrigere Wert für die Fläche B 3 geht wahrscheinlich auf schlechtere Standortsverhältnisse oder schlechtere forstliche Pflege zurück. Dieses Verhalten steht in Übereinstimmung mit den bekannten Unterschieden in der Altersabhängigkeit des Zuwachses dieser Arten: Der Zuwachs der Fichte steigt mit zunehmendem Alter zunächst stärker an als der der Buchen, fällt jedoch nach Überschreiten des Maximums früher und steiler wieder ab. Diese Abhängigkeit vom Alter zeigt sich bei den Fichtenbeständen auch für Grobwurzel- und Nadelzuwachs. Die NPP an Grobwurzeln ist bei den Fichtenbeständen höher als bei den Buchenbeständen.

Der ältere Buchenbestand (B 1) zeichnet sich durch eine relativ hohe NPP an Bucheckern aus. In diesem Falle schließt der Untersuchungszeitraum ein ausgesprochenes Mastjahr ein. Auf die damit verbundene Produktion an Blüten und Cupulae geht auch der relativ hohe Wert für die Reststreu zurück. Die Reststreu umfaßt darüberhinaus in erster Linie Knospenschuppen und dünne Zweige.

Als Grobstreu werden die abfallenden toten Äste und Zweige bezeichnet, die bisher nur auf den Flächen B 1 und F 1 bestimmt worden sind. Ihr Anteil ist in beiden Fällen so hoch (etwa 3,7% der oberirdischen NPP), daß er nicht vernachlässigt werden darf. Es ist anzunehmen, daß er in den übrigen Beständen in gleicher Größenordnung liegt.

Für die sicher sehr wesentliche NPP an Feinwurzeln ($\varnothing < 5$ mm) fehlen dagegen vollständige Unterlagen. Näher untersucht ist bisher nur die NPP der Fraktion mit Durchmessern bis zu 2 mm im Bestand B 1 (GÖTTSCHE, 1972). Die

NPP der Fraktion mit Durchmessern von 2–5 mm ist wahrscheinlich wesentlich niedriger, da der Umsatz, d.h. Produktion und Mortalität, mit zunehmender Stärke der Wurzeln abnehmen, doch gibt es zu dieser Fraktion noch keine Untersuchungen. Auch die NPP an Grobwurzeln wird nur unvollständig erfaßt, da ihre Berechnung über die Veränderung der Baumdimensionen (2.2.1) die Zersetzung toter Wurzeln im Untersuchungszeitraum nicht berücksichtigt. Dieser Fehler dürfte bei den Grobwurzeln allerdings recht gering sein.

Von geringer quantitativer Bedeutung ist der Blattfraß bei den Buchen. Für die Fichten liegen noch keine speziellen Untersuchungen vor, doch ist nach dem Vorkommen und der Häufigkeit der herbivoren Arten anzunehmen, daß ihr Fraß bei den Fichten keinesfalls höher ist als bei den Buchen (Funke, mündl.). Die Zuordnung der Bucheckern zum Fraß ist willkürlich erfolgt. Bei genauer Betrachtung wären sie auf Fraß und Streu zu verteilen. Ein Teil der nicht bereits am Baum befressenen Bucheckern kommt zunächst zur Keimung, ohne daß sich die Jungpflanzen über längere Zeit halten können; auch sie werden zu einem beträchtlichen Teil von Insekten gefressen. Die ausschließliche Zuordnung zum Fraß beeinflußt die Berechnung der Gesamt-NPP nicht.

3.2.2 Wiesenbestände

Bei Untersuchung der NPP der Wiesenbestände werden nur drei Kompartimente unterschieden (Tab. 4): Die genutzte Grünmasse, die Streu und die Wurzeln (einschließlich Rhizomen). Der Darstellung liegen wieder Mittelwerte über mehrere Jahre (1968–1970) zugrunde. Das erste Untersuchungsjahr 1967 wird nicht berücksichtigt, da die Ergebnisse in diesem Jahr noch stark von der Vorbehandlung beeinflußt waren.

Die NPP an Grünmasse ergibt sich durch Summierung der einzelnen Schnitte. Sie nimmt von etwa 100×10^5 kcal/ha bei der ungedüngten Variante über etwa 200 bei der PK-gedüngten bis zu etwa 300×10^5 kcal/ha bei der NPK-gedüngten Variante zu.

Die Kalkulation der jährlich anfallenden Streu nach dem beschriebenen Verfahren (2.2) führt bei allen Varianten zu einem jährlichen Energiefluß in dieses Kompartiment um 200×10^5 kcal/ha. Dieser Wert ist im Vergleich zu den Ergebnissen für die genutzte Grünmasse überraschend hoch. Die durchschnittliche Zersetzungsintensität, die in die Berechnung dieser Werte eingeht, liegt jedoch in gleicher Größenordnung wie bei entsprechenden Untersuchungen von Wiegert u. Evans (1964) und Jankowska (1967). Von großem Einfluß auf das Ergebnis sind die relativ hohen durchschnittlich vorhandenen Streumengen (Tab. 3) und vor allem die Streumenge, die über Winter, d.h. vom letzten Schnitt bis zum Beginn der nächsten Vegetationsperiode, anfällt.

Die NPP der Wurzeln läßt sich nicht erfassen. Ein Mindestwert kann als Differenz zwischen Minimum und Maximum der Wurzelmasse errechnet werden. Dieser Wert ist jedoch mit Sicherheit zu niedrig, da zumindest über die Vegetationsperiode hinweg Zersetzung und Neubildung von Wurzeln gleichzeitig erfolgen. Darüberhinaus wird die Differenz zwischen Maximum und Minimum an vorhandener Masse stark durch die Verschiebungen im gegenseitigen Verhältnis dieser Prozesse beeinflußt.

3.2.3 *Acker*

Bei der Bestimmung der NPP an nutzbarer Grünmasse ergibt sich auf dem Acker im Untersuchungsjahr 1968 eine Gesamtsumme von 469×10^5 kcal/ha. Die Streuproduktion kann nicht angegeben werden. Sie muß mit Sicherheit wesentlich niedriger liegen als auf der Wiese, da es sich in diesem Falle um eine einjährige Kultur handelt, bei der die winterliche Streuanhäufung völlig fehlt. Doch kann sie nicht völlig vernachlässigt werden, da nach 8-wöchiger Wuchsdauer bis zu 15,5% der „Grünmasse“ in abgestorbenem Zustand vorliegt. Für eine erste Schätzung wird daher ein Streuanfall in gleicher Höhe wie auf der NPK-gedüngten Wiesenvariante abzüglich des hohen Winteranteils angenommen. Damit kommt man zu etwa 70×10^5 kcal/ha.

Die NPP an Wurzeln kann auf dem Acker ebenfalls nicht genau erfaßt werden. Der zu Ende des Versuchsjahres vorhandene Energievorrat in Stoppel und Wurzelmasse von 190×10^5 kcal/ha ist nur ein Mindestwert, da auch bei einjährigen Arten ein ständiges Nebeneinander von Neubildung und Zersetzung an Wurzeln anzunehmen ist. Darüberhinaus dürfte zum Untersuchungstermin (22. 10. 1968) das Maximum an vorhandener Wurzelmasse bereits überschritten gewesen sein.

4. Diskussion der Ergebnisse

4.1 Vergleich der Netto-Primärproduktion verschiedener Ökosysteme

4.1.1 *Waldbestände*

Von besonderem Interesse bei den Untersuchungen im Sollingprojekt ist die Frage, welche Unterschiede zwischen den verschiedenen Ökosystemen hinsichtlich ihrer NPP auftreten. Diese Frage läßt sich mit den gewonnenen Daten nicht vollständig beantworten, da einige Kompartimente nicht erfaßt werden konnten. Es soll jedoch versucht werden, über eine Schätzung der fehlenden Daten zu einer ersten Annäherung an die gesamte NPP zu kommen.

Als Grundlage der Erörterung dient Tab. 4, in der ein Vergleich der untersuchten Ökosysteme unter Aufgliederung in die wichtigsten Anteile von Zuwachs, Streu und Fraßverlusten der Primärproduzenten durchgeführt wird. Über den der Berechnung zugrundegelegten Zeitraum von einem Jahr weisen die krautigen Bestände keinen Zuwachs auf, wenn unterstellt wird, daß die Wurzelbiomasse annähernd konstant bleibt. Unter der Bezeichnung „Grünmasse“ werden Buchenlaub, Fichtennadeln und die gesamte oberirdische Biomasse von Wiese und Acker aufgeführt. Der vom Menschen genutzte Teil von Wiese und Acker wird zum Fraßverlust gestellt, da es sich dabei um eine Entnahme von im wesentlichen lebendem Material handelt.

Unter allen Waldbeständen weist der Buchenbestand B1 die höchste „erfaßte“ NPP auf (Tab. 4). Die Differenz zu den übrigen Buchenbeständen ergibt sich vor allem daraus, daß nur im Bestand B1 Feinwurzeln und Grobstreu berücksichtigt worden sind. Angesichts der beschriebenen Unabhängigkeit der NPP vom Alter der Buchenbestände (3.2.1) kann jedoch angenommen werden, daß auch diese Kompartimente zumindest beim Bestand B4 in gleicher Höhe liegen wie beim Bestand B1. Der älteste und der jüngste Buchenbestand besitzen demnach eine NPP in übereinstimmender Größenordnung. Der Bestand B3 weist allerdings eine um etwa 10% niedrigere NPP auf, selbst wenn die fehlenden Kompartimente in gleicher Höhe wie im Bestand B1 angenommen werden.

Für den Vergleich von Fichten- und Buchenbeständen muß vor allem der Bestand F3 herangezogen werden, da die Bestände F2 und F1 ihr Optimalalter bereits weit überschritten haben (3.2.1). Die fehlenden Daten über den Herbivorenfraß können in diesem Zusammenhang vernachlässigt werden, da sie im Verhältnis zur Gesamt-NPP unbedeutend sind. Für die Grobstreu kann ohne wesentlichen Fehler der im Bestand F1 ermittelte Wert eingesetzt werden. Schwieriger ist dagegen die Schätzung der Feinwurzel-NPP.

Entsprechend der niedrigeren Biomasse (Tab. 2) dürfte auch die NPP dieses Kompartiments niedriger sein als bei den Buchenbeständen. Nimmt man sie mit etwa der Hälfte an, so liegt die Gesamt-NPP des Bestandes F3 um etwa 7% unter dem der Buchenbestände B1 und B4. Andererseits ist der Bestand F3 der forstlich am schlechtesten gepflegte Fichtenbestand, so daß seine NPP wahrscheinlich nicht optimal ist.

Auf jeden Fall ist den vorhandenen Daten zu entnehmen, daß die maximal mögliche NPP der Buchen- und Fichtenbestände im Solling nur unwesentlich voneinander abweichen dürfte. Der bisher ermittelte Höchstwert von 775 $\times 10^5$ kcal/ha ist jedoch noch etwas zu niedrig, da die NPP an Feinwurzeln nicht vollständig erfaßt worden ist und die Mortalität der Grobwurzeln unberücksichtigt bleiben mußte. Es wird daher geschätzt, daß die gesamte NPP der Waldbestände maximal etwa 800×10^5 kcal/ha erreicht.

Die Feststellungen, daß die Fichtenbestände einerseits durchschnittlich niedrigere NPP als die Buchenbestände aufweisen, andererseits aber in vergleichbarem Alter höhere Energievorräte besitzen, stehen nicht miteinander in Widerspruch. Bei Beständen dieses Alters kann von vornherein nicht mit einem Zusammenhang zwischen NPP und Energievorrat gerechnet werden. Denn erstens ist die NPP nicht gleichbedeutend mit dem Zuwachs (Tab. 4), zweitens können die wiederholten Durchforstungen im Laufe der Bestandesgeschichte ganz unterschiedlich stark gewesen sein, und drittens ist die unterschiedliche Altersabhängigkeit des Zuwachses der Arten zu berücksichtigen. Das Produkt aus dem ermittelten jährlichen Zuwachs und dem Alter liegt bei allen Beständen weit über dem vorhandenen Vorrat. Aus dem Vorrat dürfen daher keine Rückschlüsse auf die NPP gezogen werden.

4.1.2 Wiese und Acker

Die Schätzung der Gesamt-NPP der krautigen Bestände ist mit höherem Fehlerrisiko behaftet als bei den Waldbeständen, da der besonders schwierig zu bestimmende Umsatz der Feinwurzeln bei Wiese und Acker wesentlich höher ist als im Walde (Tab. 4) und da der Streuanfall nur indirekt bestimmt werden kann (2.2).

Die höchste „erfaßte" Gesamt-NPP weist unter den krautigen Beständen der Acker mit 727×10^5 kcal/ha auf. Da angenommen werden kann, daß die NPP an Feinwurzeln höher ist als die Biomasse am Ende der Vegetationsperiode (3.2), dürfte die Gesamt-NPP hier in gleicher Größenordnung liegen wie bei den produktivsten Waldbeständen, nämlich bei etwa 800×10^5 kcal/ha.

Auch bei den verschiedenen Varianten der Wiese ist die ermittelte Wurzel-NPP mit Sicherheit viel zu niedrig. Zumindest für die NPK-Variante ist zu erwarten, daß die Wurzel-NPP in gleicher Höhe liegt wie auf dem Acker. Damit würde auch dieser Bestand eine Gesamt-NPP in der Größenordnung der Waldbestände erreichen. Die übrigen Düngungsvarianten lassen dagegen eine niedrigere Gesamt-NPP erwarten, selbst wenn angenommen wird, daß die Wurzel-NPP vor allem bei der PK-Variante besonders stark unterschätzt worden ist.

4.1.3 Vergleiche mit Literaturangaben

Die Möglichkeiten zu direkten Vergleichen mit entsprechenden Untersuchungen an anderen Standorten sind begrenzt, da bisher nur eine geringe Zahl von Ergebnissen unter Einbeziehung der Wurzel-NPP veröffentlicht worden ist. Von WHITTAKER u. WOODWELL (1969) wird für einen Eichen-Kiefernwald (*Quercus alba*, *Pinus rigida*, u.a.) auf Long Island eine jährliche Gesamt-NPP von 513×10^5 kcal/ha angegeben, von SATCHELL (unveröffentl. Manuskript, 1969) 606×10^5 kcal/ha für einen Eichen-Eschenwald Mittelenglands und von MINDERMAN (1967) 583×10^5 kcal/ha für eine Aufforstung von *Pinus nigra*, var. *austriaca*, auf Dünensand N-Hollands. Einen wesentlich höheren Wert gibt VAN DER DRIFT (1970) für einen Stieleichenwald in Holland mit 1012×10^5 kcal/ha an. Die drei erstgenannten Zahlen dürften von relativ schlechtwüchsigen Beständen stammen. Das von VAN DER DRIFT (1970) angegebene Ergebnis zeigt ebenso wie die forstliche Einstufung der Bestände, daß die im Sollingprojekt ermittelte NPP keineswegs das im gemäßigten Klima mögliche Maximum darstellt.

Über die Gesamt-NPP von Wiesen unter Einbeziehung der Wurzeln sind in der Literatur noch keine Angaben gefunden worden. Bei speziellen Untersuchungen zur Wurzel-NPP wird bisher immer nur die Differenz zwischen Maximum und Minimum der unterirdischen Wurzelmasse angegeben. Diese Mindestwerte (3.2.2) reichen von 71×10^5 kcal/ha für die PK-gedüngte Variante des *Trisetetum flavescentis* im Solling bis zu 772×10^5 kcal/ha für ein *Origano-Brachypodietum* (KOTAŃSKA, 1970), das von Gräsern mit kräftigen Rhizomen beherrscht wird. Der letzte Wert ist höher als die bei allen krautigen Beständen im Solling erfaßte Gesamt-NPP. Damit wird nochmals die Bedeutung der unterirdischen Produktion in krautigen Beständen betont. Gleichzeitig folgt jedoch daraus, daß wir zu einem befriedigenden Vergleich der Produktionsleistung krautiger Bestände erst dann kommen werden, wenn eine Methode zur exakteren Bestimmung der unterirdischen NPP zur Verfügung steht.

4.2 Wirkungsgrad der Netto-Primärproduktion

Unter „Wirkungsgrad der NPP“ soll hier die NPP in % der am Standort pro Zeiteinheit ankommenden Strahlungsenergie verstanden werden (vgl. II B). Dieser Wert kennzeichnet damit die Effektivität der Primärproduzenten bei der Festlegung von Strahlungsenergie in Form von chemischer Energie. Bei der Definition der beteiligten Parameter wird in der Literatur unterschiedlich verfahren. Der Gewinn an chemischer Energie wird entweder als BPP oder als NPP angesetzt, die Strahlungsenergie entweder als Globalstrahlung oder als „photosynthetisch wirksamer“ Teil der Globalstrahlung (PhAR, *ph*otosynthetic *a*ctive *r*adiation).

Im folgenden wird der Wirkungsgrad als prozentualer Anteil der NPP an der Globalstrahlung definiert, da BPP und PhAR nur als geschätzte Größen einzuführen wären. Die in der Literatur zu findenden, auf die PhAR bezogenen Angaben sind in der Regel unter der Annahme berechnet worden, daß die PhAR etwa 45% (MONTEITH, 1965) der Globalstrahlung beträgt. Ein Vergleich mit den auf Globalstrahlung bezogenen Werten ist daher über eine einfache Umrechnung möglich.

Tabelle 5. Wirkungsgrad der Netto-Primärproduktion

	B1	B3	B4	F2	F1	F3	0	PK	NPK	A
Wirkungsgrad I										
NPP oberird.	0,78	0,66	0,74	0,44	0,61	0,69	0,36	0,53	0,63	0,67
NPP total	0,97	0,72	0,82	0,52	0,73	0,83	0,54	0,62	0,82	0,91
Wirkungsgrad II										
NPP oberird.	1,12	0,94	1,06	0,62	0,87	0,99	0,52	0,76	0,90	0,96
NPP total	1,38	1,02	1,17	0,75	1,04	1,19	0,77	0,88	1,14	1,30

Wirkungsgrad I = erfaßte NPP in % der Jahressumme der Globalstrahlung.
Wirkungsgrad II = erfaßte NPP in % der Globalstrahlung in der Vegetationsperiode.

In Tab. 5 sind die Wirkungsgrade der im Solling untersuchten Bestände zusammengestellt worden. Bei ihrer Berechnung ist einmal zwischen oberirdischer und Gesamt-NPP unterschieden worden, zum anderen zwischen der Vegetationsperiode und dem vollständigen Jahr. Als Globalstrahlung über die Vegetationsperiode (1. 5.–30. 9.) ergibt sich aus den Messungen im Sollingprojekt ein Durchschnittswert von 56×10^8 kcal/ha. Jahressummen sind im Sollingprojekt nicht gemessen worden, doch läßt sich über die Korrelation zwischen den verfügbaren Monatssummen und den entsprechenden in Göttingen gemessenen Werten ableiten, daß die Globalstrahlung im Solling durchschnittlich um 4% höher ist als in Göttingen. Daraus errechnet sich eine Jahressumme von etwa 80×10^8 kcal/ha.

Aus Tab. 6 geht hervor, daß die für ein Jahr berechneten Wirkungsgrade bei allen Beständen unter 1% liegen. Berücksichtigt man, daß die Gesamt-NPP nicht vollständig erfaßt worden ist und für die produktivsten Bestände (B1, B4, F3, NPK, A) auf etwa 800×10^5 kcal/ha geschätzt wird, so ist damit gerade ein Wirkungsgrad von 1 % erreicht (2,2 % der PhAR). Der für die Vegetationsperiode berechnete Wirkungsgrad beträgt maximal 1,4 % (3,1 % der PhAR). Dieser Wert erscheint niedrig im Vergleich zu dem für das ganze Jahr berechneten Wirkungsgrad. Die geringe Differenz der beiden Werte folgt jedoch aus der Tatsache, daß die Strahlungssumme für die 5 Monate der Vegetationsperiode mehr als doppelt so hoch ist wie für die übrigen 7 Monate des Jahres.

Die allein für die oberirdische NPP berechneten Wirkungsgrade betragen maximal 0,8% der Jahressummen der Globalstrahlung und 1,1% der Summe über die Vegetationsperiode (1,7 bzw. 2,5 % der PhAR). Den niedrigsten Wirkungsgrad weist der ungedüngte Wiesenbestand mit oberirdisch weniger als 0,4% der jährlichen Globalstrahlung auf.

Wirkungsgrade von Waldbeständen, berechnet für die Jahressumme der Globalstrahlung, werden von Ovington (1961) für Anpflanzungen von *Pinus sylvestris* in England mit maximal 1,3% ermittelt. Für den von van der Drift (1970) in Holland untersuchten Stieleichenwald werden 1,2% angegeben. Einen noch höheren Wert von 1,5% errechnen Blackman u. Black (1959) aufgrund der von Möller, Müller u. Nielsen (1954) für einen dänischen Buchenwald angegebenen Produktionsdaten. Dabei handelt es sich allerdings um einen

Tabelle 6. Vom Menschen genutzter Anteil in % der Netto-Primärproduktion

	B1	B3	B4	F2	F1	F3	0	PK	NPK	A
Nutzung I										
in % der NPP oberird.	64	65	68	56	60	69	34	48	61	87
in % der NPP total	50		51			48			38	59
Nutzung II										
in % der NPP oberird.	56	56	55	46	49	54				
in % der NPP total	44		41			38				

Nutzung I = für die Waldbestände wird angenommen, daß *Holz und Rinde* restlos genutzt werden.
Nutzung II = für die Waldbestände wird angenommen, daß nur *Derbholz* ohne Rinde genutzt wird.
Für „NPP total“ wird der geschätzte Wert von 800×10^5 kcal/ha eingesetzt.

Schätzwert, da weder die Strahlungssummen noch die Energiegehalte der Trockensubstanz direkt bestimmt worden sind. Mit Sicherheit kann jedoch erwartet werden, daß der maximal mögliche Wirkungsgrad (in der vorliegenden Definition) von Waldbeständen im gemäßigten Klima höher ist als 1,3%. Voraussetzungen für die Erfassung dieses Maximums wäre die Auswahl von Beständen unter optimalen Standortbedingungen und in optimalem Alter.

Bezogen auf die Jahressumme der PhAR geben Ovington u. Heitkamp (1960) für einen Jungbestand von *Picea omorika* maximal 2,7 % an. Nach Umrechnung auf die Globalstrahlung entspricht dieser Wert etwa dem für *Pinus sylvestris* erhaltenen Maximalwert von 1,3%. Die weiteren in der Literatur zu findenden, teils direkt bestimmten, teils kalkulierten Angaben liegen niedriger (Hellmers u. Bonner, 1960; Bray, 1962; Minderman, 1967; Wassink, 1968; Whittaker u. Woodwell, 1969). Die im Solling festgestellten Wirkungsgrade halten sich damit im mittleren Bereich der bisher vorliegenden Daten.

Wirkungsgrade landwirtschaftlicher Kulturen erreichen im allgemeinen, sofern sie auf ein volles Jahr berechnet werden, die Maximalwerte von Wäldern nicht (Hellmers u. Bonner, 1960; Bonner, 1962; Wassink, 1959, 1968; Holliday, 1966). Die wichtigsten Ursachen für diese Tatsache sind die in der Regel kürzere Vegetationszeit und die zumindest zeitweilig unvollständige Flächenbedeckung während der Vegetationsperiode. Eine Steigerung des Wirkungsgrades ist daher zu erzielen, wenn die genannten Ursachen durch Sortenwahl und Fruchtfolge möglichst klein gehalten werden (Pochinok et al., 1968).

Für bewirtschaftetes Dauergrünland konnten in der Literatur keine Wirkungsgrade gefunden werden. Doch ist anzunehmen, daß derartige Bestände maximale Wirkungsgrade in gleicher Höhe wie Wälder erreichen können, da die für Ackerkulturen beschriebenen Einschränkungen wegfallen oder zumindest ein geringeres Ausmaß haben. Insofern ist es verständlich, daß der Ackerversuch im Solling, der mit einem Gras bei relativ schnellem Schluß der Vegetationsdecke und relativ langer Wuchsdauer durchgeführt wurde, einen ähnlichen Wirkungsgrad hat wie die Waldbestände. Ob auch unbewirtschaftete krautige Bestände solche Wirkungsgrade aufweisen können, ist noch zu untersuchen. Von BOTKIN u. MALONE (1968) wird für ein aufgelassenes Feld ein Wirkungsgrad von 1,8% der jährlichen PhAR angegeben, d.h. nach Umrechnung auf die gesamte Strahlung von etwa 0,8%. OVINGTON u. LAWRENCE (1967) geben für Prärieflächen Wirkungsgrade von nur 0,32 % an (vgl. auch Beitrag SIEGHARDT, III B).

Bei Bestimmungen über die kürzeren Zeiträume des intensivsten Wachstums sind naturgemäß wesentlich höhere Wirkungsgrade festzustellen. Nach WASSINK (1959) kann z.B. Hafer über 2 Wochen in der Mitte der Vegetationsperiode einen Höchstwert von 13,5 % der PhAR erreichen, d.h. etwa 6,1 % der Globalstrahlung. (Der in diesem Falle für die gesamte Vegetationsperiode berechnete Wert von 2,9 % der PhAR liegt in nahezu gleicher Höhe wie der für die wüchsigeren Bestände im Solling ermittelte Wert.) Es ist anzunehmen, daß die erreichbaren Maxima einerseits von Art zu Art sehr unterschiedlich sind und andererseits eine optimale Kombination der Standortsfaktoren erfordern. Die auf die Vegetationsperiode oder das Jahr berechneten Wirkungsgrade sind jedoch nicht in erster Linie von den nur kurzfristig gültigen Höchstwerten, sondern mindestens in gleichem Maße von der Wuchsdauer und der durchschnittlichen photosynthetischen Leistung bei ungünstigen Bedingungen abhängig. Bei längerer Untersuchungsdauer kann sich daher ein Ausgleich zwischen verschiedenen Arten und Beständen ergeben.

Die im Sollingprojekt gemachte Feststellung, daß wüchsige Waldbestände, eine NPK-gedüngte Wiese und ein Acker annähernd gleiche Wirkungsgrade aufweisen, legt die Verallgemeinerung nahe, daß unter gleichen Klima- und Bodenbedingungen Wald, Dauergrünland und Acker etwa die gleiche maximale jährliche Strahlungsausnutzung erreichen können. Wieweit dieser maximal mögliche Wert verwirklicht wird, hängt allerdings stark von der Bewirtschaftung ab.

4.3 Nutzung der Netto-Primärproduktion durch den Menschen

Die im Sollingprojekt untersuchten Bestände sind alle in mehr oder weniger starkem Maße vom Menschen verändert worden. Dem ohne menschliche Eingriffe zu erwartenden Vegetationstyp kommen die Buchenbestände am nächsten; bei ihnen haben demnach die Eingriffe die relativ geringste Intensität. In der Reihenfolge zunehmender Intensität schließen sich die Fichtenbestände, die Wiesen und endlich der Acker an. Der Mensch hat vor allem das Ziel, sowohl eine spezielle Nutzung (wie z.B. Fichtenholz, Heu, usw.), als auch eine möglichst hohe Ausbeute dieser speziellen Nutzung, d.h. einen maximalen ökonomischen Ertrag, zu gewinnen. In der Regel sind ökonomischer Ertrag und NPP (biologischer Ertrag) positiv miteinander korreliert, doch hängt im Einzelfall das

Verhältnis von ökonomischem zu biologischem Ertrag stark von der jeweiligen Nutzungs- und Bewirtschaftungsweise ab. Diese Feststellung läßt sich durch einen Vergleich der Versuchsbestände des Sollingprojekts gut erläutern.

Hierzu sind in Tab. 6 die für den Menschen nutzbaren Anteile in % der jährlichen NPP der verschiedenen Bestände zusammengestellt worden. Der nutzbare Anteil ist bei den Waldbeständen allerdings nicht genau festzulegen. Bei Aufstellung der Tabelle wurden daher jeweils 2 Werte aufgenommen: Der erste ist unter der Annahme berechnet worden, daß alles Holz mit der Rinde restlos genutzt wird, der zweite gilt für die ausschließliche Nutzung des Derbholzes ($\varnothing > 7$ cm) ohne Rinde. Demnach gibt der erste Wert den „potentiellen" ökonomischen Ertrag wieder, der zweite Wert den für die gegenwärtige Bewirtschaftung charakteristischen ökonomischen Ertrag.

Für den Vergleich aller Bestände ist der ökonomische Ertrag auf die oberirdische NPP bezogen worden, die in allen Fällen relativ vollständig bestimmt werden konnte. Zusätzlich wurde bei den produktivsten Beständen (B1, B4, F3, NPK, A) der als Gesamt-NPP geschätzte Wert von 800×10^5 kcal/ha (s. Abschnitt 3.2) berücksichtigt.

Das günstigste Verhältnis von ökonomischem und biologischem Ertrag besteht beim Acker, unabhängig davon, ob die oberirdische oder die gesamte NPP der Berechnung zugrundegelegt wird. Dieses optimale Verhalten geht auf den geringen Streuanfall zurück, der weit niedriger ist als bei allen anderen Beständen.

An zweiter Stelle folgen bei Bezug auf die oberirdische NPP die jüngsten Waldbestände F3 und B4. Innerhalb der Fichtenbestände besteht wieder eine klare altersabhängige Abstufung, d.h. mit zunehmendem Alter nimmt der nutzbare Anteil der NPP noch stärker ab als die NPP selbst. Bei den Buchenbeständen ist diese Altersabhängigkeit wiederum nur schwach oder – bei Berücksichtigung ausschließlicher Derbholznutzung – gar nicht ausgeprägt. Bezogen auf die gesamte NPP ist der ökonomische Ertrag bei den Buchenbeständen etwas höher als bei den Fichtenbeständen, bedingt vor allem durch den relativ hohen Grobwurzelanteil der letzteren.

Unter den Wiesenbeständen weist die NPK-Variante den relativ höchsten nutzbaren Anteil an der NPP auf, die ungedüngte den niedrigsten. Die Düngung führt also nicht nur zu absolut höherer NPP, sondern erhöht auch den Grad der Ausnutzung. Diese Verschiebung der Relationen folgt aus der Tatsache, daß mit der Düngung allein der Ertrag an nutzbarer Grünmasse steigt, während Streuanfall und Wurzelproduktion anscheinend kaum beeinflußt werden (Tab. 4). Eine weitere Verbesserung der Relation zwischen ökonomischem und biologischem Ertrag wäre bei Wiesen durch eine verstärkte Einbeziehung des Streuanteiles in die Nutzung denkbar.

Die insgesamt ungünstigsten Verhältnisse aller untersuchten Bestände ergeben sich für die seit 6 Jahren nicht mehr gedüngte Wiese, die nicht nur die absolut niedrigste NPP, sondern auch die schlechteste Relation zwischen ökonomischem und biologischem Ertrag aufweist.

Bei den in Tab. 6 zusammengestellten Daten handelt es sich um Relativwerte, die keine unmittelbaren Rückschlüsse auf die absolute Höhe des ökonomischen Ertrages zulassen. Da jedoch angenommen werden kann, daß die wüchsigsten Bestände nahezu gleiche Gesamt-NPP aufweisen, entspricht bei diesen die Abstufung der Relativwerte derjenigen der Absolutwerte. Daraus folgt, daß der Acker den absolut höchsten ökonomischen Ertrag erreicht. Diese Tatsache geht unmittelbar auch aus der Zusammenstellung der NPP der verschiedenen Kompartimente in Tab. 4 hervor: Selbst wenn der gesamte Zuwachs an Holz und Rinde der Waldbestände als Ertrag angesehen wird, stellt die genutzte Grünmasse des Ackers einen höheren Energiebetrag dar. Die Reihenfolge der übrigen Bestände hängt jedoch davon ab, ob als Ertrag der Waldbestände nur der Derbholz- oder der gesamte Holzzuwachs angesetzt wird (Tab. 6).

In dieser Darstellung muß unberücksichtigt bleiben, daß bei den verschiedenen Beständen ganz unterschiedliche Energiemengen vom Menschen aufgebracht werden, um den jeweiligen ökonomischen Ertrag zu erzielen. Eine eingehendere Diskussion dieser Frage erfolgt an anderer Stelle (RUNGE, in Vorb.). Doch sei hier zumindest angemerkt, daß die günstigste Relation zwischen ökonomischem Ertrag und aufgewendeter Energie sicher bei den Waldbeständen besteht. Dafür ist u.a. entscheidend, daß das Verhältnis von Energie- zu Mineralstoffgehalt bei Holz wesentlich höher ist als bei Grünmasse (Blättern, Früchten, usw.). Daraus ergibt sich, daß bei Entzug einer bestimmten Energiemenge durch Nutzung von Grünmasse dem Ökosystem gleichzeitig viel mehr Mineralstoffe entzogen werden als bei Holznutzung. Acker- und Wiesennutzung erfordern daher nicht nur einen höheren Aufwand bei Anlage und Ernte, sondern vor allem auch bei der Düngung.

4.4 Verteilung der Netto-Primärproduktion in der Biocoenose

Mit dem vom Menschen genutzten, sog. ökonomischen Ertrag ist bereits ein sehr wesentlicher Teilfluß des gesamten Energieumsatzes der Biocoenosen behandelt worden. Dieser Teilfluß kann als Nutzung von Energie in Form lebender Pflanzensubstanz zusammen mit dem natürlichen Herbivorenfraß dem Detritus-Teilfluß gegenübergestellt werden (Abb. 1). Die niedrigen Werte für den Herbivorenfraß in Tab. 4 und bei anderen Autoren (WHITTAKER u. WOODWELL, 1969; SATCHELL, 1969; VAN DER DRIFT, 1970; HUGHES, 1971) zeigen, daß dieser Teilfluß bei Land-Ökosystemen in der Regel viel kleiner ist als der Detritus-Teilfluß. Die Nutzung eines Anteils der NPP mittelbar oder unmittelbar durch den Menschen geht daher wesentlich auf Kosten des Detritus-Teilflusses. Der Vergleich der NPK-Variante der Wiese mit dem Acker hinsichtlich des Verhältnisses von genutzter Grünmasse und Streu macht diesen Sachverhalt besonders deutlich.

Bei den bisher untersuchten Wald-Ökosystemen (s.o.) macht der natürliche Herbivorenfraß wie im Solling etwa 1,0–2,5% der NPP aus (abgesehen von Katastrophenjahren mit ungewöhnlich hohem Schädlingsbefall, s. auch FUNKE, V B). Selbst wenn man unter völlig natürlichen Verhältnissen eine gewisse Erhöhung dieses Prozentsatzes in Rechnung stellt, ist nicht zu erwarten, daß er dem prozentualen Anteil der Energienutzung durch den Menschen von mindestens 40% nahekommt. Diese Differenz allein zeigt, daß der Energiefluß durch die Biocoenose der untersuchten „naturnahen“ Buchenbestände weit von natürlichen Verhältnissen abweicht. Vergleichbare Untersuchungen an Ökosystemen, die vom Menschen nicht oder viel weniger beeinflußt sind, wären daher von besonderem Interesse, um zu klären, wieweit durch seine Eingriffe die NPP gesteigert und ihre Aufteilung auf die anschließenden Teilflüsse durch die Biocoenose beeinflußt wird.

Literatur

BENECKE, P., MAYER, R.: Aspects of soil water behavior as related to beech and spruce stands. Some results of the water balance investigations. Ecol. Studies **2**, 153—163 (1971).

BLACKMAN, G. E., BLACK, J. N.: Physiological and ecological studies in the analysis of plant environment. 12. The role of the light factor in limiting growth. Ann. Botany (London) **23**, 131—141 (1959).

BONNER, J.: The upper limit of crop yield. Science **137**, 11—15 (1962).

BOTKIN, D. B., MALONE, C. R.: Efficiency of net primary production based on light intercepted during the growing season. Ecology **49**, 438—444 (1968).

BRAY, J. R.: The primary productivity of vegetation in central Minnesota, USA and its relationship to chlorophyll content and albedo. In: LIETH, H. (Ed.): Die Stoffproduktion der Pflanzendecke, S. 102—107. Stuttgart: G. Fischer 1962.

DRIFT, J. VAN DER: Production and decomposition of organic material in an oakwood. In: Netherlands Committee for the IBP (Ed.): Progress report 1968—1969, p. 10—11. Amsterdam-London: North-Holland Publ. Co. 1970.

EBER, W.: The primary production of the ground vegetation of the Luzulo-Fagetum. Ecol. Studies **2**, 53—56 (1971).

ELLENBERG, H. (Ed.): Introductory survey. Ecol. Studies **2**, 1 – 15 (1971).

FUNKE, W.: Rolle der Tiere in Wald-Ökosystemen des Solling. Beitrag V B in diesem Band.

GERLACH, A.: Wald- und Forstgesellschaften im Solling. Schriftenreihe Vegetationskunde **5**, 79—98 (1970).

GÖTTSCHE, D.: Verteilung von Feinwurzeln und Mykorrhizen im Bodenprofil eines Buchen- und eines Fichtenbestandes im Solling. Diss. Fachber. Biol. Univ. Hamburg (1972).

HELLER, H.: Estimation of biomass of forests. Ecol. Studies **2**, 45—47 (1971).

HELLMERS, H., BONNER, J.: Photosynthetic limits of forest tree yields. Proc. Soc. Am. Foresters **1959**, 32—35 (1960).

HESKETH, J. D.: Limitations to photosynthesis reponsible for differences among species. Crop. Sci. **3**, 493—496 (1963).

HESKETH, J. D., BAKER, D.: Light and carbon assimilation by plant communities. Crop. Sci. **7**, 285—293 (1967).

HOLLIDAY, R.: Solar energy consumption in relation to crop yield. Agric. Progr. **41**, 24—34 (1966).

HUGHES, M. K.: Tree biocontent, net production and litter fall in a deciduous woodland. Oikos **22**, 62—73 (1971).

JANKOWSKA, K.: Seasonal changes of vegetation and net primary production on the fresh meadow Arrhenatheretum elatioris. Studia Naturae, Ser. A **1**, 153—173 (1967).

KOTAŃSKA, M.: Morphology and biomass of the underground organs of plants in grassland communities of the Ojców National Park. Studia Naturae, Ser. A **4** (1970).

LIETH, H.: The measurement of calorific values of biological material and the determination of ecological efficiency. In: ECKARDT, F. E. (Ed.): Functioning of terrestrial ecosystems at the primary production level. Proceedings of the Copenhagen Symposium, p. 233—242. UNESCO 1968.

MEYER, F. H., GÖTTSCHE, D.: Distribution of root tips and tender roots of beech. Ecol. Studies **2**, 48—52 (1971).

MINDERMAN, G.: The production of organic matter and the utilization of solar energy by a forest plantation of Pinus nigra, var. austriaca. Pedobiologia **7**, 11—22 (1967).

MÖLLER, C. M., MÜLLER, D., NIELSEN, J.: Graphic presentation of dry matter production of European beech. Forstl. Forsøgsvœsen i Danmark **21**, 327—335 (1954).

MONTEITH, J. L.: Radiation and crops. Exp. Agric. **1**, 241—251 (1965).

OVINGTON, J. D.: Some aspects of energy flow in plantations of Pinus sylvestris L. Ann. Botan. (London) **25**, 12—20 (1961).

OVINGTON, J. D., HEITKAMP, D.: The accumulation of energy in forest plantations in Britain. J. Ecology **49**, 639—646 (1960).

OVINGTON, J. D., LAWRENCE, D. B.: Comparative chlorophyll and energy studies of prairie, savanna, oakwood, and maize field ecosystems. Ecology **48**, 515—524 (1967).

POCHINOK, K. N., LAVRENTOVICH, D. I., OKANENKO, A. S., MITROFANOV, B. A.: Utilization of solar radiation by double cropping. Sel.-Khoz. Biol. **3**, 614—618 (1968). (Zit. nach Herb. Abstr. **39**, 132).

RUNGE, M.: Determination of energy values. Ecol. Studies **2**, 75—80 (1971).

RUNGE, M. (in Vorber.): Energieflüsse durch die Biozönosen terrestrischer Ökosysteme (Untersuchungen im Sollingprojekt des Internationalen Biologischen Programms).

SATCHELL, J. F.: Feasibility study of an energy budget for Meathop Wood (Unveröff. Manuskr.). Symposium on the productivity of the forest ecosystems of the world. Brüssel 1969.

SCHOBER, R., SEIBT, G.: Structure and timber production of the forest stands. Ecol. Studies **2**, 37—44 (1971).

SCOTT, D.: The determination and use of thermodynamic data in ecology. Ecology **46**, 673—680 (1965).

SIEGHARDT, H.: Strahlungsnutzung von Phragmites communis. Beitrag III B in diesem Band.

SPEIDEL, B.: Grünlandgesellschaften im Hoch-Solling. Schriftenreihe Vegetationskunde **5**, 99—114 (1970).

SPEIDEL, B., WEISS, A.: Primary production of a meadow (Trisetetum flavescentis hercynicum) with different fertilizer treatments. Preliminary report. Ecol. Studies **2**, 61—67 (1971).

WASSINK, E. C.: Efficiency of light energy conversion in plant growth. Plant Physiol. **34**, 356—361 (1959).

WASSINK, E. C.: Light energy conversion in photosynthesis and growth of plants. In: ECKARDT, F. E. (Ed.): Functioning of terrestrial ecosystems at the primary production level. Proceedings of the Copenhagen Symposium, p. 53—66. UNESCO 1968.

WHITTAKER, R. H., WOODWELL, G. M.: Structure, production and diversity of the oak-pine forest at Brookhaven, New York. J. Ecology **57**, 155—174 (1969).

WIEGERT, R. G., EVANS, F. C.: Primary production and the disappearance of dead vegetation on an old field in southeastern Michigan. Ecology **45**, 49—63 (1964).

B. Rolle der Tiere in Wald-Ökosystemen des Solling

W. FUNKE, Göttingen

1. Einleitung

Die Bedeutung der Tiere für das „Funktionieren" terrestrischer Ökosysteme ist in vielen Fällen weitgehend unbekannt. Das gilt ganz besonders für Wälder. Wir wissen zwar um die Tätigkeit einzelner Gruppen beim Abbau des pflanzlichen Bestandsabfalls, bei der Bildung von Ton-Humuskomplexen, bei der Lockerung, Durchlüftung und Durchmischung des Bodens; wir wissen ferner um negative Einwirkungen vor allem mancher Insekten und Wirbeltiere auf die primäre Produktion der grünen Pflanzen. Wir kennen einige wichtige Nahrungsketten und Regulationsmechanismen. Es fehlen aber nahezu vollständig quantitative und vergleichbare Angaben, nach denen die Stellung einer Population oder einer ganzen Konsumentengruppe in einem Waldökosystem zu beurteilen ist. Solche Daten zu erarbeiten war eines der Ziele des Internationalen Biologischen Programms (IBP). Im Rahmen des „Sollingprojekts" der Deutschen Forschungsgemeinschaft (siehe auch Beiträge I, V A und C) konzentrierten sich die zoologischen Arbeiten vor allem auf Untersuchungen zum Energieumsatz.

Im Zentrum steht hier die Frage nach dem Anteil der Tiere am biologischen Energiefluß eines Ökosystems. Die Höhe der Umsatzleistungen einer Population oder einer größeren systematischen oder trophischen Einheit ist in diesem Zusammenhang ein Maß für ihre Stellung im System.

Der Energieumsatz einer Population oder eines sog. „Durchschnittsindividuums" als Vertreter der Art, die es repräsentiert, errechnet sich (in Kalorien pro Zeiteinheit) aus der Nutzung der assimilierten Nahrungsenergie (A) für Produktion (P = potentielle Energie von Körpersubstanz, Sekreten, Geschlechtsprodukten) und Respiration (R = Energieverbrauch durch Atmung zur Aufrechterhaltung aller Lebensprozesse), also: $A = P + R$. Er entspricht damit weitgehend der Differenz der Energiegehalte von konsumierter Nahrung (C) und Exkrementen + Exkreten (FU), also: $A = C - FU$.

In den Sauerhumus-Buchenwäldern des Solling, auf Versuchsflächen, die in enger Zusammenarbeit von Wissenschaftlern verschiedenster Fachgebiete einer umfassenden funktionellen Analyse unterzogen werden (s. ELLENBERG, 1971), wurden in den letzten Jahren eingehende Untersuchungen zur ökologischen Energetik von Arthropoden verschiedenster trophic levels durchgeführt. Nahezu abgeschlossen sind vor allem Arbeiten an phytophagen Insekten und einigen Zoophagen. Hierüber wird im folgenden mit Vorrang zu berichten sein.

Bei der Artenfülle terrestrischer Ökosysteme ist eine auch nur annähernd vollständige Ermittlung der Umsatzleistungen der Tiere unmöglich. So wird man vielfach auf grobe Schätzungen angewiesen sein. In manchen Fällen lassen sich aber wenigstens charakteristische und gut vergleichbare Teildaten, z. B. der Produktion (bei Insekten der „Produktion an Imagines") auf verhältnismäßig einfachem Wege für zahlreiche Populationen gewinnen. Solche Untersuchungen werden z. Z. in Buchen- und Fichtenwäldern des Solling parallel zueinander durchgeführt.

Der Energieumsatz, gemessen in kcal/ha × Jahr, ist eine Größe, die sich in hervorragender Weise für Vergleichszwecke eignet. Die „Funktion" der Tiere im Ökosystem ist damit aber nur teilweise gekennzeichnet. So werden im folgenden auch einige andere Aspekte behandelt, wie z. B. Fragen nach der Minderung der primären Produktion durch phytophage Insekten. Einige Betrachtungen über die Möglichkeiten ihrer Einflußnahme auf Beschleunigung und Steuerung der Stoffumsätze im Ökosystem schließen sich an. Ferner wird auf einige Nahrungsbeziehungen zwischen Zoophagen und Phytophagen eingegangen und die Verflechtung verschiedener Ökosysteme durch solche Beziehungen erörtert.

2. Untersuchungen über den Energieumsatz der Tiere[1]

2.1 Der Energieumsatz des „Durchschnittsindividuums"

Der Bestimmung des Energieumsatzes für ein sog. „Durchschnittsindividuum" (= Mittelwerte für Produktion, Respiration, gegebenenfalls Konsumtion und Defäkation aller Entwicklungs- und Reifestadien; Durchschnittswerte von ♂ und ♀; s. auch KLEKOWSKI, PRUS u. ZYROMSKA-RUDZKA, 1967) kam in unserem Arbeitsprogramm eine zentrale Bedeutung zu. Die erforderlichen Messungen konnten im Gegensatz zu den Untersuchungen über die Abundanzdynamik der Populationen mit größter Präzision vorgenommen werden. Die Ergebnisse sind exakt und sollten nach genau definierten Angaben reproduzierbar sein. Sie müßten ferner mit geringen Einschränkungen bei Berücksichtigung der Temperaturabhängigkeit von Produktion und Respiration auf die Populationsdaten verschiedener Jahre und Areale sowie auf verwandte Arten gleicher Lebensweise bei ähnlichem Entwicklungszyklus übertragbar sein.

Am Beispiel des Buchenspringrüßlers *Rhynchaenus fagi* L. hat mein Mitarbeiter GRIMM (1972) die einzelnen Arbeitsgänge lückenlos vollzogen. So wurden in zahlreichen Meßserien Lebendgewichte, Trockengewichte, Energiegehalte von Körpersubstanz, Exuvien und Kokons sowie der O_2-Verbrauch aller Stadien ermittelt. Aus diesen Grunddaten wurden Produktion, Respiration und Assimilation errechnet (cal/Ind.) und übereinander und gleichzeitig kumulativ, d. h. durch fortschreitende Addition von Stadien-, Tages-, Wochen- oder Monatswerten aufgetragen (Abb. 1). Man kann somit ablesen, wieviel ein Individuum von *R. fagi* bis zu einem bestimmten Zeitpunkt gleichzeitig produziert, veratmet und assimiliert hatte. Während der Wachstumsphasen von Larve und Käfer steigt die Assimilation steil an; während Puppenphase und Winterruhe nimmt der Energieverbrauch durch Atmung genau in dem Maße zu, in dem der Energiegehalt des Tieres sinkt. Die Assimilationskurve zeigt dann den zu fordernden horizontalen Verlauf. Nach dem Muster von *R. fagi* wurde auch in

1 Über die angewandten Methoden wurde bereits an anderer Stelle ausführlich berichtet (FUNKE, 1971, 1972; FUNKE u. WEIDEMANN, 1971; WEIDEMANN, 1971, 1972).

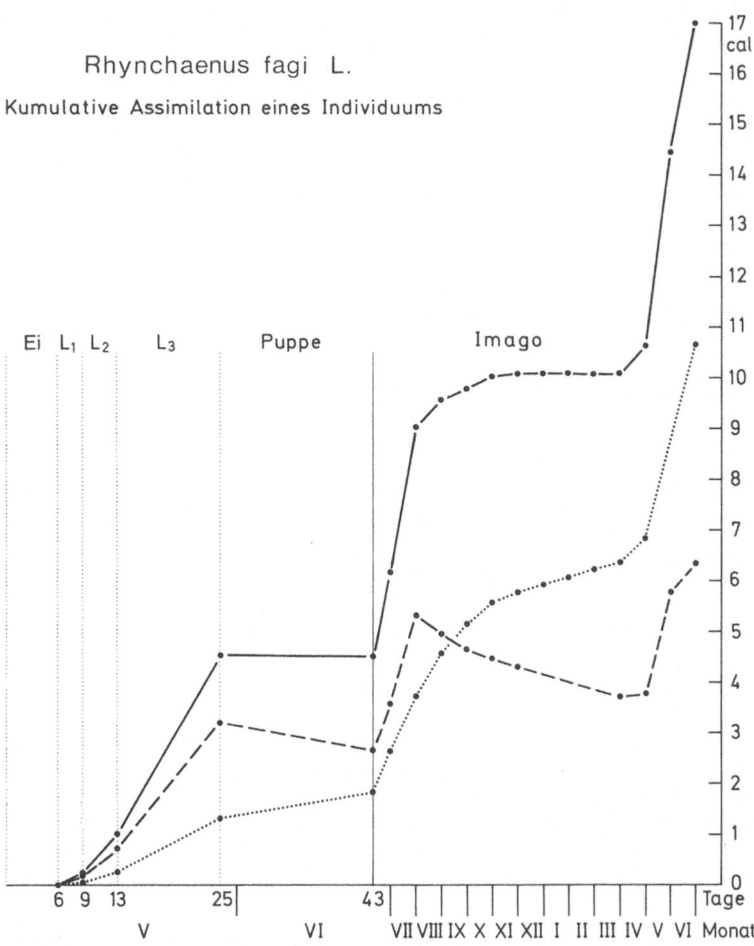

Abb. 1. Energieumsatz eines „Durchschnittsindividuums" (kumulativ) von *Rhynchaenus fagi* L. (Curculionidae) unter natürlichen bzw. naturnahen Bedingungen (nach GRIMM). Gestrichelt: Produktion (cal/Ind. + Exuvien + Kokon); punktiert: Respiration bei mittleren Freilandtemperaturen; Assimilation (aus Produktion + Respiration). Anstieg der Assimilationskurve = Produktionsphasen (Larvenwachstum, 1. und 2. Reifefraß der Imago); horizontaler Verlauf der Assimilationskurve = substanzzehrende Phasen (Puppenruhe, Winterruhe der Imago)

anderen Fällen verfahren. Nicht immer waren mittlere Populationsdaten (z. B. Stadiendauer und Biomasse) oder Freilandtemperaturen im Mikrohabitat der untersuchten Tierart (zur genauen Berechnung der Respiration) in vollem Ausmaß zu ermitteln. Dennoch konnte auch in schwierigen Fällen wie z. B. bei *Phyllobius argentatus* L., einem Rüsselkäfer mit bodenlebenden Entwicklungsstadien, der Energieumsatz des Individuums vollständig bestimmt werden (SCHAUERMANN, 1972); der voraussagbare Verlauf der kumulativen Assimilation wurde in hohem Maße deutlich gemacht (Abb. 2).

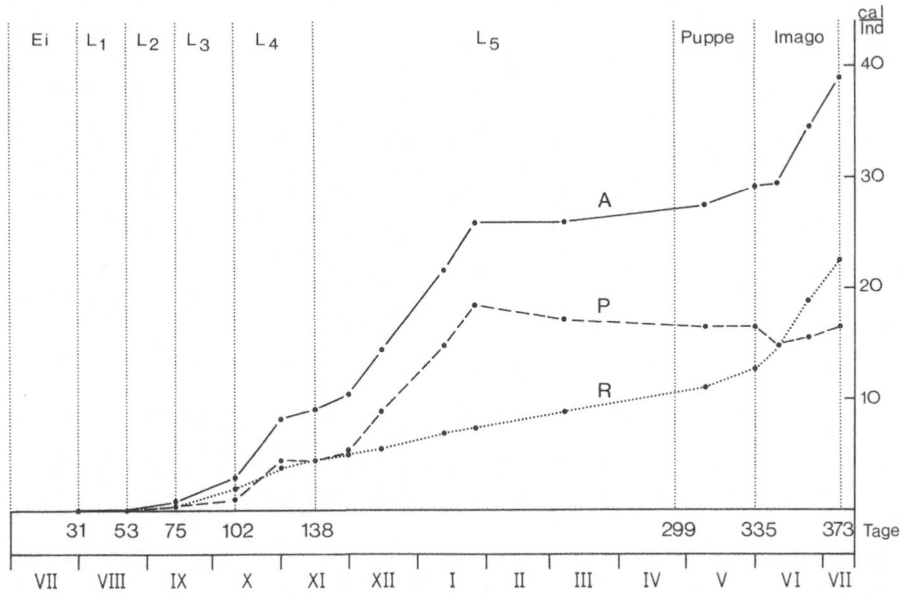

Abb. 2. Energieumsatz eines „Durchschnittsindividuums“ (kumulativ) von *Phyllobius argentatus* L. (Curculionidae) unter weitgehend naturnahen Bedingungen (nach SCHAUERMANN). Zeichenerklärung s. Abb. 1; Assimilationskurve entspricht auch hier in hohem Maße dem zu fordernden Verlauf (zwei Produktionsphasen – Larvenwachstum, Reifefraß der Imago; eine Ruhephase im 5. Larvenstadium bis zum Schlüpfen der Imago)

Der horizontale Verlauf einer Assimilationskurve während einer längeren Ruheperiode (z. B. Puppenphase, Fraßpause bei Überwinterung oder Übersommerung) liefert einen guten Hinweis auf exakte Messungen von P und R und korrekte Umrechnungen in Kalorien. Dennoch sind Fehlerquellen (z. B. ungenaue Berücksichtigung der Außentemperatur für O_2-Messungen, Veränderung des oxikalorischen Koeffizienten während der Entwicklung) nicht auszuschließen. Aus diesem Grunde sollte, wo nur immer möglich, eine Kontrolle der kumulativen Assimilationswerte (aus P+R) durch Energiegehaltsbestimmungen von C und FU (Konsumtion und Defäkation) angestrebt werden, und umgekehrt.

Beim Schmetterling *Chimabacche fagella* F. hat WINTER (1972) nicht nur den Assimilationsverlauf während der Puppenphase aus P+R dargestellt, sondern darüber hinaus für alle Stadien eine bemerkenswerte Übereinstimmung der kumulativen Assimilation aus P+R und aus C – FU erhalten. Die Abweichungen betrugen im letzten Larvenstadium ca. 7%; sie lagen sonst nur bei max. 3%. Bis zum Ende der Individualentwicklung errechnete WINTER z. B. einen Energieumsatz von 224,7 cal/Ind. (aus P+R) und von 219,3 cal/Ind. (aus C – FU).

2.2 Der Energieumsatz der Population

Zur Bestimmung der Energiebilanz einer Population müssen Untersuchungen über Altersaufbau, Individuendichte (Abundanz) und deren Veränderungen während der Entwicklung im Jahresablauf (Abundanzdynamik, Phänologie) ermittelt werden. Die gewonnenen Daten werden in Überlebenstafeln bzw. Überlebenskurven zusammengestellt und mit den Werten der Individualbilanz in allen Stadien und unter Berücksichtigung auch der toten Tiere kumulativ berechnet (Abb. 3).

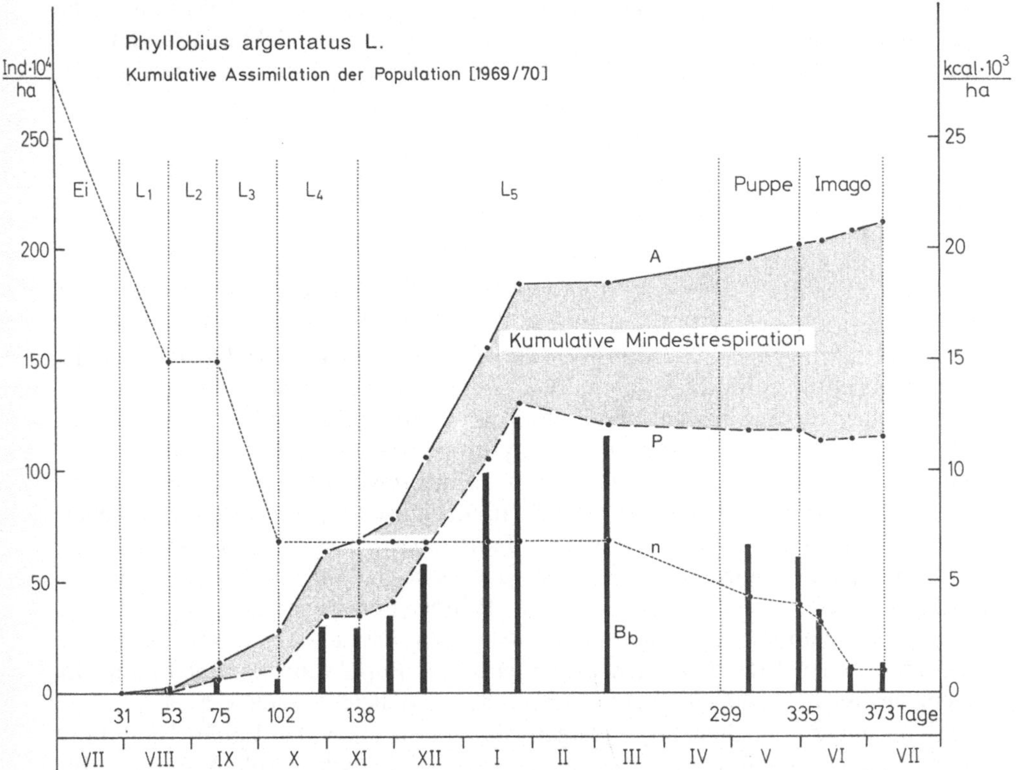

Abb. 3. Energieumsatz der Population von *Phyllobius argentatus* L. (kumulativ) in der Buchenwald-Probefläche Solling B 1a (nach SCHAUERMANN). Kurz gestrichelt: Überlebenskurve (n – Mindestabundanz); schwarze Säulen: Biomasse (B_b); grau: Respiration; lang gestrichelt: Produktion (P); ausgezogen: Assimilation (A). Die Daten für Biomasse, Respiration, Produktion und Assimilation stellen Mindestwerte dar.

Die Ermittlung exakter Populationsdaten ist vielfach problematisch, da die Verteilung der Tiere im Raum mehr oder minder inaequal ist und die Erfassungsmethoden vielfach höchst aufwendig und dennoch meist unbefriedigend sind.

Im Gegensatz zu den Untersuchungen über den Energieumsatz des Individuums werden aber bei den entsprechenden Daten für die Population erhebliche Ungenauigkeiten oft in Kauf genommen werden müssen, die in ihrem

Ausmaß nicht einmal abschätzbar sind. Wir haben aus diesem Grunde bei fast allen Untersuchungsobjekten mit sog. „Mindestabundanzen" gearbeitet, d. h. bei der Hochrechnung der Individualbilanzen auf die Populationen die Individuenzahlen gewertet, die zu jedem Meßzeitpunkt (bzw. Meßintervall) mit Sicherheit gelebt haben müssen. In Abb. 3 ist für *Phyllobius argentatus* eine Überlebenskurve aufgezeigt. Die Abundanz der Larven war nur unvollständig zu ermitteln gewesen. So müssen am Ende des 3. Larvenstadiums auf jeden Fall mehr Individuen gelebt haben als im 5. Stadium. Bei einigen Versuchsobjekten, wie z. B. beim Rüsselkäfer *Polydrosus undatus* F. und den Laufkäfern *Pterostichus oblongopunctatus* F. und *Pterostichus metallicus* F. (s. S. 155) konnte die Assimilation als „Mindestassimilation" sogar nur über die Schlüpfabundanz an Imagines geschätzt werden. Daß ein solcher Wert nicht immer sehr mangelhaft zu sein braucht, wird später zu erläutern sein.

2.3 Der Energieumsatz der Phytophagen

2.3.1 Allgemeines

Der Anteil der Phytophagen am Energieumsatz eines Waldökosystems ist in der Regel nur gering (Odum, 1962, 1971). Auch ihr Einfluß auf die primäre Produktion der grünen Pflanzen ist, von seltenen Ausnahmen abgesehen, weitgehend bedeutungslos. Das gilt in besonderem Maße für die in Mitteleuropa vorherrschenden Buchenwaldgesellschaften. Dabei ist allein die Zahl der an Blättern fressenden oder saugenden Phytophagenarten hier keineswegs klein. Selbst in den sogenannten artenarmen Hainsimsenbuchenwäldern, die im Solling mit über 90% den potentiell natürlichen Vegetationstyp darstellen (Gerlach, Krause, Meisel, Speidel u. Trautmann, 1970), leben nach unseren Beobachtungen wenigstens 50 Spezies, davon nach Winter (1972) allein ca. 40 Lepidopteren. Vermutlich sind die Räuber-Beute-Systeme hier aber so ausgewogen, daß es unter den vorherrschenden Klimabedingungen zu keiner ausgesprochenen Massenvermehrung irgendeiner Population kommen kann. In einem gewissen Zusammenhang hiermit steht vielleicht auch die lange Entwicklungsdauer mancher Phytophagen, die durch einen im Laufe des Jahres zunehmenden Gehalt der Blätter an schwer verdaulichen Inhaltsstoffen verursacht sein dürfte (s. auch Varley, 1967a). Ungünstige Witterungsbedingungen können über einen langen Zeitraum Einfluß nehmen, Räuber- und Parasiten-Populationen ebenfalls über Monate hinweg „regulierend" eingreifen.

Wenn wir die Gruppe der Phytophagen trotz ihrer generell geringen Bedeutung in Waldökosystemen im Rahmen des Solling-Projekts mit Vorrang bearbeitet haben, so waren hierfür verschiedene Gründe maßgebend.

a) Es war von vornherein abzusehen, daß bei keiner anderen Konsumentengruppe innerhalb einer kurzen Zeitspanne (1968–1971/72) von einer kleinen Arbeitsgruppe ein umfassenderes Bild des Energieumsatzes gewonnen werden konnte. Es wurde damit gleichzeitig der Energiefluß von den Primärproduzenten über die am klarsten abgrenzbare Gruppe der Phytophagen zu den nachfolgenden, meist weniger spezialisierten Konsumenten, insbesondere den Prädatoren, ermittelt.

b) Auch in anderen Landökosystemen ist der Energiefluß durch Populationen von Pflanzenfressern oft mit Vorrang bearbeitet worden (SMALLEY, 1960; GOLLEY, 1960; TEAL, 1962; ODUM, CONNELL u. DAVENPORT, 1962; WIEGERT, 1964, 1965; WIEGERT u. EVANS, 1967; BUECHNER u. GOLLEY, 1967; WHITTAKER, 1967; GYLLENBERG, 1969, 1971; WAITZBAUER, 1969; HINTON, 1971; MCNEILL, 1971 u.a.). Dadurch dürfte neben dem Vergleich der Primärproduktion in zunehmendem Maße auch die Vergleichbarkeit der Umsatzwerte auf der Stufe der Phytophagen möglich werden.

c) Der Lebenszyklus vieler Phytophagen ist wenigstens in großen Zügen bekannt, meist besser als bei Vertretern anderer Gruppen. Damit ist eine wesentliche Voraussetzung für ökoenergetische Untersuchungen gegeben.

d) Die Abundanzdynamik der Populationen, die in vielen Fällen bei großem Aufwand mit oft nur sehr unbefriedigendem Erfolg bestimmt oder berechnet werden kann, läßt sich zumindest bei manchen Phytophagen, z. B. bei Arten mit minierenden oder in Blattaschen lebenden Larven, wenigstens über eine gewisse Zeitspanne recht genau verfolgen. Solche Tiere waren deshalb auch der Ausgangspunkt in unserem Arbeitsprogramm.

e) Die Assimilation läßt sich bei vielen Phytophagen einfacher als bei anderen Konsumenten aus Produktion und Respiration oder (und) zur Kontrolle außerdem aus Konsumtion und Defäkation bestimmen.

f) Ein weiterer Vorteil betrifft ganz besonders die Untersuchungen in Wäldern mit fehlendem bzw. geringem Unterwuchs. Die Phytophagen der Kronenschicht, die fast alle bodenlebende Entwicklungsstadien besitzen, lassen sich mit Hilfe von Fangautomaten (Photoeklektoren) von umgrenzten Flächen beim Schlüpfen am Boden nahezu quantitativ abfangen. Aus der Schlüpfabundanz an Imagines und dem Trockengewicht bzw. dem Brennwert eines „Durchschnittsindividuums" läßt sich die Produktion an Imagines pro ha und Jahr ermitteln. Dieser Wert eignet sich in hervorragender Weise für Vergleiche zwischen verschiedenen Arten und verschiedenen Konsumentengruppen in verschiedenen Jahren und in verschiedenen Ökosystemen (FUNKE, 1971).

Schlüpfabundanz und Produktion an Imagines sind vielfach die einzigen Größen, die bei geringem Aufwand über Jahre hinweg in verschiedenen Ökosystemen nicht nur für Phytophage, sondern auch für Zoophage und Detritophage zu erhalten sind (FUNKE et al. in Vorbereitung). Ihre Ermittlung ist ein wesentlicher Bestandteil unseres „Minimumprogramms" (FUNKE, 1971, 1972) und wurde inzwischen auch auf die Versuchsflächen von Fichte und Wiese ausgedehnt. Wir untersuchen weiter, ob sich aus den Fängen der Photoeklektoren direkte und indirekte Nahrungsbeziehungen erkennen und quantifizieren lassen (FUNKE, 1972). Darüber hinaus wird geprüft, welchen Anteil die Produktion an Imagines bzw. ihre Assimilation bis zum Schlüpfen im Gesamtenergieumsatz einer Population ausmacht.

Vielleicht können wir hier zu Werten gelangen, die für Arten mit ähnlichem Entwicklungszyklus, ähnlichen Habitat- und Nahrungsansprüchen typisch sind. Bei *R. fagi* z. B. war die Gesamtassimilation etwa 10mal so hoch wie die Produktion an Imagines. Das gleiche gilt – zufällig – auch für die Gesamtheit der Phytophagen in Tab. 1. Z. Z. liegen noch zu wenig Daten für weiterführende Aussagen vor. Für eine erste grobe Abschätzung des Energieumsatzes einer Konsumentengruppe bietet die über mehrere Jahre gemessene Produktion an Insekten-Imagines aber sicherlich einen guten Ansatz.

2.3.2 Curculioniden und Lepidopteren in Buchenbeständen

Meine Mitarbeiter GRIMM, SCHAUERMANN und WINTER haben in den vergangenen Jahren für 7 phytophage Insektenarten aus den Buchenwäldern des Solling den Energieumsatz für das „Durchschnittsindividuum" bestimmt. Es handelt sich um die Curculioniden (Rüsselkäfer) *Rhynchaenus fagi* L., *Phyllobius argentatus* L., *Strophosomus* sp. (*melanogrammus* Forst. + *capitatus* De Geer), *Polydrosus undatus* F., *Otiorrhynchus singularis* L. und die Lepidopteren (Schmetterlinge) *Chimabacche fagella* F., *Colocasia coryli* L., *Ennomos quercinaria* Hufn.

Der Energieumsatz der Populationen konnte aus verschiedenen, vorwiegend methodischen Gründen, meist nur auf die Abundanzdynamik (Mindestabundanzen) entweder im Jungbuchenbestand (B 4) oder im Buchenaltholz (B 1a) bezogen werden[2]. Die Assimilationsdaten wurden z. T. aus 3 Jahren gemittelt; z. T. konnte der Energieumsatz einer Population aber auch nur für 1 Jahr voll gemessen werden.

Eine Summierung der von verschiedenen Flächen und aus verschiedenen Jahren gewonnenen Werte ist selbstverständlich nicht korrekt. Während in der Produktion der Pflanzen verschieden alter Buchenbestände und der anfallenden Grünmasse verschiedener Jahrgänge nur verhältnismäßig geringe Unterschiede bestehen (RUNGE, V A; HELLER, 1971), treten bei Tieren oft sehr starke Fluktuationen von Populationsdichte, Produktion, Respiration, Assimilation usw. in Erscheinung. So wären hier zur Gewinnung mittlerer ökosystemtypischer Energieumsätze sehr langfristige Untersuchungen erforderlich.

Die Bevölkerungsfluktuationen verschiedener Populationen eines trophic level lassen aber über Jahre hinweg oft einen recht gegensätzlichen Verlauf erkennen. Das bedeutet, daß die Schwankungen im Energieumsatz einer Konsumentengruppe im Vergleich mehrerer Jahre geringer sind als die einzelner Populationen.

Da wir aber aus verschiedenen Jahren und von verschiedenen Flächen nicht summierbare und z. T. auch noch recht unvollständige Daten vorliegen haben, müssen wir mit einer etwas problematischen Rechenoperation, meines Erachtens aber der einzig möglichen, alle Werte auf ein flächen- und zeitbezogenes vergleichbares „Niveau" bringen. Hierbei wurde folgendermaßen verfahren: Zunächst wurde für die Rüsselkäfer aus 3–4 jährigen Messungen die mittlere Produktion an Imagines (kcal/ha × Jahr) bestimmt. Für die folgenden Berechnungen wurde davon ausgegangen, daß die Produktion an Imagines Jahr für Jahr den gleichen prozentualen Anteil der Gesamtassimilation der Population ausmacht. Auf diese Weise läßt sich über den Energieumsatz der Population eines Jahres, der Produktion an Imagines des gleichen Jahres und der mittleren Produktion an Imagines aus 3–4 Jahren die mittlere Gesamtassimilation abschätzen. – Für Lepidopteren eignet sich dieses Verfahren aufgrund der geringen Schlüpfabundanz an Imagines nur selten. WINTER hat aber hier über 3 Jahre den

2 Beschreibung der Versuchsflächen von Buche, Fichte u. Wiese s. ELLENBERG (1971).

Energieumsatz für wenigstens 3 Populationen, bei *Ch. fagella* sogar für beide Versuchsflächen, berechnet. Er hat ferner für weitere 9 Spezies zum Zeitpunkt des maximalen durchschnittlichen Individualgewichtes der Raupen (Lebendgewicht) die Biomasse (standing crop biomass) in Kalorien als Teilgröße der Produktion bestimmt. (Die vorangegangenen Substanzverluste durch Mortalität, Abgabe von Exuvien und Sekreten mußten hierbei selbstverständlich unberücksichtigt bleiben.) Mit diesem Wert wurde aufgrund funktionaler Beziehungen zwischen Produktion und Respiration von Populationen kurzlebiger Poikilothermen ($\log R = 1{,}1740 \log P + 0{,}1352$) eine Teilgröße der Respiration ermittelt (Näheres s. McNeill u. Lawton, 1970).

Für weitere 28 nur vereinzelt auftretende Lepidopteren-Arten schätzt Winter den jährlichen Energieumsatz auf 5–10% des Umsatzes aller übrigen Arten. Für den Rüsselkäfer *Otiorrhynchus singularis* (Grimm, 1972) konnte nur das 3-Jahresmittel der Produktion an Imagines, das vorwiegend aus Wurzelfraß stammt, berücksichtigt werden. Von der Berechnung einer Mindestrespiration wurde aufgrund der hier noch unbekannten Entwicklungsdauer im Boden abgesehen.

In Tab. 1 sind alle z. Z. verfügbaren Assimilationswerte, nach phyllo- und rhizophagen Arten bzw. Stadien getrennt, zusammengestellt. Die nur für den Jungbuchenbestand berechneten Lepidopterenwerte wurden auch für B 1a angenommen. Das ist zweifellos nicht ganz korrekt, von der Größenordnung her gesehen aber wohl vertretbar. – In der Zusammenstellung fällt auf: Unter den Phyllophagen sind *R. fagi* und *Ch. fagella* die vorherrschenden Arten. Auf *R. fagi* entfällt im Jungbuchenbestand die Hälfte der ermittelten Phyllophagen-Gesamtassimilation. Unter den Rhizophagen nimmt *Strophosomus* sp. im Jungbuchenbestand die erste Position ein. Im Altbuchenbestand dominiert *P. argentatus* mit ca. 60% der Rhizophagen-Gesamtassimilation. Auch in der Produktion an Imagines entfällt in B 1a auf diese Art der höchste bei Insekten bisher gemessene Betrag (kcal/ha × Jahr). Die hohe Mindestproduktion an Phytophagen-Imagines von $12{,}6 \times 10^3$ kcal/ha × Jahr ($\approx 2{,}5$ kg Trockensubstanz) ist vor allem auf die hohe Produktionsdominanz von *P. argentatus* zurückzuführen.

Die vorliegenden Endwerte dürfen nur im Sinne einer groben Näherung betrachtet werden. Sie sind in allen Fällen mit Sicherheit zu niedrig angesetzt. Die Abundanzwerte sind, wie bereits erwähnt, vielfach unvollständig.

2.3.3 Andere Phytophage

Verschiedene Gruppen wurden bisher nicht bearbeitet. Unter den Phyllophagen fehlen z. B. einige kleine in Blättern minierende Lepidopterenarten (z. B. *Lithocolletis faginella* Zll.), sowie die ganze Gruppe der Blattwespen, die gegenüber Curculioniden und Lepidopteren aufgrund von Fangergebnissen in Bodenphotoeklektoren (Imagines) und Baumphotoeklektoren (Larven) allerdings eine nur geringe Bedeutung haben dürfte (Methoden s. Funke, 1971).

Schwerer wiegt die Nichtbeachtung der Saftsauger, von denen die Blattlaus *Phyllaphis fagi* L. und die Zikade *Typhlocyba cruenta* H. S. zeitweise in bemerkenswert hohen Individuenzahlen auftreten. Gallmücken (*Mikiola fagi* Htg.

Tabelle 1. Energieumsatz der Phytophagen in Buchenwaldern des Solling (nach Daten von GRIMM, SCHAUERMANN u. WINTER)

	Produktion -Imagines		Assimilation			
	B 4	B 1a	B 4		B 1a	
			phyll. Stadien	rhiz. Stadien	phyll. Stadien	rhiz. Stadien
Curculionidae						
Rhynchaenus fagi	4,0	2,1	42,1	0,0	≈21,9	0,0
Phyllobius argentatus	1,5	5,4	≈ 0,4	> 8,3	≈ 1,4	>29,4
Strophosomus sp.	1,2	1,3	4,3	>12,7	≈ 4,4	>13,0
Polydrosus undatus[a]	0,4	1,0	≈ 0,1	⩾ 1,9	≈ 0,2	⩾ 5,3
Otiorrhynchus singularis[b]	1,3	0,9	?	⩾ 1,3	?	⩾ 0,9
Lepidoptera						
Chimabacche fagella	0,6	1,9	20,4	0,0	31,8	0,0
Colocasia coryli Ennomos quercinaria	?	?	5,1	0,0	(5,1)	0,0
Acleris sponsana[b] Pandemis corylana Hylophila prasinana Lophopteryx camelina Dasychira pudibunda Erannis defolaria Operophthera fagata Cosymbia linearia Cidaria corylata 28 seltenere regelmäßig oder vereinzelt auftretende Arten	?	?	>12,8	0,0	(12,8)	0,0
	>9,0	>12,6	>85,2	>24,2	(77,6)	>48,6
			>109,4		(126,2)	

alle Werte in kcal × 10³/ha × Jahr, unterstrichen: Mittelwerte aus 3–4 Jahren; in Klammern: von B 4 auf B 1a übertragene und in den Summen verwendete Werte.

[a] (s. S. 148) [b] (s. S. 151)

und *Hartigiola annulipes* Htg.) und Gallmilben (*Aceria stenaspis stenaspis* Nal. und *Aceria stenaspis plicans* Nal.) kommen nur im Jungbuchenbestand in einiger Anzahl vor. Als Samenfresser (an Bucheckern) treten vor allem die Larven des Schnellkäfers *Athous subfuscus* Müll. auf (s. u.).

Völlig unklar ist z. Z., ob neben den Larven der genannten Curculioniden noch weitere rhizophage Arthropoden im Bestand leben. Über die Konsumenten der dürftigen Krautschicht liegen, von den Phytophagen an Buchenkeimlingen abgesehen, noch keine Untersuchungen vor. Unter den phycophagen Insekten dürfte der Collembole (Springschwanz) *Allacma fusca* L. als Konsument auf dem Algenbewuchs von Buchenstämmen eine dominierende Rolle einnehmen.

Mit dieser Übersicht ist aufgezeigt, daß neben Rüsselkäfern und Lepidopteren noch andere Phytophagen am Energieumsatz des Ökosystems Buchenwald teilnehmen. Wie hoch wir ihren Anteil am Gesamtumsatz einzuschätzen haben, ist z. Z. noch ungewiß.

Die größten Unvollständigkeiten dürften aber in der zu niedrigen Bilanz der genannten Curculioniden und Lepidopteren sowie dem Fehlen jeglicher Daten der noch nicht bearbeiteten Saftsauger zu suchen sein.

2.3.4 Phyto- und Saprophage

In wenigen Fällen ist der Energiefluß von den grünen Blättern im Kronenraum zu den Phytophagen vielleicht etwas zu hoch angesetzt. Die Imagines von *Strophosomus sp.* z. B. ernähren sich zeitweise auch von der Bodenvegetation und, vor allem im Spätherbst und Winter, von Fallaub; sie sind damit in einem geringen kaum meßbaren Umfang Konsumenten in der Detritus-Nahrungskette (s. I 2.2). Auf ein weit komplizierteres Beispiel, das die Schwierigkeiten der Einstufung einer Tierart in einen bestimmten trophic level besonders deutlich macht, werden wir später (s. S. 157) zu sprechen kommen (s. auch PETRUSEWICZ u. MACFADYEN, 1970).

2.4 Energieverlust der Primärproduzenten durch Fraß

Von besonderem Interesse ist die Energiemenge, die die Phytophagen ihren Nährpflanzen entnehmen.

Für die Phyllophagen läßt sich nach den Untersuchungen von GRIMM (1972) und WINTER (1972) aus der Assimilation (s. Tab. 1) überschlagsmäßig die Konsumtion berechnen. Der assimilatorische Nutzeffekt der aufgenommenen Nahrung liegt danach bei etwa 20–30%.[3] Für die Jungbuchenfläche (B 4) errechneten sich dann als Mindestkonsumtion der Phyllophagen Werte von ca. 284 bzw. 426×10^3 kcal/ha × Jahr. Auf der Altbuchenfläche wären diese Werte nach den Assimilationsdaten der Tabelle nur geringfügig niedriger. Wenn wir hier noch berücksichtigen, daß zusätzlich ein Energiebetrag in Höhe von ca. 20% der konsumierten Blattsubstanz abgebissen wurde (Laborbeobachtungen von WINTER, 1972),[4] so betragen die Blattverluste durch Tierfraß ca. 300 bzw. 500×10^3 kcal/ha × Jahr. Bei der unvollständigen Bestimmung der Abundanz der Phyllophagen und der Nichtbeachtung z. B. der Blattwespen, ist dieser Wert bestimmt zu niedrig angesetzt.

Wenn wir für die rhizophagen Rüsselkäferlarven die gleiche Ausnutzung der Nahrung für Assimilation wie bei den phyllophagen Käfern und Raupen annehmen, so würde der Energiegehalt der konsumierten Nahrung auf der rhizophagenreichen Altbuchenfläche (B 1a) mit 162 bzw. 243×10^3 kcal/ha × Jahr wesentlich niedriger ausfallen als der Mindestkonsum der Phyllophagen. Der Anteil der von den Rhizophagen nicht konsumierten, aber abgebissenen und damit für die Pflanze verlorenen Substanz dürfte allerdings höher liegen als bei den Blättern (s. u.).

3 Die meisten der bei phytophagen Insekten (Populationen) ermittelten Werte (A/C%) liegen höher (s. z. B. WIEGERT u. EVANS, 1967; GYLLENBERG, 1970).

4 Auch der Anteil der abgebissenen, aber nicht konsumierten pflanzlichen Substanz ist oft, insbesondere bei Heuschrecken, wesentlich größer als hier angegeben (s. ANDRZEJEWSKA, BREYMEYER, KAJAK u. WÓJCIK, 1967; GYLLENBERG, 1969; s. auch rhizophage Insekten, Abschnitt 3.2).

Unabhängig von den Untersuchungen über den Energieumsatz einzelner Phytophagenpopulationen und dem danach geschätzten Blattkonsum wurden durch Blattentnahmen im Bestand die jährlichen Verluste an Blattsubstanz vor dem natürlichen Laubfall bestimmt. Auf beiden Versuchsflächen wurden ca. $7{,}5 \times 10^5$ kcal/ha × Jahr, d. h. ca. 5% der lebenden Blattsubstanz durch Insekten entfernt (Mittel der Jahre 1968–1970, s. FUNKE, 1972). Wenn wir auch hier in Rechnung stellen, daß 20% dieser Blätter von den Tieren entfernt, aber nicht gefressen wurden, so müßte der Brennwert der konsumierten Nahrung ca. $6{,}0 \times 10^5$ kcal/ha × Jahr betragen. Die Assimilation der Phyllophagen errechnete sich dann bei einem Nutzwert der Nahrung von 20–30% mit $120 - 180 \times 10^3$ kcal/ha × Jahr. Das sind „nur" ca. 50–100% mehr als in der Tabelle für die Phyllophagen der B 4 angegeben. Berücksichtigt man, daß die Assimilation nach den an Tieren vorgenommenen Messungen sich nicht auf vollständige Abundanzwerte und alle Arten (es fehlen Blattwespen) beziehen konnte, so dürfte die über Blattsubstanzverluste geschätzte Assimilation dem wirklichen Wert sehr nahe kommen. Wenn wir weiter etwas großzügig annehmen, daß der Nutzungsgrad der Nahrung aller Phytophagenpopulationen des Buchenwaldes für Produktion und Respiration durchschnittlich je 10–15% beträgt, so ergeben sich Werte von je $60 - 90 \times 10^3$ kcal/ha × Jahr für Produktion und Respiration (der Phyllophagen beider Flächen). Während die Atmungsenergie dem System verloren geht, wird die Produktion der Phyllophagen, vom geringen Energiegehalt der aus den abgelegten Eiern schlüpfenden Larven abgesehen, an andere Konsumenten (Zoophage und Saprophage) weitergereicht. Wenn wir die Mindestwerte von Produktion und Respiration der Rhizophagen (s. SCHAUERMANN, 1972) mit berücksichtigen (ca. je 50% der Assimilation), so ergeben sich Produktions- und Respirationswerte von ca. $70 - 100 \times 10^3$ kcal/ha × Jahr in B 4 und von ca. $80 - 110 \times 10^3$ kcal/ha × Jahr in B 1a.

Genausoviel produzieren (und veratmen) nach FAASCH (mdl.) die beiden wichtigsten Gruppen der Kleinarthropoden des Bodens gemeinsam, die Collembolen und Oribatiden (Springschwänze und Moosmilben). Die Jahresproduktion der Krautschicht von ca. 100×10^3 kcal/ha (EBER, 1971) liegt ebenfalls in der gleichen Größenordnung. Demgegenüber entspricht die Produktion der Phytophagen nur etwa 0,1–0,15% der Gesamtproduktion der Buchenbestände B 1 und B 4 (RUNGE, V A; FUNKE, 1972).

2.5 Der Energieumsatz der Zoophagen

2.5.1 Räuberische Arthropoden der Bodenoberfläche

Zoophage Tiere (Carnivoren und Parasitozoen) leben in großer Artenzahl in allen Straten eines Waldökosystems. In den Buchenwäldern des Solling wurden bisher vor allem die räuberischen Arthropoden der Bodenoberfläche, insbesondere Chilopoden, Araneen, Opilioniden, Carabiden und Staphyliniden (Hundertfüßer, Spinnen, Weberknechte, Laufkäfer, Kurzflügelkäfer) eingehend bearbeitet (WEIDEMANN, 1971). Für Laufkäfer sind diese Untersuchungen inzwischen nahezu abgeschlossen. Zu den ökologisch bedeutsamsten Arten gehören *Pterostichus oblongopunctatus* F. und *Pterostichus metallicus* F. Über die Energiebilanz des „Durchschnittsindividuums" und die Abundanzdynamik der Imaginalpopulationen hat WEIDEMANN (1972) die Assimilation der Populationen im Altbuchenbestand (B 1a) mit 10,9 bzw. $8{,}4 \times 10^3$ kcal/ha × Jahr (1969/1970) berechnet. Wie bei einigen Phytophagen (s. o.), so handelt es sich auch hier um Mindestwerte, da die Abundanzdynamik der bodenlebenden Larven bisher nur unzureichend zu ermitteln war. Da aber rund 2/3 der Assimilation des Individuums, bis zur Imaginalhäutung, ähnlich wie bei P. *argentatus* (Abb. 2), auf das letzte Larvenstadium entfallen, dessen Abundanz sich von der Schlüpfabundanz der Käfer nur wenig unterscheiden dürfte, liegt der Schluß nahe (s. WEIDEMANN, 1972), daß die errechnete Mindestassimilation der Populationen nicht wesentlich unter den wirklichen Gesamtwerten liegen kann. Bemerkenswert ist der hohe Anteil der Gametenproduktion P_r (im wesentlichen = Eiproduktion). Er liegt bei *P. oblongopunctatus* mit $2{,}6 \times 10^3$ kcal/ha deutlich höher als die Mindestproduktion durch Wachstum P_g mit $2{,}1 \times 10^3$ kcal/ha. Bei *P. metallicus* beträgt P_r $0{,}6 \times 10^3$ kcal/ha gegenüber Mindest-P_g von $0{,}7 \times 10^3$ kcal/ha. Damit ist angezeigt, daß die ganze Population besonders aufgrund der hohen Produktion der Imagines an Fortpflanzungsprodukten den größten Teil ihrer Beute von der Bodenoberfläche bezieht (s. S. 160).[5]

Bei *P. oblongopunctatus* assimilieren die Imagines ca. 56% der Mindestassimilation der Population, bei *P. metallicus* entfallen auf die Imagines nur etwa 30%.

Auch für die anderen obengenannten Gruppen epigäischer Raubarthropoden liegen bereits zahlreiche Daten über Lebenszyklus, Abundanzdynamik, Biomasse, Produktion und Respiration vor (WEIDEMANN u. Mitarb.), nach denen in absehbarer Zeit abschließende Energiebilanzen aufgestellt werden dürften.

2.5.2 Kleinarthropoden im Boden

Von den übrigen Zoophagen im Ökosystem Buchenwald hat bisher lediglich FAASCH (mdl.) im Rahmen ihrer Untersuchungen an Kleinarthropoden im Boden bei – vorwiegend – räuberischen Milben (Gamasidae) über Abundanz und Biomasse nach Literaturdaten die Assimilation aus Produktion und Respiration abschätzen können. Sie erhielt auf diese Weise einen Betrag von ca. 60×10^3 kcal/ha × Jahr (Mittelwert der Jahre 1968 und 1970); das sind etwa 25% im Energieumsatz aller euedaphischen u. hemiedaphischen Kleinarthropoden (Collembolen, Acari) im Buchenaltholz (B 1a).

2.5.3 Räuber und Parasiten des Kronenraums

Die Räuber und Parasiten des Kronenraums wurden bisher nicht näher bearbeitet. Aus Stammaufläufen (Fänge in Baumphotoeklektoren, s. FUNKE, 1971) haben wir aber seit 1968 ein umfangreiches Material z. B. an vorwiegend aphidivoren (blattlausfressenden) Syrphiden (Schwebfliegen-Larven), Planipenniern (Netzflügler-Imagines und -Larven), Coccinelliden (Marienkäfer – vorwiegend Imagines) zusammengetragen und somit wenigstens in einigen Fällen die Möglichkeit, nach Literaturdaten und aufgrund der Umsatzleistungen verwandter Arten Anhaltspunkte über den Energieumsatz dieser Tiere zu erhalten.

5 Berechnung der Brennwerte für Produktion auf der Grundlage von 5,3 cal/mg Trockensubstanz

Gleichzeitig ergeben sich hieraus Rückschlüsse auf die mögliche Mindestproduktion der bisher nicht bearbeiteten Blattläuse, aus denen sich weiter, ebenfalls aus der Literatur (Dixon, 1971), die den Pflanzen entnommene Energie abschätzen lassen müßte.

2.5.4 Sonstige Räuber

Im Stamm- und Kronenraum der Bäume leben nach Klopffängen und Stammauflauf (Funke, 1971) zu urteilen zahlreiche Spinnen, deren Determination soeben erst mit Hilfe von Albert und Weidemann (über Thaler, Innsbruck) begonnen werden konnte.

Zu den auffallendsten Räubern besonders im unteren Stammbereich zählt die Linyphiide (Baldachinspinne) *Drapetisca socialis* Sundevall, von der nach unseren keineswegs quantitativen Fängen im Altbuchenbestand 1968–1971 Jahr für Jahr an jedem Fangbaum ca. 300–500 adulte und weitere 200–300 subadulte Tiere gefangen wurden. Bei 250 Buchenstämmen/ha ergibt sich allein aufgrund dieser Fänge eine Zahl, die diese mittelgroße Spinnenart als einen der bedeutsamsten Raubarthropoden im Bestand überhaupt kennzeichnet. In ihren sehr feinen Netzen (Kullmann, 1964) dürften vorwiegend kleine Arthropoden, besonders Collembolen, Blattläuse, und Zikaden, die zum Zeitpunkt der Geschlechtsreife von *D. socialis* oft in Mengen an den Baumstämmen auftreten, gefangen werden.

Unerwähnt blieben bisher die räuberischen Dipteren. Die wichtigste Gruppe ist auf allen Versuchsflächen (Buche, Fichte und Wiese) die der Empididen (Tanzfliegen). In Zusammenhang mit Untersuchungen an brachyceren detritophagen Dipterenlarven (Muscidae, Lauxaniidae) ermittelt mein Mitarbeiter Altmüller (nach einer neuen Methode von Healey u. Russel-Smith, 1970) Larvenabundanzen dieser Gruppe. Die Produktion an Imagines ist bei einzelnen Arten recht groß. Sie beträgt bei der besonders im Jungbuchenbestand (B 4) vorherrschenden *Rhamphomyia erythrophthalma* Meig. einschließlich der nur im männlichen Geschlecht auftretenden „Art“ *R. hirsutipes* Coll. (vermutlich eine 2. Männchenform von *R. erythrophthalma*!) im Mittel der Jahre 1968–1970 ca. $1{,}7 \times 10^3$ kcal/ha × Jahr.[6]

2.5.5 Parasitische Hymenopteren

Die Schlüpfabundanz parasitischer Hymenopteren betrug im Altbuchenbestand 1968 ca. 250 Ind./m². Die gefangenen Tiere gehören wenigstens 50 noch nicht bestimmten Arten an. 220 Ind./m² entfielen allein auf die Gruppe der winzigen Mymariden (Zwergwespen), die wahrscheinlich ausschließlich als Eiparasiten die Produktion ihrer uns noch unbekannten Wirte hemmen. Die Schlüpfwerte parasitischer Hymenopteren lagen auch in den folgenden Jahren auf beiden Buchenversuchsflächen annähernd in gleicher Höhe. Im 40jährigen Fichtenbestand (F 3) schlüpften 1971 nach den Untersuchungen meines Mitarbeiters Thiede sogar 600 Ind./m², davon fast 2/3 Vertreter von nur 2 Arten (s. u.). Im Fichtenaltholz lagen die Schlüpfwerte demgegenüber bei nur 170 Ind./m². Zu besonders hohen Schlüpfzahlen (880 Ind./m²) kommt mein

6 (s. Fußnote S. 155)

Mitarbeiter HAAS 1971 auf der Versuchsfläche Wiese (W 1). Die gefangenen Tiere gehörten zu je 100–200 Ind./m^2 den Gruppen der Mymariden, Chalcidoiden, Proctotrupoiden, Braconiden und Ichneumoniden (Zwerg-, Erz-, Zehr-, Brack- und Schlupfwespen) an; 50 Ind./m^2 entfallen auf Cynipoiden (Gallwespen) und 10 auf verschiedene andere Hymenopterengruppen. Die hohen Fangzahlen mögen hier mit der Konzentration aller Nahrungsbeziehungen zwischen Boden und Krautschicht (im Fangbereich der Eklektoren) zu erklären sein. Es ist ferner nicht auszuschließen, daß hier mehr als im Wald manche Arten auch phytophag sind (insbesondere einige Chalcidoiden). Einige Spezies sind vermutlich auch bi- oder gar plurivoltin, was bei anderen Insekten – von arthropleonen Collembolen abgesehen – zumindest im Buchenwald nur sehr selten vorkommt. Die vor allem auf der Wiese sehr hohen Schlüpfzahlen bei Chalcidoiden und Braconiden könnten z. T. auch auf Polyembryonie zurückzuführen sein.

Über die Wirte der parasitischen Hymenopteren lassen sich, von wenigen Ausnahmen abgesehen (s. u.), noch keine Angaben machen. Wir müssen damit rechnen, daß manche Arten als Hyperparasiten auftreten. Nur in besonders günstigen Fällen dürfte hier der Energiefluß zu analysieren sein. – Die Untersuchungen über Parasitozoen werden auch auf andere Insektengruppen ausgedehnt. So hat z. B. HAAS an Wiesenzikaden auf der Versuchsfläche W 1 z. T. mit Hilfe von Photoeklektoren Vertreter der hochinteressanten Strepsipteren (Fächerflügler) festgestellt (s. auch RAATIKAINEN, 1967).

2.5.6 *Der omnivore Schnellkäfer Athous subfuscus*

Es war bisher von Tiergruppen die Rede, die wir mit Sicherheit – von den erwähnten Einschränkungen bei den Hymenopteren abgesehen – als zoophag bezeichnen können. Zum Schluß dieses Kapitels soll noch auf eine Art hingewiesen werden, die ihre Energie aus den verschiedensten Nahrungsquellen bezieht. Es handelt sich um den Schnellkäfer *Athous subfuscus*. Die Produktion an Imagines beträgt hier – gemittelt über 4 Jahre (1968–1971) – ca. $4{,}2 \times 10^3$ kcal/ha × Jahr. Nur der Rüsselkäfer *Phyllobius argentatus* erreicht im Altbuchenbestand (B 1a) einen höheren Wert ($5{,}3 \times 10^3$ kcal/ha × Jahr). Mit ca. $3{,}3 \times 10^3$ kcal/ha × Jahr (1968 – 1970) folgt erst an 3. Stelle *Fannia* sp. (Diptera),[7] ein Vertreter der Saprophagen. *A. subfuscus* ist nach den Untersuchungen meines Mitarbeiters STREY (1972) pantophag. Die Larven ernähren sich von verschiedenen Beutetieren, so z. B. von Rüsselkäferlarven, von Schmetterlingsraupen, von Oligochaeten, insbesondere von Enchytraeen. Sie sind außerdem Kannibalen, fressen ferner an Bucheckern (s. o.) und nehmen wahrscheinlich, genau wie andere Elateriden auch, (SCHAERFFENBERG, 1942) Humusbestandteile auf. Die Imagines leben kurze Zeit in der Vegetationsschicht, im Solling im Stamm- und Kronenraum. Sie ernähren sich hier – allerdings wohl nur in sehr geringem Maße – u. a. vom Honigtau der Blattlaus *Phyllaphis fagi*.

Die Entwicklung von *A. subfuscus* dauert nach STREY durchschnittlich 7 Jahre. Wie bei kaum einem anderen Insekt in den Buchenwäldern des Solling ist der Altersaufbau dieser Population mehrschichtig. In jedem Jahr wird eine neue Generation geboren.

7 (s. Fußnote S. 155).

Deutlicher noch als bei der Produktion an Imagines dürfte *A. subfuscus* auch im Energieumsatz eine Spitzenposition innerhalb der Gruppe der Arthropoden einnehmen. Nach soeben (Oktober 1972) abgeschlossenen Berechnungen von Strey entspricht der Energiefluß durch die Population (7 Generationen/ha × Jahr = eine Durchschnittsgeneration/ha × 7 Jahre) einem Wert von $121{,}6 \times 10^3$ kcal. *A. subfuscus* assimiliert damit etwa genausoviel wie alle Phytophagen-Populationen (Rüsselkäfer und Schmetterlinge, s. Tab. 1) zusammen. Wie bei anderen poikilothermen Tieren mit mehrjähriger Entwicklung wird auch hier im Gegensatz zu Tieren mit kürzerer Entwicklungsdauer ein besonders hoher Anteil der assimilierten Energie veratmet.

In diesem Zusammenhang soll noch einmal auf Untersuchungen meines Mitarbeiters Schauermann (1972) an Rüsselkäfern mit rhizophagen Larven hingewiesen werden. Bei *Phyllobius argentatus* dauert die Gesamtentwicklung bis zum Schlüpfen aus dem Boden etwa ein Jahr. Der Quotient aus Produktion und Respiration (kumulative Werte des Individuums bis zum Schlüpftermin) beträgt 0,73 (!). Bei *Polydrosus undatus*, der ungefähr das gleiche Endgewicht und den gleichen Energiegehalt wie *P. argentatus* erreicht, dauert die Gesamtentwicklung bis zum Schlüpfen der Imagines am Boden zwei Jahre. Hier liegt der Quotient aus Produktion und Respiration (kumulative Werte des Individuums zum Schlüpftermin) bei 0,28 (bei Überwinterung der Larven im 3. Stadium) und bei 0,38 (bei Überwinterung der Larven im 4. Stadium). – Zu ähnlichen Unterschieden der P/R – Relationen in Abhängigkeit von der Entwicklungsdauer kommt auch Weidemann (1972) bei den beiden Laufkäfern *P. oblongopunctatus* (Gesamtentwicklung bis zum Schlüpfen dauert weniger als ein Jahr) und *P. metallicus* (Gesamtentwicklung bis zum Schlüpfen der Imago dauert länger als ein Jahr). Die Zusammenhänge zwischen Produktion und Respiration poikilothermer Tiere (Durchschnittsindividuen und Populationen) in Abhängigkeit vom Lebenszyklus werden in unseren Arbeiten in Zukunft eine besondere Beachtung finden. Es eröffnen sich Möglichkeiten (Engelmann, 1966; McNeill u. Lawton, 1970; Funke, 1972) auf einfacherem Wege als bisher wirklichkeitsnahe Daten der Assimilation errechnen zu können. Wir sollten im Rahmen der Ökosystemforschung in zunehmendem Maße zu solchen „Schnellmethoden" übergehen.

3. Der Einfluß der Phytophagen auf die Pflanzen

3.1 Phyllophage

Phytophage Tiere beeinträchtigen oft in hohem Maße Existenz und Produktion von Pflanzen. Bei den geringen Umsatzleistungen der phytophagen Insekten in den Buchenwäldern des Solling dürften nachteilige Einflüsse, von sekundären Schäden z. B. durch xylophage Käfer (*Hylecoetus dermestoides* L., *Xyloterus domesticus* L.) und die Buchenwollaus (*Cryptococcus fagi* Bärspr.) abgesehen, wenig bedeutsam sein. Im folgenden wird der Einfluß der Phyllophagen und Rhizophagen getrennt diskutiert.

Die produktionsmindernde Wirkung der Phyllophagen läßt sich nicht allein nach den Fraßmengen beurteilen (Varley, 1967b). Fraßmengen sind aber am einfachsten meßbar und können außerdem direkt auf die Photosyntheseleistung bezogen werden. Nach Untersuchungen über den Jahresgang der Netto-Photosynthese der Buche im Solling (Schulze, 1970) und gleichzeitig durchgeführten Fraßmengenbestimmungen hätte die Minderung der Photosyntheseleistung 1968 im 60jährigen Buchenbestand (B 4) ca. 4,9% und im 120jährigen Buchenbestand (B 1a) ca. 3,5% betragen müssen. Diese Werte sind sicherlich zu hoch angesetzt; denn jeder m^2 Bodenfläche wird bei idealer Blattverteilung von ca. 6 m² Blattfläche überdeckt (HELLER, 1971). Das bedeutet: Fraßschäden in Sonnenblättern erhöhen den Lichtdurchgang zu Schattenblättern und bewirken dort eine Steigerung der CO_2-Aufnahme, die die Minderung im Bereich der Sonnenkrone wenigstens teilweise kompensiert. Fraßschäden an Schattenblättern wirken sich bei deren relativ geringen CO_2-Aufnahme bei guter Deckung der Sonnenkrone nur wenig aus. Der Einfluß der Phyllophagen auf die Nettoassimilation der Buche ist danach – stellen wir nur den Verlust an Blattsubstanz in Rechnung – offensichtlich fast bedeutungslos. Allein der „normale“ Witterungsablauf wiegt wesentlich schwerer. So wurde 1968 die max. mögliche CO_2-Aufnahme durch Bewölkung und suboptimale Temperatur- und Feuchtebedingungen in der Sonnenkrone um 20,5%, in der Schattenkrone um 13,4% gemindert (SCHULZE, 1970). Bei diesen Größenordnungen dürften die Blattverluste durch Insektenfraß für Zuwachsminderung kaum ins Gewicht fallen.

3.2 Rhizophage

Der Einfluß der Rhizophagen auf die Buchenbestände läßt sich z. Z. noch nicht abschätzen. Die Verluste an Wurzelmasse haben verschiedene Ursachen, wobei die Wirkung abiotischer Faktoren vermutlich sehr hoch einzustufen ist.

Nach GÖTTSCHE (1972) nahm der Anteil der lebenden Wurzelspitzen von Mai bis August 1969 in O-, A- und B-Horizont (Tiefenbereich 2–94 cm) stark ab. Lebten z. B. im O_{f2} und A_{eh}-Horizont im Mai 78,3 bzw. 31,5% der Gesamtzahl der Wurzelspitzen, so lagen die vergleichbaren Werte im August bei 6,8 bzw. 0,1%. Einen besonders steilen Abfall zeigte 1969 die Biomasse der Feinst- und Feinwurzeln (Durchmesser bis max. 2,0 mm) im gesamten O/A-Horizont bei einem Höchstwert im Juni von 748 mg/100 ml Boden, auf 184 und 91 mg/100 ml Boden im Juli bzw. August (gemessen in 2m Stammabstand).

Nach GÖTTSCHE (mündl. Mitteilung) sind diese Abnahmen in hohem Maße auf Austrocknung des Substrates zurückzuführen, eine Erscheinung, die im Sommer 1971 nach eigenen Beobachtungen besonders stark auftrat. Gleichzeitig dürften aber auch rhizophage Insekten, insbesondere Rüsselkäferlarven, für die Minderung der Zahl der Wurzelspitzen und der Biomasse von Feinst- und Feinwurzeln mitverantwortlich sein. Nach SCHAUERMANN (1972) erreicht die Larvenabundanz von *Polydrosus undatus*, *Strophosomus* sp. und *Phyllobius argentatus* im Juli Höchstwerte. Zu dieser Zeit schlüpfen die meisten Junglarven aus dem Ei. Fast gleichzeitig steigt die Assimilation und damit auch die Konsumtion der einjährigen Larven von *P. undatus* und *Strophosomus* sp. steil an.

Der Einfluß der Rhizophagen auf die Produktion der Buchen kann sicher noch weniger als bei den Phyllophagen nach Assimilation und Nahrungsmengen beurteilt werden. Die Menge der an- oder abgebissenen, aber nicht verzehrten Pflanzenteile dürfte hier einen besonders hohen Anteil am Gesamtwurzelverlust ausmachen.

4. Zum Einfluß der Zoophagen auf die Phytophagen

Der Energiefluß von Primärkonsumenten (Phytophagen) zu Sekundärkonsumenten (Zoophagen) konnte in den Waldökosystemen noch in keinem Fall näher analysiert werden. Räuberische Arthropoden sind in der Regel polyphag. Ihre Nahrung richtet sich nach dem Angebot. Die von Weidemann (1972) eingehend untersuchten Carabiden sind gleichzeitig Glieder der Phytophagen- und der Detritophagennahrungskette. So ernährt sich *P. metallicus*, nach Darminhaltsuntersuchungen zu urteilen, von Collembolen, Dipterenlarven (z. B. den im Bestand hochabundanten Fannien) Dipterenimagines (wahrscheinlich bes. von den ebenfalls in hoher Abundanz und Biomasse schlüpfenden Sciariden), daneben aber auch von Schmetterlingsraupen und Rüsselkäfern, z. B. von *P. undatus* und *P. argentatus*. Der Zeitpunkt höchster Aktivität und intensivsten Reifefraßes von *P. metallicus* trifft mit dem Abundanzmaximum aller Curculioniden-Imagines am Boden (Schlüpfperiode und Eiablage) zusammen. Konsequent fortgeführte Darminhaltsuntersuchungen werden hier wahrscheinlich detailliertere Aussagen über die Anteile verschiedener Beuteobjekte am Gesamtkonsum zulassen. Aus der Relation von Assimilation und Konsumtion dürften weitere Details über die Einwirkung der Räuber auf die wichtigsten Beutepopulationen zu erhalten sein.

Die Phytophagen der Buchenkrone sind z. Z. in noch kaum abschätzbarem Maße Beuteobjekte der Bodenräuber. Da sie ständig in großen Mengen zu Boden fallen, (Funke 1971, 1972), dürften insbesondere alle flugunfähigen Arten bzw. Stadien (Rüsselkäfer, Schmetterlings- u. Blattwespenlarven, Blattläuse usw.) von den Räubern an der Bodenoberfläche leicht zu erbeuten sein. Damit dürfte der Populationsstand der Kronenbewohner auch von den Bodenräubern in hohem Maße kontrolliert werden. Umgekehrt sind aber auch die Phytophagen des Kronenraumes vermutlich ein sehr wichtiges produktionsbestimmendes Element für Laufkäfer, Bodenspinnen usw. Eindeutigere Beziehungen dürften sich bei Nahrungsspezialisten, z. B. Blattlausfressern, erhalten lassen. Noch geeigneter wären z. B. monophage Parasiten. Aus den Untersuchungen meines Mitarbeiters Thiede bietet sich hier ein besonders günstiges Beispiel für weitergehende Arbeiten an. Zu den vorherrschenden Phytophagen in den Fichtenbeständen des Solling gehört der Fichtennestwickler *Epiblema tedella* Cl. (Lep.). Im 40jährigen Fichtenbestand schlüpften 1971 vom 25. 5. bis 6. 7. (bes. vom 1. bis 15. 6.) 373 Lepidopteren-Imagines/m^2, davon allein 371 Individuen von *E. tedella* (!). Im gleichen Zeitraum, schwerpunktmäßig nur um wenige Tage verzögert, schlüpften auf denselben Flächen 199 Ind./m^2 von *Lissonota dubia* Hyn. (Hym., Ichneumonidae) und 179 Ind./m^2 von *Apanteles tedellae* Nix. (Hym. Braconidae), nach Führer (1964, 1971 a, b) die beiden wichtigsten Parasiten von *E. tedella*.

Neben den Untersuchungen Weidemanns (1971, 1972) über Räuber mit breitem Nahrungsspektrum bietet sich hier ein – auch aus methodischer Sicht – bemerkenswertes Versuchsobjekt an, um den Energiefluß über drei Glieder einer einfachen Nahrungskette zu verfolgen (über erste Ansätze s. Edgar, 1971 a, b).

5. Zur Funktion der Phytophagen und Zoophagen im Ökosystem

Die Frage nach der Funktion der Saprophagen in einem Wald ist unumstritten. Ihre vielfachen Leistungen im Ökosystem, z. B. Zerkleinerung des Bestandsabfalls, Lockerung, Durchlüftung, Durchmischung des Bodens, Bildung von Ton-Humuskomplexen, werden allgemein anerkannt. Anders stellt sich das Problem bei den Phytophagen. In einem aquatischen System wird niemand ihre Bedeutung verkennen. In terrestischen Ökosystemen, besonders aber in Wäldern, könnte die Notwendigkeit ihrer Existenz und gleichzeitig auch der ihrer Regulatoren, der Zoophagen, in Frage gestellt werden. Bevor eine Konsumentengruppe oder gar eine ganze Nahrungskette aber zu völliger Bedeutungslosigkeit verurteilt wird, sollten wenigstens ihre möglichen Funktionen erörtert werden (s. auch RAFES, 1970). Bleiben wir bei den eingehender besprochenen Phyllophagen.

Nach dem bereits Gesagten treten die Blattfresser in einem einigermaßen naturnahen Ökosystem kaum als Minderer der primären Produktion, d. h. als „Schädlinge", in Erscheinung. Durch die vorzeitige Zerkleinerung geringer, noch lebender, z. T. vielleicht sogar überschüssiger Streumengen könnten sie im Sinne einer Beschleunigung der Stoffumsätze wirken. Diese Funktion dürfte unter den klimatischen und edaphischen Bedingungen der Buchenwälder des Solling bei dem Mangel großer und der geringen Leistung kleiner Detritophagen (Collembolen, Milben s. o.) nicht ganz ohne Bedeutung sein. Ein experimenteller Beweis wird sich in einem Waldökosystem mit vorherrschend langlebigen Pflanzen und gleichzeitig großen Reserven toter organischer Substanz allerdings nicht so leicht erbringen lassen.

Eine tiefgreifendere Einflußnahme der Phyllophagen wäre aus den komplexen Nahrungsbeziehungen im Ökosystem zu entwickeln. Es sollen hier stark vereinfacht zwei extreme Vorstellungen einander gegenüber gestellt werden. Dabei sollen die Phyllophagen des Kronenraums und die Prädatoren der Bodenoberfläche im Mittelpunkt der Betrachtungen stehen.

Zunächst wird von der Annahme ausgegangen, daß die Phyllophagen im Kronenraum ausfallen. Daraus folgt: ihre Räuber und Parasiten (im Kronenraum) schwinden; Primärproduktion, Streumenge und Detritophagen-Energieumsatz nehmen in geringem Umfang zu. Es wird nun angenommen (Möglichkeit 1), daß die Bodenräuber, die sich vorher in hohem Maße von den Phyllophagen der Krone ernährt hatten, ihren Energieumsatz jetzt in gleicher Höhe allein aus dem Übermaß bestimmter Detritophagen decken können. Das Fehlen der Phyllophagen wirkt sich auf das Ökosystem nicht aus. Es wäre nun aber auch denkbar (Möglichkeit 2), daß die Räuber der Bodenoberfläche in einer für sie sehr entscheidenden Entwicklungsphase, z. B. während des Reifefraßes (s. S. 160, Laufkäfer), keine ausreichende Ersatznahrung finden und aussterben. Da damit auch gleichzeitig der Einfluß ihrer Jugendstadien auf deren Beuteobjekte erlischt, dürften jetzt andere, vorher latente Nahrungsbeziehungen am Waldboden in den Vordergrund treten. So werden vielleicht manche Populationen gegenüber früher stärker gefördert, andere stärker gehemmt. Diese Änderungen dürften sich dann über Primär- und Sekundärzersetzer, Mycetophage und Bacteriovore, auf die Endprozesse im Abbau der organischen Substanz und die nachfolgende primäre Produktion auswirken und auf diesem indirekten Wege grundlegende Änderungen des Ökosystems bewirken.

Ob wir solche Einflüsse mit unseren z. Z. laufenden Experimenten, z. B. durch Ausschluß einiger größerer Räuber von umgrenzten Flächen, im Wald in absehbarer Zeit werden nachweisen können, bleibt abzuwarten.

6. Die Verflechtung verschiedener Ökosysteme durch Nahrungsbeziehungen

Viele Tiere gehören aufgrund eines großen Aktionsradius, durch jahreszeitlich bedingte Wanderungen, entwicklungsbedingte Biotopwechsel oder durch passive Verdriftungen verschiedenen Ökosystemen an, in denen sie – oft in kaum abgrenzbarer Weise – in Stoff- und Energieumsatz einbezogen sind.

Diese Erscheinungen finden wir auch in den Waldgebieten des Solling. Wir haben hier einen in seinem vollen Ausmaß allerdings nicht einmal annähernd abschätzbaren Austausch vor allem zwischen Fichten- und Buchenbeständen, aber auch mit weiter entfernt liegenden Äckern, Wiesen und Wasserstellen feststellen können. Auffallende Einflüge bzw. zufällige und passive Verdriftungen stellten wir vor allem in den eingehender untersuchten Buchenwäldern fest. Hier traten in manchen Jahren typische Vertreter des Fichtenwaldes, besonders aus seinem Kronenraum, in größeren Mengen auf, so z. B. Coccinelliden (bes. *Anatis ocellata* L., *Aphidecta obliterata* L.), Curculioniden (bes. *Polydrosus impar* G. und *Polydrosus atomarius* O.), Aphidinen (bes. Rindenläuse), daneben geflügelte Ameisen und verschiedene Holzinsekten (z. B. die Bockkäfer *Toxotus cursor* L. und *Tetropium castaneum* L.).

Zu den auffallendsten Erscheinungen zählen aber die Wanderflüge von *Rhynchaenus fagi* L., der in vielen Buchenwäldern des Solling vorherrschenden Phytophagenart (s. o.). Mein Mitarbeiter GRIMM (1972) stellte hier bemerkenswerte Gesetzmäßigkeiten heraus. Vom Frühsommer an wandern die Käfer in zunehmendem Maße in benachbarte Fichtenbestände ein, aus denen sie erst im folgenden Frühjahr zu Reifefraß und Fortpflanzung in die Buchenbestände zurückzukehren.

Über den vollen Umfang dieser Biotopwechsel lassen sich keine Aussagen machen. Anfang April 1969 wurden im 40jährigen Fichtenwald an einer Stelle 1070 Ind./10 m^2 erbeutet (Klopffänge, FUNKE, 1971). Im vorangegangenen Herbst dürften hier wesentlich mehr Tiere gelebt haben. Da *R. fagi* im Fichtenwald keine Nahrung aufnimmt, ist sein Einfluß auf den Energieumsatz dieses Ökosystems nur einseitig, d. h. die Käfer stellen lediglich potentiell nutzbare Energie für Saprophagen (besonders am Boden) und winteraktive Zoophagen, z. B. Spinnen im Kronenbereich der Fichten, dar. Nach GRIMM (1972) bieten die Fichtenbestände *R. fagi* im Winter aber auch erhebliche Vorteile, so z. B. ein ausgeglichenes Mikroklima und günstige Schlupfwinkel zwischen den Fichtennadeln und damit zugleich Schutz vor abiotischen Mortalitätsfaktoren und vor Verpilzung.

Literatur

ANDRZEJEWSKA, L., BREYMEYER, A., KAJAK, A., WÓJCIK, Z.: Experimental studies on trophic relationships of terrestrial invertebrates. In: PETRUSEWICZ, K. (Ed.), Secondary Productivity of Terrestrial Ecosystems, 477—495 (1967).

BUECHNER, H. K., GOLLEY, F. B.: Preliminary estimation of energy flow in Uganda kob (*Adenata kob thomasi* Neumann). In: PETRUSEWICZ, K. (Ed.), Secondary Productivity of Terrestrial Ecosystems, 243—253 (1967).

DIXON, A. F. G.: Aphids. In: PHILLIPSON, J.: Methods of study in quantitative soil ecology: population, production and energy flow. IBP Handbook No. 18, 233–246, 297 p. Oxford: Blackwell, 1971.

EBER, W.: The primary production of the ground vegetation of the Luzulo-Fagetum. Ecol. Studies **2**, 53—56 (1971).

EDGAR, W. D.: Aspects of the ecological energetics of the wolf spider *Pardosa (Lycosa) lugubris* (Walckenaer). Oecologia **7**, 136—154 (1971).

EDGAR, W. D.: Aspects of the ecology and energetics of the egg sac parasites of the wolf spider *Pardosa lugubris* (Walckenaer). Oecologia **7**, 155—163 (1971).

ELLENBERG, H. (Ed.): Integrated experimental ecology. Ecol. Studies **2**, 214 S. (1971).

ENGELMANN, M. D.: Energetics, terrestrial field studies and animal productivity. In: CRAGG, J. B. (Ed.), Adv. Ecol. Res. **3**, 73—114 (1966).

FÜHRER, E.: Zum Auftreten des Fichtennestwicklers *Epiblema tedella* Cl. (Lep., Tortricidae) in Schleswig-Holstein. Z. ang. Ent. **54**, 150—163 (1964).

FÜHRER, E.: Über parasitär bedingte, differenzierte Mortalität bei überwinternden Larven von *Epiblema tedella* Cl. (Lep., Tortricidae). Z. ang. Ent. **69**, 368—397 (1971).

FÜHRER, E.: Zur Synchronisation der Entwicklung von *Epiblema tedella* Cl. (Lep., Tortricidae) und ihres Parasiten *Lissonota dubia* Hgn. (Hym., Ichneumonidae). Anz. f. Schädlingskunde **44**, 165—171 (1971).

FUNKE, W.: Food and energy turnover of leaf-eating insects and their influence on primary production. Ecol. Studies **2**, 81—93 (1971).

FUNKE, W.: Energieumsatz von Tierpopulationen in Landökosystemen. Verh. Deut. Zool. Ges. Helgoland 1971; 65. Jahresversammlung, 95—106 (1972).

FUNKE, W., WEIDEMANN, G.: Food and energy turnover of phytophagous and predatory arthropods. Methods used to study energy flow. Ecol. Studies **2**, 100—109 (1971).

GERLACH, A., KRAUSE, A., MEISEL, K., SPEIDEL, B., TRAUTMANN, W.: Vegetationsuntersuchungen im Solling (Beiträge zum Internationalen Biologischen Programm — Sollingprojekt). Schriftenr. Vegetationsk. **5**, 75—78 (1970).

GÖTTSCHE, D.: Verteilung von Feinwurzeln und Mykorrhizen im Bodenprofil eines Buchen- und Fichtenbestandes im Solling. Mitt. Bundesforschungsanstalt f. Forst- u. Holzw. Reinbeck/Hamburg; Weltforstwirtschaft **88**, 1—102 (1972).

GOLLEY, F. B.: Energy dynamics of a food chain of an old-field community. Ecol. Monogr. **30**, 187—206 (1960).

GRIMM, R.: Zum Energieumsatz phytophager Insekten im Buchenwald. Untersuchungen an Populationen der Rüsselkäfer (Curculionidae) *Rhynchaenus fagi* L., *Strophosomus* (Schönherr) und *Otiorrhynchus singularis* L. Oecologia (im Druck).

GYLLENBERG, G.: The energy flow through a *Chorthippus parallelus* (Zett.) (Orthoptera) population on a meadow in Tvärmine, Finnland. Acta Zool. Fenn. **123**, 1—74 (1969).

GYLLENBERG, G.: Energy flow through a simple food chain of a meadow ecosystem in four years. Ann. Zool. Fenn. **7**, 283—289 (1970).

HAAS, H.: Schlüpfphänologie und Schlüpfabundanz von Insekten auf einer Wiese im Solling. Diplomarbeit Göttingen 1972.

HEALEY, I. N., RUSSELL-SMITH, A.: The extraction of fly larvae from woodland soils. Soil Biol. Biochem. **2**, 119—129 (1970).

HELLER, H.: Estimation of photosynthetically active leaf area in forests. Ecol. Studies **2**, 29—31 (1971).

HINTON, J. M.: Energy flow in a natural population of *Neophilaenus lineatus* (Homoptera). Oikos **22**, 155—171 (1971).

KLEKOWSKI, R. Z., PRUS, T., ZYROMSKA-RUDZKA, H.: Elements of energy budget of *Tribolium castaneum* (Hbst.) in its developmental cycle. In: PETRUSEWICZ, K. (Ed.), Secondary Productivity of Terrestrial Ecosystems, 859—879 (1967).

KULLMANN, E.: Neue Ergebnisse über den Netzbau und das Sexualverhalten einiger Spinnenarten *(Cresmatoneta mutinensis, Drapetisca socialis, Lithyphantes paykulianus, Cyrtophora citricola)* als Beiträge zur Frage der Bedeutung besonderer Verhaltensmerkmale für die Systematik. Z. zool. Syst. Evolut.-forsch. **2**, 41—122 (1964).

MCNEILL, S.: The energetics of a population of *Leptoderna dolabrata* (Heteroptera: Miridae). J. Anim. Ecol. **40**, 127—140 (1971).

MCNEILL, S., LAWTON, J. H.: Annual production and respiration in animal populations. Nature **225**, 472—474 (1970).

ODUM, E. P.: Relationships between structure and function in the ecosystem. Japanese J. Ecol. **12**, 108—118 (1962).

ODUM, E. P.: Fundamentals of Ecology, 3rd ed., XIV + 574 pp. Philadelphia: Saunders 1971.

ODUM, E. P., CONNELL, C. E., DAVENPORT, L. B.: Population energy flow of three primary consumer components of old-field ecosystems. Ecology **43**, 88—96 (1962).

PETRUSEWICZ, K., MACFADYEN, A.: Productivity of terrestrial animals. Principles and methods. IBP Handbook No. 13, *X* + 190 pp. Oxford: Blackwell 1970.

RAATIKAINEN, M.: Bionomics, enemies and population dynamics of *Javesella pellucida* (F.) (Hom., Delphacidae). Ann. Agric. Fenn. **6**, Seria Animalia nocentia **27**, 16—141 (1967).

RAFES, P. M.: Estimation of the effects of phytophagous insects on forest production. Ecol. Studies **1**, 100—106 (1970).

RUNGE, M.: Der biologische Energieumsatz in Landökosystemen unter Einfluß des Menschen. Beitrag VA in diesem Band.

SCHAERFFENBERG, B.: Die Elateriden der Kiefernwaldstreu. Z. ang. Ent. **29**, 85—115 (1942).

SCHAUERMANN, J.: Zum Energieumsatz phytophager Insekten im Buchenwald (Luzulo-Fagetum). Die produktionsbiologische Stellung der Rüsselkäfer (Curculionidae) mit rhizophagen Larvenstadien. Dissertation Göttingen 1972 (in Vorber. zum Druck).

SCHULZE, E. D.: Der CO_2-Gaswechsel der Buche *(Fagus silvatica* L.*)* in Abhängigkeit von den Klimafaktoren im Freiland. Flora **159**, 177—232 (1970).

SMALLEY, A. E.: Energy flow of a salt marsh grashopper population. Ecology **41**, 672—677 (1960).

STREY, G.: Ökoenergetische Untersuchungen an *Athous subfuscus* Müll. und *Athous vittatus* Fbr. (Elateridae, Coleoptera) in Buchenwäldern. Dissertation Göttingen 1972 (in Vorber. zum Druck).

TEAL, J. M.: Energy flow in the salt marsh ecosystem of Georgia. Ecology **43**, 614—624 (1962).

THIEDE, U.: Schlüpfphänologie und Schlüpfabundanz von Insekten in Fichtenwäldern des Solling. Diplomarbeit Göttingen 1972.

VARLEY, G. C.: Estimation of secondary production in species with an annual life-cycle. In: PETRUSEWICZ, K. (Ed.): Secondary Productivity of Terrestrial Ecosystems, 447—457 (1967a).

VARLEY, G. C.: The effects of grazing by animals on plant productivity. In: PETRUSEWICZ, K. (Ed.): Secondary Productivity of Terrestrial Ecosystems, 773—778 (1967b).

WAITZBAUER, W.: Lebensweise und Produktionsbiologie der Schilfgallenfliege *Lipara lucens* Mg. (Diptera, Chloropidae). Sitzungsber. Öst. Akad. Wiss. Math.-nat. Kl. Abt. I **178**, 175—242 (1969).

WEIDEMANN, G.: Food and energy turnover of predatory arthropods of the soil surface. Ecolog. Studies **2**, 110—118 (1971).

WEIDEMANN, G.: Die Stellung epigäischer Raubarthopoden im Ökosystem Buchenwald. Verh. Dtsch. Zool. Ges. Helgoland 1971; 65. Jahresversammlung, 106—116 (1972).

WHITTAKER, J. B.: Estimation of production in grassland froghoppers and leafhoppers (Homoptera — Insecta). In: PETRUSEWICZ, K. (Ed.), Secondary Productivity of Terrestrial Ecosystems, 779—789 (1967).

WIEGERT, R. G.: Population energetics of meadow spittlebugs *(Philaenus spumarius* L.*)* as affected by migration and habitat. Ecol. Monogr. **34**, 217—241 (1964).

WIEGERT, R. G.: Energy dynamics of the grasshopper populations in old field and alfalfa field ecosystems. Oikos **16**, 161—176 (1965).

WIEGERT, R. G., EVANS, F. C.: Investigations of secondary productivity in grasslands. In: PETRUSEWICZ, K. (Ed.), Secondary Productivity of Terrestrial Ecosystems, 499—518 (1967).

WINTER, K.: Zum Energieumsatz phytophager Insekten im Buchenwald. Untersuchungen an Lepidopterenpopulationen. Dissertation Göttingen 1972 (in Vorber. zum Druck).

C. Systemanalyse des Bioelement-Haushalts von Wald-Ökosystemen

B. ULRICH und R. MAYER, Göttingen

1. Bioelementflüsse und ihre Messung

Eine Systemanalyse des Bioelement-Haushalts von Ökosystemen besteht aus den folgenden vier aufeinander aufbauenden Teilen:

a) Inventur der Bioelement-Vorräte in verschiedenen Kompartimenten, z.B. im Pflanzenbestand und Boden,

b) Bilanz der Wasser- und Bioelement-Flüsse,

c) Entwurf von Modellen (Wort-Modelle, Bild-Modelle, mathematische Modelle),

d) Anwendung der Simulations-Technik zur Untersuchung möglicher Verhaltensweisen des Systems.

Bei der Inventur werden die in verschiedenen Schichten oder Kompartimenten des Ökosystems (vgl. Abb. 1) enthaltenen Bioelementvorräte, soweit möglich aufdifferenziert nach Bindungsformen, als flächenbezogene Werte zusammengestellt. Ein Beispiel ist in Tab. 1 gegeben. Zwar sind viele methodische Fragen offen, doch soll auf die Inventur im folgenden nicht weiter eingegangen werden. Das Schwergewicht soll vielmehr auf der Messung und Interpretation der Flüsse-Bilanz mit Ausblicken auf den Entwurf mathematischer Modelle liegen.

Auf den in Abb. 1 dargestellten Wegen tauscht ein Ökosystem mit seiner Umgebung, d.h. mit der Atmosphäre, der Lithosphäre, der Hydrosphäre, ihm nicht zugehörenden Teilen der Biosphäre sowie angrenzenden Ökosystemen Materie und Energie aus. Materie und Energie, die das Ökosystem aus seiner Umgebung erhält, werden als Input, die es an die Umgebung abgibt, als Output bezeichnet. Der Bioelement-Input erfolgt als Flugstaub bzw. Aerosol, Gas und in

Tabelle 1. Bioelement-Inventur. 125jährige Buche auf saurer Braunerde im Solling

	Na_m	K_m	Ca_m	Mg_m	Mn_m	Fe_m	Al_m	N_t	P_t
	in kg/ha								
(1) Bestand ohne Blätter und Wurzeln	2,9	190	200	41	113	11	1,5	361	59
(2) Streu	1,0	21	17	1,7	7	2	0.6	59	5
(3) Humusschicht	13,8	82	90	34	19	435	341	809	52
(4) Intensivwurzelschicht	22	350	290	30	280	110	3200	7300	2900
(5) (1) + (3) + (4)	39	630	580	110	420	550	3600	8500	3000

Index $m \triangleq$ mobilisierbar, $t \triangleq$ total.

gelöster Form mit den Niederschlägen, gegebenenfalls auch als Düngung; der Output als Flugstaub, Gas und in Wasser suspendierte oder gelöste Stoffe, d.h. mit dem Oberflächenabfluß, dem oberflächennahen Abfluß und dem Versickerungsabfluß. Bei bewirtschafteten Ökosystemen ist auch der Entzug mit der geernteten Biomasse dem Output zuzurechnen. Schließlich können Tiere durch Ortsveränderung Input und Output von Bioelementen verursachen.

Zur Messung der Flüsse, aus denen sich Input und Output insgesamt zusammensetzen, gliedert man das Ökosystem in Kompartimente, in der einfachsten Form in die in Abb. 1 rechts angegebenen Schichten. Die zwischen den

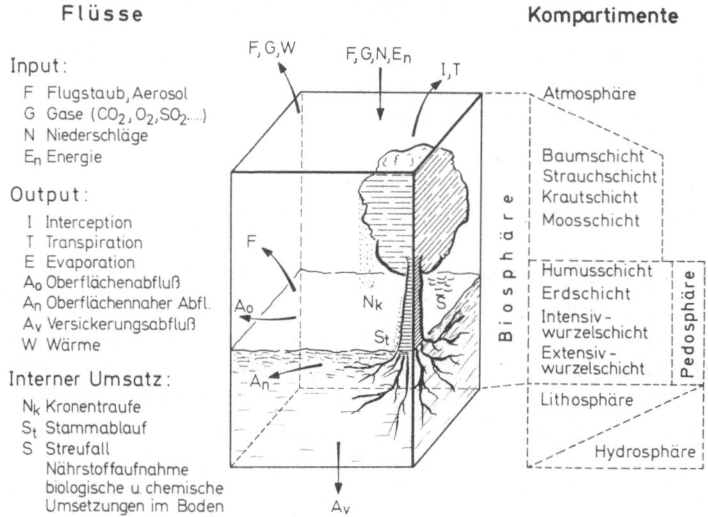

Abb. 1. Flüsse und Kompartimente von Wald-Ökosystemen

Kompartimenten und innerhalb der Kompartimente ablaufenden Flüsse stellen den internen Umsatz dar.

Die Transportprozesse in einem Wald-Ökosystem wie auch seine Funktion innerhalb der nächst größeren Einheit einer Landschaft ergibt sich aus der Betrachtung der Flüsse. In Abb. 2 ist für einen Buchenaltbestand in ebener Lage das Bild-Modell des Ökosystems erneut dargestellt mit Angabe der Meßebenen, der zu messenden Bioelementflüsse und der Meßmethoden. Das System gliedert sich nur noch in die Baumschicht, die Humusschicht (O-Horizont), die Intensivwurzelschicht (>5 Feinwurzeln/dm^2) und die Extensivwurzelschicht (<5 Feinwurzeln/dm^2). Für einen speziellen Fall (saure Braunerde aus Löß über toniger Buntsandsteinfließerde im Solling) sind die Schichtgrenzen angegeben. Die Bioelementflüsse erfolgen passiv mit dem Niederschlagswasser in Form von Freiland-Niederschlag, Kronentraufe und Stammablauf, ferner mit der Streu und dem Bodenwasser. Die Meßmethoden sind daher darauf ausgerichtet, die Flüsse der Transportmedien mit den üblichen Verfahren zu messen und gleichzeitig Proben für die chemische Analyse zu gewinnen, um den Bioelementfluß als Produkt aus Fluß und Bioelement-Konzentration des Transportmediums zu berechnen. Speziell für diese Fragestellung neu entwickelt wurde von COLE (1958), COLE, GESSEL u. HELD (1961), sowie CZERATZKI (1958, 1959) die Technik der Gewinnung der Bodenlösung aus ungestörten, durchwurzelten Bodenschichten mit Hilfe von Lysimeter-Platten. An die Platten wird über eine Vakuumeinrichtung ein Unterdruck angelegt, dessen Höhe laufend der im umgebenden

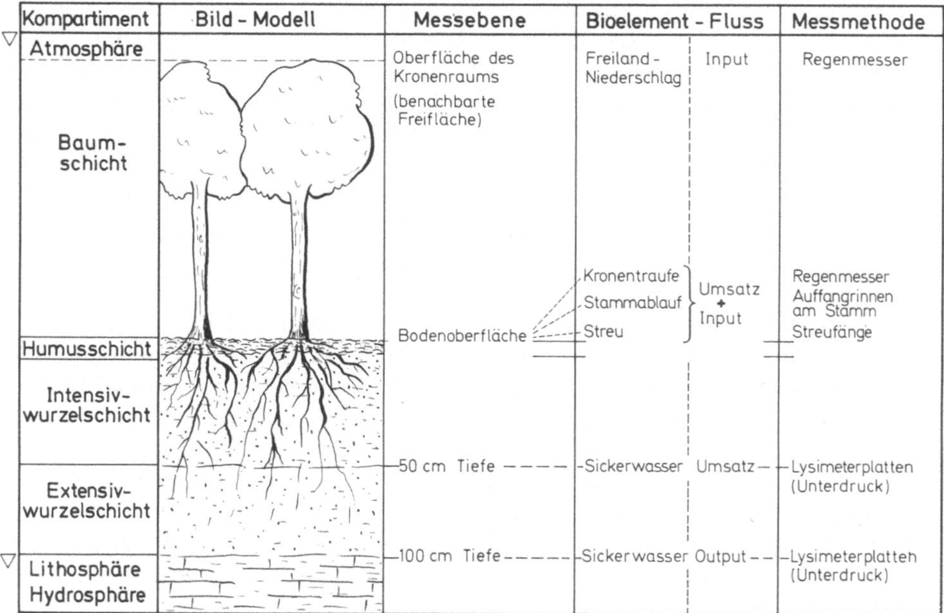

Abb. 2. Versuchsplan zur Erfassung der Bioelementflüsse

Boden herrschenden Saugspannung angepaßt wird. Der die Platte im Idealfall in gleicher Menge wie den umgebenden Boden durchsetzende Bodenwasserstrom wird aufgefangen, gemessen und chemisch analysiert.

Die Schwierigkeiten der Interpretation der Input-Output-Analyse liegen hauptsächlich in der Trennung des Inputs vom internen Umsatz bei der Kronentraufe, dem Stammablauf und der Streu. Bei diesen Bioelement-Flüssen stellt der interne Umsatz die Rückgabe von Bioelementen aus den oberirdischen Teilen des Bestandes an den Boden dar, ist also physiologisch relevant. Dagegen ist ein Input auf die Adsorption von Aerosolen und Gasen im Kronenraum zurückzuführen, was für die Funktion des Ökosystems in der Landschaft bedeutungsvoll ist. Das Problem der Auftrennung von Umsatz und Input bei diesen Flüssen ist korrekt nur durch direkte Bestimmung des Input auf der Grundlage meteorologischer Messungen möglich, d.h. durch Messung des Luftaustauschs zwischen Waldökosystem und Atmosphäre bei gleichzeitiger Bestimmung der Veränderung der Aerosol- und Gaskonzentration in der Luft. Solche gekoppelten Messungen sind wegen ihrer Schwierigkeit meines Wissens bisher nicht durchgeführt worden.

Eine indirekte und daher grundsätzlich bezweifelbare Aussage zur Aufgliederung von internem Umsatz und Input kann man aus der Input-Output-Analyse selbst gewinnen, allerdings nur unter der Voraussetzung, daß sich das Ökosystem hinsichtlich der betrachteten Flüsse im stationären Zustand befindet. Wie man aus der allgemeinen Kontinuitätsgleichung ableiten kann, muß im stationären Zustand der Output aus dem Ökosystem so groß sein wie der Input, falls nicht irgendwelche Quellgrößen innerhalb des Systems existieren. Für den von uns im Solling untersuchten Buchenaltbestand kann für die Bioelementflüsse im Rahmen der Meßgenauigkeit stationärer Zustand angenommen werden. Man unterstellt damit, daß die einzelnen Bioelementflüsse wie der Input mit dem Niederschlagswasser oder der Umsatz über Streufall usw. jährlich gleiche Größe haben, abgesehen von der auf witterungsbedingte Schwankungen zurückzuführenden Variation. Um die letztere auszuschalten, haben wir die Meßperiode (Juni 1969 bis Mai 1970) für die in Tab. 2 dargestellte Jahresbilanz der Bioelement-Flüsse so gewählt, daß der Niederschlag dem langjährigen Mittel entspricht.

2. Flüsse-Bilanz

Aus Tab. 2 ergibt sich durch Vergleich von Zeile 1 und 8, daß für Na, K, Ca und Mg Input und Output gleich groß sind, die Elementabfuhr mit dem Sickerwasser also der Zufuhr mit den Niederschlägen äquivalent ist. Dasselbe ist auch für Cl und S anzunehmen, deren Output durch Wechselwirkung mit der Lysimeterplatte verfälscht ist (SO_4-Eintausch, Cl-Austausch an der mit HCl vorbehandelten Platte). Korrigiert man rechnerisch für diesen Fehler (Cl-Output = Cl-Input, $S = S + \Delta$ Cl), so erhält man, wie die eingeklammerten Zahlen zeigen, Gleichheit für Input und Output. Für die übrigen Elemente mit Ausnahme von Mn kann der Unterschied zwischen Input und Output auf Vorratserhöhungen bzw. -verminderungen im Ökosystem zurückgeführt werden: Das Ökosystem reichert sich an N, Fe und P an, wobei diese Anreicherung allerdings nur bei N ökologisch relevant ist. Bei Fe und P ist dies eine Folge chemischer Umsetzungen im Mineralboden, der für beide Elemente ein nahezu undurchlässiges Filter darstellt.

Für das Wasserstoffion existiert ein negativer, für Aluminium ein positiver Quellterm. Der erhöhte Output von 7,2 kg Al ist mit 800 val/ha etwa so groß wie die Verringerung des Output von Wasserstoffionen (643 val/ha). Hierin spiegelt sich die im Mineralboden ablaufende Abpufferung von Wasserstoffionen wider, bei der unter Verbrauch von Wasserstoffionen letztlich Al-Ionen aus dem Tonmineralgitter freigesetzt werden. Die Input-Output-Analyse gestattet also auch eine Beurteilung der Belastung der im Boden wirksamen Regulationssysteme durch Immissionen. Zusätzliche bodenchemische Untersuchungen auf der Grundlage der Schofield'schen Potentiale ergaben, daß in dem untersuchten Ökosystem im Oberboden bis 10 cm Tiefe die Pufferkraft des Mineralbodens nicht ausreicht; hier besteht die Tendenz der weiteren pH-Absenkung (B. ULRICH, AHRENS u. M. ULRICH, 1971).

Dagegen könnte der erhöhte Output von Mangan durch einen zusätzlichen Aerosol-Input bedingt sein. Dafür spricht auch der mit 0,2% sehr hohe Mn-Gehalt in der Streu.

Die Input-Output-Analyse hat mit Ausnahme von Mangan keinen Hinweis auf einen anderen Input als den mit den Niederschlägen gegeben. Aus diesem

Tabelle 2. Jahresbilanz der Bioelementflüsse für Buchenbestand

	H	Na	K	Ca	Mg	Al	Fe	Mn	N	P	Cl	S
	in kg/ha											
(1) Freiland-Niederschlag	0,834	7,3	2,0	12,4	1,79	3,1	1,17	0,22	23,9	0,48	17,8	24,8
(2) Kronentraufe		11,3	18,1	26,6	3,45	1,5	1,51	2,81	22,5	0,58	38,0	40,8
(3) Stammablauf		2,3	7,5	5,8	0,69	0,3	0,30	0,88	2,6	0,02	6,5	16,5
(4) Streu		0,9	21,9	15,0	1,46	0,5	1,96	6,59	53,0	4,30	0,8	3,2
(5) (2) + (3) + (4) = Boden-Input		14,5	47,5	47,4	5,60	2,3	3,77	10,28	78,1	4,90	45,3	60,5
(6) Perkolationswasser Humusschicht		12,9	40,4	39,8	4,67	5,6	1,34	6,48	76,8	4,80	38,3	43,9
(7) Perkolationswasser in 50 cm Tiefe		6,7	2,3	14,3	2,03	7,6	0,08	4,07	5,8	0,01	36,5	12,5
(8) Perkolationswasser in 100 cm Tiefe	0,191	8,8	1,6	14,1	2,40	10,3	0,07	4,27	6,2	0,01	28,6 (17,8)	19.8 (24,7)
(9) (5) – (8) = Pflanzen-Aufnahme		5,7	45,9	33,3	3,20	—	3,70	6,01	71,9	4,89	27,5	35,8
(10) (2) + (3) – (1) = Umsatz durch Auswaschung		6,3	23,6	20,0	2,35	0	0,64	3,47	1,2	0,12	26,7	32,5
(11) (10) + (4) = gesamter Umsatz		7,2	45,5	35,0	3,81	0,5	2,60	10,06	54,2	4,42	27,5	35,7
(12) (10) : (11)		0,87	0,52	0,57	0,62	0	0,25	0,34	0,02	0,03	0,97	0,91
(13) (5) · 0,583 = Massenfluss		8,45	27,7	27,6	3,26	1,34	2,20	5,99	45,5	2,86	26,4	35,3
(14) (9) – (13) = Diffusion		–2,75	18,2	5,7	–0,06	—	1,50	0,02	26,4	2,03	1,1	0,5
(15) (14) in % von (9)		0	40	17	0	0	41	0,3	37	42	4	1

Befund läßt sich die Hypothese ableiten, daß in den Hochlagen des Solling der Aerosol-Input in Form schwer löslicher Stoffe erfolgt, die vom Ökosystem ausgefiltert werden und in die inerte Bodenmatrix übergehen. Die experimentelle Überprüfung dieser Hypothese ist im Gange.

Zum anderen ergibt sich aus diesem Befund als Konsequenz, daß die bei unseren Untersuchungen beobachtete und auch aus der Jahresbilanz ablesbare Erhöhung der Bioelement-Konzentration in Kronentraufe und Stammablauf im Vergleich zum Niederschlag auf Auswaschung aus dem Pflanzenkörper zurückzuführen ist. Da in der Schlußkette eine Annahme steckt, nämlich die des stationären Zustands, ist diese Konsequenz nicht zwingend, sie hat aber u. E. einen hohen Grad von Wahrscheinlichkeit.

Mit dieser Einschränkung kann aus der Fluß-Bilanz die Bioelement-Aufnahme durch den Bestand (Tab. 2, Zeile 9) berechnet werden, und zwar als Differenz zwischen Output und Input im Wurzelraum, d.h. zwischen Zeile 8 und Zeile 5. Hierbei wird unter der Annahme des stationären Zustands als einziger (negativer) Quellterm die Aufnahme durch den Pflanzenbestand unterstellt. Wie der Vergleich von Zeile 5, 7 und 8 zeigt, erfolgt diese Aufnahme wie die des Wassers fast ausschließlich aus der Intensivwurzelschicht. Die Aufnahme kann weiter aufgegliedert werden in den durch die Kronenauswaschung zirkulierenden Teil (Zeile 10) und die gesamten zwischen oberirdischem Bestand und Boden zirkulierenden Mengen (Zeile 11).

Schließlich kann auch differenziert werden zwischen Massenfluß (Zeile 13) und Diffusionsfluß (Zeile 14) der Bioelemente zur Wurzeloberfläche, und zwar durch Multiplikation von Zeile 5 mit dem Anteil der Transpiration am Bestandes-Niederschlag, d.h. mit 0,583. Die Transpiration wurde als Differenz zwischen Niederschlag (1218 mm) und Sickerwasser in 100 cm Tiefe (404 mm) ermittelt. Bei dieser Berechnung wird mit BARBER (1966) unterstellt, daß die Bodenlösung in der Konzentration, wie sie bei Eintritt in den Mineralboden herrscht, in den Transpirationsstrom eingeht. Die Berechnung ergibt, daß Na, Mg, Al, Mn, Cl und S ausschließlich durch Massenfluß mit dem Transpirationswasser in den Bestand gelangen, während 17% des Ca und ca. 40% des K, N und P durch Diffusion zusätzlich zum Massenfluß aufgenommen werden. Für Natrium berechnet sich ein negativer Diffusionsfluß, wie er bei Vorliegen von aktivem Efflux aus der Wurzel zu erwarten wäre. In den Diffusionsflüssen spiegelt sich die Selektivität der Ionenaufnahme wider (selektive Aufnahme von Ca, K, N und P, Diskriminierung von Na).

3. Transferfunktionen, Konzentrationsfunktionen

Für den von uns untersuchten Bestand haben wir die in der Jahresbilanz zusammengestellten Flüsse getrennt für jeden Monat erhoben. Die monatlichen Werte eines Jahres können zur Ableitung von Transferfunktionen benutzt werden, die den zeitlichen Verlauf des Transfers von einem Kompartiment zum anderen im Jahresverlauf beschreiben. Bei den hier betrachteten Transportvorgängen werden jedoch die Bioelemente vorwiegend passiv in einem anderen Transportmedium (Niederschlagswasser, Streu, Bodenlösung) verfrachtet. In solchen Fällen kann eine Transferfunktion sinnvollerweise nur für das Transportmedium

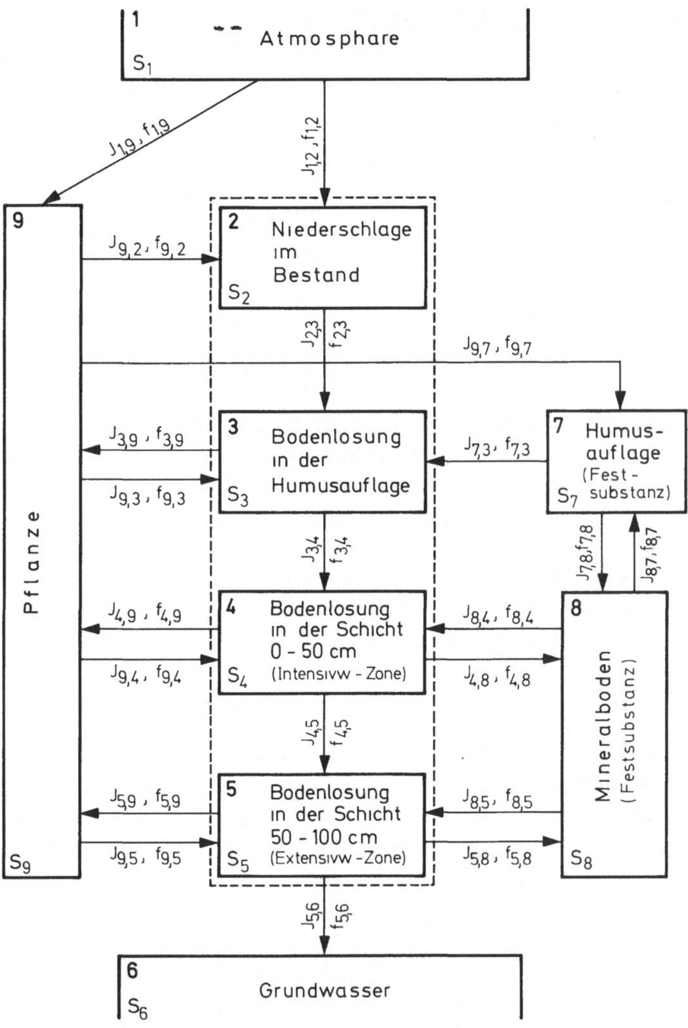

Abb. 3. Modell der Bioelement-Umsätze in einem Buchenwald-Ökosystem

angegeben werden. Für die Bioelemente sind Konzentrationsfunktionen aufzustellen, die die Konzentration eines Bioelements im Transportmedium in Abhängigkeit von dessen Flußdichte beschreiben.

In Abb. 3 ist ein Kompartiment-Modell des untersuchten Ökosystems dargestellt. Die Kompartimente sind numeriert, die S_i deuten die Bioelement-Vorräte in den Kompartimenten an. Die Transportwege der Bioelementflüsse sind durch Pfeile veranschaulicht, an denen die Flüsse $J_{i,j}$ und die Transfer- bzw. Konzentrationsfunktionen $f_{i,j}$ eingetragen sind; nur quantitativ wichtige Flüsse sind berücksichtigt. Direkt gemessen sind die Flüsse $J_{1,2}$ = Freiland-Niederschlag, $J_{2,3}$ = Kronentraufe + Stammablauf, $J_{3,4}$ = Sickerwasser aus der Humusauflage, $J_{4,5}$ = Sickerwasser aus der Intensivwurzelschicht, $J_{5,6}$ = Sickerwasser aus der Extensivwurzelschicht und $J_{9,7}$ = Streufall. $J_{1,9}$ = Staub- und Aerosol-Input wurde nicht gemessen (s. Diskussion unter 2). Aus den gemessenen Flüssen lassen sich berechnen (vgl. Tab. 2):

Kronenauswaschung

$$J_{9,2} = J_{2,3} - J_{1,2}\,.$$

Netto-Bioelementaufnahme in den Pflanzenbestand

$$J_{3,9} - J_{9,3} + J_{4,9} - J_{9,4} + J_{5,9} - J_{9,5} = J_{2,3} - J_{5,6}\,.$$

Freisetzung der Bioelemente aus der Streu

$$J_{7,3} = J_{9,7} \quad \text{(im stationären Zustand)}\,.$$

Vernachlässigbar klein dürfte in dem untersuchten Ökosystem eine durch wühlende Bodentiere bewirkte Vermischung von Auflagehumus und Mineralboden sein ($J_{7,8}$, $J_{8,7}$). Die Flüsse zwischen der Festsubstanz des Mineralbodens und der Bodenlösung heben sich im stationären Zustand auf, d.h. $J_{8,4} = J_{4,8}$, $J_{8,5} = J_{5,8}$.

Für die Bioelementflüsse $J_{2,3}$ (Kronentraufe + Stammablauf) können Konzentrationsfunktionen angegeben werden (c = Bioelementkonzentration in Lösung, N_i = Intensität von Einzelniederschlägen in mm/Niederschlag):

$$f_{2,3}: \quad \log c = a - b \log N_i\,.$$

Diese Hyperbelgleichung beschreibt den Befund, daß die Bioelementkonzentration im Bestandsniederschlag um so höher ist, je geringer die Intensität des Einzelniederschlags ist, während sie sich bei starken Einzelniederschlägen der Konzentration des Freiland-Niederschlags angleicht. Für einige Bioelemente bzw. die Kationen-Äquivalentsumme (ohne Ammonium) und die Anionen-Äquivalentsumme (ohne Nitrat) sind die Koeffizienten a und b der Konzentrationsfunktion $f_{2,3}$ sowie die Korrelationskoeffizienten r in Tab. 3 zusammengestellt. Die Korrelation zwischen Hyperbelgleichung und Meßdaten ist um so strenger, je mehr die Bioelementkonzentration bei der Passage des Niederschlags durch das Kronendach beeinflußt wird.

Ist die Niederschlagsverteilung in Intensitätsklassen S bekannt, so läßt sich mit Hilfe der Konzentrationsfunktion der Fluß $J_{2,3}$ berechnen (i = Kronentraufe, j = Stammablauf), z.B. als

$$J_{2,3}(\text{val bzw. } g\text{-ion/ha}) = 10^{-2}\left(\sum_i c_i S_i + \sum_j c_j S_j\right).$$

Für den Bioelementfluß $J_{7,3}$ (Streuzersetzung) können Transferfunktionen abgeleitet werden. Ohne auf die Ableitung einzugehen (Einzelheiten bei MAYER), sei nur ein Beispiel für Stickstoff gegeben:

$$J_{7,3}(g\text{-atom/ha}) = N_0\left(1 - e^{-\frac{\ln 2}{T_0}}\right) + D_{7,3}$$

wobei

$$\log(D_{7,3} + 200) = 0{,}310 + 0{,}764 \log(S_i^1\, T^{1,2,3})\,; \qquad r = 0{,}92\,.$$

Tabelle 3. Parameter der Konzentrationsfunktion $f_{2,3}$ für verschiedene Bioelemente

	Dimension von c	a	b	r
Kronentraufe				
Kationensumme	μval/l	3,022	0,658	0,919 + + +
Anionensumme	μval/l	2,939	0,620	0,922 + + +
Stickstoff	μg-atom/l	2,612	0,558	0,823 + + +
Kalium	μg-atom/l	2,085	0,590	0,892 + + +
Stammablauf				
Kationensumme	μval/l	3,723	0,755	0,830 + + +
Anionensumme	μval/l	2,443	0,743	0,643 + +
Stickstoff	μg-atom/l	3,799	0,789	0,801 + +
Kalium	μg-atom/l	2,846	0,754	0,830 + + +

Tabelle 4. Parameter der Konzentrationsfunktionen $f_{4,5}$ und $f_{5,6}$ für verschiedene Bioelemente

		Na	K	Ca	Mg	Al	Fe	Mn	N	P	S	Cl
$f_{4,5}$	a	131,9	−23,1	274	48,4	190	−0,731	31,3	311	−0,153	217	261
	b	−32,8	22,8	−123,9	−17,1	−78,8	0,648	−8,27	−135	0,123	−75,7	−6,8
	r	0,365	0,928	0,756	0,633	0,727	0,520	0,657	0,795	0,353	0,691	0,020
	Sign.	n.s.	***	***	**	***	*	**	***	n.s.	**	n.s.
$f_{5,6}$	a	57,0	− 5,41	155	30,2	207	−0,604	21,6	151	0,035	273	75,0
	b	30,5	11,81	− 64,6	− 5,14	−91,0	0,694	−2,94	− 39,0	0,014	−104	118,2
	r	0,664	0,597	0,732	0,589	0,891	0,556	0,525	0,344	0,099	0,697	0,516
	Sign.	**	*	***	*	***	*	*	n.s.	n.s.	**	*

Hierbei ist N_0 der jährliche N-Input mit dem Streufall in g-atom/ha, T_0 die Halbwertszeit (6,37 Monate) und t die Zeit in Monaten ($t \in \{1, 2 \ldots 11, 12\}$) mit $t = 1$ für den Monat Oktober. Der N-Freisetzung aus der Streu wird also primär eine Exponentialfunktion zugrunde gelegt; die N-Mineralisierung im Auflagehumus setzt zu Ende der Streufallperiode mit hohen Werten ein und nimmt exponentiell über das Jahr hinweg ab. Dieser exponentielle Trend wird jedoch von temperatur- und niederschlagsabhängigen Einflüssen überlagert, die durch das Korrekturglied $D_{7,3}$ ausgedrückt werden. In dem Korrekturterm $D_{7,3}$ bedeutet S_i^1 die Kronentraufe in mm/Monat für den betrachteten Monat, $T^{1,2,3}$ die durchschnittliche Temperatur des laufenden und der beiden vorhergehenden Monate, gemessen in 2 m Höhe im Bestand.

Für den Fluß $J_{3,4}$ kann eine die Verhältnisse im Bestand widerspiegelnde Konzentrationsfunktion nicht angegeben werden, da zur Ermittlung von $J_{7,3}$ die Humuslysimeter zur Ausschaltung der Bioelementaufnahme frei von lebenden Wurzeln gehalten wurden. Für den Bioelementtransport im Mineralboden ($J_{4,5}$, $J_{5,6}$) konnten aus den Monatswerten Konzentrationsfunktionen vom Typ

$$f_{4,5}, f_{5,6}: \quad c(\mu\text{g-ion/l}) = a + b\, pF$$

abgeleitet werden, in denen die Bioelementkonzentration der die Unterdrucklysimeter passierenden Bodenlösung als lineare Funktion der in pF-Werten ausgedrückten Saugspannung des Bodenwassers erscheinen. Die Saugspannung bestimmt die Geschwindigkeit der Wasserbewegung, so daß über die Saugspannung die gewünschte Beziehung zur Flußdichte gegeben ist. Für die verschiedenen Bioelemente sind die Parameter a und b der Konzentrationsfunktion sowie die Korrelationskoeffizienten als Maß der Übereinstimmung zwischen Konzentrationsfunktion und Meßwerten in Tab. 4 zusammengestellt. Aus den Konzentrationsfunktionen läßt sich ähnlich, wie für den Bestandesniederschlag beschrieben, bei bekanntem Sickerwasser-Transport je pF-Klasse der Bioelementtransport berechnen.

Literatur

BARBER, S. A.: The role of root interception, mass flow and diffusion in regulating the uptake of ions by plants from soil. IAEA Tech. Rep. Ser. **65**, 46–56 (1966).

COLE, D. W.: Alundum tension lysimeters. Soil Sci. **85**, 293—296 (1958).

COLE, D. W., GESSEL, S., HELD, E. E.: Tension lysimeter studies of ion and moisture movement in glacial till and coral atoll soils. Soil Sci. Soc. Amer. Proc. **25**, 321—325 (1961).

CZERATZKI, W.: Eine keramische Platte zur serienmäßigen Untersuchung von Porengrößen im Boden im Saugspannungsbereich bis ca. 1 atm. Z. Pflanzenernähr., Düng. Bodenk. **81**, 50—56 (1958).

CZERATZKI, W.: Untersuchung der Wasserbewegung im Boden mit Hilfe von Unterdrucklysimetern. Z. Pflanzenernähr., Düng. Bodenk. **87**, 223—229 (1959).

MAYER, R.: Bioelement-Transport im Niederschlagswasser und in der Bodenlösung eines Wald-Ökosystems. Göttinger Bodenkdl. Ber. **19**, 1—119 (1971).

ULRICH, B., AHRENS, E., ULRICH, M.: Soil chemical differences between beech and spruce sites – an example for the methods used. Ecol. Studies **2**, 171—190 (1971).

VI. Land-Ökosysteme im Hochgebirge

A. Stoffproduktion und Energiebilanz in Zwergstrauchbeständen auf dem Patscherkofel bei Innsbruck

W. LARCHER, A. CERNUSCA und L. SCHMIDT, Innsbruck

1. Zielsetzung

Zwergstrauchheiden in wechselnder Artenzusammensetzung und Ausprägung (ELLENBERG und MUELLER-DOMBOIS, 1966) sind eine bezeichnende Vegetationsformation auf Podsolböden kühl-feuchter Klimagebiete. Durch ihre Artenarmut, ihren einfachen, nur ein- bis dreischichtigen Bestandesaufbau und ihr empfindliches Reagieren auf Standortsklima und Boden sind Zwergstrauchheiden besonders gut geeignete Studienobjekte für die Aufklärung von Grundsatzfragen der Ökosystemanalyse und die Ausarbeitung von Produktionsmodellen.

Innerhalb der IBP-Sektion für terrestrische Produktivität sind weltweit angelegte Untersuchungen in zwergstrauchreichen Formationen seit 1967 im Tundra-Biome-Projekt zusammengefaßt (DAHL und GORE, 1968; HEAL, 1971). Abgesehen von der Kürze der Vegetationszeit und der niedrigen Durchschnittstemperatur herrschen so sehr verschiedene Lebensbedingungen auf den von Zwergsträuchern besiedelten Standorten (BLISS, 1956; PISEK, 1960; SCOTT und BILLINGS, 1964; WALTER, 1968), daß vor allem der Vergleich der Beobachtungsergebnisse auf Gebirgsstandorten mit jenen aus der Arktis und Subarktis und aus atlantischen Heiden aufschlußreichen Einblick in die Faktorenabhängigkeit von Vegetationsablauf, Stoff- und Energiebilanz und Belastungsfähigkeit der Zwergstrauchheiden erwarten läßt. Im Hinblick auf diese allgemeine Zielsetzung und entsprechend den Empfehlungen der Sektionen PT und PP des Internationalen Biologischen Programmes (ELLENBERG, OVINGTON u. Mitarb., 1964; IBP-News 9, 1967; GIMINGHAM und MILLER, 1968) und insbesondere der Untergruppen PP/Photosynthesis and Solar Energy Conversion (KVĚT, 1967; MONTEITH, 1967; SPECHT, 1967) und PT/Tundra Biome (DAHL und GORE, 1968) umfaßt das IBP-Projekt „Zwergstrauchheide Patscherkofel" folgende Untersuchungen:

a) Stoffproduktion, Biomasseaufbau und Energieausnützung in einer Vaccinienheide an der Waldgrenze und in zwei ökologisch bezeichnenden Loiseleurieten in 2000 und rund 2200 m Meereshöhe, jahreszeitlicher Ablauf von Wachstum, Blattflächenentwicklung und Phänophasen; Ansammlung von toter organischer Substanz.

Ziel: Globaler Datenvergleich und Beobachtung der Veränderlichkeit der Erträge in verschiedenen Jahren im Sinne einer Level-I-Studie. Anschlußgrundlage für ökochemische (Bioelement-Kreislauf), mikrobiologische und zoologische Untersuchungen.

b) Eingehende Analyse der Stoffproduktion und des Wasserhaushaltes von *Loiseleuria*-Spalierheiden im Umfang einer Level-III-Studie: Laboratoriumsversuche an einzelnen Pflanzen von *Loiseleuria procumbens* und an Vegetationsziegeln der fast ausschließlich aus dieser Art aufgebauten Bestände zur Feststellung der Faktorenabhängigkeit und der Streßempfindlichkeit von Photosynthese, Respiration und Wasserverbrauch während des ganzen Jahres. Freilandmessungen des CO_2-Gaswechsels und von Größen des Wasserhaushaltes in *Loiseleuria*-Beständen zu repräsentativen Zeitpunkten.

Ziel: Feststellung des Einflusses von Bestandbildung und Bestandesdichte auf den Kohlenstofferwerb und den Wasserumsatz durch Vergleich der photosynthetischen Leistung von Einzelpflanzen mit jener des Pflanzenbestandes unter Ausnützung des außerordentlich homogenen Aufbaues des Loiseleurietum; Ursachen der Leistungsminderung im Bestand. Vergleich des potentiellen Assimilationsvermögens (Laboratoriumsdaten) mit dem effektiven Photosynthesevermögen unter Standortbedingungen, um Unterschiede zwischen ökologischem Verhalten am Standort und physiologischer Reaktionsnorm quantitativ zu fassen (vgl. ELLENBERG, 1953; WALTER, 1962), Gewinnung physiologischer und ökophysiologischer Kenndaten für die Erstellung von Produktionsmodellen.

c) Analyse des Resistenzverhaltens der wichtigsten Vertreter der Zwergstrauchheide gegen extreme Temperaturen und Austrocknung.

Ziel: Erkennung existenzbegrenzender Situationen und Beurteilung der klimatischen Belastungsfähigkeit der Zwergstrauchheiden im Gebirge.

d) Messung des Standortklimas in verschieden exponierten Zwergstrauch- und Spalierheiden unter Berücksichtigung des Vegetationswechsels entlang lokalklimatischer Gradienten.

Ziel: Kenntnis des Strahlungs-, Wärme- und Wasserhaushaltes des Bestandes und der Austauschprozesse zwischen Einzelpflanzen im Bestand und ihrer Umgebung. Versuch einer methodischen Optimierung der Datenerfassung, Erstellung eines Simulationsmodelles für einen *Loiseleuria*-Bestand zur formelmäßigen Darstellung der Produktionsvorgänge, des Wasserhaushaltes und der Beanspruchungsfähigkeit dieses verhältnismäßig gut überblickbaren Ökosystems als Ausgangspunkt für die Untersuchung komplexer aufgebauter Pflanzengesellschaften.

2. Forschungsablauf

Der vorgesehene Forschungsablauf (Abb. 1) entspricht der Arbeitsweise der modernen ökologischen Systemanalyse (A. CERNUSCA, 1971; SWARTZMAN, 1971).

Problemstellung. Ausgangspunkt sind alle bisher bekannten Daten über Zustände und Abläufe in Zwergstrauchheiden. Entsprechend der Zielsetzung erfolgt die Auswahl von Arbeitsmethoden und von geeigneten Standorten, Versuchspflanzen und Versuchsbeständen.

Methodenanpassung. In dieser Projektablaufstufe werden Standardmethoden an die Problemstellung und an das Untersuchungsobjekt angepaßt. Dabei müssen einzelne Meßeinrichtungen neu entwickelt und gebräuchliche Meßmethoden auf ihre Eignung geprüft werden. Gerade in einem meßtechnisch und geländemäßig schwierigen Arbeitsgebiet kommt diesen methodischen Vorarbeiten besondere Bedeutung zu.

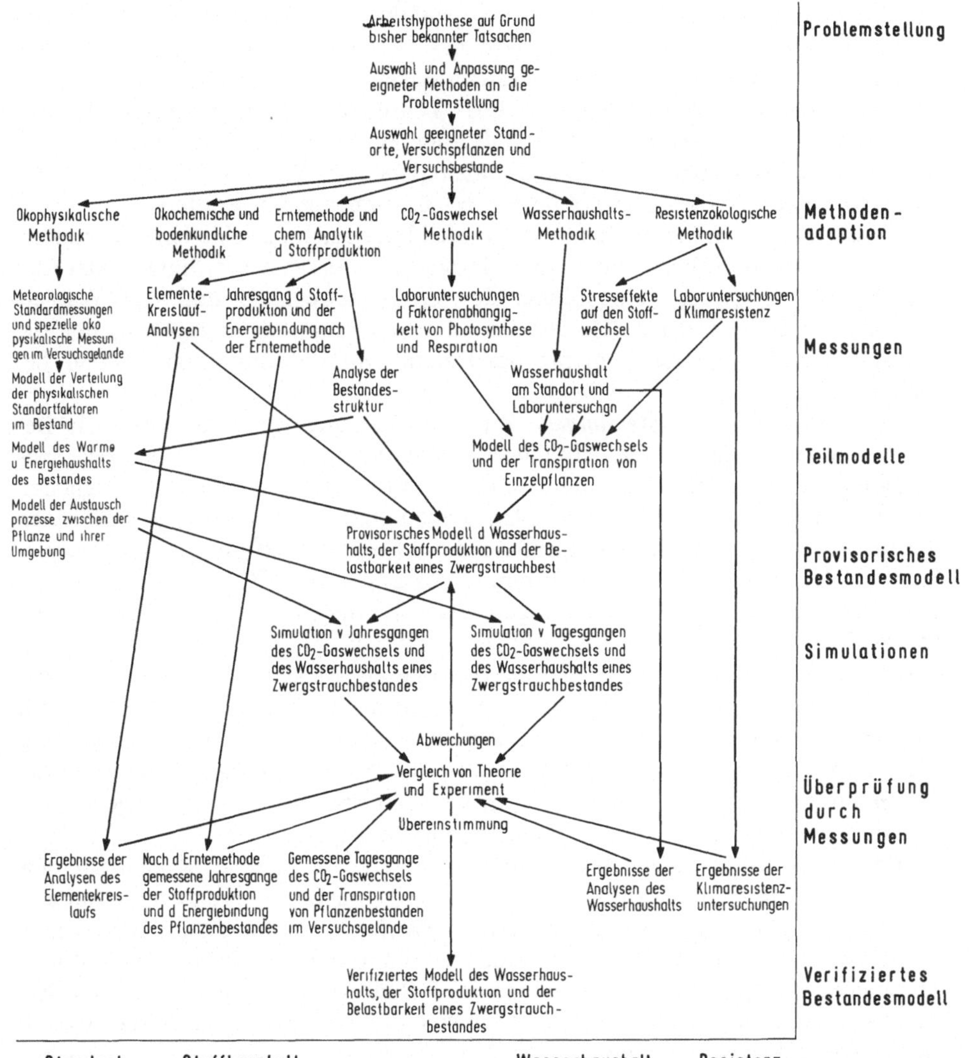

Abb. 1. Ablaufdiagramm des Forschungsvorhabens „Zwergstrauchheide Patscherkofel". Rechts von oben nach unten die einzelnen Schritte des Forschungsablaufes, am unteren Rand die Untersuchungsbereiche

Messungen. An die Methodenadaptation schließen sich die Messungen im Laboratorium und im Freiland an. Zu den Freilandmessungen gehören meteorologische Standardmessungen, spezielle ökophysikalische Untersuchungen und ökophysiologische Messungen. Im Laboratorium werden geerntete Proben weiter verarbeitet und die Faktorenabhängigkeit von Photosynthese, Respiration und Transpiration sowie Streßeffekte und Klimaresistenz untersucht.

Teilmodelle. Als nächster Schritt schließt sich die Datenauswertung und die anschauliche und synoptische Darstellung der Meßergebnisse der einzelnen Forschungsbereiche an. Dabei kommt es zur Ausarbeitung von Teilmodellen, die das physiologische Verhalten von Einzelpflanzen (aufgrund von Laboratoriumsuntersuchungen) und Teilaspekte des Geschehens am Standort (Modell des Wärme- und Strahlungshaushaltes des Bestandes) beschreiben.

Provisorisches Bestandesmodell. Die Teilmodelle können unter Berücksichtigung der Bestandesstruktur und anderer Meßgrößen zu einem provisorischen Gesamtmodell des Wasserhaushaltes, der Stoffproduktion und der Belastbarkeit eines Zwergstrauch*bestandes* zusammengefaßt werden.

Simulationen. An diesem Bestandesmodell lassen sich verschiedene Computerexperimente durchführen, etwa die Simulation von Tagesverläufen oder des Jahresganges und der Jahresbilanz des CO_2-Gaswechsels und des Wasserumsatzes. Hierfür werden Klimadaten in den Computer eingegeben, der die zu simulierenden Größen entsprechend dem einprogrammierten Modell berechnet.

Überprüfung durch Messungen. Zur Verifizierung des provisorischen Bestandesmodells müssen die simulierten Kurvenläufe mit experimentell festgestellten, d. h. tatsächlich am Standort auftretenden Verläufen verglichen werden. An experimentellen Befunden stehen dabei zur Verfügung: die nach der Erntemethode ermittelten Jahresgänge der Stoffproduktion und der Energiebindung des Pflanzenbestandes, Freilandmessungen des CO_2-Gaswechsels und des Wasserhaushaltes, Beobachtungen über Winter- und Dürreschäden usw. Dieser Programmteil dient dem Vergleich zwischen Theorie und Experiment. Unstimmigkeiten führen zu einer Überprüfung des Modells und zeigen auf, wo und wie neue Schlüsselexperimente zu erfolgen haben, die bei einem Minimum an Meßaufwand ein Maximum an Meßinformation und Wissensausweitung bringen. Vorhandene Lücken können nun zielsicher geschlossen werden und die Abweichung des Modellverhaltens vom experimentell gefundenen Vegetationsverhalten wird bis zur Übereinstimmung schrittweise verkleinert.

Räumliche und zeitliche Modellausweitung. Das verifizierte Modell für den untersuchten Bestand kann durch sorgfältig geplante Kurzzeitmessungen (einige Tage, Wochen) bei markanten Wetterlagen räumlich so ausgeweitet werden, daß die ökologische Amplitude der Pflanzengesellschaft, wie sie durch verschiedene orographische und edaphische Bedingungen gegeben ist, arbeitssparend und schnell erfaßt wird (s. CERNUSCA, VI B). Ferner erlaubt das Modell die rechnerische Behandlung zahlreicher Kausalzusammenhänge im System Pflanzendecke – Umwelt und bildet somit eine ausreichend verläßliche Grundlage für zeitliche Ausweitungen (Prognosen).

3. Untersuchungsgebiet und Probeflächen

3.1 Der Patscherkofel bei Innsbruck

Als Untersuchungsgebiet wurde der Patscherkofel bei Innsbruck ($\varphi 47°13'N$, $\lambda\,11°20'E$), eine 2246 m hohe Bergkuppe gewählt (Abb. 2 und 3). Auf diesem Berg befindet sich in etwa 1920 m Meereshöhe der Alpengarten der Universität Innsbruck (nähere Beschreibung bei GAMS, 1937, und PISEK, 1964), wo wissenschaftliche Instrumente in natürlicher Vegetation ungefährdet und überwachbar aufgestellt werden können. Der Alpengarten ist von Innsbruck aus in weniger als einer Stunde erreichbar. Im Bereich des Patscherkofel wird seit 40 Jahren experimentell-ökologisch gearbeitet (PISEK und CARTELLIERI, 1933; weitere Literatur bei LARCHER, 1957, und PISEK, 1964). Viele frühere Erfahrungen können somit in die laufenden Beobachtungen eingebaut werden.

Seinem geologischen Aufbau nach gehört der Patscherkofel der Quarzphyllit-(Phylonit)-Zone der Tuxer Voralpen an, nur die durch Eiszeitgletscher gerundete Gipfelregion wird von schieferigen Biotitgneisen des Ötztal-Stubai-

Abb. 2. Kuppe des Patscherkofels mit *1* Wetterstation 2045 m, *2* Alpengarten der Universität, *3* Probenentnahmefläche „Vaccinienheide", *4* Probenentnahmefläche „Loiseleuriaheide 2000 m" und *5* Probenentnahmefläche „Loiseleurietum 2175 m"

Altkristallin gebildet (KLEBELSBERG, 1935). Auf den steinig-sandigen Verwitterungshorizonten entwickeln sich saure Böden (s. Abb. 6).

Zur klimatologischen Charakterisierung des Gebietes sei auf das Klimadiagramm (Abb. 4) sowie die Arbeiten von WINKLER (1963) und WINKLER und MOSER (1967) hingewiesen; hervorzuheben ist das geringe Wärmeangebot und die für größere Meereshöhen bezeichnende Erscheinung, daß selbst im Hochsommer Schneefall und Frost auftreten können. Im übrigen dürfen die angeführten Klimadaten nur als grobe Richtlinien dienen, da im Gebirge oberhalb der Waldgrenze mikroklimatische Unterschiede verstärkt zur Geltung kommen (AULITZKY 1961, 1962, 1963). So sind der Strahlungsgenuß und der Wärmehaushalt am Standort sehr abhängig von Exposition und Horizontüberhöhung (Abb. 5). Überdies verursacht die starke Bewindung in dieser Höhe eine je nach Bodenrelief ungleiche Niederschlagsverteilung, insbesondere Schneeablagerung.

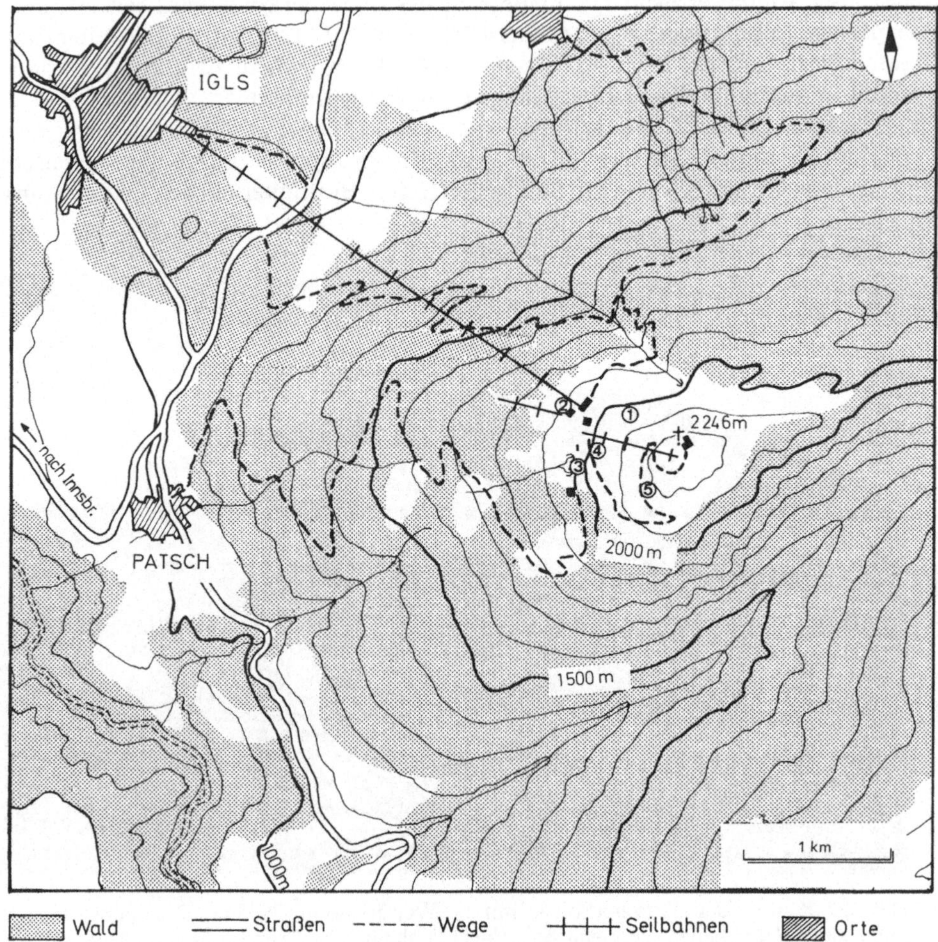

Abb. 3. Lageskizze für das Patscherkofelgebiet und die Probenentnahmeflächen. Bezeichnungen wie bei Abb. 2

Die Schneedeckendauer variiert daher auf kurze Distanz erheblich und bringt den kleinräumigen Wechsel des Standortklimas in der alpinen Stufe augenscheinlich zum Ausdruck (TURNER, 1961; FRIEDEL, 1965).

Die Hänge des Patscherkofel sind großenteils bewaldet, die Waldgrenze wird von Zirbe (*Pinus cembra*) und Lärche (*Larix decidua*) gebildet; sie verläuft am Nordhang bei 1920—1950 m, im Süden bis 2050 m Meereshöhe (vgl. Vegetationskarte und Profil bei PITSCHMANN et al., 1970). Oberhalb der fast überall anthropogen zurückgedrängten Waldgrenze erstreckt sich über rund 150 Höhenmeter ein Zwergstrauchgürtel (im unteren Bereich als Ersatzgesellschaft auf ehemaligem Waldboden) mit allen Übergängen vom Rhododendretum zum offenen Loiseleurietum; darüber schließen Flechtenheiden und Krummseggenfragmente an.

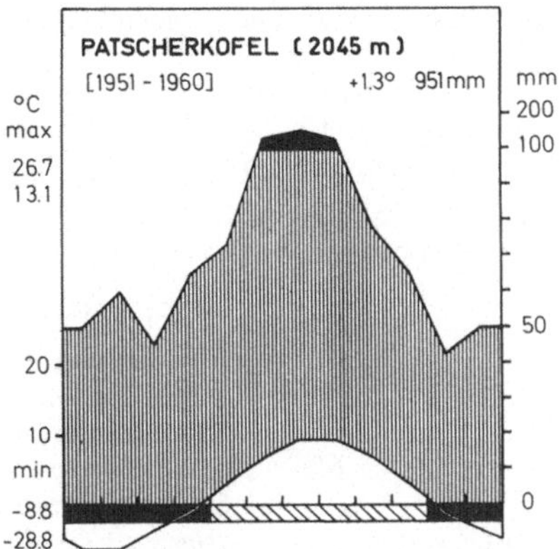

Abb. 4. Klimadiagramm nach Aufzeichnungen der Wetterstation Patscherkofel-Nordhang. Globalstrahlung, mittl. Jahressumme: 114,052 cal · cm^{-2} Summe Mai bis September: 66,653 cal · cm^{-2} (=58,4% der Jahressumme) Eistage: 101d, Frostwechseltage: 198 d im Jahr; Schneedeckendauer: im Mittel 188 d

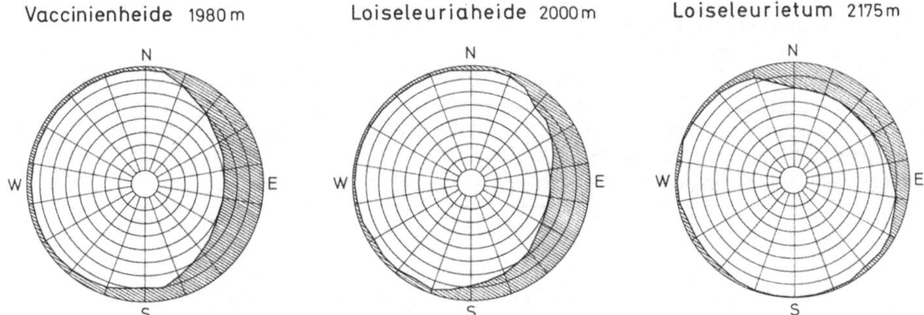

Abb. 5. Horizonteinengung auf den drei Probenentnahmeflächen

3.2 Probeflächen

Als Probeflächen wurden ökologisch bezeichnende Ausprägungsformen der oberhalb des geschlossenen Waldes sich ausdehnenden Zwergstrauchheide ausgewählt und darin Bereiche von möglichst einheitlicher Artenzusammensetzung als Probenentnahmeflächen abgesteckt. Ihre ungefähre Lage ist in den Abb. 2 und 3 eingetragen.

Probefläche „Vaccinienheide". Etwa 200 m westlich des Alpengartens Patscherkofel schiebt sich in der Höhe der Waldgrenze eine moosreiche Heidelbeer-Rauschbeerheide („Dichte Heidelbeerheide", NEUWINGER, 1965) zungenförmig zwischen Alpenrosengebüsch und niederwüchsigen Lärchengruppen hangabwärts vor. Genaue Angaben über Höhenlage, Exposition, Größenausdehnung, floristische Charakterisierung und Boden sind der Tab. 1 zu entnehmen. Sowohl die Artenzusammensetzung als auch der Entwicklungszustand des Bodens (Abb. 6) weisen darauf hin, daß es sich bei dieser Beerenheide um eine Ersatzgesellschaft auf ursprünglich bewaldetem Gebiet, also um eine eindeutig subalpine, zu Waldgesellschaften vermittelnde Zwergstrauchheide handelt.

Tabelle 1. Probefläche „Vaccinienheide“

Oberrand: 1985 m ü. M.	Unterrand: 1980 m ü. M.	Deckung: 100%
Länge: 30 m	Breite: 30 m	Gesamthöhe: 13–15 cm
Hangrichtung: WNW	Hangneigung: 25°	Bestandesaufbau: zweischichtig

Floristische Zusammensetzung (Aufnahme von G. GRABHERR). Gewichtsanteil der einzelnen Arten in Prozent der Gesamttrockenmasse des Bestandes.

Gefäßpflanzen:

Vaccinium myrtillus L. 43,1%
Vaccinium uliginosum L. 23,5%
Calluna vulgaris (L.) Hull. 18,3%
Vaccinium vitis-idaea L. 2,6%
Loiseleuria procumbens (L.) Desv., *Deschampsia flexuosa* (L.) Trin., *Melampyrum pratense* L. ssp. *alpestre* (Brügg.) Ronn. u. *Homogyne alpina* (L.) Cass. 2,5%

Kryptogamen:

Pleurozium schreberi (Willd.) Mittel 5,8%
Hylocomium splendens (Hedw.) Br., *Dicranum* spec. 0,3%
Cetraria islandica (L.) Ach., *Cladonia arbuscula* (Wallr.) Rabenh. 3,9%

Boden (Gutachten von Dr. I. NEUWINGER, vgl. Abb. 6)

Bodentyp: Eisenpodsol
Streu: schwach zersetzt
Durchwurzelung: starke Durchwurzelung der Humushorizonte
Humusform: Rohhumus
Gründigkeit: tiefgründig
Wurzeltiefe: 50 bis 70 cm
Bodenart der Mineralhorizonte: steiniger Grobsand aus Schiefergneisen und Quarzphyllit
Wasser- und Lufthaushalt: frisch bis feucht, gute Durchlüftung
Nährstoffhaushalt: basenarm, Stickstoff und Phosphate in schwer aufschließbarer Form angereichert, hohe Kalivorräte aus Glimmern
Anmerkung: Brandhorizont im Bereich des Auswaschungshorizontes

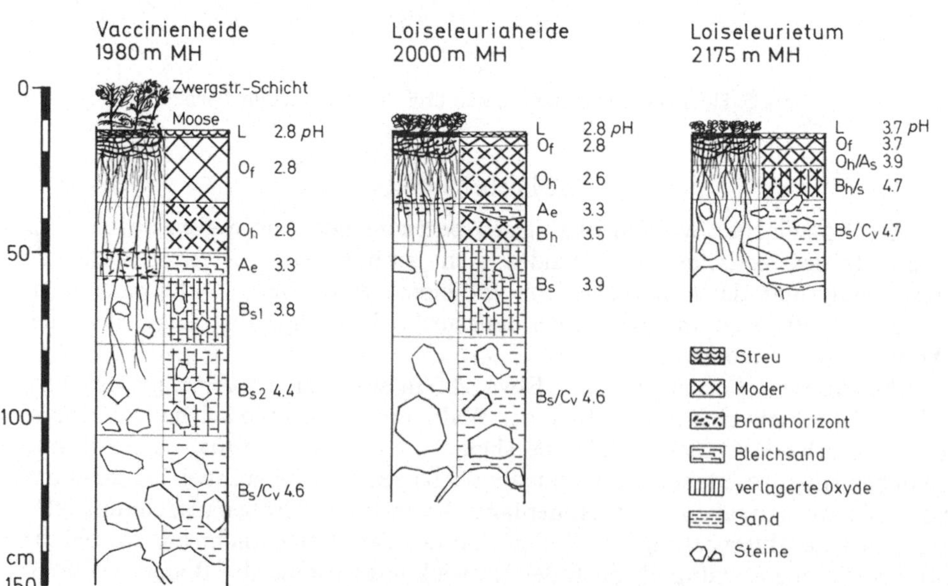

Abb. 6. Bodenprofile auf den drei Probenentnahmeflächen (nach einem Gutachten von Dr. I. NEUWINGER). Signaturen entsprechend den Vorschlägen von BRAUN-BLANQUET et al. (1954)

Tabelle 2. Probefläche „Loiseleuriaheide 2000 m“

Oberrand: 2002 m ü. M.	Unterrand: 1994 m ü. M.	Deckung: 100%
Länge: 20 m	Breite: 10 m	Gesamthöhe: 3—5 cm
Hangrichtung: NW	Hangneigung: 30°	Bestandesaufbau: einschichtig

Floristische Zusammensetzung (Aufnahme von G. GRABHERR). Gewichtsanteil der einzelnen Arten in Prozent der Gesamttrockenmasse des Bestandes.

Gefäßpflanzen:		Kryptogamen:	
Loiseleuria procumbens (L.) Desv.	82,7%	*Cetraria islandica* (L.) Ach.	7,9%
Vaccinium uliginosum L.	6,2%	*Alectoria ochroleuca* (Hoffm.) Mass.	1,5%
Vaccinium myrtillus L., *Vaccinium vitis-idaea* L., *Calluna vulgaris* L., *Agrostis rupestris* All., *Deschampsia flexuosa* (L.) Trin., *Nardus stricta* L. u. *Carex brunescens* (Pers.) Poir.	1,0%	*Cetraria cucullata* (Bell.) Ach., *Cladonia arbuscula* (Wallr.) Rabenh., *Cladonia rangiferina* (L.) Weber u. *Cladonia pyxidata* (L.) Fries.	0,9%

Boden (nach Dr. I. NEUWINGER, vgl. Abb. 6)

Bodentyp: Eisenhumuspodsol	Humusform: Rohhumus
Streu: schwach zersetzt	Gründigkeit: mittelgründig
Durchwurzelung: starke Durchwurzelung im Humushorizont	Wurzeltiefe: bis 40 cm

Bodenart der Mineralhorizonte: wie Vaccinienheide
Wasser-, Luft- und Nährstoffhaushalt: wie Vaccinienheide
Anmerkung: Brandhorizont mit Resten eines Bleichhorizonts läßt darauf schließen, daß sich der rezente Boden aus einem Zirbenwaldboden entwickelt hat.

Probefläche „Loiseleuriaheide 2000 m“. Ebenfalls in der Nähe des Alpengartens gelegen und daher für intensive Untersuchungsvorhaben geeignet ist die Probefläche „Loiseleuriaheide 2000 m“ (Tabelle 2). Sie befindet sich im Auflösungsbereich der Waldgrenze an einer Stelle, wo reliefbedingt Baumwuchs nur schwer aufkommt und Zwergsträucher der Gattung *Vaccinium* durch den mikroklimatischen Charakter des Standortes unterdrückt sind. Hier breitet sich auf tiefgründigem Humuspodsolboden (Abb. 6) ein geschlossener dichter Teppich von *Loiseleuria*-Spalieren aus.

Probefläche „Loiseleurietum 2175 m“. Als Gegenstück zu der extrem tief liegenden, ausschließlich expositionsabhängigen „Loiseleuriaheide 2000 m“ wurde nahe dem höhenlagenbedingten Oberrand des Zwergstrauchgürtels etwa 70 m unterhalb der Gipfelkuppe des Patscherkofel auf dem extrem windgefegten Westhang ein ausgedehntes Loiseleurietum alectorietosum (PALLMANN und HAFFTER, 1933) abgegrenzt (s. Tab. 3). Hier ist die Pflanzendecke an vielen Stellen durch Anrisse aufgelöst; Baumjungwuchs und Sträucher (Alpenrosen) kommen nur im Schutz von Steinblöcken begrenzt auf; in Muldenlagen entwickeln sich Schneetälchengesellschaften. *Loiseleuria* bildet niederliegende Spaliere auf flachgründigem, mineralreichem Boden (Abb. 6) aus. Der Vergleich der beiden Loiseleuria-Bestände (2000 m und 2175 m) verspricht wichtige Informationen über die Auswirkung unterschiedlicher Höhenlage, Schneebedeckung und Bodenentwicklung auf das Produktionsverhalten und die ökologische Amplitude dieser Pflanzengesellschaft.

Tabelle 3. Probefläche „Loiseleurietum 2175 m"

Oberrand: 2180 m ü. M.	Unterrand: 2170 m ü. M.	Deckung: 75 bis 80%
Länge: 40 m	Breite: 20 m	Gesamthöhe: 3 cm
Hangrichtung: WSW	Hangneigung: 18°	Bestandesaufbau: einschichtig

Floristische Zusammensetzung (Aufnahme von G. GRABHERR). Gewichtsanteil der einzelnen Arten in Prozent der Gesamttrockenmasse des Bestandes.

Gefäßpflanzen:

Loiseleuria procumbens (L.) Desv. . 61,0%
Vaccinium uliginosum L. 7,0%
Vaccinium vitis-idaea L., *Calluna vulgaris* (L.) Hull., *Primula minima* L., *Phyteuma hemisphaericum* L., *Veronica bellidioides* L., *Euphrasia minima* Jacq. (s. str.), *Senecio incanus* L., ssp. *carniolicus* (Willd.) Br. Bl., *Chrysanthemum alpinum* L., *Arnica montana* L., *Leontodon* spec., *Gentiana kochiana* Perr. & Song., *Minuartia recurva* (All.) Sch. & Th., *Antennaria* spec., *Avena versicolor* Vill., *Anthoxanthum odoratum* L., *Agrostis rupestris* All., *Juncus trifidus* L., *Luzula campestris* (L.) DC., ssp. *multiflora* (Retz.) Buch. u. *Carex curvula* All. 4,0%

Kryptogamen:

Polytrichum juniperinum Willd. . . 0,8%
Cetraria islandica (L.) Ach. 23,2%
Cetraria crispa (Ach.) Nyl., *Cetraria cucullata* (Bell.) Ach., *Cetraria nivalis* (L.) Ach., *Alectoria ochroleuca* (Hoffm.) Mass., *Thamnolia vermicularis* (Sw.) Ach., *Cladonia arbuscula* (Wallr.) Rabenh., *Cladonia rangiferina* (L.) Weber 4,0%

Boden (nach Dr. I. NEUWINGER, vgl. Abb. 6)

Bodentyp: Eisenhumuspodsol mit gehemmter Podsolierung
Streu: sehr mineralreich, schwach zersetzt

Humusform: Rohhumus
Gründigkeit: mittel- bis flachgründig
Wurzeltiefe: 30–40 cm

Durchwurzelung: schwach bis mittel
Bodenart der Mineralhorizonte: steiniger, schwach anlehmiger Feinsand aus Schiefergneisen
Wasser- und Lufthaushalt: frisch, gut durchlüftet
Nährstoffhaushalt: wie Vaccinienheide
Anmerkung: Der Humuskörper hat sich unter Zwergstrauchheide gebildet und ist durchwegs feinsandreich; dieser Feinsandreichtum ist durch Anwehung und Anschwemmung aus benachbarten Bodenanrissen entstanden.

4. Methoden und Meßeinrichtungen

4.1 Standortsklima

Klimadaten werden durch ein Standardmeßprogramm, durch ein Intensivmeßprogramm und durch ein Ausweitungsprogramm erfaßt.

Die meteorologischen *Standardmessungen* liefern das Datenmaterial für die Kausalanalyse der Produktionsprozesse in den Probeflächen nahe der Waldgrenze und stellen die Bezugsbasis für die übrigen Meßprogramme und für weitere Vorhaben dar; sie sollen deshalb über einen längeren Zeitraum fortgesetzt werden.

Folgende Klimafaktoren werden regelmäßig beobachtet: Globalstrahlung (direkte Sonnenstrahlung und diffuse Himmelsstrahlung getrennt), Beleuchtungsstärke auf der horizontalen Fläche, Niederschlag, Lufttemperatur und Luftfeuchtigkeit in 2 m Höhe, Windgeschwindigkeit und Windrichtung in 4 m Höhe, Lufttemperatur in der Vegetationsschicht, Temperatur an der Bodenoberfläche und in 10 cm Bodentiefe.

Das *Intensivmeßprogramm* läuft über zwei Datenerfassungsanlagen ab, die in einer Hütte im Alpengarten Patscherkofel aufgestellt und über Leitungen mit Meßfühlern auf drei repräsentativen Vergleichsstandorten verbunden sind. Die Beobachtungen werden automatisch auf Lochstreifen gespeichert (A. CERNUSCA, 1968). Dieses Programm dient der ökophysikalischen Feinanalyse klimatischer Standortfaktoren entlang einem Vegetationsgradienten (Rhododendretum-Loiseleurietum) und der Entwicklung und praktischen Erprobung experimentalökologischer Methoden. Die Messungen sind sehr betreuungsintensiv, sie können daher nur kurzzeitig in bestimmten Abschnitten einer Vegetationsperiode aufrechterhalten werden.

Es werden erfaßt: Das Profil von Lufttemperatur und Luftfeuchtigkeit über dem Bestand (+10, +50 und +200 cm), das Profil der Bodentemperatur (—0, —10, —25 und —50 cm), das Profil der Windgeschwindigkeit über dem Bestand in ihrer Abhängigkeit von der Windrichtung (+10, +50, +200 cm), das Profil der Evaporation über dem Bestand und der Saugspannung im Boden (3 Niveaus), die einfallende und reflektierte Globalstrahlung (+50 cm) und die Strahlungsbilanz (+50 cm). Die Anordnung der Meßstellen ist aus Abb. 7 zu ersehen.

Im *Ausweitungsprogramm* werden Messungen mit einer tragbaren Datenerfassungsanlage (A. CERNUSCA, 1971; s. auch VI B) an verschieden exponierten Standorten (v.a. im Loiseleurietum 2175 m) bei bezeichnenden Wetterlagen ausgeführt. An diese Anlage können die gleichen Meßfühler angeschlossen werden, die auch im Standardprogramm verwendet werden. Durch die große Anzahl von Meßstellenanschlüssen (30) und durch die automatische Datenspeicherung auf Lochstreifen sind eingehende Standortanalysen durchführbar. Die transportable Einrichtung macht es möglich, die in den übrigen Meßprogrammen gefundenen Gesetzmäßigkeiten abzusichern und räumlich auf größere, auch schwierig zugängliche Bereiche der alpinen Zwergstrauchheide auszuweiten.

Datenerfassungsanlagen: Zwei batteriebetriebene Datenerfassungsanlagen mit elektromagnetischen Analog/Digital-Umsetzern und Meßdatenspeicherung auf Lochstreifen, Meßintervall während der Vegetationszeit 15 min, im Winter 1 Std (A. CERNUSCA, 1968). Eine batteriebetriebene Datenerfassungsanlage für Ereigniszählungen mit Meßdatenspeicherung auf 2 × 8 mm Film, Summierungsintervall 1 Std (G. CERNUSCA, 1969). Eine tragbare batteriebetriebene Datenerfassungsanlage mit elektronischem Analog-Digital-Umsetzer, Meßdatenspeicherung auf Lochstreifen, Meßintervall 2 min oder 15 min (A. CERNUSCA, VI B).

Meßfühler: Strahlung und Licht: Sternpyranometer und Strahlungsbilanzer (Fa. Schenk, Wien), Selenzellen S 60 mit Platinopalglasfilter (Fa. Lange, Berlin), Strahlungsintegrator für Globalstrahlung (Eigenentwicklung).

Temperatur: Eisen/Konstantan-Thermoelemente, Platinwiderstandsthermometer (Fa. Heraeus, Hanau).

Luftfeuchtigkeit: Hygrogeber 1000 K (Fa. Philips, Eindhoven), batteriebetriebene Aspirationspsychrometer (Meßgenauigkeit 0,1 °C, Eigenentwicklung).

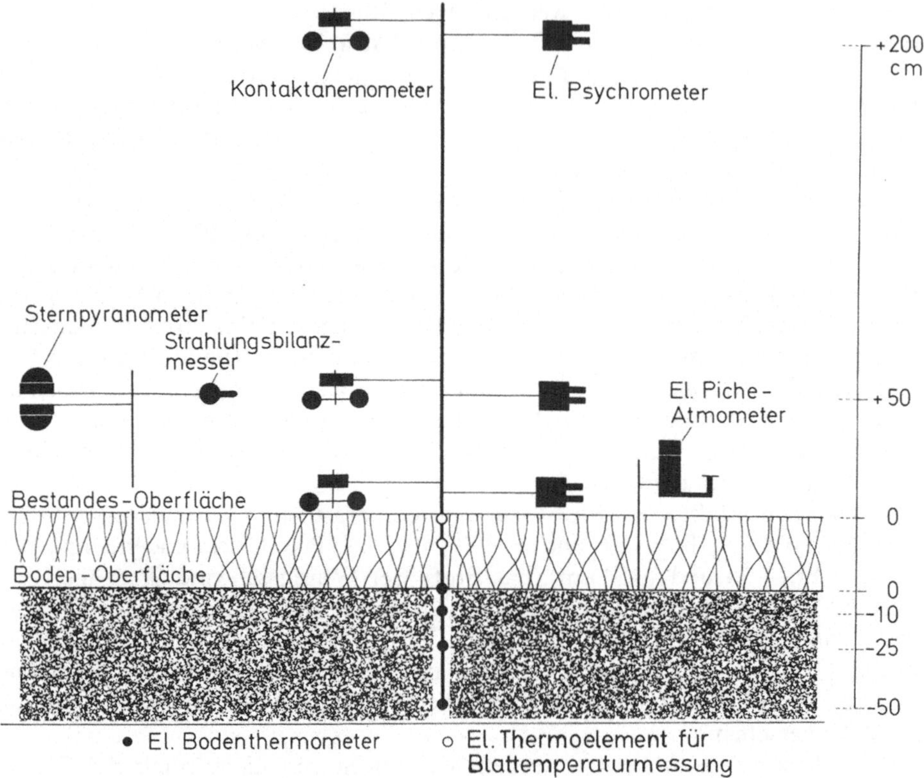

Abb. 7. Anordnung der Meßfühler für das Standortsklima-Intensivmeßprogramm

Windgeschwindigkeit, Windweg und Windrichtung: Windwegmelder K 1000 (Fa. Lambrecht, Göttingen), Windrichtungsmelder (Fa. Lambrecht), leichtanlaufende Windwegmelder (Anlaufschwelle 20–30 cm/sek, Eigenentwicklung).

Evaporation, Benetzung: volltransistorisierte, automatische Piche-Atmometer (G. CERNUSCA und Eigenentwicklung), JA/NEIN-Melder für Taufall, Regen und Schnee (G. CERNUSCA).

4.2 Bestandesstruktur und Morphometrie

Mehrmals während der Vegetationsperiode werden Ausbildung, Anordnung und Schichtung der Assimilationsflächen zur Kennzeichnung der Bestandesstruktur, als Bezugsgrößen für die Zuwachsanalyse und als Grundlagen für Modellberechnungen, aufgenommen. Die Auswertung erfolgt nach konventionellen Normen (KVĚT und MARSHALL, 1971). Zusätzlich werden für die bestandbildenden Arten die wichtigsten Dimensionsquotienten, wie tatsächliche/projizierte Blattoberfläche, Oberflächenentwicklung, Sukkulenzgrad, Hartlaubcharakter, grüne Biomasse/photosynthetisch inaktive Pflanzenmasse, Verhältnis oberirdische/unterirdische Teile usw., erhoben. Quantitative Bestimmungen der Plastidenpigmente sind geplant.

Methodik: Oberflächenbestimmung: Projizierte Oberfläche mit photoelektrischem Planimeter (Eigenentwicklung), tatsächliche Oberfläche von Nadel- und Rinnenblättern mit der Glasperlenmethode nach THOMPSON und LEYTON (1971). Pigmentanalyse: Spektralphotometrisch nach Dünnschichtchromatographie (HAGER und BERTENRATH, 1962, 1968).

4.3 Pflanzliche Biomasse, Stoffzuwachs, Energieausbeute und Nährstoffverteilung

Die jahreszeitliche Dynamik des pflanzlichen Bestandesvorrats, der Stoffproduktion und der Energienutzung wird durch Abernten von Teilflächen in vierwöchigen Abständen erfaßt (Standard-Erntemethode nach OVINGTON, 1957; BLACKMAN 1968; MILNER und HUGHES, 1968).

Bei der Entscheidung über Probengröße und Zahl der Parallelproben mußten die Besonderheiten des Gebirgsstandortes berücksichtigt werden. Die extreme Reliefabhängigkeit der Vegetation läßt nur kleinflächige Pflanzengesellschaften entstehen. Da während des Beobachtungszeitraumes sehr viele Entnahmen zu erwarten waren, ergab sich die Notwendigkeit, die Proben klein zu halten. Voruntersuchungen hatten gezeigt, daß nur durch eine gezielte, die Vegetationszusammensetzung berücksichtigende Probenauswahl statistisch auswertbare Ergebnisse zu erhalten sind (vgl. auch KNAPP, 1971). Besonders gilt das für die Vaccinienheide, die in ihrer Zusammensetzung und Dichte stark schwankt. Es werden jeweils 4 Vegetationsziegel in der Größe 50 × 20 cm (Vaccinienheide) bzw. 25 × 20 cm (Loiseleurieten) abgeerntet. Die unterirdische Biomasse läßt sich infolge des steinigen Bodens nur ungenau erfassen; ihre Entnahme erfolgt getrennt vom Vegetationsziegel durch Ausstechen mit einem Stahlzylinder von 15 cm Durchmesser.

Das Probenmaterial wird in oberirdische (Blätter diesjährig und älter, Achsen unverholzt und verholzt) und unterirdische Anteile (Wurzeln, unterirdische Achsen und Ausläufer) der einzelnen Pflanzenarten sowie in Streu händisch sortiert, bei 80°C getrocknet und getrennt gewogen. Ein Teil von jeder getrockneten Probe wird gemahlen, tablettiert und in einem adiabatischen Kalorimeter (Fa. JANKE und KUNKEL, Staufen i. Br.) nach dem bei LIETH (1965, 1968) angegebenen Verfahren zur Bestimmung des Wärmewertes verbrannt. Das übrige Material wird für chemische Analysen aufbewahrt, die über Mengenanteil und jahreszeitliche Verlagerung von Kohlenhydraten (lösliche Kohlenhydrate, Speicherkohlenhydrate und Zellulose), Eiweiß und Fetten innerhalb der Pflanze und über den Gehalt an C, N, P und Mineralstoffen in den einzelnen Organen und in der Streu Aufschluß geben sollen.

4.4 Physiologische und ökophysiologische Untersuchungen

4.4.1 Physiologische Laboratoriums-Untersuchungen

Die Licht-, Temperatur- und Hydraturabhängigkeit des *Photosynthesevermögens* und die *Dunkelatmung* von Einzelpflanzen von *Loiseleuria procumbens* (in drei Ausprägungstypen) und von Rasenziegeln des *Loiseleuria*-Bestandes werden mehrmals während des Jahres analysiert, außerdem wird die Beeinträchtigung des CO_2-Gaswechsels durch Austrocknung und Temperaturstreß festgestellt. Die Temperaturabhängigkeit der Respiration von *Vaccinium myrtillus, Vaccinium uliginosum, Vaccinium vitis-idaea, Calluna vulgaris, Pleurozium schreberi* und *Cetraria islandica* wird zu verschiedenen Jahreszeiten gemessen.

Meßeinrichtung: Infrarotgasanalysator URAS 1 (Fa. Hartmann & Braun, Frankfurt a. M.), fix montierte Metall-Glas-Küvetten als Probenrezipienten mit Meßfühlern für die Registrierung der Beleuchtungsstärke, der Blattemperatur und der Luftfeuchte, Xenon-Hochdruckleuchte XBF 6000 (Fa. Osram, Berlin), Temperierbad mit Wärmethermostat Thermomix III (Fa. Braun, Melsungen) und Solekühler.

Der Jahresgang der *Temperaturresistenz* von Blättern, Knospen, Achsen (alle Gewebe) und Wurzeln wird bei *Loiseleuria procumbens*, *Vaccinium myrtillus*, *Vaccinium uliginosum*, *Vaccinium vitis-idaea* und *Calluna vulgaris* verfolgt, außerdem wird die Temperaturresistenz von *Arctostaphylos uva-ursi* und *Empetrum hermaphroditum* stichprobenweise und die *Austrocknungsresistenz* von Sprossen der bestandbildenden Arten unter besonderer Berücksichtigung der Winterdürreresistenz bestimmt.

Methodik: Kälteresistenzbestimmung durch Programmkühlung in Tiefkühltruhen (CERNUSCA und LARCHER, 1970) bei gleichzeitiger Registrierung des Gefrierverlaufs, Hitzeresistenzbestimmung durch halbstündige Tauchung ganzer Pflanzen in ein Temperierbad, Dürreresistenzbestimmung durch Kontrolle des Wassergehaltes, des osmotischen Wertes (Mikrokryoskop nach KREEB, 1965, und Dampfdruckosmometer der Fa. Knauer, Berlin) und der Saugpotentiale (Peltier-Effekt-Psychrometer der Fa. Wescor, Logan, und Scholander-Druckapparatur) während des Austrocknens der Sprosse; Vitalitätsnachweis: Topographische Tetrazoliummethode (LARCHER et al., 1969) und Austriebbeobachtung.

4.4.2 Ökophysiologische Untersuchungen am Standort

Geplant sind Registrierungen des CO_2-Gaswechsels von Einzelpflanzen und von Bestandesausschnitten zu verschiedenen, phänologisch definierten Terminen bei typischen Witterungsverhältnissen, die Messung der Bodenatmung auf den Probeflächen zu allen Jahreszeiten und die Feststellung des Wasserumsatzes und des Wasserzustandes von Einzelpflanzen während ausgesuchter Zeitabschnitte.

5. Erste Ergebnisse

Nach Vorarbeiten im Herbst 1969 begann das Untersuchungsprogramm mit den regelmäßigen Probenentnahmen für die Biomassebestimmung und die Kalorimetrie im Mai 1970. Infolge der kurzen Laufzeit der Beobachtungen liegen derzeit nur erste Auswertungsergebnisse vor; diese vorläufigen Werte gestatten noch keine weitreichende Aussagen, wohl aber mögen sie zur Charakterisierung der untersuchten Pflanzenbestände beitragen.

5.1 Vegetationsablauf und Blattflächen-Entwicklung

Im Beobachtungsjahr 1970 schmolz die Schneedecke in 2000 m Höhe erst in der letzten Mai-Dekade, also sehr spät ab. Schon eine Woche danach begann *Vaccinium myrtillus* mit dem Laubaustrieb, nach einer weiteren Woche folgte *Vaccinium uliginosum* (Abb. 8). Die immergrünen Arten trieben ziemlich einheitlich etwa einen Monat nach Beginn der Schneeschmelze aus. Das Streckungswachstum der Sprosse zog sich – gebremst durch einen viertägigen Kälteeinbruch mit leichten Frösten um Mitte Juli – bei den meisten Arten bis in die erste Augusthälfte hin. Die neu heranwachsenden Sproßspitzen der *Vaccinien* nahmen bis Anfang August rasch (3,5 g $TS/m^2 \cdot d$), anschließend bis Ende August nur noch sehr langsam an Masse zu; die *Loiseleuria*-Neutriebe behielten eine hohe Zuwachsrate bis Ende September bei (Abb. 9). Laubverfärbung machte sich bei *Vaccinium myrtillus* Anfang September, bei *Vaccinium uliginosum* Ende September bemerkbar; vom Laubaustrieb bis zum Beginn der

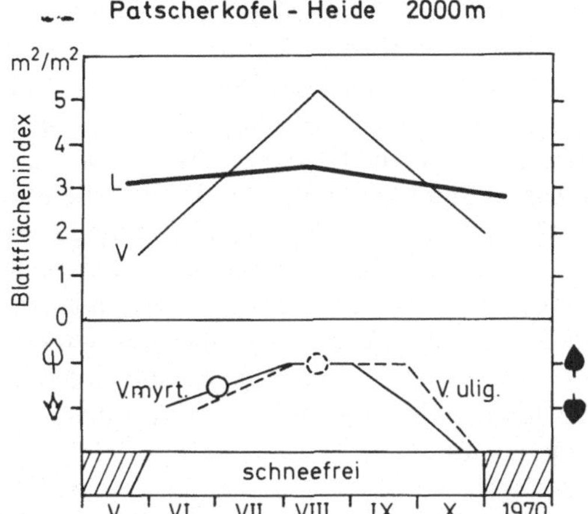

Abb. 8. Blattflächenentwicklung in der Vaccinienheide (*V*) und der Loiseleuriaheide 2000 m (*L*) und zeitlicher Ablauf der Belaubung und Entlaubung bei *Vaccinium myrtillus* und *Vaccinium uliginosum* im Jahr 1970. *Symbole links:* Beginn und Abschluß der Laubentfaltung, *Symbole rechts:* Beginn der Laubverfärbung und Ende des Laubabwurfs; *Kreise:* Blütezeit. *Schraffierter Bereich* der Basisleiste: Zeitraum mit geschlossener Schneedecke; die Schneeschmelze erfolgte 1970 abnorm spät. (Berechnung des Blattflächenindex unter Verwendung von Bestimmungen von E. LANSER, G. GRABHERR und W. JASCHKE)

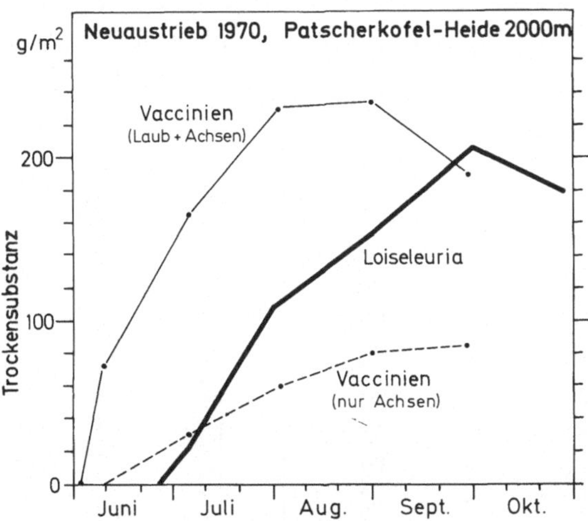

Abb. 9. Trockenmassenzuwachs des Neuaustriebs 1970 der sommergrünen Vaccinien (*Vaccinium myrtillus* und *Vaccinium uliginosum* gemeinsam) und der immergrünen *Loiseleuria procumbens in* 2000 m ü. NN

Laubverfärbung verblieben der Heidelbeere 84 photosynthetisch ausnützbare Tage, der Rauschbeere 105 Tage, das sind in beiden Fällen rund 70% des jeweiligen Belaubungszeitraumes. In der letzten Dekade des Oktober hatten alle sommergrünen Zwergsträucher ihre Blätter abgeworfen.

Dieser Belaubungsperiodismus in der *Vaccinienheide* findet seinen Ausdruck auch in der Blattflächenentwicklung des Bestandes (Blattflächenindex, Abb. 8):

Von Werten zwischen 1,5 und 2 m² Blattfläche einseitig pro m² Bodenfläche im unbelaubten Zustand steigt der Blattflächenindex im Sommer auf 5,3 (stellenweise bis auf 6). Diese Zahlen beziehen sich ausschließlich auf Blätter von Gefäßpflanzen; die Oberfläche der Moose und der grünen Sproßachsen der Heidelbeere ist derzeit noch nicht erfaßt; der Oberflächenindex (GEYGER, 1964) wird also höher anzusetzen sein. Der Blattflächenindex der *Loiseleuria-heide* ändert sich während des Jahres nur geringfügig: erstens ist der Anteil laubabwerfender Arten verschwindend gering, zweitens verliert die den Bestand hauptsächlich aufbauende *Loiseleuria procumbens* mit Heranreifen des Neuzuwachses zunehmend ältere Blätter, und überdies wirken sich Blattmassenverschiebungen bei *Loiseleuria* wegen der extrem niedrigen Oberflächenentwicklung der dicken Rinnenblätter (um 0,4 dm² projizierte Fläche/g TS) wenig auf den Blattflächenindex aus.

5.2 Bestandesvorrat an Pflanzenmasse und gebundener Energie

Eine Übersicht über den Bestandesvorrat an oberirdischer Biomasse (Kryptogamen, Blattmasse und Sproßmasse), unterirdischer Biomasse (Wurzeln, unterirdische Sproßachsen, Ausläufer) und Streu und über den Energievorrat des Bestandes zu drei bezeichnenden Zeitpunkten gibt Abb. 10.

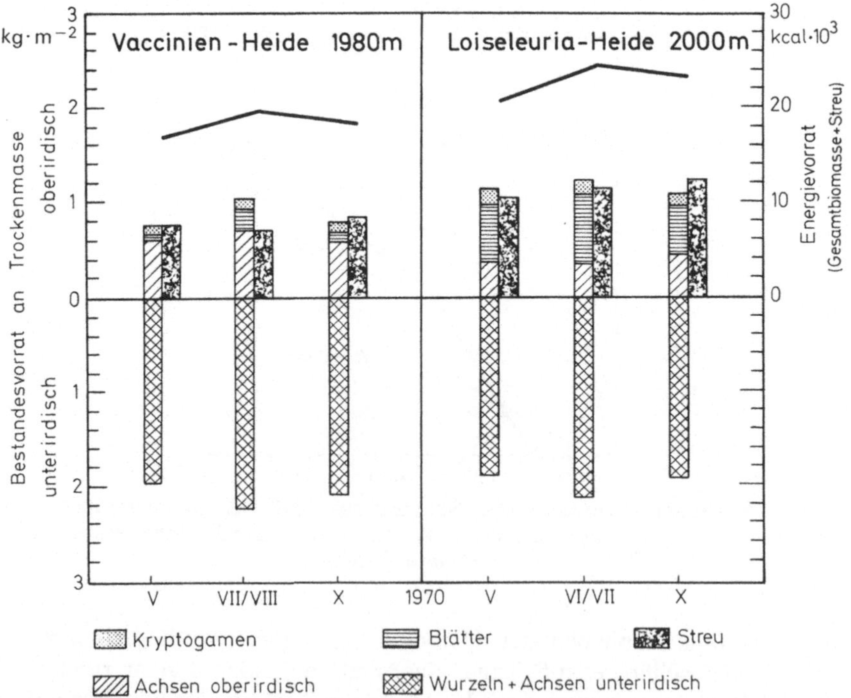

Abb. 10. Bestandesvorrat an Trockensubstanz und gebundener Energie (Biomasse + Streu) in Zwergstrauchheiden auf dem Patscherkofel vor dem Austrieb (Mai 1970), zur Zeit des sommerlichen Höchststandes und nach Laubabwurf der sommergrünen Arten (Ende Oktober 1970)

Das Sproßsystem der *Vaccinien* steckt zu 1/3, das von *Loiseleuria* sogar zu 1/2 bis 2/3 seiner Gesamtausdehnung unter Streu und Moderhumusauflagen. Dementsprechend übertrifft die unterirdische Trockenmasse die oberirdische erheblich (Vaccinienheide 2 – 2,5:1, Loiseleuriaheide 1,7:1). Streu sammelt sich reichlich an; sie steht mit dem lebenden Anteil an oberirdischer Masse etwa im Gleichgewicht. Im Aufbau der oberirdischen Biomasse bestehen Unterschiede zwischen den beiden Zwergstrauchbeständen: für die winterkahle

Tabelle 4. Durchschnittliche Energiegehalte (cal · g^{-1} Trockensubstanz) von Zwergsträuchern und Kryptogamen aus rund 2000 m ü. M. auf dem Patscherkofel

	Laub und Grünmasse	Achsen oberirdisch	Wurzeln und Achsen unterirdisch	Streu
Vaccinienheide:				5010
Vacc. myrtillus	4930	4880		
Vacc. uliginosum	5030	5090	4870	
Calluna vulgaris	5170	5120		
Moose	4270			
Loiseleuriaheide:				5440
Lois. procumbens	5360	5660	5200	
Flechten	4200			

Vaccinienheide ist der Periodismus in der Blattmassenentwicklung und im Streuzuwachs bezeichnend, für die Loiseleuriaheide als immergrüne Spalierstrauchgesellschaft der auffallend hohe Anteil der Blattmasse am Sproßgewicht.

Der Energievorrat der beiden Bestände wurde über Durchschnittswerte des Energiegehaltes der einzelnen Komponenten berechnet (s. Tab. 4). Im einzelnen bestehen deutliche Unterschiede zwischen verschieden alten Sproßabschnitten, und es tritt auch eine jahreszeitliche Veränderlichkeit, insbesondere ein Herbstanstieg der bemerkenswert hohen Brennwerte, auf.

5.3 Stoffproduktion und Energienutzung

Aus den Befunden des ersten Arbeitsjahres lassen sich nur Richtzahlen für Stoffproduktion und Energieausbeute durch die beiden Zwergstrauchgesellschaften abschätzen. Im Mittel über den Zeitraum intensiven Sproßwachstums nimmt die Trockenmasse des Neuaustriebes täglich um 2,1 g/m² (*Loiseleuria*-Heide) bis 2,7 g/m² (*Vaccinien*-Heide) zu. Die gesamte Pflanzenmasse vergrößert sich in dieser Zeit mit einer Zuwachsrate von 3,6 g TS/m² · d (*L*) bis 6,8 g TS/m² · d (*V*). Dies entspricht einer relativen Zuwachsrate (RGR) von rund 1 mg/g · d (*L*) bis 2 mg/g · d (*V*). Auf die photosynthetisch aktive Blattfläche bezogen ergibt sich eine Netto-Produktionsrate von rund 10 mg/dm^2_{proj} · d (*L*) bis 13 mg/dm^2_1 · d (*V*).

Dem Zuwachs an Pflanzenmasse sind Substanzverluste durch Fraß (nicht erfaßt) und vor allem durch Laubfall entgegengerichtet. Bis zum Ende der

Vegetationsperiode 1970 hatte die Biomasse der *Vaccinien*-Heide nur um rund 180 g/m² (das sind 6% der Bestandesmasse) zugenommen, die *Loiseleuria*-Heide konnte gar keinen Nettoertrag aufbauen. Wohl aber war in beiden Pflanzengesellschaften eine Produktivität in Form von Streuzuwachs faßbar.

Wenigstens die *Loiseleuria*-Heide (Streuanreicherung 241 g/m² · Jahr), möglicherweise aber auch die *Vaccinien*-Heide (Jahrestrockensubstanzzunahme 266 g/m², davon 88 g/m² · Jahr Streuzuwachs) scheint ein nicht-expandierender Bestand zu sein, dessen Netto-Biomassezunahme bei Null liegt, so wie dies SCOTT und BILLINGS (1964) für Rasengesellschaften in der alpinen Stufe nachweisen und STOCKER (1969) aufgrund von Beobachtungen verschiedener Autoren für Naturwälder mit Mosaikstruktur berechnen konnte; JONES et al. (1971) geben hierfür eine theoretische Begründung. Die Streuproduktion scheint der hauptsächliche Gewinn an organischer Substanz zu sein, der den Stoffkreislauf des Ökosystems aufrecht erhält.

Durch den Jahresüberschuß an Trockenmasse (Pflanzenmasse und Streu) sind 1300 (*L*) bis 1380 kcal/m² (*V*) gebunden. Bei Bezug auf das Angebot an photosynthetisch aktiver Strahlung während der Produktionszeit ergibt sich ein Wirkungsgrad der Energieausnützung von 0,58% (*L*) bis 0,62 % (*V*).

Literatur

AULITZKY, H.: Die Bodentemperaturverhältnisse an einer zentralalpinen Hanglage beiderseits der Waldgrenze. I. Die Bodentemperatur oberhalb der zentralalpinen Waldgrenze. Arch. Meteorol. Geophys. Bioklimatol. Ser. B **10**, 445—532 (1961).

AULITZKY, H.: Die Bodentemperaturverhältnisse an einer zentralalpinen Hanglage beiderseits der Waldgrenze. II. Teil: Über die Bodentemperaturen im subalpinen Zirben-Lärchenwald. Arch. Meteorol. Geophys. Bioklimatol. Ser. B. **11**, 301—362 (1962).

AULITZKY, H.: Grundlagen und Anwendung des vorläufigen Wind-Schnee-Ökogrammes. Mitt. Forstl. Bundesvers. Anst. Mariabrunn **60**, 765—834 (1963).

BLACKMAN, G. E.: The application of the concepts of growth analysis to assessment of productivity. In: ECKARDT, F. E. (Ed.): Functioning of Terrestrial Ecosystems at the Primary Production Level, pp. 243–259, Paris: UNESCO 1968.

BLISS, L. C.: A comparison of plant development in microenvironments of arctic and alpine tundras. Ecol. Monogr. **26**, 303—337 (1956).

BRAUN-BLANQUET, J., PALLMANN, H., BACH, R.: Pflanzensoziologische und bodenkundliche Untersuchungen im Schweizerischen Nationalpark und seinen Nachbargebieten. II. Vegetation und Böden der Wald- und Zwergstrauchgesellschaften (Vaccinio-Piceetalia). Ergeb. Wiss. Unters. Schweiz. Nationalpark N. F. **4** (1954).

CERNUSCA, A.: Der Einsatz automatischer Datenerfassungssysteme für klimaökologische Untersuchungen im Rahmen der Produktivitätsforschung. Photosynthetica **2**, 238—244 (1968).

CERNUSCA, A.: Ökophysik: Neue Wege zur quantitativen Ökologie. Umschau **18**, 663—668 (1971).

CERNUSCA, A.: Der Einsatz mobiler Meßeinrichtungen in der Ökosystemanalyse. Beitrag VI B in diesem Band.

CERNUSCA, A., LARCHER, W.: A low cost program device for automatic control of laboratory refrigerators. Cryobiology **6**, 404—408 (1970).

CERNUSCA, G.: Eine mobile Kleinstation zur Erfassung kleinklimatischer Meßdaten in der subalpinen Entwaldungsstufe am Lautschauner im Kühtai/Tirol. Allgem. Forstztg., Wien, **80**, 191–192 (1969).

DAHL, E., GORE, A. J. P. (Ed.): Proceedings Working Meeting on Analysis of Ecosystems: Tundra Zone. Ustaoset, Norway 1968.

ELLENBERG, H.: Physiologisches und ökologisches Verhalten derselben Pflanzenarten. Ber. Deut. Botan. Ges. **65**, 351—362 (1953).

ELLENBERG, H., OVINGTON, J. D.: Internationales Biologisches Programm (IBP) des Internationalen Rates Wissenschaftlicher Unionen (ICSU). Projekt A I: Produktivität der Land-Lebensgemeinschaften. Ber. Geobot. Inst. ETH Zürich, Stiftg. Rübel **35**, 15—40 (1964).

ELLENBERG, H., MUELLER-DOMBOIS, D.: Tentative physiognomic-ecological classification of plant formations of the Earth. Ber. Geobotan. Inst. ETH Zürich, Stiftg. Rübel **37**, 21—55 (1966).

FRIEDEL, H.: Kleinklima-Kartographie. Mitt. Forstl. Bundesvers. Anst. Mariabrunn **66**, 13—32 (1965).

GAMS, H.: Der Patscherkofel, seine Naturschutzgebiete und sein Alpengarten. Jb. Verein Schutz d. Alpenpflanzen u. -Tiere **9**, 7 – 21 (1937).

GEYGER, E.: Methodische Untersuchungen zur Erfassung der assimilierenden Gesamtoberflächen von Wiesen. Ber. Geobot. Inst. ETH Zürich, Stiftg. Rübel **35**, 41—112 (1964).

GIMINGHAM, C. H., MILLER, G. R.: Measurement of the Primary Production of Dwarf Shrub Heaths. IBP Handbook, **6**, Oxford-Edinburgh: Blackwell Sci. Pub. 1968.

HAGER, A., BERTENRATH, T.: Verteilungschromatographische Trennung von Chlorophyllen und Carotinoiden grüner Pflanzen an Dünnschichten. Planta (Berlin) **58**, 564 – 568 (1962).

HAGER, A., MEYER-BERTENRATH, T.: Die Isolierung und quantitative Bestimmung der Carotinoide und Chlorophylle von Blättern, Algen und isolierten Chloroplasten mit Hilfe dünnschicht-chromatographischer Methoden. Planta (Berlin) **69**, 198—217 (1968).

HEAL, O. W., (Ed.): IBP-Tundra Biome Working Meeting on Analysis of Ecosystems Kevo Finland 1970. IBP Central Office London 1971.

JONES, H. E., FORREST, G. I., GORE, A. J. P.: First stage of a model for the growth and decay of *Calluna vulgaris* at Moor House, U. K. In: HEAL, O. W. (Ed.) 133—160 (1971).

KLEBELSBERG, R.: Geologie von Tirol. Berlin: Gebr. Borntraeger 1935.

KNAPP, R.: Einführung in die Pflanzensoziologie. Stuttgart: E. Ulmer 1971.

KREEB, K.: Studies on the osmotic constants I. A portable microcryoscope for ecophysiological work. Planta (Berlin) **65**, 269—279 (1965).

KVĚT, J.: Revised programme of the production processes (PP) section of the IBP. Subsection for photosynthesis and solar energy conversion. Photosynthetica **1**, 293—294 (1967).

KVĚT, J., MARSHALL, J. K.: Assessment of leaf area and other assimilating plant surfaces. In: ŠESTAK, Z., CATSKY, J., JARVIS, P. G. (Ed.): Plant Photosynthetic Production, 517 – 555. Manual of Methods. Den Haag: Junk 1971.

LARCHER, W.: Frosttrocknis an der Waldgrenze und in der alpinen Zwergstrauchheide auf dem Patscherkofel bei Innsbruck. Veröff. Ferdinandeum Innsbruck **37**, 49—81 (1957).

LARCHER, W. u. Mitarb.: Anwendung und Zuverlässigkeit der Tetrazoliummethode zur Feststellung von Schäden in pflanzlichen Geweben. Mikroskopie **25**, 207—218 (1969).

LIETH, H.: Ökologische Fragestellungen bei der Untersuchung der biologischen Stoffproduktion I. Qualitas Plant. Mat. Veg. **12**, 241—261 (1965).

LIETH, H.: The measurement of calorific values of biological material and the determination of ecological efficiency. In: ECKARDT, F. E. (Ed.): Functioning of Terrestrial Ecosystems at the Primary Production Level, pp. 233—242. Paris: UNESCO 1968.

MILNER, C., HUGHES, R. E.: Methods for the measurement of the primary production of grassland. IBP Handbook, **6**, Oxford-Edinburgh: Blackwell Sci. Publ. 1968.

MONTEITH, J. L.: Climatological measurements. Photosynthetica **1**, 129—132 (1967).

NEUWINGER, I.: Die Vegetations- und Bodenaufnahme als Beitrag zur Abgrenzung von Standortseinheiten. Mitt. Forstl. Bundesvers. Anst. Mariabrunn **66**, 129—158 (1965).

OVINGTON, J. D.: Dry-matter production by Pinus silvestris L. Ann. Botan. N. S. **21**, 287—314 (1957).

PALLMANN, H., HAFFTER, P.: Pflanzensoziologische und bodenkundliche Untersuchungen im Oberengadin mit besonderer Berücksichtigung der Zwergstrauchgesellschaften der Ordnung Rhodoreto-Vaccinietalia. Ber. Schweiz. Botan. Ges. **42**, 357—466 (1933).

PISEK, A.: Die photosynthetischen Leistungen von Pflanzen besonderer Standorte. Immergrüne Pflanzen (einschließlich Coniferen). In: RUHLAND, W., (Ed.): Handbuch der Pflanzenphysiologie, Bd. V/2, S. 415—459. Berlin-Göttingen-Heidelberg: Springer 1960.

PISEK, A.: Der Alpengarten auf dem Patscherkofel. Schlern-Schriften (Innsbruck) **231**, 245 S. (1964).

PISEK, A., CARTELLIERI, E.: Zur Kenntnis des Wasserhaushaltes der Pflanzen. III. Alpine Zwergsträucher. Jb. wiss. Botan. **79**, 131—190 (1933).

PITSCHMANN, H., REISIGL, H., SCHIECHTL, H. M., STERN, R.: Karte der aktuellen Vegetation von Tirol 1/100000. I. Teil: Blatt 6, Innsbruck-Stubaier Alpen. In: OZENDA, P. (Ed.): Documents pour la Carte de la Végétation des Alpes VIII, 7—34 (1970).

SCOTT, D., BILLINGS, W. D.: Effects of environmental factors on standing crop and productivity of an alpine tundra. Ecol. Monogr. **34**, 243—270 (1964).

ŠESTÁK, Z., ČATSKÝ, J., JARVIS, P. G. (Ed.): Plant Photosynthetic Production. Manual of Methods. Den Haag: Junk 1971.

SPECHT, R. L.: The photosynthesis of plant communities in relation to structure, physiology and environment. Photosynthetica **1**, 132—134 (1967).

STOCKER, O.: Die „Stoffproduktion" in Urwäldern und anderen Pflanzengesellschaften im Gleichgewicht. Mitt. Flor.-soz. Arbeitsgem. N.F. **14**, 422—434 (1969).

SWARTZMAN, G.: Grassland Biome. Some concepts of modelling. Fort Collins: US. IBP Techn. Dep. No. **32**, 2. Aufl. 1971.

THOMPSON, F. B., LEYTON, L.: Method for measuring the leaf surface area of complex shoots. Nature **229**, 572 (1971).

TURNER, H.: Die Niederschlags- und Schneeverhältnisse. Mitt. Forstl. Bundesvers. Anst. Mariabrunn **59**, 265—316 (1961).

WALTER, H.: Vegetation der Erde in ökologischer Betrachtung. I. Die tropischen und subtropischen Zonen. Jena: VEB Fischer 1962.

WALTER, H.: Vegetation der Erde in ökophysiologischer Betrachtung. II. Die gemäßigten und arktischen Zonen. Jena: VEB Fischer 1968.

WINKLER, E.: Beiträge zur Klimatologie hochalpiner Lagen der Zentralalpen. Ber. Naturwiss.-Med. Ver. Innsbruck **53**, 209—223 (1963).

WINKLER, E., MOSER, W.: Die Vegetationszeit in zentralalpinen Lagen Tirols in Abhängigkeit von den Temperatur- u. Niederschlagsverhältnissen. Veröff. Mus. Ferdinandeum Innsbruck **47**, 121—147 (1967).

B. Einsatz mobiler Meßeinrichtungen in der Ökosystemanalyse

A. CERNUSCA, Innsbruck

1. Koordinierter Einsatz von stabilen Großstationen und mobilen Meßapparaturen

In der kausalanalytischen Ökosystemforschung werden durch standortkundliche und ökophysiologische Messungen die Vorgänge und Zustände im Ökosystem einer detaillierten und umfassenden Kausalanalyse unterzogen. Ziel dieser Untersuchungen ist die exakte, d. h. mathematische Beschreibung aller Prozesse im Ökosystem. Die formelmäßig oder graphisch dargestellten Kausalzusammenhänge und Wirkungsketten können dann zu ökologischen Modellen zusammengefaßt werden. Anhand derartiger Modelle können ökologische Prozesse im Computer simuliert werden. Diese Simulationsexperimente ermöglichen die Überprüfung, Korrektur und Ausweitung der Modelldarstellung. Das verbesserte Modell schließlich erlaubt die rechnerische Behandlung zahlreicher Kausalzusammenhänge im Ökosystem, sowohl im Rahmen der Grundlagenforschung, als auch als Hilfe bei der Lösung angewandter Aufgaben (A. CERNUSCA, 1971; LARCHER et al., VI A).

Für die Ableitung ökologischer Modelle sind umfangreiche experimentalökologische Untersuchungen notwendig, die durch folgende Umstände besonders erschwert werden:

Die Prozeßabläufe im Ökosystem werden von einem ganzen Komplex gleichzeitig wirksamer und einander gegenseitig beeinflussender Variablen bestimmt. Daher ist bei Ökosystemanalysen die gleichzeitige Erfassung sehr vieler Meßgrößen notwendig. Da das Ökosystem kein geschlossenes, sondern ein offenes System ist, müssen auch noch Meßgrößen außerhalb des Systems in die Untersuchungen einbezogen werden. Bei Ökosystemanalysen ist weiters zu beachten, daß der Augenblickzustand des Systems wesentlich von dessen Vorgeschichte abhängt. Und schließlich wird jede Kausalanalyse im Ökosystem durch die große standörtliche und biologische Streuung der Meßobjekte erschwert. Die Meßergebnisse müssen daher besonders gewissenhaft und gründlich statistisch abgesichert werden.

Für intensive Ökosystemanalysen stehen heute eine Reihe von Stabilstationen zur Verfügung. Diese Stationen werden in zunehmendem Maß mit den Hilfsmitteln der modernen Datenerfassung und Datenauswertung ausgestattet. Dabei werden die Meßdaten entweder direkt über Telephonleitung oder Funk (on-line-Betrieb) an einen Computer weitergeleitet (WILNER und

Brach, 1969) oder mit Hilfe von automatischen Datenerfassungsanlagen[1] in einer für Computerauswertung geeigneten Weise auf Tonband oder Lochstreifen gespeichert (A. Cernusca, 1968, 1971; A. Cernusca und Moser, 1969; G. Cernusca, 1969a, b; Eckardt, 1966; Larcher et al., VI A). Mit der Stabilstation erfolgen intensive Langzeitmessungen (mehrere Vegetationsperioden mit unterschiedlichem Witterungscharakter) an einigen wenigen Meßplätzen im Bestand. Da die Stabilstation mit Netzspannung versorgt ist und durchgehend von mindestens einem Instrumentenwart betreut wird, können auch hochgezüchtete und betreuungsintensive Meßapparaturen (Gasanalysatoren, klimatisierte Küvetten, Kleincomputer) im Stationsgebiet eingesetzt werden. Damit sind hier die besten meßtechnischen Voraussetzungen für umfangreiche experimentalökologische Untersuchungen gegeben, die dann die Voraussetzung für ausweitende Messungen mit mobilen Meßeinrichtungen bilden. Die Untersuchungen im Rahmen dieser Stabilstationen sind sowohl aus wartungs- und meßtechnischen als auch aus finanziellen Gründen auf einen kleinen, wenn auch typischen Ausschnitt des betrachteten Ökosystems beschränkt. Aus den erhaltenen Meßserien können daher nur Modelle abgeleitet werden, die streng genommen ausschließlich für die Versuchsfläche selbst gültig sind. Eine Modellausweitung auf das ganze Ökosystem ist lediglich bei der Analyse von homogenen Beständen möglich. Die ökologische Amplitude des Bestandes, wie sie durch verschiedene orographische oder edaphische Bedingungen, verschiedene Bestandesstruktur und verschiedene anthropogene Beeinflussung gegeben ist, kann durch Messungen in ökologischen Stabilstationen kaum erfaßt werden. Dieser Nachteil ist bei ökologischen Untersuchungen im Gebirge besonders ungünstig. Gebirgsökosysteme sind ja gerade durch die große standörtliche Variabilität auf kleinstem Raum gekennzeichnet. Hier führen mobile Kleinstationen zum Ziel.

Durch Messungen mit mobilen Meßeinrichtungen im Umkreis einer Stabilstation kann die standörtliche und biologische Variabilität des Ökosystems berücksichtigt werden. Das Zusammenspiel von Stabilstation und mobilen Meßeinrichtungen bei der Ausarbeitung eines Bestandesmodells ist in Abb. 1 schematisch dargestellt.

Mit der Mobilstation erfolgen parallel zum Meßprogramm der Stabilstation gezielte Kurzzeitmessungen von einigen Tagen bis einigen Wochen bei typischen Wetterlagen (Wilmers, 1968). Die Meßplätze der Mobilstation werden dabei so gewählt, daß sich ein repräsentatives Bild der ökologischen Amplitude des Bestandes ergibt. Aus den Meßserien können durch Computeranalysen empirische Gesetzmäßigkeiten für die standörtliche Variabilität abgeleitet werden. Die neuen Experimentalbefunde werden schließlich im Bestandesmodell (der Stabilstation), z. B. in Form von zusätzlichen Korrelationsmechanismen, berücksichtigt. Durch diesen koordinierten Einsatz von Stabilstation und Mobilstation wird eine rationelle und zeitökonomische Ökosystemanalyse, vor allem von inhomogenen Beständen, ermöglicht. Aus dem Gesagten folgt auch, daß

1 Automatische Datenerfassungsanlagen gestatten die automatische Messung und Registrierung der Meßsignale einer Vielzahl von Meßfühlern bzw. Meßeingängen in einer Form, die eine direkte Auswertung der Meßdaten durch einen Computer gestattet (Buchley, 1969).

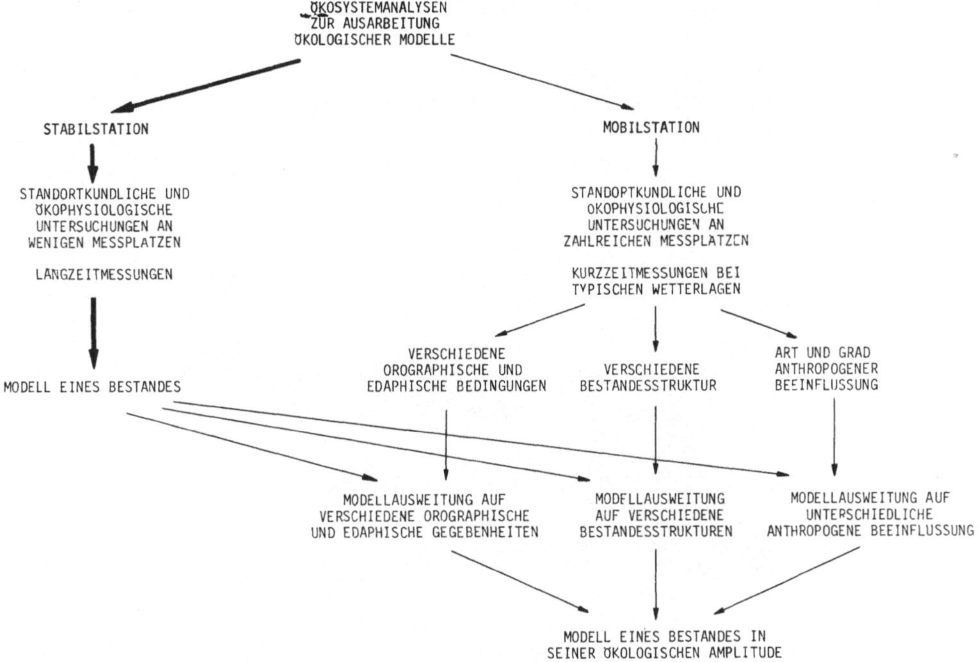

Abb. 1. Schema des koordinierten Einsatzes von Stabilstation und mobilen Meßeinrichtungen. Durch gezielte Messungen mit mobilen Meßeinrichtungen an typischen Standorten im Umkreis der Stabilstation kann die ökologische Amplitude des Bestandes im ökologischen Modell der Stabilstation berücksichtigt werden. Dieser koordinierte Einsatz garantiert eine rationelle, zeitökonomische Ökosystemforschung

mobile Meßeinrichtungen die apparative Grundlage für eine zielführende kausalanalytische Ökosystemforschung im Gebirge darstellen.

2. Anforderungen an die Meßeinrichtung bei mobilem Einsatz

Um einen störungsfreien, zeitökonomischen Forschungsablauf unter den erschwerten Bedingungen von mobilen Messungen in schwierigem Gelände sicherzustellen, sollte die verwendete Meßapparatur vor allem folgende Möglichkeiten bieten:

Die ganze Meßeinrichtung (Datenerfassungsanlage und Meßfühler) muß von Batterien (bei geringem Stromverbrauch) betrieben werden. Die Meßdatenregistrierung sollte in einer Form erfolgen, die eine direkte und automatische Auswertung der Datenstreifen durch einen Computer sicherstellt, also auf Tonband, Lochkarten oder Lochstreifen. Eine rasche Kontrolle der richtigen Funktionsweise aller Teile der Meßanlage muß möglich sein, ohne daß das Meßprogramm unterbrochen werden muß. Dazu gehört auch die laufende Kontrolle der auf den Datenstreifen registrierten Meßwerte. Der Autor ist der Meinung, daß diese wichtige Kontrollmöglichkeit nur bei einer Meßwertspeicherung auf Lochstreifen in ausreichendem Umfang sichergestellt ist. An die Datenerfassungsanlage sollen ohne Schwierigkeiten alle in der experimentellen Ökologie verwendeten Meßfühler angeschlossen werden können. Die kontinuierliche Integration gewisser Meßsignale (z. B. Strahlung) ist erwünscht (A. Cernusca, 1972). Die Anlage sollte mindestens 20 Meßstellen haben und die Meßgeschwindigkeit sollte ca. 1 Messung pro 2 Sekunden betragen. Eine Meßgenauigkeit von 0,5% vom Meßbereich ist dabei ausreichend. Wichtig ist auch, daß spätere Änderungen in der Arbeitsweise der Datenerfassungsanlage,

Abb. 2. Tragbare, batteriebetriebene Datenerfassungsanlage bei Messungen auf einem hochalpinen Standort (Stubaier Alpen, 3200 m)

wie Änderungen der Meßhäufigkeit, der Meßfühlerreihenfolge oder der Art der verwendeten Meßfühler, leicht und schnell vorgenommen werden können. Und schließlich sollte die Meßeinrichtung unempfindlich gegenüber Witterungseinflüssen und selbst in schwierigem Gelände leicht transportabel sein. Das gilt auch für die verwendeten Meßfühler. Sie sollten vor allem möglichst wartungsfrei arbeiten. Während für die meisten bioklimatischen Meßprobleme geeignete Meßfühler vorhanden sind, klafft auf dem Sektor ökophysiologischer Meßfühler noch eine große Lücke. Das ist darauf zurückzuführen, daß bis heute für zahlreiche ökophysiologische Meßprobleme entweder keine im Freiland leicht anwendbaren elektrischen Meßverfahren existieren, wie z. B. für die Transpiration, oder daß die entwickelten Meßeinrichtungen für einen mobilen Einsatz ungeeignet sind, was besonders für den Infrarotgasanalysator gilt.

Diese meßtechnischen Voraussetzungen werden von den im Handel erhältlichen Datenerfassungsanlagen nur teilweise erfüllt. Daher wurde in den letzten drei Jahren eine tragbare Datenerfassungsanlage entwickelt, die in ihrer Konzeption und kompakten Bauweise speziell für den Einsatz als tragbare

Mobilstation geeignet ist. Durch Meßeinsätze im Hochgebirge konnten vor zwei Jahren unter expeditionsmäßigen Bedingungen erste Erfahrungen mit diesem Gerät gesammelt werden. Abb. 2 zeigt die tragbare Datenerfassungsanlage bei Messungen auf einem Hochgebirgsstandort. Derzeit wird die Mobilstation zu Feinanalysen und im Ausweitungsprogramm des IBP-Projektes „Zwergstrauchheide Patscherkofel“ eingesetzt (s. LARCHER et al., VI A).

3. Eine tragbare, batteriebetriebene Datenerfassungsanlage

In Abb. 3 sind die wichtigsten Komponenten dieser Datenerfassungsanlage schematisch dargestellt. Die Meßwertspeicherung erfolgt direkt auf Lochstreifen in internationalem Fernschreibcode. Die Meßeinrichtung wird mit Batterien betrieben, eine Batterie von 10 kg Gewicht reicht für die Registrierung von 15000 Einzeldaten. Die Datenerfassungsanlage hat 30 Meßstellen, 8 verschiedene Typen von Meßfühlern können gleichzeitig und in beliebiger Reihenfolge angeschlossen werden. Die Reihenfolge der einzelnen Meßfühlertypen kann durch Lötverbindungen auf einem Vielfachstecker (Abb. 3: „Brückenauswahlstecker“) einprogrammiert werden. Wird dieser Stecker in die Anlage eingesteckt, so wird dadurch jeder der 30 Meßstellen intern eine der 8 elektrischen Meßbrücken zugeordnet. Bei einer Änderung des Meßprogrammes (Änderung der Meßfühlerreihenfolge) braucht nur der „Brückenauswahlstecker“ ausgetauscht zu werden. An die Meßstellen 27—30 sind interne Eichspannungen angeschlossen, die automatisch auf dem Lochstreifen registriert werden. Mit Hilfe dieser Eichwerte kann der Computer bei der Auswertung der Lochstreifen laufend die richtige Funktionsweise der Datenerfassungsanlage kontrollieren. Die Meßwerte werden auf dem Lochstreifen als Ziffern zwischen 0 und 999 dargestellt. Die erzielte Meßgenauigkeit ist dabei mit 0,1% vom Meßbereich ca. 5mal besser als bei vergleichbaren Schreibern. Ohne größere Schwierigkeiten können mit der Datenerfassungsanlage alle Standortfaktoren und ökophysiologischen Meßgrößen registriert werden, für die es elektrische Meßfühler gibt. Die Messung und anschließende Registrierung auf Lochstreifen erfolgt in sog. Meßzyklen. Ein Meßzyklus umfaßt die einmalige Messung an allen 30 Meßstellen. Nach Abschluß eines Meßzyklus wird die Anlage automatisch ganz abgeschaltet (kein Stromverbrauch!). Die eingebaute Uhr (Abb. 3) startet, je nach Stellung eines Wahlschalters, alle 2, 8, 15, 30 oder 60 min einen neuen Meßzyklus. Dieser Wahlschalter gestattet es, die Meßhäufigkeit der Datenerfassungsanlage optimal an das Meßproblem anzupassen. Diese Anpassung ist für den rationellen und zeitökonomischen Einsatz mobiler Datenerfassungsanlagen entscheidend (A. CERNUSCA, 1972).

Die Auswertung der Lochstreifen erfolgt durch die Rechenanlage in mehreren Schritten, wobei immer wieder Kontrollen eingeschaltet sind. Die Lochstreifen der Datenerfassungsanlage werden zunächst über einen gewöhnlichen Fernschreiber ausgedruckt. Man erhält so ein erstes Prüfprotokoll, auf dem gröbere Fehler, wie z. B. Stanzfehler, leicht erkannt werden können. Nach dieser groben Vorkontrolle folgt in einem nächsten Schritt die genaue Kontrolle der Datenstreifen durch den Computer selbst. Durch ausgefeilte Prüfprogramme können so auch versteckte Fehler aufgespürt werden. Dann berechnet der Com-

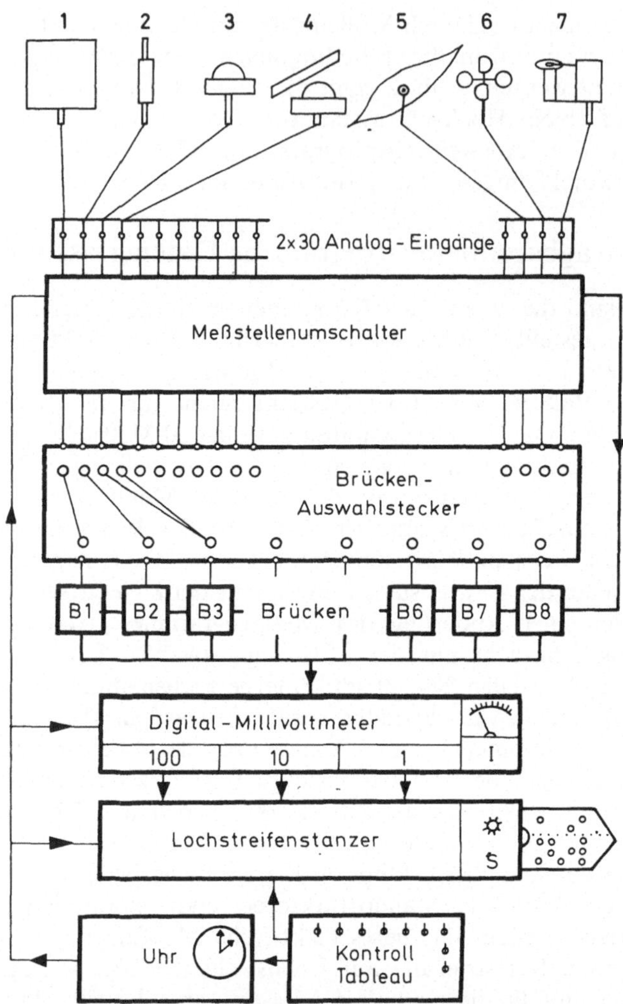

Abb. 3. Aufbau der tragbaren, batteriebetriebenen Datenerfassungsanlage. Ganz oben sind einige Meßfühler schematisch dargestellt, die an die Datenerfassungsanlage angeschlossen werden können: *1* IRGA, *2* Thermoelement, Platinwiderstandthermometer oder Thermistor, *3* Pyranometer für kurzwellige oder langwellige Strahlung, *4* Meßfühler für PhAR, z. B. Selenzelle mit entsprechendem Filter, *5* Meßfühler für die Saugspannung nach Kreeb (KREEB, 1966), *6* leichtgehendes Kontaktanemometer oder Hitzdrahtanemometer, *7* volltransistorisiertes Piche-Evaporimeter oder Benetzungsmelder (CERNUSCA, A., CERNUSCA, G., 1972). Bezüglich weiterer Details s. Text

puter aus den Zahlen am Datenstreifen die zugehörigen Meßwerte (z. B. 251 ergibt 25,1 °C). Diese Meßwerte werden in Form von Meßprotokollen ausgegeben. Nach einer weiteren Kontrolle werden aus den Meßprotokollen, entsprechend dem Forschungsziel, Extremwerte, Summenwerte, Korrelationen und Häufigkeiten berechnet. Besitzt das Rechenzentrum einen automatischen Zeichentisch, so können einzelne Faktorenverläufe und Auswertungsergebnisse auch graphisch ausgegeben werden.

Die vom Autor entwickelte tragbare, batteriebetriebene Datenerfassungsanlage hat sich in zahlreichen Meßeinsätzen bewährt. Dabei ergaben sich vor allem folgende Meßschwerpunkte:

1. Meteorologische Standardmessungen.
2. Ökophysikalische und biometeorologische Messungen zum Wärme- und Wasserhaushalt des Standortes und zur Verteilung der physikalischen Standortfaktoren über dem Bestand, im Bestand und im Boden.
3. Ökophysikalische und ökophysiologische Messungen zur Analyse der Austauschprozesse zwischen Einzelorganismen und ihrer Umgebung sowie zur Analyse der Aktivität dieser Organismen.
4. Feinanalysen einiger weniger Meßgrößen bei großer Meßhäufigkeit.
5. Langzeitmessungen bei geringer Meßhäufigkeit in einer permanenten Außenstation.

Literatur

BUCHLEY, D. J.: Digital data acquisition systems. Can. Dep. Agriculture Eng. Res. Serv. **37**, 1—7 (1969).

CERNUSCA, A.: Der Einsatz automatischer Datenerfassungssysteme für klimaökologische Untersuchungen im Rahmen der Produktivitätsforschung. Photosynthetica **2**, 238—244 (1968).

CERNUSCA, A.: Ökophysik: Neue Wege zur quantitativen Ökologie. Umschau **18**, 663—668 (1971).

CERNUSCA, A.: Zur Frage der Meßhäufigkeit von Mikroklimamessungen bei Ökosystemanalysen. Oecologia (Berlin) **9**, 113—122 (1972).

CERNUSCA, A., CERNUSCA, G.: Ein batteriebetriebenes Meßgerät für die elektrische Registrierung von Verdunstung oder Taufall. Cbl. Gesamt. Forstwesen **89**, 61—74 (1972).

CERNUSCA, A., MOSER, W.: Die automatische Registrierung produktionsanalytischer Meßdaten bei Freilandversuchen auf Lochstreifen. Photosynthetica **3**, 21—27 (1969).

CERNUSCA, G.: Die fotographische Meßdatenerfassung im Hinblick auf den Einsatz in einer kleinklimatischen mobilen Station. Cbl. Gesamt. Forstwesen **86**, 49—58 (1969a).

CERNUSCA, G.: Eine mobile Kleinstation zur Erfassung kleinklimatischer Meßdaten in der subalpinen Entwaldungsstufe am Lautschauner im Kühtai/Tirol. Allg. Forstztg. **80**, 191—192 (1969b).

ECKARDT, F. E.: Le principe de la soufflerie climatisée, appliqué à l'étude des échanges gazeux de la couverture végétale. Oecol. Plant. **1**, 369—400 (1966).

KREEB, K.: Die Registrierung des Wasserzustandes über die elektrische Leitfähigkeit der Blätter. Ber. Deut. Botan. Ges. **79**, 150—163 (1966).

LARCHER, W., CERNUSCA, A., SCHMIDT, L.: Stoffproduktion und Energiebilanz in Zwergstrauchbeständen auf dem Patscherkofel bei Innsbruck. Beitrag VI A in diesem Band.

WILMERS, F.: Wettertypen für mikroklimatische Untersuchungen. Arch. Meteorol. Geophys. Bioklimatol. Ser. B, 144—150 (1968).

WILNER, J., BRACH, E. J.: Comparison of radio telemetry with another electric method for testing winter injury of outdoor plants. Can. J. Plant Sci. **50**, 1—8 (1969).

C. Licht, Temperatur und Photosynthese an der Station „Hoher Nebelkogel" (3184 m)

W. MOSER, Innsbruck

1. Einleitung

Als nivale Stufe bezeichnet man jenes Gebiet der Alpen, in dem durchschnittlich mehr Schnee fällt als abschmilzt; also die Zone oberhalb der klimatischen Schneegrenze.

Daß es auf dieser Stufe trotz des Schnee-Überschusses zahlreiche Aperstellen gibt, ist die Folge der sehr ungleichmäßigen Niederschlagsverteilung in Abhängigkeit von Hangneigung, Windstärke und Windrichtung sowie der unterschiedlichen Exposition zur Sonne. Während nordseitig, in Mulden, im Lee die Hauptmasse des Schnees liegen bleibt, wird er andernorts abgetragen oder schmilzt dank günstiger Hanglage.

Sofern diese Stellen zumindest für einige Wochen im Jahr schneefrei werden, ist eine Besiedlung durch Kryptogamen und bei fortgeschrittener Bodenbildung auch durch Samenpflanzen möglich. REISIGL und PITSCHMANN (1959) fanden in der Nivalzone des Hinteren Seelenkogels in den Ötztaler Alpen in einer Höhe von 3460—3472 m 11 Arten von Phanerogamen. In den Westalpen gedeihen über 3800 m Höhe noch 14 Arten von Samenpflanzen.

Solche Standorte bieten allerdings nur bescheidene Lebensbedingungen. So betrug etwa die Produktivitätszeit im Sinne von LARCHER (1969) am Schrankogel (3500 m) in den Stubaier Alpen in Tirol in 3100 m Höhe im Jahre 1963 62 Tage, im Jahre 1964 konnte an 68 Tagen Stoffgewinn erzielt werden, 1965 an 31 Tagen (WINKLER u. MOSER, 1967). Es kann aber auch zum totalen Ausfall der Vegetationszeit kommen. Im Gebiet der Wildkarspitze (Stubaier Alpen) blieben zahlreiche Pflanzen in 3100 m Höhe vom Herbst 1964 bis zum Sommer 1967 völlig eingeschneit; sie überlebten einen Produktionsentgang von 33 Monaten (MOSER, 1970).

Besonders bezeichnend für die nivale Stufe sind außerdem die mitunter sehr hohe Lichtintensität sowie die großen Temperaturschwankungen innerhalb kurzer Zeit, wodurch solche Standorte sehr gute Möglichkeiten bieten, die Abhängigkeit pflanzlicher Produktionsprozesse von Licht und Temperatur am natürlichen Standort zu untersuchen. Vom Institut für Allgemeine Botanik der Universität Innsbruck wurde 1966 zu diesem Zweck nach vorbereitenden Untersuchungen im Laboratorium (PISEK u. Mitarb., 1967—1969) die Station „Hoher Nebelkogel" in 3184 m Höhe in den Stubaier Alpen (Tirol) als Beitrag zum Internationalen Biologischen Programm errichtet.

2. Stationsbeschreibung

2.1 Versuchsgelände

Das Versuchsgelände liegt auf 46°59′ nördl. Breite, 11°4′ östl. Länge in 3184 m über NN auf dem Ostgrat des Hohen Nebelkogels (3211 m) in den Stubaier Alpen in Österreich (Abb. 1). Es umfaßt auf rd. 1000 m² drei charakteristische Areale der nivalen Stufe:

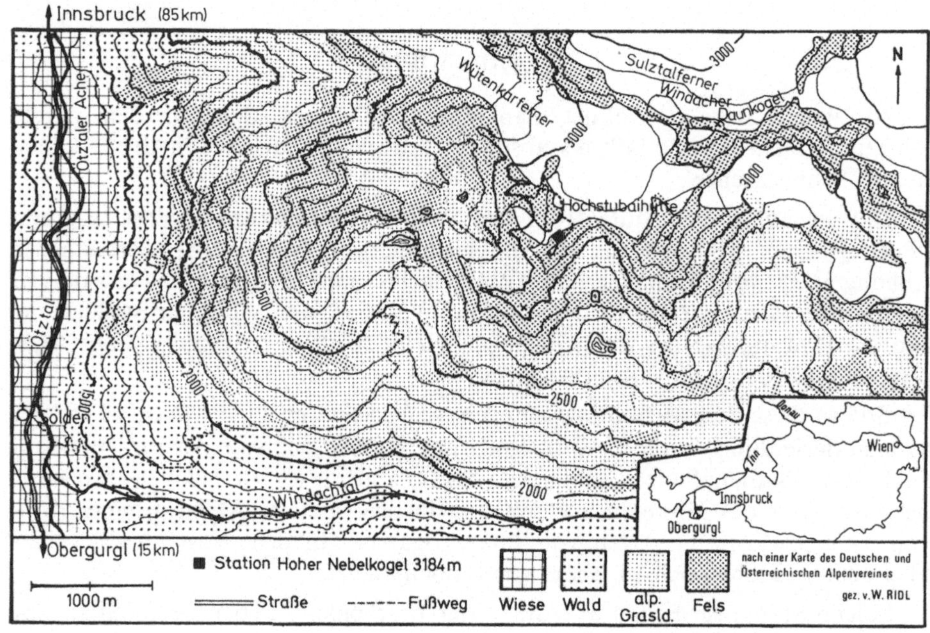

Abb. 1. Lage der Station „Hoher Nebelkogel" in den südwestlichen Stubaier Alpen; Gemeindegebiet von Sölden im Ötztal. Mit Genehmigung des Deutschen und Oesterr. Alpenvereins gezeichnet nach der Alpenvereinskarte der Stubaier Alpen, Südblatt (Hochstubai)

a) *Steiler Südosthang* mit reichlichem Bewuchs von Kryptogamen und 11 Arten von Phanerogamen. Der obere Teil dieses Hanges wird nur in besonders günstigen Jahren schneefrei.

b) *Flaches Gratstück* mit mittlerem Bewuchs und stark windexponierten Stellen.

c) *Nordhang* mit mäßiger Neigung und sehr geringer Bodenentwicklung. Äußerst kümmerlicher Bewuchs. Übergang in das Firnfeld eines Gletschers.

Am östlichen Rand des Versuchsfeldes steht eine Baracke, in der die Registriergeräte untergebracht sind (Abb. 2).

Abb. 2. Versuchsfläche und Station „Hoher Nebelkogel, 3184 m“. Mittelgrund links: Nordhang, teilweise schneebedeckt. Auf dem Grat das Hauptversuchsfeld mit Wind-Stromaggregat und Meßbaracke. Mittelgrund rechts: Steilabfallender Südhang, teilweise schneebedeckt. Dahinter Landestelle des Gletscherflugzeugs auf dem Wütenkarferner. Hintergrund von links nach rechts: Schrankogel (3500 m), Windacher Daunkogel (3351 m), Westlicher (3300 m) und Östlicher Daunkogel (3332 m). (Aufnahme W. MOSER)

2.2 Meßprogramm

Globalstrahlung, Reflexion, Beleuchtungsstärke, Luft-, Blatt- u. Bodentemperaturen werden seit 1968 ganzjährig gemessen. Hierbei werden die von den elektrischen Meßsonden gelieferten Werte in Impulse verwandelt und photographisch gespeichert (G. CERNUSCA, 1969). Nach manueller Übertragung der Zahlen auf Lochstreifen erfolgt die Auswertung der Daten in einem Computer. Dieses *standortskundliche* Standard-Meßprogramm umfaßt insgesamt 11 Meßstellen (Abb. 3) und liefert täglich 1440 Messungen (MOSER, 1971).

Die gesamte Meßeinrichtung ist durch eine spezielle Blitzschutzanlage gesichert.

Der *CO_2-Gaswechsel* der Pflanzen wurde mit einem Infrarot-Gasanalysator (URAS—1) gemessen und zugleich mit zugehöriger Lufttemperatur und Beleuchtungsstärke in 6-Farben-Schreibern sowie auf Lochstreifen registriert (A. CERNUSCA, 1968; A. CERNUSCA u. MOSER, 1969).

Als Meßfühler wurden Selenzellen, Platin-Widerstandsthermometer und Thermo-Elemente verwendet. Als Rezipienten dienten kleine Plastiksäcke oder Plexiglaskassetten, die an Ort und Stelle über die Pflanzen gestülpt wurden.

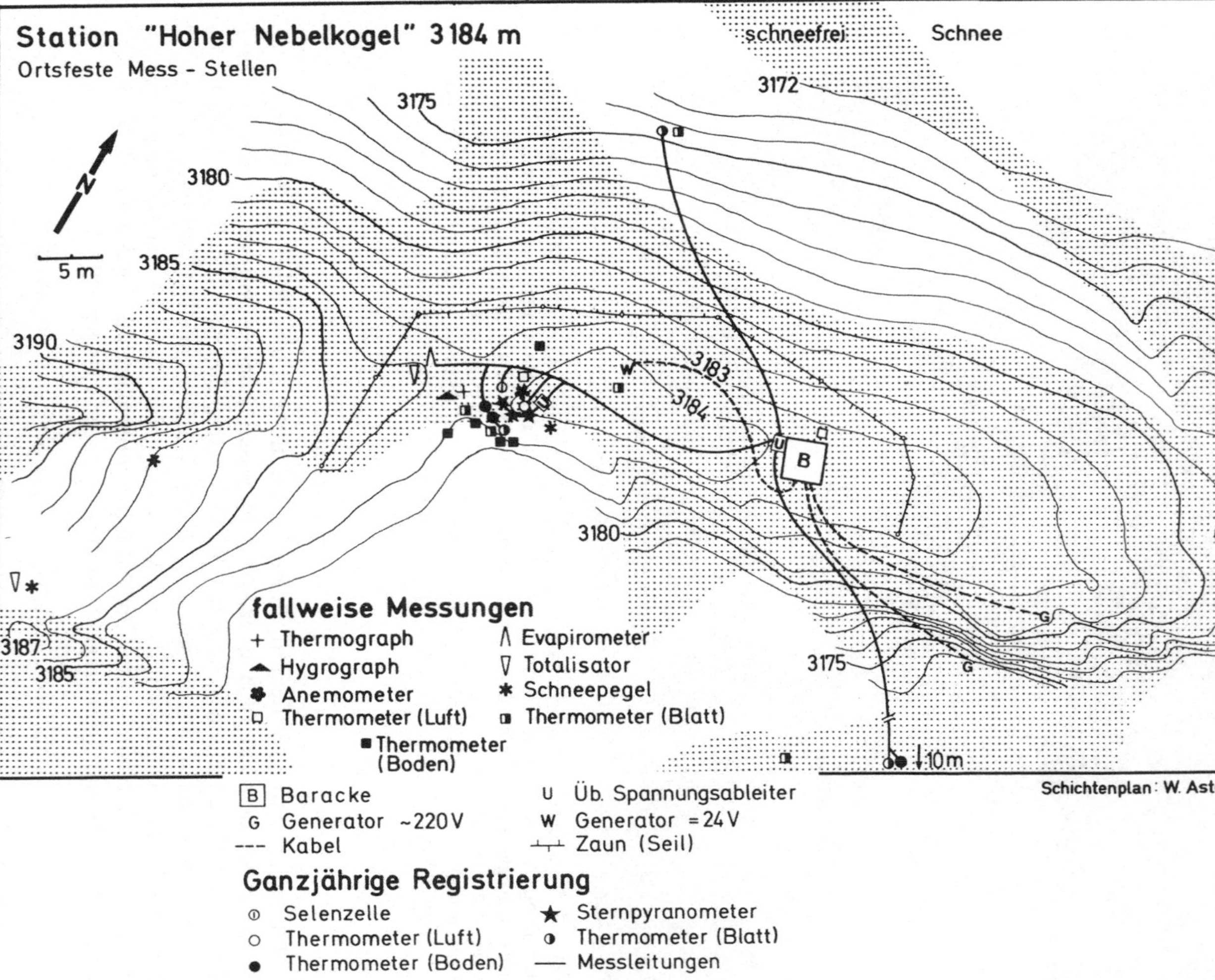

Abb 3 Anordnung der ortsfest installierten Gerate des Standard-Meßprogramms fur standortkundliche Untersuchungen

1969 wurde zusätzlich eine SIEMENS-Sirigor-Klimaanlage eingesetzt. Die Pflanzen waren von 2 bis zu 32 Tagen an das Meßsystem angeschlossen. 220 Tagesgänge der Photosynthese und 185 Gänge der nächtlichen Respiration wurden 1969 am natürlichen Standort bei verschiedenen Wetterlagen aufgenommen (s. hierzu KOCH u. Mitarb., 1968).

Auf der Station sowie an der Alpinen Forschungsstelle Obergurgl der Universität Innsbruck wurden Zuwachsanalysen nach dem Ernteverfahren ausgeführt und der *Energiehaushalt* von Nivalpflanzen calorimetrisch bestimmt (BRZOSKA, VI D). Gleichzeitig wurde der Entwicklungsrhythmus der reproduktiven Organe solcher Pflanzen sowie deren Phänologie festgestellt.

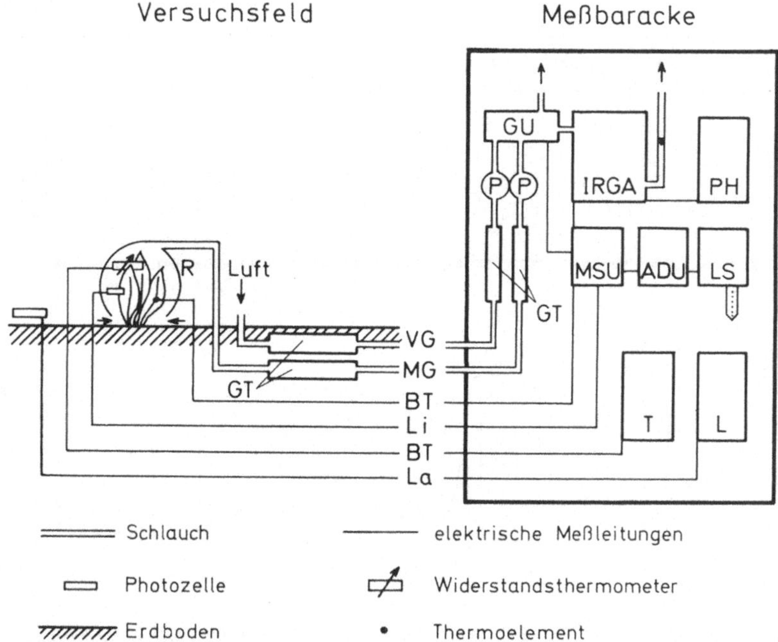

Abb. 4. Anordnung der Geräte für das CO_2-Gaswechsel-Meßprogramm. ADU Analog-Digital-Umsetzer; BT Blattemperatur; GU Gas-Umschalter; GT Gas-Trocknung; IRGA Infrarot-Gas-Analysator (URAS—1); L Sechsfarbenschreiber für Globalstrahlung und Beleuchtungsstärke; La Lichtintensität außerhalb des Rezipienten; Li Lichtintensität innerhalb des Rezipienten; LS Lochstreifenstanzer; MG Meß-Gas; MSU Meßstellenumschalter; P Luft-Förderpumpe; PH Sechsfarbenschreiber für CO_2-Konzentration; R Rezipient; T Sechsfarbenschreiber für Temperaturen; VG Vergleichsgas

Die Installation der SIEMENS-Sirigor-Klimaanlage ist hier nicht dargestellt

2.3 Organisation

Leitung des Forschungsprojektes „Hoher Nebelkogel": LARCHER. Planung und Betreuung der Station; standortkundliche Messungen, CO_2-Gaswechselmessungen, Phänologie: W. MOSER. Meteorologische Meßtechnik und Datenerfassung auf Lochstreifen: A. CERNUSCA. Zuwachsanalyse und Kalorimetrie: BRZOSKA. Entwicklungsrhythmus: ZACHHUBER.

Fallweise technische Assistenz und Auswertungshilfe: DRAGOSITS, MOSER, RIDL, ROSCHALL, SCHWARZ, WINKLER.

3. Ergebnisse des CO_2-Gaswechsel-Meßprogrammes 1969

3.1 Material und Klima

Die Pflanzen, deren Photosyntheseleistung in der Folge beschrieben wird, wuchsen im Versuchsfeld am Hohen Nebelkogel. Während die CO_2-Gaswechselmessungen an *Ranunculus glacialis* durchschnittlich 3—4 Wochen nach der Entfaltung der ersten Blätter und in der Mitte der Blühphase begonnen wurden, trugen *Cerastium uniflorum, Saxifraga bryoides* und *Chrysanthemum alpinum* noch geschlossene Knospen.

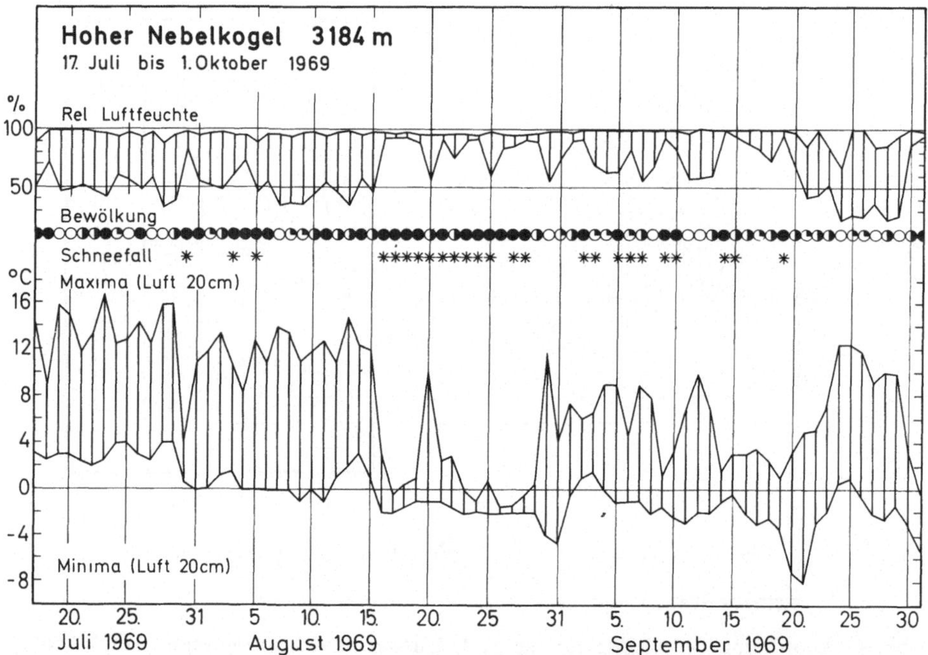

Abb. 5. Wetterverlauf am Hohen Nebelkogel vom 17. Juli bis 1. Oktober 1969. Relative Luftfeuchte und Lufttemperaturen wurden in einer auf dem Boden stehenden Kleinwetterhütte durch einen Thermohygrographen aufgezeichnet

Der Boden war während der Meßperioden durch Niederschläge oder Schmelzwasser stets ausgiebig durchfeuchtet.

Zur Charakterisierung der Wetterlage während der Meßperiode 1969 sind in Abb. 5 die Maxima und Minima dargestellt, wie sie von einem Thermographen in einer am Boden stehenden Wetterhütte aufgezeichnet wurden. Außerdem sind die Maxima und Minima der Luftfeuchte, die Bewölkung und die Schneefälle eingetragen.

Zur Zeit des Versuchsbeginnes (31.7.1969) herrschte schönes Wetter. Am Vortag gab es zwar einen Hagelschauer und etwas Schneefall, die 14 Tage zuvor jedoch waren ausgesprochen günstig. Bis zum 8. Aug. blieben auch die Minima der Lufttemperatur über dem Gefrierpunkt. Am 3., 4., 5. und 6. Aug. regnete es zeitweise. Am 16. Aug. setzte ein anhaltender Schneesturm ein; die meisten Versuchspflanzen wurden eingeschneit. Die Minima der Lufttemperatur blieben bis zum 1. Sept. unter dem Gefrierpunkt, und mehrfach herrschte auch während des Tages Frost. In der ersten Septemberhälfte und um den 25.9. war es untertags zwar meist relativ warm, es gab jedoch bis zum 15. Sept. weitere ergiebige Schneefälle, so daß viele Pflanzen erst im Jahre 1970 wieder ausaperten.

Von den 77 Tagen vom 17.7.—1.10.1969 waren 25 Tage schön, an 52 Tagen war der Himmel stark bewölkt oder bedeckt, an 25 Tagen fiel Schnee. An 13 Tagen war die Schneedecke so tief — bis zu 90 cm! —, daß die Versuche eingestellt werden mußten. Die höchste Lufttemperatur wurde in der Wetterhütte mit 17°C am 23. Juli aufgezeichnet, die tiefste (—8°) am 21. September. Das Monatsmittel der Lufttemperaturen der bodennahen Luftschicht betrug im Aug. 1,9°C, im Sept. 1,2°C.

3.2 Datenverarbeitung

Die auf Lochstreifen gespeicherten Meßwerte (CO_2-Gaswechsel der Pflanzen, Blattemperatur, Helligkeit) wurden zuerst in 2 dreidimensionalen Häufigkeitsverteilungen sortiert. Auf der x-Achse wurden jeweils Klassen der Beleuchtungsstärke, von 0,5 Kilolux beginnend, bis 130 Kilolux aufgetragen. Jede Klasse — mit Ausnahme der beiden ersten — umfaßt 10 Kilolux. Auf der y-Achse wurden Temperaturklassen von jeweils 5°, beginnend bei —10 und endend bei + 35°, aufgetragen.

Im ersten Sortierverfahren wurde jeder einzelne CO_2-Gaswechsel-Meßwert nach zugehöriger Helligkeit und Blattemperatur dem entsprechenden Feld der

Tabelle 1. Zeitfaktor. In den Feldern die jeweilige Anzahl der CO_2-Gaswechsel-Meßwerte, die bei kontinuierlicher Registrierung über die Meßperiode angefallen sind

Pflanze Nr 10, 7 8.- 9 8 1969

	05 - 09	1 - 99	10 - 199	20 - 299	30 - 399	40 - 499	50 - 599	60 - 699	70 - 799	80 - 899	90 - 999	100-1099	110-1199	120-130 kLux
30 - 35°C														
25 - 299														
20 - 249							1		1		1	1	10	
15 - 199					2		4	1	1			3	16	
10 - 149			1	3	6	5		3	2	3	1		3	
5 - 99		2	8	5	2	3	1	3						
0 - '49	5	15	3	1	1			1						
-5 - -01	8	8	2											
-10 - -51														

Tabelle 2. Aufgenommene CO_2-Mengen. In den Feldern die Summen der über die Meßperiode angefallenen CO_2-Aufnahme-Werte

Pflanze Nr. 10, 7.8. - 9.8.1969

	0.5 - 0.9	1 - 9.9	10 - 19.9	20 - 29.9	30 - 39.9	40 - 49.9	50 - 59.9	60 - 69.9	70 - 79.9	80 - 89.9	90 - 99.9	100 - 109.9	110 - 119.9	120 - 130 kLux
30 - 35°C														
25 - 29.9														
20 - 24 9							9.9		9.2		9 1	7 3	90 7	
15 - 19.9					13.6		30.9	5.4	7.0			23.6	128.3	
10 - 14.9			2.8	13.0	40.8	28.9		18.8	13.4	20 3	6.8		25.4	
5 - 9.9		5.6	47.0	27.0	14 8	18.7	7 7	22.8						
0 - 4.9	2.0	27.8	14.9	5.1	5 8			5 7						
-5 - -0.1	3.1	20 1	7.9											
-10 - -5.1														

Tabelle 3. Photosyntheseleistung. In den Feldern die auf die Zeiteinheit bezogenen CO_2-Gaswechsel-Meßwerte (mg CO_2 · gTG^{-1} · h^{-1})

Pflanze Nr. 10, 7.8. - 9.8.1969

	0.5 - 0.9	1 - 9.9	10 - 19.9	20 - 29.9	30 - 39.9	40 - 49.9	50 - 59.9	60 - 69.9	70 - 79.9	80 - 89.9	90 - 99.9	100 - 109.9	110 - 119.9	120 - 130 kLux
30 - 35°C														
25 - 29.9														
20 - 24.9							9.90		9.20		9.10	7.30	9.07	
15 - 19.9					6.80		7.73	5.40	7.00			7.87	8.02	
10 - 14.9			2.80	4.33	6.80	5.78		6.27	6.70	6.77	6.80		8.47	
5 - 9.9		2.80	5.88	5.40	7.40	6.23	7.70	7.60						
0 - 4.9	0.40	1.85	4.97	5.10	5.80			5.70						
-5 - -0.1	0.39	2.51	3.95											
-10 - -5.1														

Häufigkeitsverteilung zugewiesen. In jedem Feld (z-Achse) wurde die *Anzahl* der eintreffenden Meßwerte summiert, und diese Verteilung gibt somit Auskunft über die Häufigkeit der verschiedenen Kombinationen von Licht und Temperatur an der Pflanze während der Meßperiode. Sie stellt die Anzahl der Zeitintervalle in ihrer unterschiedlichen Wirksamkeit auf die Photosynthese dar, ist also eine Aufschlüsselung des Energieangebotes nach Licht, Temperatur und Zeit.

Im zweiten Sortierprogramm wurden die einzelnen CO_2-Gaswechsel-Meßwerte ebenfalls nach Licht und Temperatur sortiert; in den entsprechenden Feldern wurde diesmal jedoch die *Größe* der Meßwerte und nicht deren Anzahl summiert. Das Ergebnis zeigt, welche CO_2-Menge die Pflanze pro Gramm Trockengewicht bei der jeweiligen Kombination von Licht und Temperatur im Laufe der Meßperiode insgesamt aufnehmen konnte.

In einem dritten Verfahren wurden die CO_2-Mengen auf den *Zeitfaktor* bezogen. Die Quotienten aus Häufigkeitsverteilung 2 : Häufigkeitsverteilung 1 geben Auskunft über die Photosyntheseleistung der Pflanze in Abhängigkeit von Licht und Temperatur. Diese Leistung ist als "specific photosynthetic capacity" im Sinne von LARCHER (1969) aufzufassen und entspricht nicht dem Begriff „Potentielle Photosynthese“ (ZALENSKI, 1963; SHVETZOVA u. VOZNESSENSKIJ, 1970), der eine Untersuchung in CO_2-gesättigter Atmosphäre, also unter unnatürlichen Bedingungen, voraussetzt.

3.3 Die Photosyntheseleistung von Ranunculus glacialis

3.3.1 Meßperiode 31.7.—6.8.1969

Abb. 6 stellt das Angebot von Licht und Temperatur dar, wie es an insgesamt 8 Stöcken von *Ranunculus glacialis* während 82 Tagesstunden vom 31.7. bis 6.8.1969 am Standort gemessen wurde.

Mit 26 Stunden Dauer war der Temperaturbereich von 0 bis 5°C dominierend, großenteils kombiniert mit Helligkeiten bis 20 Kilolux. 5 weitere Stunden herrschten Temperaturen von —5 bis 0°, vorwiegend bei schwachem Licht bis 1 Kilolux. 2/5 der Zeit standen den Pflanzen also nur wenig Licht und niedere Temperaturen zur Verfügung. 3/5 der Zeit verlief die CO_2-Bindung bei Lichtintensitäten von 20 bis 120 Kilolux und Temperaturen von 5 bis 35°, wobei Helligkeiten zwischen 20 und 40 sowie 110 und 120 Kilolux gehäuft in Erscheinung traten.

Daß der Stoffgewinn dieser 8 Pflanzen während der Meßperiode in groben Zügen mit dem Zeitfaktor korreliert war, zeigt Abb. 7, wenngleich die Abweichung im schwachen Licht- und tiefen Temperaturbereich bereits erkennen läßt, daß die Photosyntheseleistung der Pflanze mit der Lichtintensität und Temperaturzunahme ansteigt. In Abb. 8 ist dieser Anstieg dargestellt. Erst ab 60 Kilolux und in den Temperaturklassen 10—20°C wurde die größte Photosyntheseleistung erzielt. Die Höchstwerte dieser Darstellung reichen allerdings nicht an die Leistungszahlen aus früheren Freilandmessungen (CARTELLIERI, 1940; MOSER, 1968) heran. Die Gründe hierfür liegen 1969 einerseits in der Mitverwendung von blühenden Pflanzen, deren Blütenatmung einen Teil der absorbierten CO_2-Menge wettmachte, andererseits im Verfahren der Klassen-

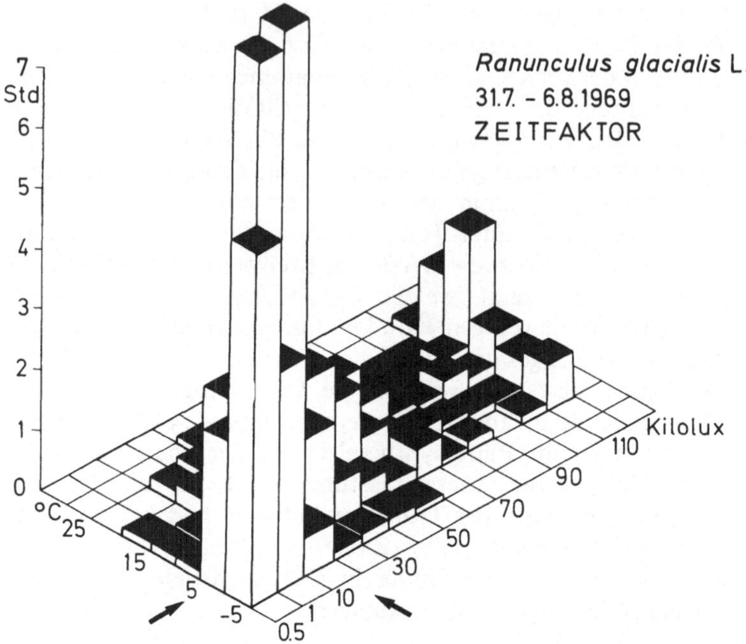

Abb. 6. Beleuchtung und Erwärmung der Blätter von *Ranunculus glacialis* am natürlichen Standort in der Zeit vom 31.7. bis 6.8.1969. Die Pfeile kennzeichnen die häufigste Kombination von Licht und Temperatur

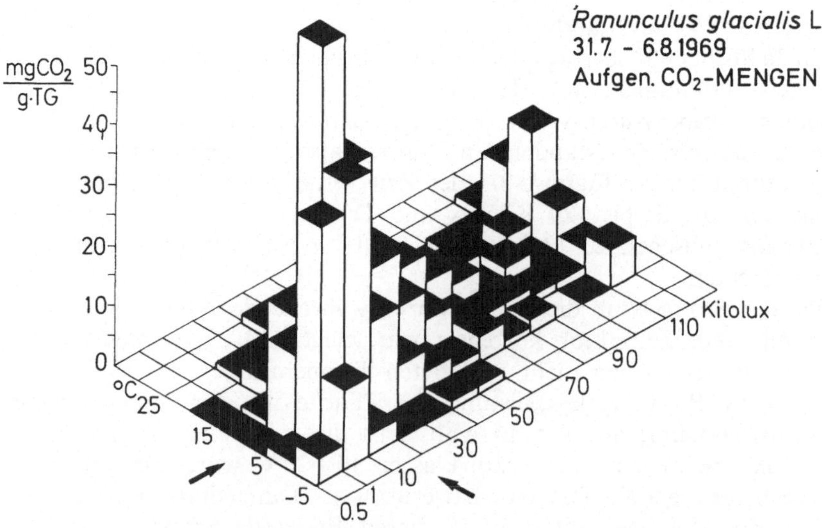

Abb. 7. CO_2-Mengen, die von *Ranunculus glacialis* bei den verschiedenen Kombinationen von Licht und Temperatur (31.7.–6.8.1969) am natürlichen Standort insgesamt aufgenommen wurden. Die Pfeile kennzeichnen den ergiebigsten Bereich

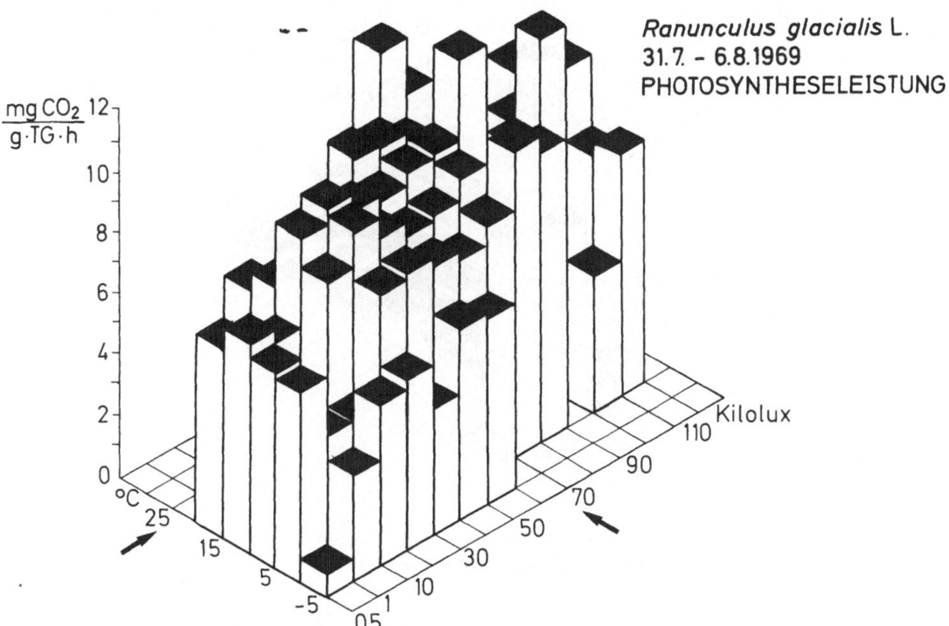

Abb. 8. Durchschnittliche Photosynthese-Stundenleistung von *Ranunculus glacialis* am natürlichen Standort in Abhängigkeit von Licht und Temperatur. Die Pfeile kennzeichnen den Bereich höchster Leistung

bildung, das zu einer Nivellierung der Werte führte. Bei nicht blühenden jungen Pflanzen betrugen die höchsten Raten auch 1969 zwischen 20 und 26 mg CO_2-Aufnahme pro g Trockengewicht und Stunde.

3.3.2 Meßperiode 14.8.—15.9.1969

Die Messung der Photosynthese am Gletscherhahnenfuß über einen längeren Zeitraum ergab an 22 Meßtagen zwischen dem 14.8. und 15.9.1969 als häufigste Klimasituation Temperaturen zwischen —5 und + 5°C bei Helligkeiten bis 20 Kilolux (89 von insgesamt 138 Stunden, also rund 3/5 der Zeit). Der Rest war ziemlich gleichmäßig mit Temperaturen bis 20° und Beleuchtungsstärken bis 130 Kilolux ausgefüllt. Es sei darauf verwiesen, daß die Meßperiode zur Hälfte von ausgesprochenem Schlechtwetter mit nachhaltiger Abkühlung und häufigem Schneefall beherrscht war (vgl. Abb. 5).

Die CO_2-Aufnahme machte im Bereich von —5 bis + 5°C und Helligkeiten bis 20 Kilolux mit 223 mg CO_2/g Trockengewicht etwas über die Hälfte der CO_2-Menge aus, die insgesamt assimiliert wurde. Wiederum zeigt sich eine deutliche Korrelation zwischen Zeitfaktor und Stoffgewinn, wenngleich der Vorteil, den die Pflanze aus höherem Licht und höherer Temperatur zu ziehen vermag, ebenso klar ersichtlich wird.

Die Berechnung der Photosyntheseleistung (Abb. 11) ergab eine erhebliche Verringerung der Aktivität. Außerdem war eine Verschiebung der optimalen

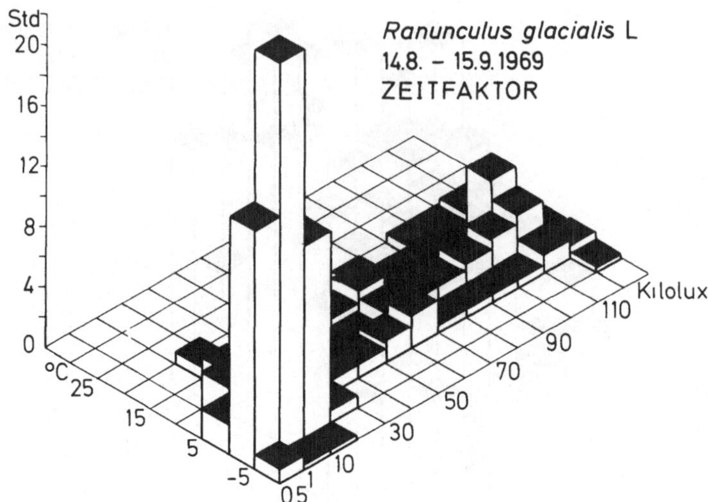

Abb. 9. Beleuchtung und Erwärmung der Blätter von *Ranunculus glacialis* vom 14.8. bis 15.9.1969 am natürlichen Standort

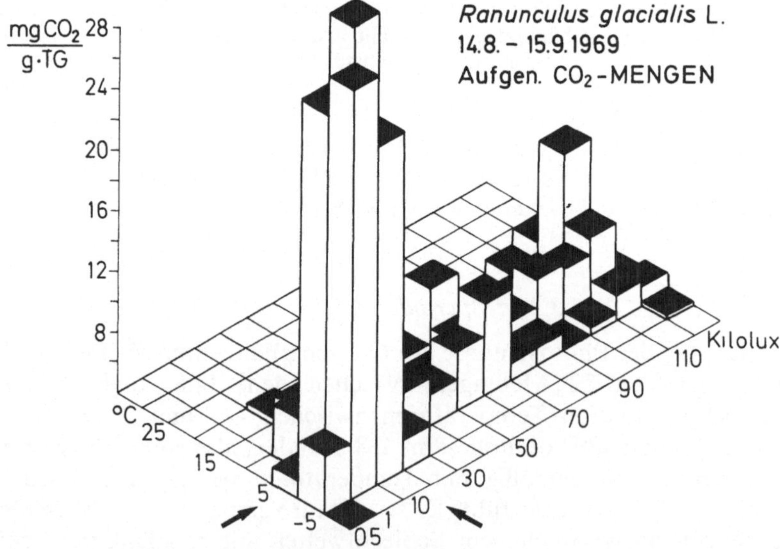

Abb. 10. Von *Ranunculus glacialis* im Verlauf eines Monats am natürlichen Standort in Abhängigkeit von Licht und Temperatur aufgenommene CO_2-Mengen. Die Pfeile zeigen den ergiebigsten Bereich

Leistung in einen tieferen Temperatur- und Lichtbereich festzustellen. Das Optimum lag nunmehr bei 10—15°C und zwischen 40 und 50 Kilolux. Diese Verschiebung wurde bei älteren Exemplaren von *Ranunculus glacialis* auch im Laboratorium festgestellt.

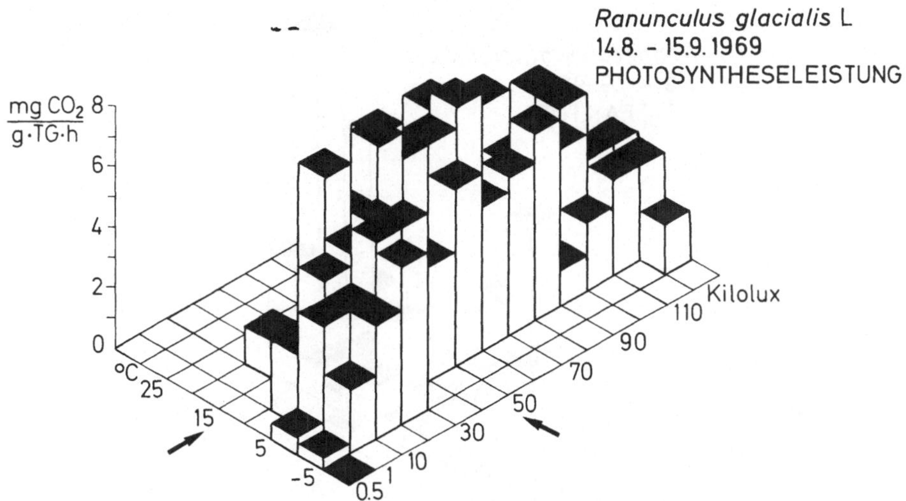

Abb. 11. Durchschnittliche Stundenleistung der Photosynthese von *Ranunculus glacialis* am natürlichen Standort in Abhängigkeit von Licht und Temperatur. Die Pfeile kennzeichnen den Bereich höchster Leistung

3.3.3 Meßperiode 3.9.—7.9.1969

Diese Periode war gekennzeichnet durch besonders hohe Lichtintensität, obwohl keiner der Tage völlig wolkenlos war. In 4 Nächten fiel etwas Schnee, der die Reflexionswirkung des Geländes stark erhöhte. Am Himmel gab es wenige helle Wolken oder in den Morgenstunden dünne Dunstschichten am Horizont.

Daß bei wechselnder Bewölkung die Maximalwerte der Strahlung erreicht werden, die sogar die Solarkonstante überschreiten, hat TURNER (1958, 1970) in der subalpinen Stufe gezeigt. Am Hohen Nebelkogel lag die Helligkeit an 10 von insgesamt 41 Std der Meßperiode über 110 Kilolux, und durch 14 Std wurden die Blätter auf Temperaturen zwischen 10 und 20°C erwärmt. Mit insgesamt 13,2 Stunden Dauer waren jedoch auch die Beleuchtungsstärken bis 20 Kilolux sowie der Temperaturbereich von —10 bis + 5°C sehr wirkungsvoll vertreten.

Wie sehr die hohe Lichtintensität und anhaltende Erwärmung der Photosynthese von *Ranunculus glacialis* zugute kommen, zeigt Abb. 13. Die 10 Std im hohen Lichtbereich (1/4 der Gesamtzeit) genügten, um ein Drittel des totalen Stoffgewinnes einzubringen.

3.4 Photosyntheseleistung anderer Arten

3.4.1 Cerastium uniflorum

Während eines Viertels der Meßperiode blieben die Blattemperaturen bei *Cerastium uniflorum* Clairv. unter 5°C und die Helligkeiten gering (bis 1 Kilolux). Die übrigen 3/4 der Zeit herrschten ziemlich ausgeglichene Kombinationen von Licht und Temperatur bis 60 Kilolux bzw. 25°C. In Abb. 15 ist ersichtlich,

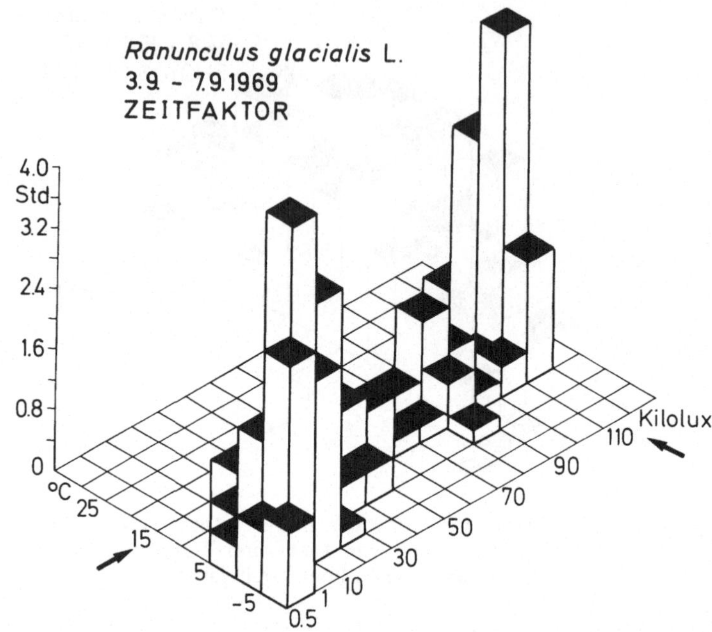

Abb. 12. Beleuchtung und Erwärmung der Blätter von *Ranunculus glacialis* während einer Schönwetterperiode anfangs Sept. 1969. Die Pfeile zeigen auf den vorherrschenden Licht- und Temperaturbereich

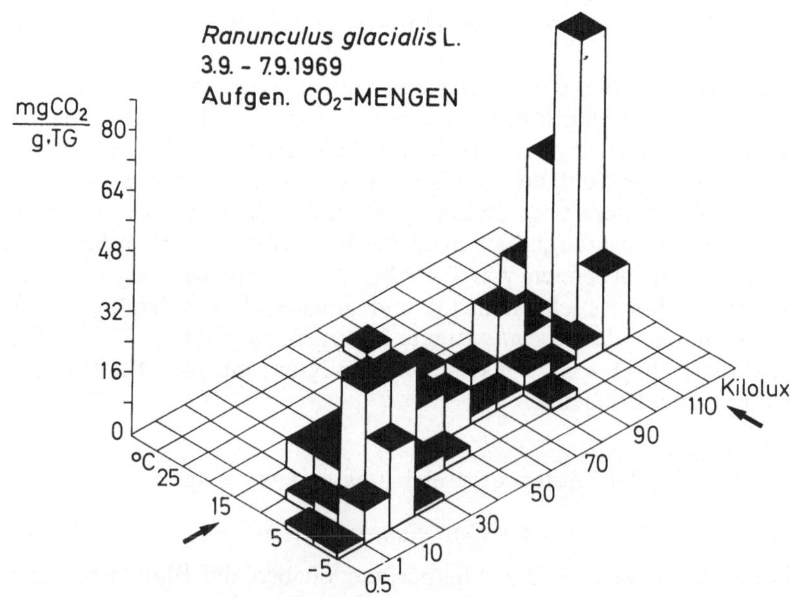

Abb. 13. Von *Ranunculus glacialis* während einer Schönwetterperiode aufgenommene CO_2-Mengen in ihrer Verteilung nach den während dieser Periode herrschenden Licht- und Temperaturbedingungen. Pfeile: Ergiebigster Bereich

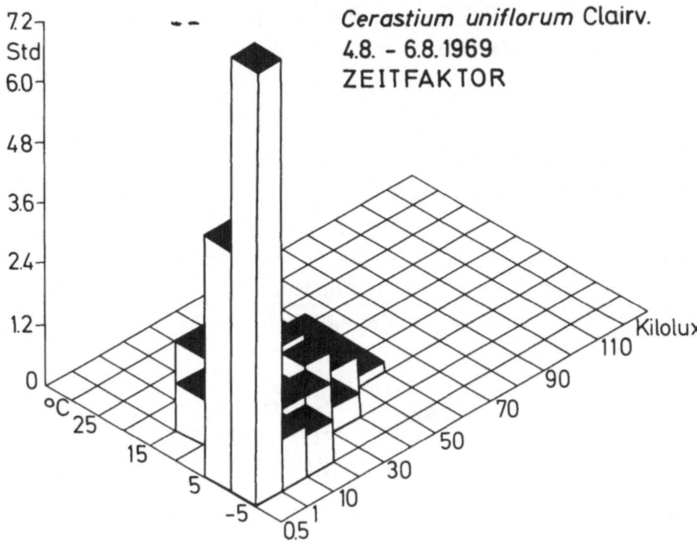

Abb. 14. Beleuchtung und Erwärmung der Blätter von *Cerastium uniflorum* während drei bedeckter Tage anfangs August 1969

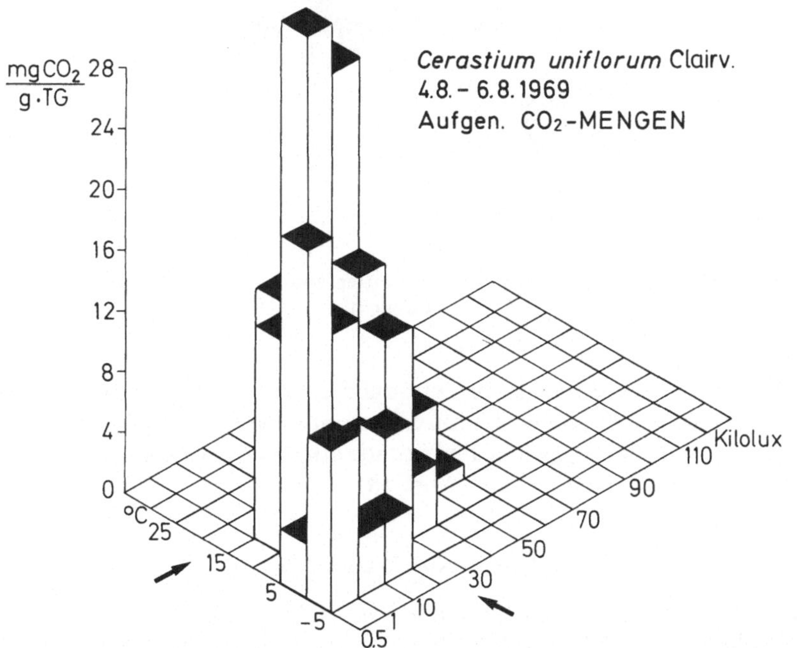

Abb. 15. CO_2-Mengen, die *Cerastium uniflorum* vom 4. bis 6.8.1969 aufnahm. Die Pfeile weisen auf jene Kombination von Licht und Temperatur, bei der während dieser Periode die größte CO_2-Menge gebunden wurde

daß *Cerastium* im Schwachlicht und bei geringer Temperatur nur wenig CO_2 zu binden vermag; erst ab 15°C wird die Leistung ergiebig.

3.4.2 *Saxifraga bryoides*

Die Meßperiode 14.8.—23.8. fiel in die Zeit starker Abkühlung und einiger Schneestürme, so daß es nicht verwunderlich ist, wenn an 29 von zusammen 63 Std der Gefrierpunkt nicht überschritten wurde. Andererseits erwärmten sich die Blätter zu Zeiten des Aufklarens bis auf über 30°C (Abb. 16). *Saxifraga bryoides* L. konnte diese schlechte Klimasituation für den Stoffgewinn nutzen. 152 von total 382 mg CO_2/g Trockengewicht wurden unter 0°C gebunden.

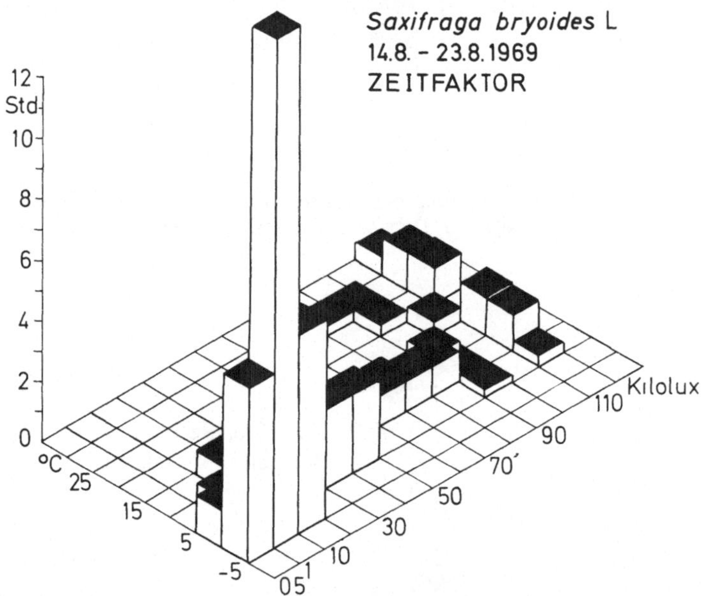

Abb. 16. Beleuchtung und Erwärmung der Blätter von *Saxifraga bryoides* am natürlichen Standort

(Abb. 17). *Saxifraga* erreichte die optimale Leistung bereits zwischen 10 und 15°C bzw. zwischen 30 und 40 Kilolux. Die optimale Leistung ist mit etwas über 10 mg CO_2 je g Trockengewicht und Stunde erheblich geringer als bei *Ranunculus glacialis* und *Cerastium uniflorum* (Abb. 18).

3.4.3 *Chrysanthemum alpinum*

Der Wuchsort der beiden Individuen von *Chrysanthemum alpinum* L., deren Photosynthese vom 28.9. bis 30.9.1969 gemessen wurde, war erst in der ersten Septemberhälfte schneefrei geworden. Die Pflanzen hatten sofort nach dem Ausapern ausgetrieben, blühten zur Zeit der Messungen jedoch nicht. Die häufigste Klimasituation während der Tagesstunden der Meßperiode war mit

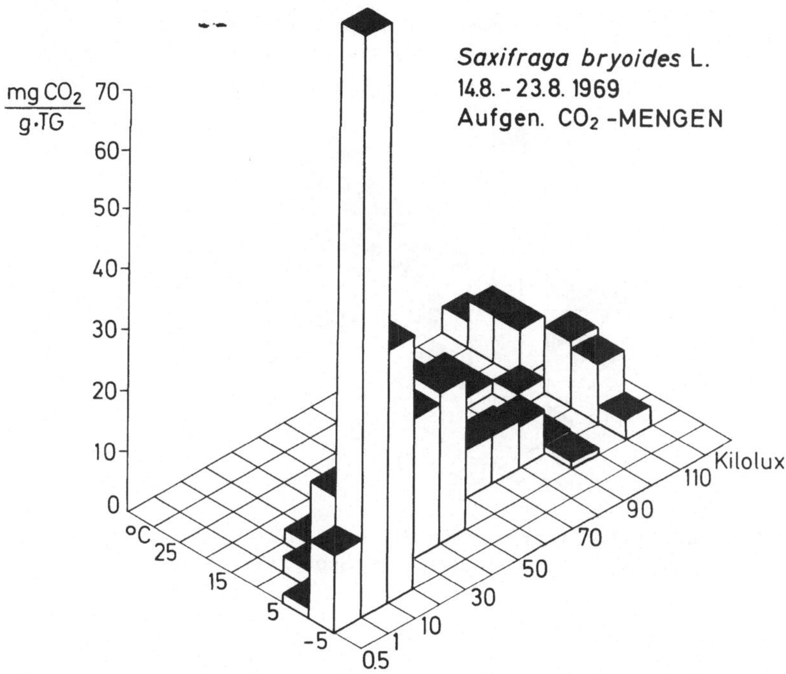

Abb. 17. Vom 14. bis 23.8.1969 durch *Saxifraga bryoides* unter den herrschenden Licht- und Temperaturbedingungen am natürlichen Standort aufgenommene CO_2-Mengen

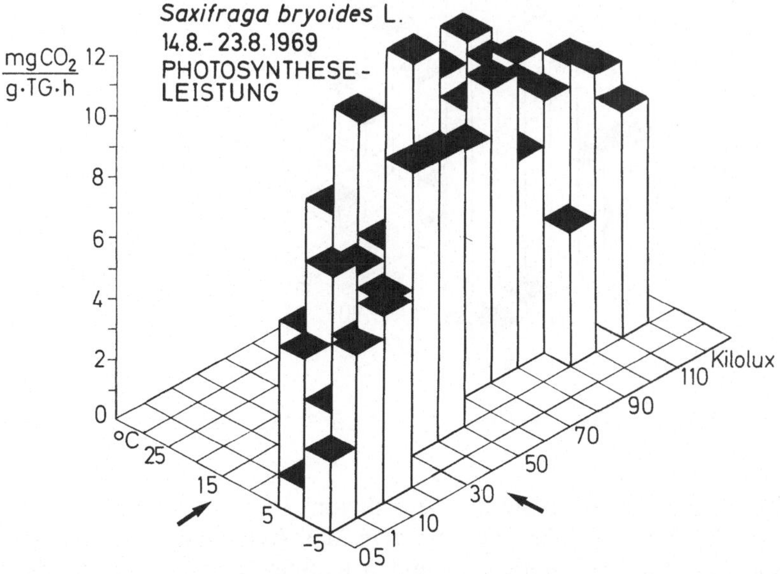

Abb. 18. Durchschnittliche Photosynthese-Stundenleistung von *Saxifraga bryoides* in Abhängigkeit von Licht und Temperatur. Die Pfeile weisen zum optimalen Bereich

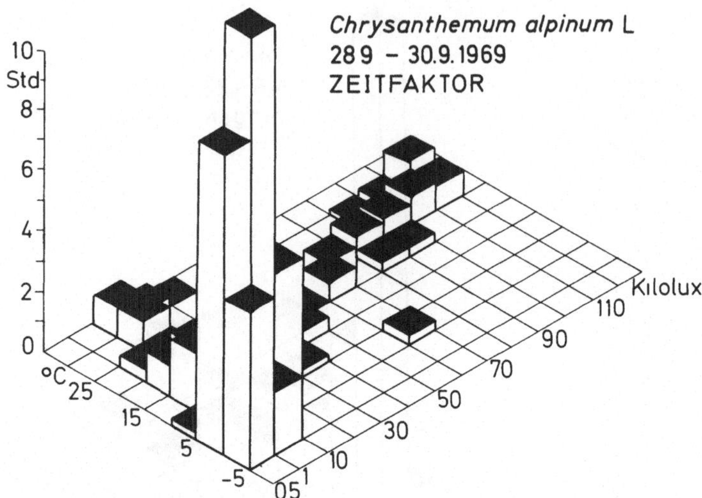

Abb. 19. Beleuchtung und Erwärmung der Blätter von *Chrysanthemum alpinum* an 3 Schönwettertagen Ende Sept. 1969

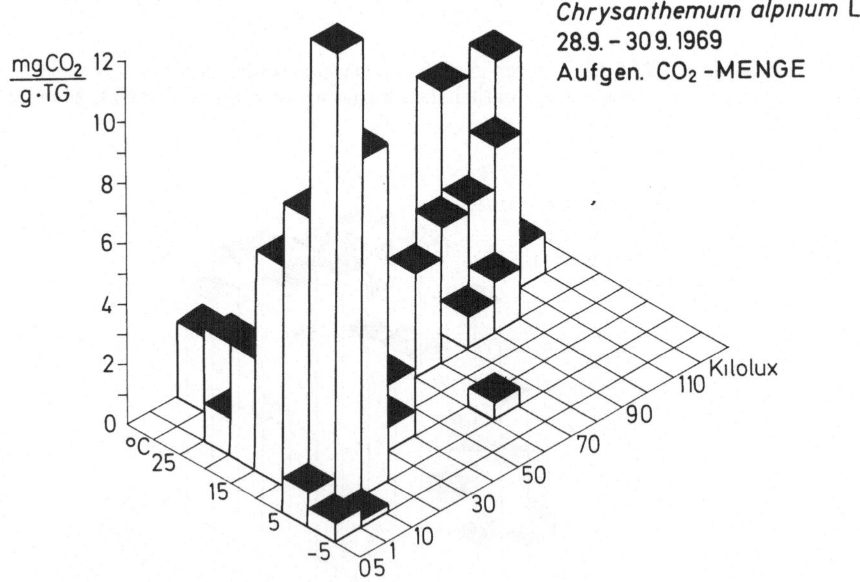

Abb. 20. Von *Chrysanthemum alpinum* während der 3 Tage aufgenommene CO_2-Mengen

nahezu 18 von zusammen 28 Std der Bereich von —5 bis + 5°C bei Beleuchtungsstärken bis 20 Kilolux. Zuweilen wurden die Assimilationsorgane bis über 30°C erwärmt (Abb. 19). Im dominierenden Klimabereich gelang der Pflanze die CO_2-Bindung von 29 mg/g Trockengewicht aus der Gesamtsumme von 109 mg/g Trockengewicht (Abb. 20).

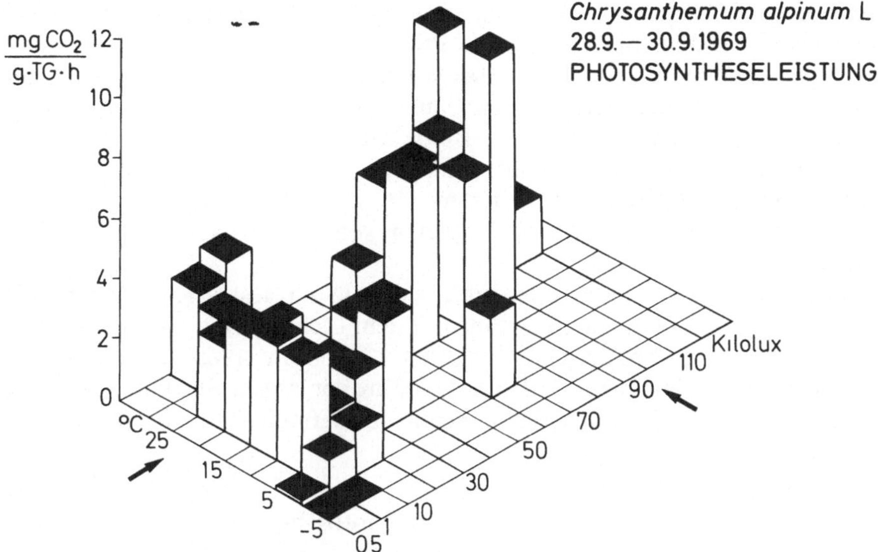

Abb. 21. Durchschnittliche Photosyntheseleistung (CO_2-Aufnahme pro Zeiteinheit) von *Chrysanthemum alpinum*. Der optimale Bereich liegt in Richtung der Pfeile

Ihre Photosyntheseleistung in Abhängigkeit von Licht und Temperatur verhielt sich sehr ähnlich wie die von *Ranunculus glacialis* und *Cerastium uniflorum* (Abb. 21) und zeigte höchste Raten bei Lichtintensitäten über 90 Kilolux und zwischen 20 und 30°C.

4. Diskussion der Ergebnisse

4.1 Licht und Photosynthese

62% aller Werte aus rd. 4600 Messungen der Lichtintensität zwischen dem 31.7. und dem 30.9.1969 in der Nähe der Blätter von 14 Nivalpflanzen lagen unter 20 Kilolux; 21% zwischen 20 und 60 Kilolux und 17% über 60 Kilolux. Es zeigte sich also ein beträchtlicher Überhang im Bereich schwächeren Lichtes, während mittlere und starke Helligkeit eher ausgeglichen verteilt waren. An diesem Ergebnis ist neben den täglichen Schwachlichtperioden am Morgen und Abend in erheblichem Maße auch die Bedeckung der Pflanzen durch Schnee als Ursache mitbeteiligt. 5 cm Schnee lassen bestenfalls 30%, 20 cm noch etwa 5% des Lichtes durch (Tranquillini, 1957), so daß es nach Bildung einer geschlossenen Schneedecke sofort zu markanter Einschränkung des Stoffgewinnes und meist schon nach 1—2 Std zum völligen Erliegen desselben kommt. Natürlich ist in solchen Fällen nicht nur die reduzierte Beleuchtung die Ursache, sondern ebenso die niedrige Temperatur sowie die mangelnde Konvektion.

Zum wichtigsten limitierenden Faktor wird der Lichtmangel dann, wenn die Winterschneedecke auch den Sommer über liegen bleibt (Moser, 1970). In solchen Fällen bilden sich zwischen Schnee und Boden oft ausgedehnte Hohlräume, die bei 0°C in einer mit CO_2 angereicherten Atmosphäre Photosynthese ermöglichen würden. Man findet die Pflanzen jedoch immer nur mit kleinen vergilbten Blättchen und allenfalls überwinterten Knospen unter solchen Schneedecken. Die Pflanzen suchen zwar auszutreiben, kommen über das erste Stadium jedoch nicht hinaus. Zur Blattentfaltung kommt es erst, wenn die Pflanzen nahezu völlig ausgeapert sind, sich also nur mehr wenige cm vom Rand des Schneefeldes entfernt befinden.

Schwachlicht und Lichtmangel spielen somit eine bedeutende Rolle im Leben der Nivalpflanzen.

Starklicht wurde nie als produktionshemmend festgestellt. Insbesondere junge Pflanzen sind fähig, ihre Leistung mit dem Licht bis zu hoher Beleuchtungsstärke zu steigern (Abb. 21, vgl. BILLINGS u. MOONEY, 1968). Es handelt sich um Pflanzen mit Sonnenblattcharakter, die in der hohen Strahlung des Hochgebirges nicht nur keinen Schaden nehmen, sondern die Situation für den Stoffgewinn zu nutzen vermögen.

4.2 Temperatur und Photosynthese

60% der 4600 an Blättern von 14 Nivalpflanzen während der Tagesstunden vom 31.7. bis 30.9.1969 gemessenen Temperaturwerte lagen zwischen −5 und +5°C; 18,8% zwischen 5 und 10°C; 17,6% zwischen 10 und 20°C und der Rest von 3,6% zwischen 20 und 35°C.

Auch hier liegt das Hauptangebot also im tiefen Bereich, und es erhebt sich die Frage, warum es den Nivalpflanzen dennoch gelingt, solche Standorte zu besiedeln, obwohl sie erst bei Temperaturen zwischen 10 und 25°C höchste Photosyntheseleistung erzielen. Um dies zu beantworten, muß man die gesamte Situation in Betracht ziehen. Tiefe Temperaturen sind oft vergesellschaftet mit Schwachlicht (Morgen, Abend, Schneebedeckung); hohe Photosyntheseleistung bei tiefen Temperaturen wäre deshalb oft schon aus Lichtmangel nicht möglich. Noch bedeutsamer jedoch ist die Tatsache, daß bei tiefen Temperaturen die Wasserversorgung der Pflanzen kritisch wird. Am nivalen Standort sinkt die Temperatur nahezu in jeder Nacht unter den Gefrierpunkt, und am Morgen bedarf es dann stets einer gewissen Anlaufzeit, den Schmelzwasserfluß wieder in Gang zu bringen. Mitunter bleibt der Boden auch tagelang gefroren (MOSER, 1970), und die volle Aktivität der Pflanze schon bei tiefer Temperatur würde am Wassermangel scheitern.

Eine geringe Leistung im tiefen Temperaturbereich ist deshalb am nivalen Standort sehr zweckmäßig.

Steigt die Temperatur ergiebig, so bessert sich die Gesamtsituation. Es gibt nun meist genügend Licht und ausreichend Wasser, und ein hohes Leistungsvermögen der Pflanze bei solchen Bedingungen kommt voll zum Tragen. Die günstige Situation kann voll genutzt werden.

1969 wurde die Hälfte des Stoffgewinnes von *Ranunculus glacialis* bei Temperaturen von —5 bis +5°C erzielt; der *Zeitfaktor* war maßgeblich. Die zweite Hälfte wurde bei Temperaturen zwischen 5 und 25°C erarbeitet; die höhere *Leistung* kam zur Geltung! Beides ist für die Primärproduktion an nivalen Standorten gleichermaßen bedeutsam (s. hierzu auch den Beitrag von BRZOSKA, VI D).

Literatur

BILLINGS, W. D., MOONEY, H. A.: The Ecology of Arctic and Alpine Plants. Biolog. Rev. **43**, 481—530 (1968).

BRZOSKA, W.: Stoffproduktion und Energiehaushalt der Vegetation auf hochalpinem Standort unter besonderer Berücksichtigung von Ranunculus glacialis L. Diss. Univ. Innsbruck 1970.

BRZOSKA, W.: Energiegehalte verschiedener Organe von nivalen Sproßpflanzen im Laufe einer Vegetationsperiode. Photosynthetica **5**, 183—189 (1971).

BRZOSKA, W.: Stoffproduktion und Energiehaushalt von Nivelpflanzen. Beitrag VI D in diesem Band.

CARTELLIERI, E.: Über Transpiration und Kohlensäureassimilation an einem hochalpinen Standort. Sitzber. Akad. Wiss. Wien **149**, 95—143 (1940).

CERNUSCA, A.: Der Einsatz automatischer Datenerfassungssysteme für klimaökologische Untersuchungen im Rahmen der Produktivitätsforschung. Photosynthetica **2**, 238—244 (1968).

CERNUSCA, A., MOSER, W.: Die automatische Registrierung produktionsanalytischer Meßdaten bei Freilandversuchen auf Lochstreifen. Photosynthetica **3**, 21—27 (1969).

CERNUSCA, G.: Die photographische Meßdatenerfassung im Hinblick auf den Einsatz in einer kleinklimatischen mobilen Station. Cbl. ges. Forstwesen (Wien) **86**, 49—58 (1969).

KOCH, W., KLEIN, E., WALZ, H.: Neuartige Gaswechsel-Meßanlage für Pflanzen im Laboratorium und Freiland. Siemens Z. **42**, 392—404 (1968).

LARCHER, W.: Die Bedeutung des Faktors „Zeit“ für die photosynthetische Stoffproduktion. Ber. Deut. Botan. Ges. **82**, 71—80 (1969).

LARCHER, W.: Physiological Approaches to the Measurement of Photosynthesis in Relation to Dry Matter Production by Trees. Photosynthetica **3** (2), 150—166 (1969).

MOSER, W.: Die Photosyntheseleistung von Nivalpflanzen. Ber. Deut. Botan. Ges. **82**, 63—64 (1969).

MOSER, W.: Ökophysiologische Untersuchungen an Nivalpflanzen. Mitt. Ostalp.-dinar. Ges. Vegetationskunde **11**, 121—134 (1970).

MOSER, W.: Microclimate and Photosynthesis in the Nivalzone of the Alps. IBP-Tundra Biome, Kevo Finland, 22—33 (1970).

MOSER, W.: Standortkundliche und ökologische Messungen in der Nivalstufe der Zentralalpen. Ann. Meteorol. N. F. **5**, 269—274 (1971).

PISEK, A., LARCHER, W., UNTERHOLZNER, R.: Kardinale Temperaturbereiche der Photosynthese und Grenztemperaturen des Lebens der Blätter verschiedener Spermatophyten (I.). Flora **157**, 239—264 (1967).

PISEK, A., LARCHER, W., PACK, I., UNTERHOLZNER, R.: Kardinale Temperaturbereiche der Photosynthese und Grenztemperaturen des Lebens der Blätter verschiedener Spermatophyten (II). Flora **158**, 110—128 (1968).

PISEK, A., LARCHER, W., MOSER, W., PACK, J.: Kardinale Temperaturbereiche der Photosynthese und Grenztemperaturen des Lebens der Blätter verschiedener Spermatophyten (III.). Flora **158**, 608—630 (1969).

REISIGL, H., PITSCHMANN, H.: Zur Abgrenzung der Nivalstufe. Phyton **8**, 219—224 (1959).

SHVETZOVA, V. M., VOZNESSENSKIJ, V. L.: Sut ochnye i sezonnye izmeneniya intensivnosti fotosynteza u nekotorykh rastenii Zapadnogo Taimyra. Botan. Zh **55** (1), 66—76 (1970).

TRANQUILLINI, W.: Standortsklima, Wasserbilanz und CO_2-Gaswechsel junger Zirben (Pinus cembra L.) an der alpinen Waldgrenze, Planta (Berlin) **49**, 612—661 (1957).

TURNER, H.: Über das Licht- u. Strahlungsklima einer Hanglage der Ötztaler Alpen bei Obergurgl und seine Auswirkung auf das Mikroklima und auf die Vegetation. Arch. Meteor. Geophys. Bioklim. Ser. B. **8**, 273—325 (1958).

TURNER, H.: Grundzüge der Hochgebirgsklimatologie. In: Die Welt der Alpen, S. 170—182. Frankfurt/Main: Umschau-Verlag 1970.

WINKLER, E., MOSER, W.: Die Vegetationszeit in zentralalpinen Lagen Tirols in Abhängigkeit von den Temperatur- und Niederschlagsverhältnissen. Veröff. Mus. Ferdinandeum, Innsbruck **47**, 121—147 (1967).

ZALENSKIJ, O. V.: Maksimalnaja potenzialnaja intensivnost fotosinteza rastenii Pamira i drugich klimatitcheskich oblastei. Trudy Pamirskoi Biol. Stantsii **1**, 54—60 (1963).

D. Stoffproduktion und Energiehaushalt von Nivalpflanzen

W. Brzoska, Innsbruck

1. Einleitung

Die Arbeiten, die in den Jahren 1967—1969 durchgeführt wurden, hatten im wesentlichen zwei Ziele: einmal sollte mit der genauen Erfassung der Stoffproduktion nivaler Pflanzengesellschaften in den Alpen ein weiterer Wert für die Liste der Stoffproduktionsdaten gewonnen werden (Österreichisches IBP-Projekt Stoffproduktion und Energiebilanz), zum anderen sollten die hierbei notwendigerweise durchgeführten kalorimetrischen Messungen auch Aufschluß über die Reaktion des pflanzlichen Organismus auf die extremen Wetterschwankungen geben. Da auf dem Hohen Nebelkogel (3184 m) in Tirol seit 1966 von Moser ein Forschungsstützpunkt unterhalten wird, wurden die Geländeuntersuchungen dort und im Bereich des unweit davon gelegenen Timmelsjoch in einer Höhe zwischen 2800 m und 3100 m durchgeführt (s. Beitrag VI C).

2. Material und Methoden

Die Arten, die auf den Versuchsflächen gefunden wurden, sind den alpinen Silikatschutt-Gesellschaften (Androsacetalia alpinae Br.-Bl. 26) zuzuordnen. Es handelt sich um 6 polsterbildende Rosettenpflanzen: *Androsace alpina* (L.) Lam., *Cerastium uniflorum* Clairv., *Chrysanthemum alpinum* L., *Minuartia sedoides* (L.) Hiern., *Saxifraga bryoides* L., *Silene exscapa* All. (= *S. acaulis* (L.) Jacq. *subsp. exscapa* Vierh.) und um 2 nicht polsterbildende Rosettenpflanzen: *Primula glutinosa* Wulf. und *Ranunculus glacialis* L.

Um sowohl die Produktivität als auch die Energieausbeute berechnen zu können, war es notwendig, vor dem Abernten der 1 Quadratmeter messenden Probeflächen den Deckungsgrad der Pflanzen — nach Arten getrennt — festzustellen. Die Blätter der großblättrigen Pflanzen wurden einzeln auf lichtempfindliches Papier abgepaust, um später die Blattflächen, den Blattflächenindex und das Flächengewicht bestimmen zu können. Die abgeernteten Pflanzen wurden sorgfältig ausgewaschen und, nach Organen getrennt, in einem ventilierten Trockenschrank bei 80°C bis zur Gewichtskonstanz getrocknet, wie es einer Empfehlung in Newbould (1967) und Milner und Hughes (1968) entspricht. Nach der Bestimmung des Trockengewichts wurde das Material in einer Analysenmühle staubfein gemahlen, zu Tabletten gepreßt und in einem adiabatischen Kalorimeter verbrannt. Methodische Einzelheiten zur Kalorimetrie sind bei Lieth (1968) und Brzoska (1969) zu finden (s. auch Beitrag VI A).

Da in der Nivalzone eine offene Gesellschaft vorliegt, ist die Ermittlung des Zuwachses in einer bestimmten Zeitspanne schwieriger als in einer homogen geschlossenen Gesellschaft mit 100% Deckung. Es ist praktisch nicht möglich, zwei Quadratmeter mit derselben Artenzusammensetzung und derselben Deckung zu finden. Deshalb war eine Zuwachsanalyse an einzelnen Pflanzen erforderlich. Am besten eigneten sich hierfür *Androsace alpina, Primula glutinosa* und *Ranunculus glacialis*. Die Biomassewerte der in Tab. 1 aufgeführten Probeflächen stellen Optimalwerte dar; denn zwischen ihnen und dem Pessimalwert, der in der Nivalzone Null wird, gibt es eine Vielzahl von Übergängen, die ohne wesentliche Aussagekraft sind, wenn die überhaupt mögliche Leistung der Pflanzen in dieser Zone erkundet werden soll.

An *Primula glutinosa* und *Ranunculus glacialis* wurde der Einfluß der oft rasch sich ändernden Wetterverhältnisse auf den Energiegehalt der einzelnen Organe untersucht. Hierfür mußten pro Messungsserie in Abständen von einigen Tagen etwa 20 Einzelpflanzen abgeerntet werden; daher sind die diesbezüglichen Daten Mittelwerte. *Ranunculus glacialis* eignete sich besonders gut zur Unterscheidung von üppigen Pflanzen und Kümmerlingen. Die üppigen Individuen sind auf südexponierten, geschützten Standorten zu finden, die Kümmerlinge auf nordexponierten und offenen Stellen.

Die Berechnung der einzelnen Werte erfolgte nach den Formeln von ONDOK in SESTAK, CATSKY und JARVIS (1971).

3. Ergebnisse

3.1 Produktivität der Probeflächen

Die folgenden Zahlen berücksichtigen nur die oberirdischen Teile der Pflanzen, da es unmöglich ist, die sich weit in Felsspalten hinziehenden Wurzeln der einzelnen Arten zu erfassen. Wie aus Tab. 1 hervorgeht, ergibt sich im Mittel über die 14tägige Hochsommerperiode vom 29. Juni bis 12. Juli eine tägliche Produktivität von 2,92 g/m² bei rund 15% Deckung und von 1,72 g/m² bei rund 11% Deckung. Hierbei wird davon ausgegangen, daß die oberirdische Biomasse zu Beginn der Produktivitätszeit Null ist.

Berücksichtigt man für die gesamte Produktivitätszeit 40—50 Tage und setzt die Anfangsbiomasse gleich Null, so wird bei 8% bzw. 10% Deckung von 1 Quadratmeter eine oberirdische Produktivität von 0,52 g bzw. 0,66 g erbracht.

3.2 Photosyntheseleistung dreier Arten

Primula glutinosa, *Ranunculus glacialis* und *Androsace alpina* haben im Gegensatz zu den anderen Arten der Nivalzone einen verhältnismäßig gut auszugrabenden Wurzelkörper, weshalb für diese Arten die Gesamtproduktivität gemessen werden kann. Diese ist gleich der Assimilationsleistung, da als Bezugsgröße die Blattfläche bzw. die Polsteroberfläche genommen wird. Die in Tab. 2 und Tab. 3 angegebenen Assimilationswerte sind Mittel aus Pflanzengruppen von 10—30 Pflanzen.

Tabelle 1. Übersicht über die in den einzelnen Quadraten gefundenen Arten, ihre Deckung und Biomasse. Die unterirdischen Biomassen sind immer zu niedrig angegeben (s. Text)

	Deckungsgrad der Pflanzen in dm²										
	Quadrate 11./12. Juli			Quadrate 4./10. Aug.			Quadrate 1. Sept.		Quadrate 8. Sept.		
Androsace alpina	1,32	—	—	2,57	2,56	0,55	0,80	—	0,59	1,38	—
Cerastium uniflorum	4,26	3,02	—	1,27	—	—	2,57	6,00	—	—	1,90
Chrysanthemum alpinum	—	3,26	—	1,28	—	6,25	0,67	1,85	—	1,35	—
Minuartia sedoides	0,68	—	1,30	—	—	1,20	—	1,29	1,24	0,86	2,28
Primula glutinosa	3,20	—	2,00	—	—	4,90	1,20	2,08	—	0,44	1,88
Ranunculus glacialis	0,62	4,33	3,21	1,85	4,94	—	4,24	—	3,14	2,45	2,00
Saxifraga bryoides	—	2,08	—	—	4,06	2,10	—	1,16	2,69	—	—
Silene exscapa	1,21	0,82	8,63	3,11	—	0,98	—	0,63	2,40	2,68	—
Gesamtdeckungsgrad	11,29	13,51	15,14	10,08	11,56	15,98	9,48	13,01	10,06	9,16	8,06
Biomasse: oberirdisch	24,1	26,23	41,03	25,90	43,15	75,39	18,65	29,93	24,41	26,45	20,69
(in g) unterirdisch	42,4	42,58	101,32	51,13	98,40	138,23	22,57	44,73	70,90	39,34	36,47
Produktivitätszeit (Tage)	14	14	14	30	30	35	60	60	70	70	70
				hier müssen jeweils 8—10 Tage wegen starker Schneedeckung abgezogen werden			entsprechend 10—14 Tage		entsprechend 15—18 Tage		

Tabelle 2. Assimilationsrate von zwei hochalpinen Arten

Ranunculus glacialis			*Primula glutinosa*		
Zuwachs	in ... Tagen	NAR pro Tag	Zuwachs	in ... Tagen	NAR pro Tag
0,37 g/dm²	7	0,053 g/dm²	1,11 g/dm²	30	0,039 g/dm²
1,20 g/dm²	60	0,020 g/dm²	0,77 g/dm²	30	0,026 g/dm²
0,77 g/dm²	17	0,045 g/dm²	0,10 g/dm²	7	0,015 g/dm²
1,97 g/dm²	35	0,056 g/dm²	1,37 g/dm²	20	0,063 g/dm²

Tabelle 3. Nettoproduktion einiger arktischer und alpiner Gesellschaften, bezogen auf die sommerliche Produktivitätszeit

Ort	Vegetation	Deckung	g/m² · Tag	Autor
Abisko/Schweden	Seggenrasen	100	2,18	Pearsall u. Newbould
Umiat/Alaska	*Carex-Eriophorum*	85	0,85	Bliss
Mt. Washington	*Carex bigelowii*	98	3,24	Billings u. Bliss
Mt. Washington	Heide	20	0,94	Bliss
Hoher Nebelkogel/Tirol	*Androsacetum*	10	0,66	Brzoska

Wie Tab. 2 zeigt, liegt die Assimilationsleistung von *Ranunculus glacialis* (Gesamtpflanze) zwischen 0,020 und 0,056 g/dm² Blattfläche und Tag. *Primula glutinosa* assimiliert, wie aus Tab. 3 hervorgeht, zwischen 0,015 g/dm² und 0,063 g/dm² · Tag. Hierbei liegen die täglichen Assimilationswerte von 0,039 g/dm² und 0,063 g/dm² auffallend hoch und fallen zeitlich zusammen mit der Blüten- bzw. Fruchtbildung. Zu diesen Zeitpunkten ist die Pflanze besonders aktiv!

Für *Androsace alpina* als Polsterpflanze ergab sich ein Mittelwert aus 10 markierten Polstern über die gesamte Produktivitätszeit von 0,058 g/dm² · Tag.

3.3 Wirkungsgrad der Netto-Primärproduktion

Der Berechnung liegt der Mittelwert der Strahlung aus 53 Tagessummen zugrunde (Abb. 1) und beträgt 341 cal/cm² am Tag. Da in der Berechnungs-Gleichung für die Assimilation 1 dm² die Bezugsgröße ist, muß für die eingestrahlte Energie 34100 cal/dm² eingesetzt werden. Für *Ranunculus glacialis* ergibt sich dann als Maximalwert für die physiologische Energieausbeute 0,70%. Der Wert errechnet sich aus der täglichen Assimilationsleistung der Pflanze, multipliziert mit dem mittleren, kalorimetrisch gemessenen Wärmewert der Trockensubstanz, bezogen auf die tägliche Energieeinstrahlung. Für *Primula glutinosa* und für *Androsace alpina* ergibt sich in gleicher Weise der Maximalwert von 0,85% Energieausbeute durch die Pflanze (vgl. hierzu die in den Beiträgen von Tilzer, II B, und Runge, V A, zusammengestellten Daten).

Wegen der geringen Deckungsgrade ist die Energieausbeute der Pflanzen eines Quadratmeters an ihrem Standort, also die ökologische Energieausbeute, sehr gering. Werden die Produktivitätszahlen der zu Beginn und zu Ende abgeernteten Probeflächen eingesetzt, ergibt sich für die oberirdischen Teile ein Wert von 0,38% bei einer Deckung von rund 15% als Maximalwert zu Beginn der Produktivitätszeit. Werden die Produktivitätswerte der letzten, am Ende der Produktivitätszeit abgeernteten Probeflächen eingesetzt, wird die Energieausbeute bei 10% Deckung maximal nur noch 0,09%.

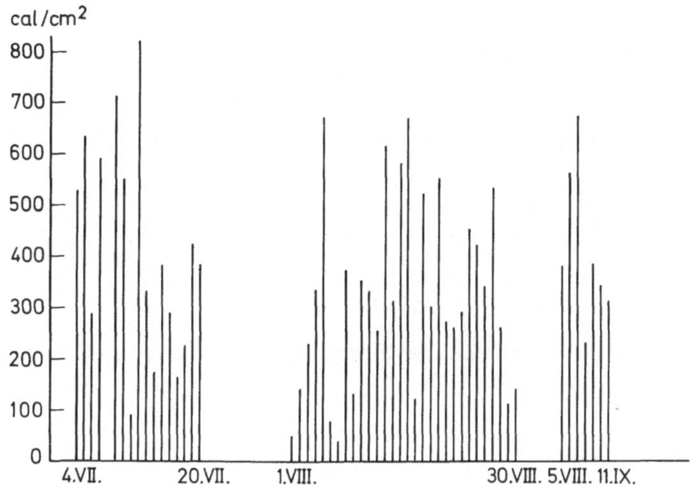

Abb. 1. Eingestrahlte Sonnenenergie am Hohen Nebelkogel, gemessen in 0 cm Höhe. (Werte von MOSER, 1968)

3.4 Stoffumlagerungen innerhalb der Pflanzen

3.4.1 Primula glutinosa

Aufgrund der in kurzen Zeitabständen untersuchten Wärmewerte der Wurzeln, Blätter und reproduktiven Organe von *Primula* kann der Einfluß der Witterung auf den Entwicklungszustand und die Umlagerung der Energiegehalte dieser Organe, die ja eine Stoffumlagerung bedeuten, gut gezeigt werden (Abb. 2). Die Zeit vor dem 17. Juli war günstig; die Blätter und Wurzeln hatten einen hohen Energiegehalt, und die Knospenbildung begann. Am 17. Juli erfolgte ein Wettersturz mit reichlichem Schneefall. Die Pflanzen wurden zugedeckt und konnten nicht mehr assimilieren. Dennoch stieg, auf Kosten der Blätter und Wurzeln, der Energiegehalt der reproduktiven Organe. Ab 23. Juli aperten die Pflanzen wieder aus, die Witterung blieb aber kühl. Die Blätter und Wurzeln holten den Verlust stark auf, während die Ausbildung der reproduktiven Organe stagnierte, wahrscheinlich, weil sie nicht befruchtet werden konnten. Erst ab 14. August stiegen die täglichen Temperaturmaxima, und nach der Befruchtung der Blüten setzte die Fruchtbildung ein. Der Anstieg des Energiegehaltes der reproduktiven Organe betrug dabei innerhalb 1 Woche fast 170 cal/g, jener der Wurzeln nicht ganz 100 cal/g, während die Blätter einen Verlust von 230 cal/g zeigten.

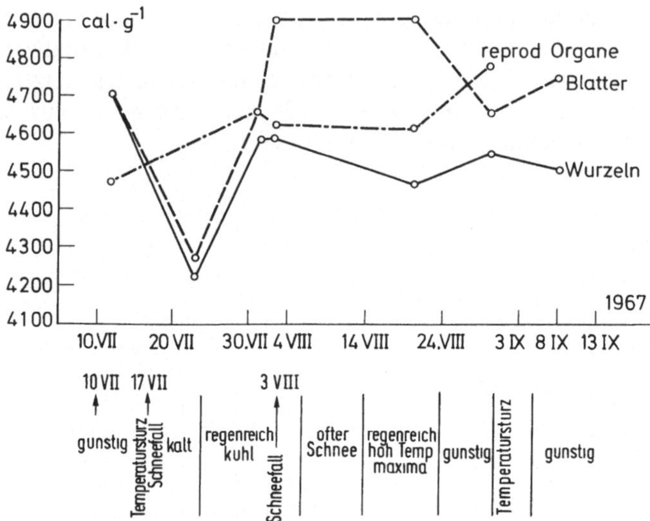

Abb 2. *Primula glutinosa*, Energiegehalte der einzelnen Organe

3.4.2 Ranunculus glacialis

An *Ranunculus* (Abb. 3) wurde nicht nur die Witterungsabhängigkeit, sondern auch die Verschiedenheit der Pflanzen auf optimalem bzw. pessimalem Standort untersucht. Zur Beobachtung der Phänologie wurden mehrere Hundert Einzelpflanzen im Gelände markiert und ihre Entwicklung während der Produktivitätszeit und ihr Zustand nach 2 Jahren beobachtet. Vor allem bei den Pflanzen auf pessimalem Standort war keine Zunahme der Blattzahl und nur eine geringe Vergrößerung der Blattfläche festzustellen.

Bei den optimal gewachsenen Pflanzen besteht anscheinend eine Wechselbeziehung zwischen Blättern und Wurzeln: die beiden Kurven der Energiegehalte verlaufen gegenläufig. Die der reproduktiven Organe nahmen vom Beginn bis zum Ende der Produktivitätszeit zu, nämlich von 4170 cal/g auf 4920 cal/g. Frische, erst wenige Tage ausgeaperte Pflanzen zeigten sehr hohe Energiegehalte in den Blättern, während die Wurzeln mit 3900 cal/g den niedrigsten gemessenen Wert aufwiesen. Offensichtlich ist die Entfaltung der Blätter zu Beginn besonders stark und nimmt alle verfügbaren Reserven in Anspruch. Bedeutsam scheint, daß jeweils etwa 3—4 Tage nach einem Temperatursturz mit Maximaltemperaturen unter 0° C die Kurve der Blätter Maximalpunkte erreicht, so am 23. Juli und 18. August. Dauerte die Kälteperiode längere Zeit, so wurden die energiereichen Stoffe in die Wurzeln verlagert (Wurzelmaximum am 3. August und 1. September, jeweils etwa 14 Tage nach dem Maximalwert der Blätter). Nach dem 7. August fiel zwar öfters Schnee, die Tages-Maximaltemperaturen lagen jedoch so hoch, daß die südexponierten Pflanzen gut assimilieren konnten. Der Energiegehalt der Blätter stieg stark an, jener der reproduktiven Organe noch stärker, während jener der Wurzeln entsprechend abfiel.

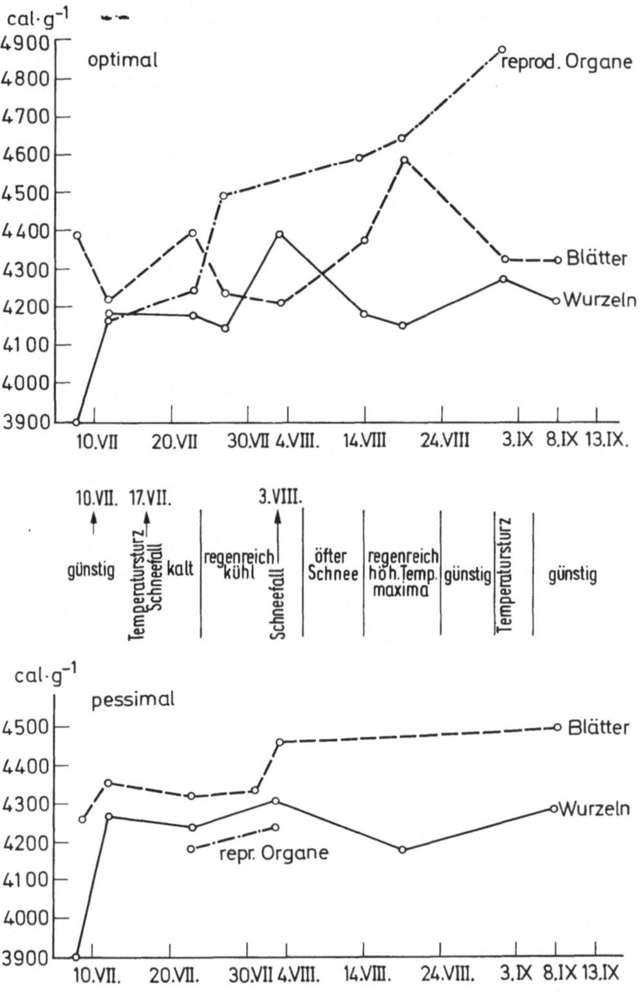

Abb. 3. *Ranunculus glacialis*, Energiegehalte der einzelnen Organe

Die Kurven der Energiegehalte bei den Pflanzen auf pessimalem Standort verliefen in ihrer Tendenz parallel zu jenen der Pflanzen optimaler Standorte. Beachtenswert ist aber, daß sie auf Witterungseinflüsse bei weitem nicht so stark reagierten. Ferner war der Energiegehalt der Wurzeln immer etwas höher als bei den Pflanzen optimaler Standorte, die durch die günstige Lage einem viel rascheren Wechsel der Temperaturen ausgesetzt sind. Die Ausbildung der reproduktiven Organe setzte später ein und wurde abgebrochen. Trotz Schneefall und Kälte stieg der Energiegehalt der reproduktiven Organe von Pflanzen auf optimalem Standort nach dem 23. Juli stark an, jener der pessimalen Standorte stieg hingegen nur wenig, und nach erneutem Ausapern waren die Blüten dann verkümmert. Diese Beobachtung war aber auch bei optimal gewachsenen Pflanzen zu machen: wenn die reproduktiven Organe offenbar einen bestimmten

Grad der Entwicklung erreicht haben, scheint ihre Weiterentwicklung auch durch Schneefall nicht mehr unterbrochen werden zu können, vorausgesetzt natürlich, daß die Pflanze überhaupt nochmals im selben Sommer ausapert.

4. Diskussion der Ergebnisse

Was die Leistung der einzelnen Pflanzen betrifft, muß man die tatsächlich gefundenen Werte kleinerer Flächen auf fiktive, zu 100% bedeckte Quadratmeter umrechnen, damit ein Vergleich mit Pflanzen anderer Zonen möglich ist. Bliss (in Lieth, 1962) gibt für die Tagesproduktion von Pflanzengesellschaften temperierter Zonen einen Rahmen von 1—10 g/m^2 an; im Vergleich hierzu würde 1 m^2 *Ranunculus glacialis* immerhin 3,88 g täglich produzieren und *Androsace alpina* sogar 5,80 g (jeweils bezogen auf die tatsächliche Produktivitätszeit, nicht auf das ganze Jahr).

Die am Hohen Nebelkogel gefundenen Werte der einzelnen Probeflächen liegen mit 56—94 g/m^2 innerhalb der von Bliss (in Lieth, 1962) angegebenen Erntegewichte zwischen 60 g/m^2 und 190 g/m^2. Tabelle 3 gibt einige Ergebnisse aus vergleichbaren Zonen der Arktis bzw. der Hochgebirge wieder. Berücksichtigt man hierbei die Deckungsgrade, so würde die Produktivität der Nivalpflanzen bei einer angenommenen Deckung von 100% zwischen 6 g/m^2 und 7 g/m^2 liegen und damit wesentlich höher sein als beispielsweise die der arktischen Rasengesellschaften. Die nivalen Bestände zeigen wegen ihrer geringen Deckung also eine geringere Produktivität, die einzelnen Pflanzen hingegen eine höhere Assimilationsleistung.

Als Energieausbeute gibt Lieth (1962) für die alpinen Gesellschaften am Mt. Washington (Bliss) einen Maximalwert von 0,97% an, bezogen auf die Gesamtproduktion und 3 Monate Produktivitätszeit. Bray (1959) errechnet für die durch die oberirdische Stoffmenge gebundene Sonnenenergie in der gemäßigten Zone (Minnesota, USA) 0,04—0,53%. Die am Hohen Nebelkogel gefundenen Ausbeuten von 0,09—0,38% beziehen sich auf Deckungsgrade von weniger als 20%, auf die oberirdischen Teile und 50 Tage Produktivitätszeit. Daß trotz der geringen Deckungsgrade die Energieausbeute immerhin so hoch liegt, bestätigt nochmals die große Assimilationsleistung der einzelnen Pflanzen. Diese Feststellung gilt auch, wenn die Energieausbeute durch eben diese einzelnen Pflanzen niedriger liegt als bei Pflanzen des Flachlandes (Tab. 4). Die Nivalpflanzen bekommen zwar mehr Energie angeboten, können diesen

Tabelle 4. Energieausbeute verschiedener Pflanzen, bezogen auf die Gesamtstrahlung[a]

Pflanze	Wirkungsgrad in %	Autor
Oryza	3,53	Hayashi
Helianthus	2,13	zit. aus Lieth
Zea	1,23	zit. aus Lieth
Ranunculus glacialis	0,70	Brzoska
Primula glutinosa	0,85	Brzoska
Androsace alpina	0,85	Brzoska

[a] vgl. hierzu Tab. 5 im Beitrag von Runge (VA).

Mehrbetrag aber nicht nutzen, da er vor allem auf dem großen Anteil an UV-Strahlung beruht.

Sehr empfindlich reagieren die untersuchten Nivalpflanzen auf extreme Witterungsveränderungen. Besonders deutlich zeigt *Ranunculus*, daß auf einen Temperatursturz hin der Energiegehalt der Blätter kurzfristig steigt, nach 3—4 Tagen jedoch eine Umlagerung in die Wurzeln beginnt, wenn die zur Photosynthese notwendige Minimaltemperatur von $-6°$ C (Moser, 1965) nicht erreicht wird, bzw. die Helligkeit unter der Schneedecke nicht ausreicht. Jeremias (1964) beobachtete bei einer Vielzahl von Pflanzen eine Zuckeranreicherung in den Blättern bei niederen Temperaturen. Die dadurch erhöhte Konzentration an gelösten Teilchen im Zellsaft mag eine Gefrierpunktserniedrigung bewirken, was einen verstärkten Frostschutz bedeutet. Die nach 3—4 Tagen beginnende Umlagerung in die Wurzeln kann nur so gedeutet werden, daß die Pflanze sich auf eine längere Kälteperiode einstellt und möglichst alle Stoffe in den besser geschützten Wurzeln speichert. Aus diesem Grunde dürfte auch der Abbruch der Blütenentfaltung und die Veratmung der halbfertigen Blüten erfolgen, wenn diese bei Einbruch der Kälte noch nicht jenen Punkt in der Entwicklung erreicht haben, von dem ab die Ausbildung der Blüten auf jeden Fall weiterbetrieben wird.

Literatur

Bliss, L. C.: A comparison of plant development in microenvironments of arctic and alpine tundras. Ecol. Monogr. **26**, 303—337 (1956).

Bray, J. R., Lawrence, D. B., Pearson, L. D.: Primary production in some Minnesota terrestrial communities. Oikos **10**, 38—49 (1959).

Brzoska, W.: Stoffproduktion und Energiehaushalt der Vegetation auf hochalpinem Standort unter besonderer Berücksichtigung von *Ranunculus glacialis* L. Diss. Innsbruck 1969.

Brzoska, W.: Energiegehalte verschiedener Organe von nivalen Sproßpflanzen im Laufe einer Vegetationsperiode. Photosynthetica **3**, 183—189 (1971).

Cernusca, A., Moser, W.: Die automatische Registrierung produktionsanalytischer Meßdaten bei Freilandversuchen auf Lochstreifen. Photosynthetica **3**, 21—27 1969.

Hayashi, K.: Efficiencies of solar energy conversion in rice varieties. In: Monsi, M. (Ed.): Photosynthesis and utilisation of solar energy. Tokyo/Japan 1969.

Jeremias, K.: Über die jahresperiodisch bedingten Veränderungen der Ablagerungsform der Kohlenhydrate in vegetativen Pflanzenteilen. Botan. Studien **15**. Jena: VEB G. Fischer 1964.

Larcher, W.: Die Bedeutung des Faktors „Zeit" für die photosynthetische Stoffproduktion. Ber. Deut. Botan. Ges. **82**, 71—80 (1969).

Lieth, H. (Hrsg.): Die Stoffproduktion der Pflanzendecke. Stuttgart: G. Fischer 1962.

Milner, C., Hughes, R. E.: Methods for the measurement of the primary production of grassland. IBP Handbook No. 6. Oxford: Blackwell Sci. 1968.

Moser, W.: Temperatur- und Lichtabhängigkeit der Photosynthese sowie Frost- und Hitzeresistenz der Blätter von drei Hochgebirgspflanzen. Diss. Innsbruck 1965.

Moser, W.: Licht, Temperatur und Photosynthese an der Station „Hoher Nebelkogel" (3184 m). Beitrag VI C in diesem Band.

Newbould, P. J.: Methods for estimating the primary production of forests. IBP Handbook No. 2. Oxford: Blackwell Sci. Publ. 1967.

Pearsall, W. H., Newbould, P. J.: Production ecology IV. Standing crops of natural vegetation in the sub-arctic. J. Ecology **45**, 593—599 (1957).

Sestak, Z., Catsky, J., Jarvis, P. G.: Plant photosynthetic production; Manual of Methods. Den Haag/Nederl.: Dr. W. Junk N. V. Publ. 1971.

VII. Die Ökosysteme der Erde

Versuch einer Klassifikation der Ökosysteme nach funktionalen Gesichtspunkten

H. Ellenberg, Göttingen

1. Gesichtspunkte und Kategorien

1.1 Allgemeines

Der hier vorgelegte Versuch einer globalen und zugleich den Einzelfällen gerecht werdenden Klassifikation der Ökosysteme nach funktionalen Gesichtspunkten hat, wie jeder erste Versuch, zweifellos viele Mängel. Er sei hier nicht zuletzt deshalb gewagt, weil eine umfassende Übersicht über die speziellen Ausprägungen verschiedener Ökosysteme die allgemeine Modellvorstellung vom Ökosystem klären hilft und das im einführenden Beitrag (I) Dargestellte mit zahlreichen weiteren Beispielen belegt. Eine vorläufige Fassung dieses Klassifikations-Versuchs wurde am 1. September 1971 in Innsbruck als Diskussionsgrundlage verteilt. Für zahlreiche klärende oder berichtigende mündliche Bemerkungen und Zuschriften danke ich auch an dieser Stelle herzlich.

Ein Ökosystem ist ein von Lebewesen und deren anorganischer Umwelt gebildetes Wirkungsgefüge, das sich weitgehend selbst reguliert. Es ist also eine funktionale Einheit und kann nicht in derselben Weise typisiert und geordnet werden wie einzelne seiner Komponenten. Für eine Klassifikation der Ökosysteme sind daher die bereits vorliegenden Klassifikationen von Pflanzengesellschaften, Biocoenosen, Bodentypen, Klimatypen, Standortseinheiten u. dgl. oder deren Kombinationen zwar als Hilfsmittel brauchbar, jedoch im Prinzip ungeeignet.

Ökosysteme haben verschiedene Raumausdehnung und bilden in der Biosphäre ein zusammenhängendes und mannigfaltiges Mosaik. Dieses soll hier nicht nach topographischen Gesichtspunkten in immer kleinere Abschnitte eingeteilt, sondern in Typen von abgestufter Wesensähnlichkeit gegliedert werden. Hauptkriterien bei einer solchen Gliederung sind:

a) *vorherrschende Lebensmedien* (Luft, Wasser, Boden) und deren Beschaffenheit,

b) *Biomasse und Produktivität der Primär-Produzenten,* d. h. in der Regel der grünen Pflanzen,

c) *begrenzende Faktoren* für diese Produktivität sowie für die Biomasse und Produktivität der Zersetzer und der übrigen Konsumenten,

d) *regelmäßige Stoffgewinne oder -verluste,* z. B. durch Nährstoffzufuhr oder durch Sedimentation organischer Substanz,

e) *relative Rolle der sekundären Produzenten*, d. h. der Mineralisierer und anderen Zersetzer sowie der Herbivoren, Carnivoren, Parasiten usw.,

f) *Rolle des Menschen* für die Entstehung des Ökosystems und für dessen Energie- und Stoffkreislauf, insbesondere im Hinblick auf zusätzliche Energiequellen (fossile Brennstoffe, Kernenergie).

Da über die Ökosysteme im einzelnen noch viel zu wenig bekannt ist, kann man sie nicht induktiv klassifizieren, d. h. durch Vergleich zahlreicher konkreter Fälle zu grundlegenden Einheiten (wie etwa den Assoziationen in der Pflanzensoziologie) zusammenfassen und diese zu immer höheren Kategorien vereinigen. Man muß vielmehr den umgekehrten Weg einschlagen, also mit umfassenden, komplexen Ökosystemen beginnen und diese in niedrigere Kategorien einteilen.

Die Bezeichnung „Ökosystem" ist an und für sich ranglos und kann sowohl einen konkreten Einzelfall (z. B. den „Vorderen Finstertaler See") als auch einen Typus (z. B. „Hochgebirgssee") bedeuten. Sie entspricht in dieser Hinsicht also Bezeichnungen wie „Pflanzengesellschaft", „Taxon" oder „Sippe". Die Stellung eines Ökosystems in der Hierarchie der klassifikatorischen Kategorien muß durch Zusätze ausgedrückt werden, sei es durch Adjektive („limnische Ökosysteme"), angehängte Wortteile („Makro-Ökosystem") oder Wörter bzw. Wortverbindungen ohne Verwendung des Begriffes Ökosystem („mäßig salzige Binnenseen").

1.2 Hierarchie der Ökosysteme

Das umfangreichste und mannigfaltigste Ökosystem ist die *Biosphäre* als ganzes, d. h. die gesamte von Lebewesen besiedelte oder doch zeitweilig durchsetzte Erdhülle einschließlich der Ozeane bis zu deren maximaler Tiefe. Innerhalb der Biosphäre gibt es zwei große Gruppen von Ökosystemen, die sich in ihrer Energieversorgung tiefgreifend unterscheiden: Alle *natürlichen oder naturnahen* Ökosysteme sind mehr oder minder ausschließlich auf die Sonnenstrahlung als aktuelle Energiequelle angewiesen. Der Mensch dagegen hat Kohle, Erdöl und andere fossile Energiequellen und neuerdings die Kernenergie erschlossen. Wie Odum (1971) betont, ist selbst die Landwirtschaft in ihrer heutigen technisierten Form nicht mehr ohne solche Zusatzenergie denkbar. *Urban-industrielle* Ökosysteme hängen in erster Linie von ihr ab und bilden eine besondere Gruppe, wenn sie auch in engen Wechselbeziehungen zu den naturnahen Ökosystemen stehen und mit diesen durch Übergänge verbunden sind.

Jede dieser beiden Hauptgruppen kann man in Ökosystem-Typen verschiedener Rangstufen einteilen. Hier sei eine fünfstufige Hierarchie vorgeschlagen, die nach Belieben weiter unterteilt werden kann. Um die Übersicht und die Datenverarbeitung zu erleichtern, wird – abgesehen von der mit großen Buchstaben bezeichneten obersten Kategorie – eine digitale Numerierung benutzt.

MEGA-ÖKOSYSTEME sind umfassende Einheiten, die an vielen Stellen der Erde vorkommen und in erster Linie durch die Lebensmedien (a) charakterisiert werden, nämlich[1]:

---

1 Man könnte hier noch zwei weitere Mega-Ökosysteme anführen, nämlich Inlandeis (I = Ice) und Luft (A = Air). Diese Medien jedoch vermögen für sich allein keine selbständigen Ökosysteme zu tragen, sondern enthalten in der Regel nur Ruhestadien von Lebewesen bzw. dienen den Lebewesen zur Reise.

M	Marine Ökosysteme (Salzwasser),	überwiegend naturnah
L	Limnische Ökosysteme (Süßwasser),	
S	Semiterrestrische Ökosysteme (Naßboden und Luft),	
T	Terrestrische Ökosysteme (durchlüfteter Boden und Luft),	
U	Urban-industrielle Ökosysteme (menschliche Bauten).	künstlich

1. **Makro-Ökosysteme** sind übergeordnete Einheiten, für deren Abgrenzung besonders die Kriterien (b) bis (d) maßgebend sind (z. B. Wälder).

1.1 **Meso-Ökosysteme** (oder kurz Ökosysteme i. e. S.) können als grundlegende Typen der Klassifikation gelten. Ein Meso-Ökosystem ist ein in den abiotischen Bedingungen wie in den Lebensformen der herrschenden Primär- und Sekundär-Produzenten im wesentlichen einheitliches System (z. B. ein kältekahler Laubwald mit seiner entsprechenden Tierwelt).

1.11 Mikro-Ökosysteme sind Untereinheiten von Meso-Ökosystemen, die im Hinblick auf bestimmte Komponenten abweichen (z. B. planarer, montaner und subalpiner kältekahler Laubwald).

1.111 Nano-Ökosystem nennt man ein von einem größeren Ökosystem räumlich eingeschlossenes Ökosystem, das eine gewisse Selbständigkeit besitzt (z. B. eine nasse Delle in einem montanen Laubwald).

Fast jedes Ökosystem läßt sich in Schichten oder sonstige *Teilsysteme* gliedern, die man durchaus gesondert betrachten und analysieren kann. In manchen Fällen können solche Partialsysteme riesige Ausmaße annehmen, z. B. die Tiefenschicht (das Abyssal) der Ozeane. Doch ist das Abyssal von den oberen Meeresschichten abhängig. Andere Teilsysteme sind so kurzlebig, daß sie ebenfalls keine selbständigen Ökosysteme darstellen. Man kann zumindest drei Arten von Partialsystemen unterscheiden, die sich einander zwar oft unterordnen, aber nicht als typologische Rangstufen anzusehen sind, nämlich[2]:

0.000.1 *Topo-Partialsystem,* d. h. eine Schicht oder ein sonstiger topographischer Teilbereich eines Ökosystems (z. B. Oberboden eines Waldes),

0.000.01 *Substrat-Partialsystem,* d. h. eine auf besonderem Substrat inselartig angesiedelte Lebensgemeinschaft (z. B. moosbewachsene Baumleiche),

0.000.001 *Phäno-Partialsystem,* d. h. ein nur zu besonderer Jahreszeit auftretendes Teilsystem (z. B. Wasserlinsendecke auf einem Teich).

1.3 Bezeichnung des Grades menschlicher Einflüsse

Die natürlichen Ökosysteme werden heute in verschiedener Weise und in ungleichem Ausmaß von Menschen beeinflußt oder mitgestaltet. Umgekehrt sind die urban-industriellen Systeme in verschiedenem Grade von naturnahen Elementen durchsetzt und mit ihnen verwoben. Eine Klassifikation, die diese

2 Nicht gebrauchte Positionen in der Dezimalklassifikation werden im folgenden durch eine Null ausgefüllt.

Tatsachen nicht gebührend berücksichtigt, wird praktisch wenig brauchbar sein. Funktional betrachtet, wirkt sich der *menschliche Einfluß* auf die natürlichen Ökosysteme direkt oder indirekt in vier Richtungen aus, die miteinander kombiniert sein können:

a) durch *Entnahme* von organischem Material und Mineralstoffen, die für den Haushalt des Ökosystems wichtig sind,

b) durch *Zufuhr* von Mineralstoffen oder von organischem Material bzw. von Lebewesen,

c) durch *Vergiftung*, d. h. durch Zufuhr von Stoffen, die für den Haushalt des Ökosystems nicht normal sind und plötzlich oder im Laufe längerer Zeit wichtige Organismen bzw. Organismengruppen schädigen,

d) durch *Änderungen im Artengefüge*, d. h. durch Behinderung oder Unterdrückung von vorhandenen Arten oder durch Einführung fremder Arten in das Ökosystem.

Um das Wesen und die Intensität des menschlichen Einflusses kurz zu bezeichnen, sei die folgende Gruppe von Dezimalzahlen vorgeschlagen, die man nötigenfalls zu den oben aufgeführten, den Rang der Ökosysteme kennzeichnenden Dezimalzahlen hinzufügt. Der davor gesetzte kleine Buchstabe h (= human) soll einer Verwechslung mit den Rangziffern vorbeugen:

h 1 *keinerlei Entnahme* durch den Menschen,
h 2 sehr geringe, den Haushalt des Ökosystems kaum beeinflussende Entnahme von Pflanzen oder Tieren,
h 3 geringe und so unregelmäßige Entnahme, daß dadurch der Stoffkreislauf auf die Dauer nur wenig beeinflußt wird,
h 4 stärkere oder regelmäßige Entnahme, die aber durch Nachwuchs ausgeglichen werden kann,
⋮
h 9 *destruktiv wirkende Entnahmen*, z. B. durch Überbeweidung und die dadurch ausgelöste Bodenerosion an Hängen.
h 01 *keinerlei Zufuhr*, die vom Menschen veranlaßt wird,
h 02 sehr schwache und unregelmäßige Zufuhr von Düngern oder den Stoffkreislauf bereichernden Abfällen,
⋮
h 09 *übermäßige Zufuhren*, die das Ökosystem nachhaltig verändern.

h 001 *keinerlei Vergiftungen*,
⋮
h 009 *destruktiv wirkende Vergiftungen*,

h 000.1 *keinerlei Änderungen*,
h 000.2 geringe (absichtliche) *Verschiebungen* im Mengenverhältnis der natürlichen Partner,
h 000.3 starke Verschiebungen,
h 000.4 sehr einseitige Verschiebungen,
h 000.5 untergeordnete *Beimischung biotop-fremder*, aber nicht floren- bzw. faunenfremder Arten,

h 000.6 starke Beimischung,
h 000.7 sehr einseitige Beimischung (z. B. vorherrschende Fichte im natürlichen Buchenwald des Solling),
h 000.8 geringe bis starke *Beimischung floren- bzw. faunenfremder* Arten,
h 000.9 sehr einseitige Beimischung (z. B. vorherrschende Douglasie im Solling).

Selbstverständlich lassen sich nach dem gleichen Prinzip weitere menschliche oder vom Menschen ausgelöste Einwirkungen auf die Ökosysteme abgestuft zum Ausdruck bringen. Bei urban-industriellen Ökosystemen kann umgekehrt die Durchsetzung mit naturnahen Ökosystemen, z. B. mit Wäldern und Flußtälern, in ähnlicher Weise gekennzeichnet werden:

n 1 *keinerlei naturnahe Elemente*,
⋮
n 9 *naturnahe Elemente* vorherrschend und die Auswirkungen des urban-industriellen Ökosystems weitgehend kompensierend.

1.4 Floren- und faunengeographische Gliederung

Die bisher genannten Typen von Ökosystemen und Partialsystemen sowie die Einwirkungsgrade des Menschen gelten unabhängig von den floren- und faunengeographischen Gegebenheiten, denn sie sind auf Eigenschaften der abiotischen Umwelt und auf allgemeine Bau- und Funktionsmerkmale der Lebewesen abgestellt. Sie bilden gewissermaßen eine Parallele zur Gliederung der Vegetation in Formationen verschiedenen Ranges, bei der man die vorherrschenden pflanzlichen Lebensformen benutzt. Diese Lebensformen werden nicht überall auf der Erde durch dieselben Arten (oder anderen Taxa) vertreten, weil sich die Floren und Faunen in einzelnen Regionen der Erde mehr oder minder getrennt und voneinander abweichend entwickelten. Taxonomisch unterscheiden sich die Ökosysteme verschiedener Erdgegenden daher auch dann, wenn alle abiotischen Voraussetzungen gleich sind. In Anlehnung an die bekannten pflanzen- und tiergeographischen Einteilungen des Erdballs kann man nötigenfalls folgende *biogeographischen Reiche* (g) getrennt behandeln:

g 1 *tropoamerikanisch:* im tropisch-subtropischen Süd- und Mittelamerika sowie angrenzenden Gebieten,
g 2 *tropoatlantisch:* im Atlantischen Ozean, soweit dieser warmes Oberflächenwasser führt,
g 3 *tropoafrikanisch:* im tropisch-subtropischen Afrika und Madagaskar sowie in deren Einflußbereich,
g 4 *tropoasiatisch:* im tropisch-subtropischen Bereich von Asien und dem Indomalaischen Archipel sowie in nahegelegenen Teilen des Indischen und Pazifischen Ozeans,
g 5 *tropopazifisch:* im tropisch-subtropischen Bereich des pazifischen Ozeans,
g 6 *australisch:* in Australien und Tasmanien,
g 7 *kapländisch:* im südlichsten Afrika, das eine sehr eigenständige Flora, wenn auch keine scharf gesonderte Fauna aufweist,
g 8 *nearktisch:* im gemäßigten bis polaren Teil der Südhalbkugel, besonders im südlichen Südamerika und Neuseeland,

g 9 *holarktisch:* im gemäßigten bis polaren Teil der Nordhalbkugel, besonders in Nordamerika und Eurasien.

Jedes dieser Reiche umfaßt biogeographische Gebiete, Provinzen usw., die man am besten durch weitere Dezimalen bezeichnet. Man braucht diese geographischen Ausbildungsformen („Fazies") nur bei weltweiten Vergleichen zu berücksichtigen und kann sie bei regionalen Übersichten weglassen, weil sie dort für alle Ökosysteme gleich sind.

Dies heißt jedoch nicht, daß man bei genauen Untersuchungen von Ökosystemen das *Artengefüge* vernachlässigen dürfe. Im Gegenteil sind hierfür möglichst vollständige Listen der beteiligten Pflanzen und Tiere erwünscht und Abundanzbestimmungen zumindest bei den für den Stoffhaushalt maßgebenden Arten (oder sonstigen Sippen) notwendig. Diese Listen klassifiziert man am besten nach pflanzensoziologischen, tiersoziologischen oder biocoenologischen Gesichtspunkten. Auch hierfür können digitale Zahlengruppen zur Kurzbezeichnung und bei der Datenverarbeitung nützlich sein. Man sollte sie jeweils einleiten mit:

b für Klassifikationen von *Biocoenosen*,
p für physiognomisch-ökologische Klassifikationen von *Pflanzenformationen* (wie sie z. B. von ELLENBERG und MUELLER-DOMBOIS, 1967, vorgeschlagen wurden),
s für floristisch-*soziologische* Vegetations-Klassifikationen,
a für Klassifikationen der Vergesellschaftungen von *Tieren* (animals).

In der folgenden Übersicht der Ökosysteme der Erde werden jedoch weder die Pflanzengesellschaften oder Biocoenosen noch die biogeographischen Fazies berücksichtigt und auch Partialsysteme nur dort angeführt, wo sie eine große Bedeutung haben.

Überhaupt macht der vorliegende Klassifikations-Versuch keinen Anspruch auf Vollständigkeit. Er ist exemplarisch gemeint und soll zu weiterem Nachdenken darüber anregen, wieweit eine Klassifikation von Ökosystemen als funktionalen Einheiten möglich und zur Planung und Auswertung von Ökosystem-Analysen brauchbar ist.

Sollte sie sich bewähren, so könnte sie zur Grundlage einer Kartierung von Ökosystem-Typen in den jeweils maßstabgerechten Rangstufen werden. Eine solche Kartierung würde endlich eine tragfähige Basis für die Verallgemeinerung von Untersuchungsergebnissen sowie für weltweite Berechnungen von Biomassen, Produktivitäten und Steigerungs-Möglichkeiten dieser Leistungen bieten.

2. Übersicht der Ökosysteme (Bestimmungsschlüssel)

Globales Ökosystem:

Biosphäre: Oberflächenbereich der Erde, in dem Lebensvorgänge stattfinden; aus Atmosphäre (Luft), Hydrosphäre (Wasser) und Pedosphäre (Boden) bestehend.

Erste Hauptgruppe:

Natürliche oder naturnahe Ökosysteme: Stoffhaushalt in erster Linie von der (aktuellen) Sonnenenergie abhängig.

Erste Untergruppe:

M + L GEWÄSSER: Lebensmedium ausschließlich oder vorwiegend Wasser. Von Land-Ökosystemen großenteils scharf unterschieden, aber innerhalb der Gewässer keine scharfen Grenzen, weder horizontal noch vertikal. Trotzdem Erkennen von Typen möglich. Allgemeine Eigenschaften der Wasser-Ökosysteme:

Autotrophe Organismen haben geringe Biomasse, aber großen Umsatz; überwiegend Nano- und Netz-Plankton mit Diatomeen und grünen Flagellaten. Maximale Chlorophyllmenge des Planktons pro Oberfläche des Ökosystems nur etwa 1/5 derjenigen von Land-Lebensgemeinschaften.

Heterotrophe von der Oberfläche bis in maximale Tiefe verbreitet. Zersetzer und Mineralisierer meist Bakterien; Herbivore überwiegend Crustaceen (Copepoden u. a.); Carnivore meist Fische. Biomasse der Konsumenten oft größer als die der primären Produzenten.

Minimumfaktoren P, N, oft auch Si (infolge Sedimentation von Diatomeenschalen) und O_2.

M MARINE ÖKOSYSTEME (einschließlich der Salzgewässer des Binnenlandes). Medium Salzwasser mit hohem osmotischen Wert und großer Dichte.

M 1 Ozeanische Ökosysteme: Tiefsee; Salzkonzentration dauernd hoch (32–38 ‰). Winde und Temperaturwechsel sorgen für ständige Zirkulation. Infolge der Sedimentation organischer Substanz bereichern alle Ozeane die Atmosphäre mit O_2. Gelöste organische Substanzen, die von Algen und anderen lebenden Organismen ausgeschieden werden, spielen eine große Rolle im Stoffkreislauf (Die mundlosen Pogonophora sind ganz darauf eingestellt, s. GERLACH).

Horizontale Gliederung in vollständige Ökosysteme schwierig. Einteilung nach klimatischen Gesichtspunkten möglich (z. B. tropisch, polar). Vorzuziehen ist Einteilung der Makro-Ökosysteme in *Trophiegrade*, d. h. nach dem Ausmaß, in dem die Tiefenschichten am Stoffkreislauf des euphotischen Pelagials beteiligt sind:

M 1.1 Oligotrophe Ozeane („blaue Ozeane") ohne Aufquellung von Tiefenwasser. Photosynthese-Leistung geringer als etwa 0,05 g C/m^2/Tag[3].

M 1.2 Mäßig oligotrophe Ozeane mit geringer und zeitweiliger Aufquellung von Tiefenwasser. Photosynthese-Leistung meist zwischen etwa 0,05 und 0,2 g C/m^2/Tag.

M 1.3 Mäßig eutrophe Ozeane (mit zumindest zeitweilig starker Aufquellung von Tiefenwasser). Zwischen 1.2 und 1.4 vermittelnd.

M 1.4 Eutrophe Ozeane („grüne Ozeane") mit so starker und lang anhaltender Aufquellung von Tiefenwasser, daß P, N und Si keine begrenzenden Faktoren mehr sind. Photosynthese-Leistung über etwa 3 g C/m^2/Tag. Besonders vor den Westküsten der Kontinente, wo Winde das Oberflächenwasser

3 Grenzwerte nach STEEMAN-NIELSEN (1954), der sie für tropisch-subtropische Ozeane bestimmte. Seine ^{14}C-Methode ergibt Photosynthese-Leistungen, die zwischen Brutto- und Netto-Beträgen liegen; doch ist die Atmung der Planktonalgen gering, so daß die Werte der Brutto-Primärproduktion nahekommen.

von steilen Schelfhängen ständig und kräftig wegbewegen, so daß kühles und nährstoffreiches Wasser aus der Tiefe nachströmt (z. B. westlich von Peru, Californien und Portugal, aber auch im arktischen Meer, s. Abb. 8 im Beitrag IV). Entsprechend hohe sekundäre Produktion.

Untergliederung jedes dieser Makro-Ökosysteme in Meso-Ökosysteme nach den vorherrschenden *Oberflächen-Temperaturen*, die sich nicht zuletzt im Tempo der Zersetzungsvorgänge auswirken, sowie nach der Länge der Eisbedeckung:

M 1.01 Sehr warme Ozeane, Oberflächentemperatur ständig über etwa 25° C. Nur selten eutroph, aber trotzdem oft sauerstoffarm.

M 1.02 Warme Ozeane, Oberflächentemperatur meist über etwa 20° C.

M 1.03 Mäßig warme Ozeane, Oberflächentemperaturen selten unter 15° C. Die Kombination 1.43 ist nicht selten (z. B. vor Peru) und gehört zu den produktivsten Wasser-Ökosystemen der Erde.

M 1.04 Wechselwarme Ozeane, Oberflächentemperaturen zeitweilig unter 15°, aber auch längere Zeit über 20° C.

M 1.05 Kühle Ozeane, Oberflächentemperaturen selten über 15° C; nie oder nur ausnahmsweise eisbedeckt. Selten oligotroph und oft reich an Nanoplankton.

M 1.06 Wechselkalte Ozeane, längere Zeit eisbedeckt; Oberflächentemperaturen selten über 10° C.

M 1.07 Eismeere, längste Zeit des Jahres mit Eis bedeckt; Oberflächentemperaturen selten über 5° C.

Gliederung in Mikro-Ökosysteme vielleicht nach dem Ausmaß horizontaler Wasserbewegungen (Strömungen) und der damit teilweise verbundenen Stoffzufuhr aus Küstenbereichen möglich.

Vertikale Gliederung aller Makro-Ökosysteme in Schichten üblich, die als Topo-Partialsysteme aufzufassen sind:

M 1.000.1 *euphotische* Ozeanschicht: Produktive Schicht, in der das Licht ausreicht zur Photosynthese. Mineralische Nährstoffe großenteils in den Lebewesen des Planktons enthalten.

M 1.000.2 *bathyale* Ozeanschicht: Je nach Wassertrübung in etwa 15–200 m Tiefe beginnend. Noch häufig im Austausch mit .1 stehend, aber wie die folgenden rein heterotroph. Nährstoffe werden durch Mineralisierung frei.

M 1.000.3 *abyssale* Ozeanschicht: Von etwa 2000m Tiefe abwärts; zunehmender Druck (200 und mehr atü) und niedrige Temperatur (+ 5° bis 1,5° C) erfordern besondere Anpassungen. "The world largest ecological unit", die in großen Teilen der Tiefsee ziemlich gleichmäßig ausgebildet ist und von manchen Forschern als selbständiges Ökosystem aufgefaßt wird. Da es rein heterotroph ist und von den höheren Wasserschichten abhängt, sollte es trotz seines Umfanges aber wohl als Teil eines diese mit umfassenden Ökosystems betrachtet werden.

M 1.000.4 *hadale* Ozeanschicht: unterhalb etwa 6000 m Tiefe.

In jeder dieser Schichten lassen sich nach Substrat und Medium weitere Partialsysteme aussondern, vor allem:

M 1.000.01 *pelagial:* im freien Meereswasser,

M 1.000.02 *phytal:* im Bereich von makroskopischen Pflanzenbeständen und auf diesen (nach REMANE, 1940),

M 1.000.03 *benthal:* am Boden und in seiner Nähe,

M 1.000.04 *benthopedal:* im Meeresboden.

M 2 Neritische Ökosysteme: Küstennahe Meere von relativ geringer Tiefe (bis etwa 200 m) und mit mehr oder minder starker Stoffzufuhr vom Lande her. Salzgehalt wechselnd zwischen geringen und hohen Werten (bis zu 44%), je nach Zufuhr von Fluß- und Niederschlagswasser und Dauer von Trockenperioden. Untergliederung teilweise parallel zu M 1.

Unter den *Primär-Produzenten* spielen in M 2 und M 3 mehrzellige Pflanzen, namentlich Phaeophyceen, Rhodophyceen und Angiospermen (z. B. Posidonia, Zannichellia), eine große Rolle. Bei den *Sekundär-Produzenten* treten Coelenteraten, Spongien, Echinodermen und Anneliden stärker hervor als in M 1. Als Raubtiere verbinden zahlreiche Vögel die Küstenmeere mit den semiterrestrischen und terrestrischen Ökosystemen.

Vertikale Abstufungen sind wegen der größeren Trübung meist enger als bei M 1, richten sich aber ebenfalls nach der Eindringtiefe des Lichtes sowie nach Substrat und Medium. Die abyssale Schicht fehlt.

Gliederung der Küstenmeere im Hinblick auf Trophiegrade und Wärmeverhältnisse liegt nahe, muß aber wohl in etwas anderer Weise vorgenommen werden als bei M 1. Außerdem ist wahrscheinlich eine Untergliederung nach der Salinität und dem mit dieser verbundenen Wechsel in den Lebensformen notwendig.

M 3 Marin-littorale Ökosysteme: Meeresufer-Zonen, die im Einflußbereich von Ebbe und Flut zeitweilig von Salz- oder Brackwasser bedeckt und zeitweilig wasserfrei sind. Diese flachen Uferzonen werden gewöhnlich ebenfalls als neritisch bezeichnet, also mit den küstennahen Meeren (M 2) vereinigt. Doch stellen sie völlig andere Lebensräume dar. Abgesehen vom Wechsel im Medium spielt die mechanische Beanspruchung durch Wellenschlag und strömendes Wasser und dementsprechend die Stabilität des Substrats eine entscheidende Rolle. Hiernach richtet sich deshalb die Haupteinteilung von M 3.

Für die *vertikale Abstufung* in allen hierher gehörigen Meso-Ökosystemen ist nicht das Licht entscheidend, das zumindest zeitweilig überall zur Photosynthese ausreicht. Ausschlaggebend ist vielmehr die Andauer der Wasserbedeckung. Da die Zonen des Littorals sämtlich von autotrophen Pflanzen besiedelt werden können, bilden sie im Gegensatz zu den Schichten der Ozeane weitgehend selbständige Ökosysteme.

M 3.000.1 *extralittoral:* über den Tidemarken, aber noch im Bereich des Spritzwassers bei Stürmen und deshalb unter Salzeinfluß,

M 3.000.2 *supralittoral:* noch im Bereich der Springtiden. Oft durch Ablagerung von organischen Substanzen bereichert (Spülsäume),

M 3.000.3 *eulittoral:* im oberen Teil des mittleren Tidebereiches, d. h. oberhalb etwa Mittelhochwasser. Länger wasserfrei als wasserbedeckt,

M 3.000.4 *sublittoral:* im unteren Teil des mittleren Tidebereiches, d. h. längere Zeit wasserbedeckt als wasserfrei. (Die Unterscheidung von .3 und .4 wird hier neu vorgeschlagen),

M 3.000.5 *infralittoral:* nur bei Nipptiden nicht wasserbedeckt,

M 3.000.6 *circalittoral* (marin-ufernah): dauernd von Meereswasser bedeckt, aber in der Nähe des Littorals und mit diesem in dauerndem Stoff- und Organismen-Austausch (z. B. große Teile von Korallenriffen. Auch dieser Begriff wird hier neu eingeführt).

M 3.1 Korallenriffe: in Strandnähe oder in sehr flachen Meeren (weniger als etwa 30 m Tiefe) unter tropisch-subtropischen Bedingungen aufwachsende organogene Kalkwälle, die artenreichen Ökosystemen als Substrat dienen.

Durch symbiontische und andere Algen sowie durch günstigen Nährstoffkreislauf und ganzjährig hohe Temperaturen können manche Korallenriffe eine Primär-Produktion aufrecht erhalten, die an die der produktivsten Land-Ökosysteme heranreicht. Sie bilden geradezu Oasen in der Wüste des Ozeans (Odum, H. T. u. E. P.). Andere sind weniger produktiv und manche überwiegend heterotroph. Eine Gliederung nach *Trophie und Produktivität* liegt also nahe, soll hier jedoch nicht versucht werden.

Der Ursprung der Korallenriffe befindet sich in der Regel im infralittoralen und circalittoralen Bereich (M 3.000.5 und .6, s. weiter oben), also an der Grenze zu den neritischen Ökosystemen (M 2). Man könnte sie auch dort einordnen, doch haben sie mit den Ökosystemen der Felsufer (M 3.2) mehr gemeinsam als mit den offenen Flachmeeren (M 2), die hier als neritisch i.e.S. bezeichnet werden.

M 3.2 Felsufer: eine feste Unterlage bietend und deshalb mit haftenden Tangen zumindest im Eu- bis Infralittoral dicht besiedelt; hier wird oft hohe Primär-Produktion erreicht. Auch unter den Konsumenten sind haftende Formen (Seepocken u. dgl.) häufig.

Die supra- und extralittorale Zone (M 3.200.2 und .1) sind besonders in warmem Klima pflanzen- und tierarm, weil sie oft und lange austrocknen.

M 3.3 Kiesufer: je nach Größe und mechanischer Beanspruchung der Schotter zwischen M 3.2 und M 3.4 stehend.

M 3.4 Sandufer: durch Brandung und zeitliche Strömung dauernd unstabiles Substrat und deshalb sehr organismenarme Ökosysteme. Ähnlich wie M 3.5 und .6 oft von beträchtlicher horizontaler Ausdehnung.

M 3.5 Schlicksandwatten: in zeitweilig strömungsruhigen Lagen ausgebildete, oft großflächige Ökosysteme mit Sedimentation von organischen und mineralischen Kolloiden. Untergliederung entsprechend M 3.6.

M 3.6 Schlickwatten: kolloidreiche Wattenmeere, wie sie im Anschluß an Ästuare (M 5) oft in großer Ausdehnung vorkommen, sowie deren Randzonen. Mit normalerweise ruhig auflaufender Flut und mehr oder minder starker Sedimentation während der Hochwasserzeiten. Das Wasser fließt bei Ebbe in einem Netz von vorgebildeten Rinnen (Prielen) zurück. Im Eu- und Sublittoral festigen Diatomeen-Überzüge den Schlick und leisten eine beträchtliche Primär-Produktion. Beispiele für die Untergliederung:

M 3.61 Warme Schlickwatten im tropisch-subtropischen Klimabereich.

M 3.610.1 *Mangrove-Randwald* (extralittoral): den semiterrestrischen Wäldern bzw. Gebüschen nahestehende, von Gefäßpflanzen (z. B. Palmen) beherrschte Übergangszonen.

M 3.610.2 *Obere Mangrove* (supralittoral): von immergrünen Bäumen gebildeter, relativ dichter und hoher Bestand, noch in mancher Hinsicht den Wäldern ähnlich, aber aus salzresistenten Arten gebildet. Im unteren Stammbereich epiphytische Überzüge aus Cyanophyceen, Diatomeen und Pilzen.

M 3.610.3 *Untere Mangrove* (eulittoral): ähnlich 2, aber niedriger und weniger dicht und nur von wenigen Arten beherrscht, die die bekannten Anpassungen besitzen.

M 3.610.4 *Offenes Schlickwatt* (oder Sandschlickwatt, M 3.510.4, sublittoral) mit charakteristischer, individuenreicher Fauna (Winkerkrabben usw.).

M 3.62 Wechselwarme Schlickwatten im temperierten bis subpolaren Klimabereich, d. h. mit Frösten und zeitweiliger Vereisung im Winter.

M 3.620.1 *Marschrand-Rasen* (extralittoral), den terrestrischen Grasland-Ökosystemen nahestehend.

M 3.620.2 *Marschrasen* (supralittoral), den semiterrestrischen Grasländern nahestehend.

M 3.620.3 *Watt-Pionierrasen* (eulittoral), aus wenigen Arten gebildete, lockere Bestände von halophilen Helophyten (d. h. Sumpfpflanzen, z. B. Spartina).

M 3.620.4 *Offenes Schlickwatt* (sublittoral), mit Diatomeen-Überzügen und artenreichen Tiergesellschaften.

M 3.63 Kalte Schlick- und Sandschlickwatten im subpolaren Klimabereich mit lang anhaltenden Frösten und Vereisungen. Den wechselwarmen ähnlich, aber mit noch geringerer Beteiligung höherer Pflanzen.

Kleingewässer (Tümpel) mit zumindest zeitweilig gesondertem Stoffhaushalt bilden sich im marinen Littoral in großer Mannigfaltigkeit. Da sie in allen littoralen Meso- und Mikro-Ökosystemen vorkommen und von diesen mehr oder minder abhängen, sind sie ihnen jeweils als Nano-Ökosysteme zuzuordnen:

M 3.001 *Strandseen*, die in offener Verbindung mit dem Meere stehen und verarmte Meeres-Ökosysteme darstellen.

M 3.002 *Priele* und Gräben, die bei den Tidebewegungen durchflossen werden und z. T. nur selten ganz wasserfrei sind. Hier erreichen Planktonalgen hohe primäre Produktion.

M 3.003 *oft überflutete Tümpel*, die immer wieder mit Meerwasser und Meeresorganismen versorgt werden und keine extremen Schwankungen im Salzgehalt aufweisen.

M 3.004 *selten überflutete Tümpel*, die zeitweilig durch Verdunstung sehr hohe Salzkonzentrationen erreichen, zeitweilig aber durch Regen ausgesüßt werden und mit Süß- und Brackwasser-Elementen durchsetzt sind.

M 3.005 *temporäre Tümpel*, die bei hohen Fluten oder Regen gefüllt werden und wieder gänzlich austrocknen.

Man kann diese Kleingewässer auch als besondere Gruppe von Ökosystemen (im Range eines Makro- oder Meso-Ökosystems, vgl. L 3) betrachten.

M 4 Binnen-Salzseen: nicht direkt vom Meere beeinflußte Gewässer mit mindestens 5‰, zeitweilig jedoch viel höherer Salzkonzentration. Solche salzigen Binnengewässer haben nicht nur in chemisch-physikalischer Hinsicht, sondern auch in ihrer Flora und Fauna mehr mit den marinen Ökosystemen gemeinsam als mit den Süßwasser-Ökosystemen (L). Mit diesen sind sie jedoch durch viele Übergänge verbunden. Im Hinblick auf die Stoffproduktion bzw. auf die Trophie ergibt sich folgende Gliederung:

M 4.1 Mäßig salzige Binnenseen: verhältnismäßige produktive, den mesotrophen Süßwasserseen ähnliche Ökosysteme, mit Salzkonzentrationen unter etwa 15‰. Untergliederungen entsprechend L 2.

M 4.2 Meerähnliche Binnenseen: mit Salzgehalten um 30‰ Untergliederung entsprechend M 2.

M 4.3 Stark salzige Binnenseen in aridem Klima mit stark schwankenden Salzkonzentrationen, die zeitweilig mehr als etwa 200‰ erreichen können. Geringe Produktivität und artenarme Lebensgemeinschaften.

M 4.4 Extrem salzige Binnenseen, deren Salinität zeitweilig bis zur Sättigung ansteigt. Sehr artenarme, aber individuenreiche Populationen vorwiegend aus Mikroorganismen (Cyanophyceen, Flagellaten und Bakterien).

M 4.5 Zeitweilig austrocknende Salzseen, d. h. flache und abflußlose Wasseransammlungen in ariden Gebieten mit sehr ungünstigen Produktionsbedingungen.

Untergliederungen der Meso-Ökosysteme M 4.3 bis 4.5 richten sich wohl am besten nach der *chemischen Zusammensetzung* der Salze, etwa wie in folgendem Beispiel:

M 4.51 Eigentliche Salzseen mit vorherrschendem NaCl

M 4.52 Natronseen mit dominierendem $NaHCO_3$

M 4.53 Bitterseen mit viel $MgSO_4$

M 4.54 Boraxseen, an deren Grunde sich $Na_2B_4O_7$ angesammelt hat (z. B. in Kalifornien).

M 5 Ästuare: Ökosysteme der Flußmündungen im Tidebereich mit stark und täglich wechselnder Salinität sowie mit hoher Zufuhr von mineralischen Nährstoffen und organischen Substanzen.

Eine Untergliederung kann hier noch nicht gewagt werden, weil der Begriff Ästuar verschieden weit gefaßt wird und manche Autoren auch die Wattenmeere einbeziehen. Da es sich um hochproduktive, z. T. aber auch von Verschmutzung stark bedrohte Ökosysteme handelt, wäre eine umfassende Klärung der funktionalen Klassifikation sehr erwünscht.

M 6 Salzige Grundwasser-Ökosysteme: im Stoffhaushalt unselbständige, aber sehr eigenartige und konstante, gut abgrenzbare Lebensgemeinschaften in den Interstitialräumen sandiger Grundwasserträger sowie in klüftigem Felsgestein. Weit verbreitet und neuerdings biologisch gut untersucht, aber als Ökosysteme noch wenig bekannt. Ihre Eigenständigkeit ist wahrscheinlich größer als die des Abyssals der Ozeane (M 1.000.3), das nicht als besonderes Makro-Ökosystem aufgefaßt wurde.

L LIMNISCHE ÖKOSYSTEME: Binnengewässer mit höchstens 5‰ Salzgehalt. Insgesamt viel weniger ausgedehnt als die marinen Ökosysteme (M) und artenärmer, aber im abiotischen Milieu noch mannigfaltiger.

Ähnlich wie in den meist angrenzenden semiterrestrischen (S) und terrestrischen (T) Ökosystemen spielen unter den Primär-Produzenten Phanerogamen und Chlorophyceen und unter den Sekundär-Produzenten Insekten und deren Larven eine große Rolle.

L 1 bis L 3 Stillwasser: zwar durch Winde bewegt, aber nur teil- und zeitweise oder gar nicht in strömender Bewegung.

L 1 Tiefe Süßwasserseen: so tief, daß die von höheren Pflanzen besiedelte Uferzone nur geringen Anteil an der Gesamtfläche hat. Klassische Beispiele von relativ geschlossenen Ökosystemen. Klassifizierung seit langem nach Trophiegraden und Klimazonen üblich, wenn auch im einzelnen umstritten. Die ökologische Reihe vom oligotrophen bis zum eutrophen See wird häufig als Entwicklungsreihe (Sukzession) gedeutet. Unter natürlichen Verhältnissen bleiben die Seen jedoch oft Jahrtausende lang auf der durch Geländegestalt und Stoffzufuhr von Anfang an gegebenen Trophiestufe stehen (WUNDSCH, 1958). Nur unter dem Einfluß des Menschen wird die Reihe u. U. rasch durchlaufen. Gliederung teilweise in Anlehnung an M 1:

L 1.1 Oligotrophe Seen mit sehr geringem P- und N-Gehalt und großer Sichttiefe; oft steilufrig, tief und nicht bis zum Grunde durchmischt. Schwache Primär-Produktion und starke Mineralisation.

L 1.2 Mäßig oligotrophe Seen, zwischen 1.1 und 1.3 vermittelnd.

L 1.3 Mäßig eutrophe Seen mit beträchtlichem Nährstoffgehalt und mäßiger Sichttiefe; oft mit breitem Uferstreifen und flach. Mäßig hohe Primär-Produktion und mäßig rasche Mineralisation; am Boden selten O_2-Mangel.

L 1.4 Eutrophe Seen mit sehr großem Nährstoffgehalt. Besonders bei plötzlicher Erwärmung oft O_2-Mangel im Hypolimnion. Mehr oder minder starke Ablagerung toter organischer Substanzen.

L 1.5 Extrem eutrophe Seen mit starker Zufuhr von Nährstoffen und organischen Substanzen sowie mit sehr geringer Sichttiefe. O_2-Mangel kann schon nahe der Oberfläche beginnen. Beträchtliche Ablagerung organischer Substanzen.

L 1.6 Dystrophe Seen mit geringem P- und N-Gehalt, aber sehr starker Zufuhr von sauren, schwer abbaubaren Humusstoffen, die mächtige, aber lockere Sedimente bilden. Weitgehend von anderen abhängige Ökosysteme mit geringer Primär-Produktion. Nur in Gebieten mit stark sauren Humusablagerungen (z. B. Hochmooren oder anderen oligotrophen Mooren und borealen Nadelwäldern) und meist nur klein.

Nach dem jährlichen Temperaturgang und den damit u. U. verbundenen jahreszeitlichen Umschichtungen kann man jedes dieser Makro-Ökosysteme, ähnlich wie bei M 1, in Meso-Ökosysteme gliedern:

L 1.01 Sehr warme Seen mit raschem Abbau und fehlender jahreszeitlicher Umschichtung; Temperaturen oft über 30° C.

L 1.02 Warme Seen ähnlich .01; Temperaturen meist über 20° C.

L 1.03 Mäßig warme Seen, Oberflächentemperaturen selten unter 10° C; keine jahreszeitliche Umschichtung.

L 1.04 Wechselwarme Seen mit starker Erwärmung im Sommer, aber einer Abkühlung unter 4° C, so daß eine Umschichtung im Herbst und Frühjahr zustande kommt. Selten längere Zeit vereist.

L 1.05 Kühle Seen mit Oberflächentemperaturen meist unter 15° C und winterliche Eisdecke.

L 1.06 Wechselkalte Seen: lange Zeit eisbedeckt und selten über 10° C erwärmt.

L 1.07 Kalte Seen, die nur kurze Zeit auftauen und deren Lebensgemeinschaften daher arm an ausdauernden Arten sind.

Weitere Untergliederungen könnten sich nach dem Ausmaß der *Durchströmung* (vom Grundwassersee ohne oberirdische Zuflüsse bis zum noch durchströmten Fluß-Altwasser) und nach *chemischen Eigenschaften* des Wassers (z. B. Salz- und Kalkgehalt) richten, die ebenfalls großen Einfluß auf die Lebensgemeinschaften und ihren Stoffhaushalt haben.

Vertikale Gliederung in zwei Topo-Partialsysteme (Schichten) üblich:

L 1.000.1 *Epilimnion* (in irreführender Weise auch Pelagial genannt): euphotische, primär produktive Oberschicht entsprechend M 1.000.1.

L 1.000.2 *Hypolimnion* (oder Profundal): lichtfreie Unterschicht, in der die mineralischen Nährstoffe durch Abbau frei werden. Durch jahreszeitlichen Temperaturwechsel und Windwirkungen mit .1 durchmischt oder nicht.

In beiden Schichten können wie bei M 1 nach Medium und Substrat unterschieden werden:

L 1.000.01 *pelagial:* im freien Wasser
L 1.000.02 *phytal:* im Bereich von Pflanzenbeständen
L 1.000.03 *benthal:* am Boden und in seiner Nähe
L 1.000.04 *benthopedal:* im Seeboden.

Die *Uferbereiche* der tiefen Seen entsprechen den Flachseen (L 2) und können je nach Bedarf als Bestandteile (Topo-Partialsysteme) der tiefen Seen oder als eigene Ökosysteme betrachtet werden, die in lebhaftem Austausch mit dem übrigen See stehen.

L 2 Flache Süßwasserseen und Teiche: Stillwasser, die so flach sind, daß sie großenteils oder ganz von wurzelnden Schwimmblatt-Pflanzen und (oder) Helophyten (z. B. Schilfrohr) besiedelt werden können.

Diese Ökosysteme kann man auch als Partialsysteme von L 1 auffassen; sie leiten zu den semiterrestrischen über. Ihr Stoffhaushalt und ihre Tierwelt wird wesentlich von Phanerogamen bestimmt, die zumindest durch einige ihrer Photosynthese-Organe mit der Atmosphäre in Gasaustausch stehen. Unter Wasser bieten sie epiphytischen Algen gute Lebensmöglichkeiten, so daß ihre Primär-Produktion beträchtlich größer werden kann als in sonst vergleichbaren tiefen Seen. Der Fischbrut und Jungfischen bieten sie reichlich Nahrung und Schlupfwinkel, so daß auch die Produktion der Konsumenten relativ groß ist. Der Anfall an toter organischer Substanz ist oft so beträchtlich, daß keine restlose Mineralisation möglich ist und eine mehr oder minder rasche Verlandung eintritt.

Die Unterteilung von L2 ist weitgehend parallel zu derjenigen von L1 möglich.

Vertikale Gliederung nach der Wassertiefe und Andauer der Wasserbedeckung:

L 2.000.1 *extralittoral:* außerhalb des Seespiegels, aber in unmittelbarer Nähe und daher noch im Stoff- und Organismen-Austausch mit dem See (semiterrestrische oder terrestrische Ökosysteme).

L 2.000.2 *supralittoral:* bei hohen Wasserständen überflutet, aber zeitweilig oberflächlich abtrocknend (semiterrestrisch), mit dem Schilfgürtel des Sees meist in unmittelbarem Zusammenhang und deshalb hierher zu rechnen.

L 2.000.3 *eulittoral:* Wassertiefe durchschnittlich bis etwa 2 m, daher von Helophyten besiedelbar, die mit ihren Photosynthese-Organen hoch über das Wasser aufragen. In trockenen Jahren zuweilen ohne offenes Wasser; doch bleiben die Wurzeln stets im Grundwasserbereich.

L 2.000.4 *sublittoral:* Wassertiefe so groß, daß im Boden wurzelnde Phanerogamen die Oberfläche nur mit Schwimmblättern erreichen. Nur ausnahmsweise und kurzfristig wasserfrei (zu .3 und .4 vgl. M 3.000.3 und .4).

L 2.000.5 *infralittoral:* mit phanerogamen Wasserpflanzen, die aber höchstens mit ihren Fortpflanzungsorganen über die Wasseroberfläche aufragen, und Bodenalgen (Unterwasser-Rasen).

L 2.000.6 *circalittoral* (limnisch-ufernah): nahe und im Austausch mit dem Littoral (vgl. M 3.000.6).

Charakteristisch für flache, süße Stillwasser sind außerdem zeitweilig auftretende, an oder auf der Wasseroberfläche schwimmende grüne Pflanzen, also *Phäno-Partialsysteme*, z. B.:

L 2.000.01 *Schwimmpflanzen-Rasen:* aus dem Wasser herausragende, frei flottierende Phanerogamen, die so dichte Bestände bilden können, daß unter ihnen Lichtmangel herrscht (z. B. Eichhornia).

L 2.000.02 *Schwimmpflanzen-Decken:* mit den Blättern nahe über oder unter der Wasseroberfläche schwimmende Gefäßpflanzen, die sich oft noch dichter schließen als .01 (z. B. Lemna, Salvinia).

L 2.000.03 *Algen-Watten:* Fadenalgen, die nahe der Oberfläche fluten.

L 3 Süßwasser-Tümpel, d. h. flache und stark schwankende oder ganz austrocknende Süßwasser-Ansammlungen. Bilden sich in humidem Klima an vielen Orten, sei es als selbständige Einheiten oder als Partialsysteme von Sümpfen, Grasland, Wäldern, Tundren usw.

Ihre Gliederung bedarf noch der Klärung. Sie könnte in Anlehnung an M 3.001 bis 3.005 erfolgen.

L 4—5 Fließgewässer: dauernd oder doch längere Zeit in strömender Bewegung befindliche Süßwasser-Ansammlungen; erhalten aus terrestrischem und semiterrestrischem Bereich mehr oder minder starke Zufuhren von Mineralstoffen sowie teilweise auch von organischen Substanzen und führen diese ihrerseits Seen oder Meeren zu.

Primär-Produzenten bei starker Strömung an voller Entfaltung gehindert, und zwar sowohl im Plankton als auch am Boden oder am Ufer.

Tiere, besonders im benthalen Bereich, sind wie die Pflanzen in mannigfacher Weise an die Strömung angepaßt (z. B. durch flachen Körper, Panzerung oder Gehäusebau), produzieren aber pro Flächeneinheit weniger als bei vergleichbarer Wasserqualität in Stillwassern.

Die ohnehin begrenzte Zahl und Leistung der Pflanzen und Tiere wird noch verringert, wenn die Wasserführung stark schwankt oder das Gerinne zeitweilig ganz austrocknet. Deshalb muß man permanente (L 4) und periodische (L 5) Fließgewässer als Hauptgruppen unterscheiden. Bei der weiteren Gliederung stehen Größe und Fließgeschwindigkeit im Vordergrund, weil sie stärkeren Einfluß auf das Wesen und die Leistung der Ökosysteme haben als die Trophiegrade.

L 4 Permanente Fließgewässer: während des ganzen Jahres Wasser führend, wenn auch z. T. stark schwankend. Benennung der Flußabschnitte in Anlehnung an ILLIES u. BOTOSANEANU (1963).

L 4.1 Eucrenon: Quellen, soweit diese nicht zu den Thermalquellen (L 7) gehören. Hinsichtlich Temperatur und Mineralstoff-Versorgung besonders gleichmäßige Lebensbereiche. Mit den Stillwassern (vor allem L 2) durch Übergänge verbunden, zumal sich Quellen oft zu kleinen Seen erweitern. *Klassifikation* nach geologischen und anderen Gesichtspunkten möglich. Als Ökosysteme unterscheiden sie sich besonders im Hinblick auf Temperaturen (s. L 4.01 usw.) und Trophiegrade (L 4.001 usw.). Dies gilt auch für die folgenden Einheiten.

L 4.2 Hypocrenon: Quellrinnsale, die den Quellen noch nahestehen, aber infolge starker und einseitiger Strömung besonders wenig seeähnlich sind; stark erodierend. Primäre und sekundäre Produktion in der Regel gering; Fische selten und klein.

L 4.3 Epirhitron: Bach-Oberlauf, in dem bereits größere Fische ständig leben können (in Mitteleuropa „obere Bachforellen-Region"). Bett vorwiegend kiesig.

L 4.4 Metarhitron: Bach-Mittellauf („untere Bachforellen-Region"). Ebenfalls noch stark strömend und stärker erodierend als sedimentierend; Bett kiesig bis sandig.

L 4.5 Hyporhitron: Unterlauf eines Baches bzw. Gebirgsflusses („Äschen-Region").

L 4.6 Epipotamon: Oberer Abschnitt eines Flachlandflusses („Barben-Region"). Stellen- und zeitweise stark sedimentierend; Bett überwiegend sandig. Primäre Produktion in wenig durchströmten Buchten und Altwässern verhältnismäßig groß.

L 4.7 Metapotamon: Mittlerer bis unterer Abschnitt eines Flachlandflusses („Abramiden-Region") mit geringem Gefälle und zeitweilig starker Sedimentation von Schlick. Altwässer entwickeln sich rasch zu eutrophen Flachseen (L 2.4).

L 4.8 Hypopotamon: Unterster Abschnitt eines Flachlandflusses, der in ein Ästuar (M 5) übergeht und schließlich ins Meer mündet („Kaulbarsch-Region"). Fehlt deshalb den in Süßwasserseen mündenden Flüssen. Noch nicht verbrackt, aber durch Rückstau vom Ästuar her einem beträchtlichen *Tidehub* (maximal mehrere Meter) und täglich mehrmaligem Strömungswechsel unterworfen. Sehr reich an mineralischen Nährstoffen und an organischen Schwebstoffen, die als Schlick abgelagert werden. In Buchten und Altwässern Uferbewuchs (z. B. mit Phragmites) von hoher Produktivität, der an Flachseen (L 2.500.3) erinnert, aber wie andere Teile des Hypopotamons als besonderes Ökosystem ausgeschieden werden sollte.

Jedes dieser Meso-Ökosysteme kann nach den Temperaturverhältnissen (ähnlich wie L 2.0) in folgende Mikro-Ökosysteme gegliedert werden:

L 4.01 sehr warme Fließgewässer,

⋮

L 4.06 kalte Fließgewässer.

Auf welche Weise eine Gliederung in Trophiegrade möglich ist, erscheint noch nicht ganz geklärt. Sie könnte auf der Rangstufe der Nano-Ökosysteme erfolgen, zumal die Produktionsbedingungen in Fließgewässern kleinräumig stark wechseln und sich mit der Zeit rasch ändern können.

L 4.001 oligotrophe Fließgewässer,

⋮

L 4.005 extrem eutrophe Fließgewässer,

⋮

L 4.006 dystrophe Fließgewässer, mit Zufuhr von sauren Humusstoffen.

Das Mosaik der durch Strömungsgeschwindigkeit, Wassertiefe, Ufernähe, im Bett liegende Steine und andere Faktoren verursachten Kleinbiotope löst man wohl am besten in *Topo-Partialsysteme* (4.000.1 usw.) und *Substrat-Partialsysteme* (4.000.01 usw.) auf. Wo das Flußbett zeitweilig trockenfällt, können sich kurzlebige Annuellenfluren mit entsprechenden Tieren ansiedeln. Bei diesen handelt es sich um *Phäno-Partialsysteme*, die in mancher Hinsicht an terrestrische Ephemeren-Wüsten erinnern.

In vielen Gebieten der Erde werden die Fließgewässer heute mit Fäkalien und sonstigen *Abwässern* verschmutzt, die sich auf die Stoffproduktion, die Kombination der Organismen und andere Eigenschaften der jeweiligen Ökosysteme auswirken. Diese anthropogenen Einflüsse kann man entweder mit *Saprobienstufen* (im Sinne von Kolkwitz oder anderen Autoren) oder aber durch die oben vorgeschlagene Skala für Stoffzufuhren ausdrücken:

h 1 keine Verschmutzung,

⋮

h 9 extreme Abwasserbelastung.

L 5 Temporäre Fließgewässer, d. h. zeitweilig versiegende Quellen, Bäche oder Flüsse; vor allem in ariden Klimaten häufig. Als Lebensräume sehr ungünstig, zumal die Wasserführung in Regenzeiten plötzlich anschwillt und für Organismen ebenso zur Katastrophe werden kann wie die Trockenheit.

Als Ökosysteme noch kaum untersucht. Gliederung vielleicht in Anlehnung an L 4 möglich.

Zu den temporären Fließgewässern gehören auch die sogenannten „*Tintenstriche*“, jene dunklen senkrechten Streifen auf Felsen, die immer wieder von Wasser überrieselt werden. Diesen zeitweilig hochproduktiven Lebensgemeinschaften aus Cyanophyceen und anderen Mikroorganismen widmete Jaag eine Monographie.

L 6 Unterirdische Binnengewässer, d. h. Fließgewässer und Seen in Karsthöhlen, sowie Grundwasser in Klüften und sandigen oder kiesigen Sedimenten. Gliederung ähnlich wie die der marinen Grundwasser (M 6). Unselbständig und von der Zufuhr organischer Substanzen abhängig.

L 7 Thermalquellen, z. B. Solfataren, weichen durch extrem hohe Temperaturen und durch ihre chemische Beschaffenheit so stark von den gewöhnlichen Quellen (L 4.1) ab, daß man sie wohl als Makro-Ökosysteme absondern muß. Sie sind artenarm, enthalten aber primäre Produzenten (in erster Linie Cyanophyceen) und Zersetzer (meist Bakterien), sind also vollständige Ökosysteme. Thermal-Quellbäche und andere Thermalgewässer wären hier anzuschließen.

Zweite Untergruppe:

S + T LAND-ÖKOSYSTEME i. w. S. haben eine grundsätzlich andere Struktur als Gewässer-Ökosysteme. Soweit sie natürlich oder naturnah sind, wird ihre vertikale Ausdehnung nicht durch das Lebensmedium und den Lichtgenuß, sondern durch die Wuchshöhe von Gefäßpflanzen bestimmt. Allgemeine Eigenschaften der semiterrestrischen und terrestrischen Ökosysteme:

Autotrophe mit großer Biomasse und relativ langsamen Umsatz, vorwiegend Phanerogamen und Gefäßkryptogamen oder auch Moose und Flechten. Algen treten nur ausnahmsweise und nur an Extremstandorten hervor. *Heterotrophe* hinsichtlich der Artenzahlen vor allem durch Pilze und Insekten gestellt. Pilze erreichen oft den höchsten Energieumsatz. Herbivore Großtiere, namentlich Wiederkäuer, haben auf die Struktur vieler Ökosysteme entscheidenden Einfluß.

Minimumfaktoren: Wasser, oft auch Wärme und N, seltener P und andere chemische Faktoren; O_2 nur im semiterrestrischen Bereich.

S SEMITERRESTRISCHE ÖKOSYSTEME (Moore und moor-ähnliche Sümpfe): Boden meist bis zur Oberfläche wassererfüllt, so daß die Zersetzung organischen Materials gehemmt ist und sich mindestens 20 cm *Torf* ansammelt. (Wattenmeere, temporäre Salzseen, Flußauen u. dgl. gehören in dieser engen Fassung nicht zu den semiterrestrischen, sondern entweder zu den marinen bzw. limnischen oder zu den terrestrischen Ökosystemen). Ursprung der Moorbildung ist stets hoher Wasserspiegel im Wurzelraum ohne hohe und lang anhaltende oder rhythmisch wiederholte Überflutung. Der Stoffhaushalt ist durch dauerndes Ausscheiden organischer Substanz aus dem Kreislauf und infolgedessen, ähnlich wie bei den Ozeanen, durch O_2-Überschuß charakterisiert.

Da mit den organischen zugleich auch mineralische Stoffe aus dem Kreislauf verschwinden, werden namentlich P und N, aber auch K, Ca, Mg und andere Elemente zu begrenzenden Faktoren. Deren Ersatz aus der Umgebung, die „*Mineralbodenwasser-Zufuhr*“ im Sinne von Du Rietz, sowie die Zufuhr von

Regenwasser, das ebenfalls Nährstoffe mitbringt, entscheidet infolgedessen über Artengefüge und Leistung der Primär-Produzenten.

Stoffproduktion und Stoffkreislauf hängen außerdem wesentlich von der Lebensform der dominierenden Primär-Produzenten ab. Diese wird hier zur Hauptgliederung verwendet, und zwar im Hinblick auf die zunehmende Ähnlichkeit mit terrestrischen Ökosystemen, insbesondere mit Wäldern (**T** 1).

S 1 Sphagnum-Moore: von Torfmoosen der Gattung Sphagnum beherrschte und allenfalls nur locker oder zeitweilig mit Bäumen besetzte Moorbildungen. Durch ihren spezifischen Bau vermögen Torfmoose das Wasser kapillar in die wachsenden Spitzen zu leiten und dort Mineralstoffe zu konzentrieren. Bei Mineralstoff-Mangel sind sie daher die einzigen grünen Pflanzen, die zu beträchtlicher Produktion fähig bleiben.

S 1.1 Extrem oligotrophe Sphagnum-Moore (ombrogene Sphagnum-Moore) ohne jede Zufuhr von Mineralbodenwasser. Auf Nährstoff-Versorgung durch Niederschläge und Staub angewiesen. Zersetzer nicht nur durch Nässe, sondern auch durch Mineralstoff-Mangel gehemmt. Infolgedessen können ombrogene Moore auf der Grundlage des von ihnen gebildeten Torfes mehr oder minder rasch und hoch über den Grundwasserspiegel der Umgebung emporwachsen (Hochmoorbildung). Wegen der extremen Bedingungen sehr artenarme Ökosysteme. Stellenweise von immergrünen Zwergsträuchern oder langsam wachsenden, niedrig bleibenden Bäumen locker besetzt und dadurch manchen Tundren ähnlich.

S 1.11 Echte Sphagnum-Hochmoore, verhältnismäßig baumarm; im Tiefland mit mäßig ozeanischem Klima. Gliederung in mehrere Nano-Ökosysteme (Bulten, Schlenken, Flarke usw.), die zu charakteristischen Mosaik-Komplexen zusammentreten.

S 1.12 Busch-Sphagnum-Hochmoore, mit Büschen locker besetzt; meist in montanem bis submontanem Klima.

S 1.13 Wald-Sphagnum-Hochmoore, zeitweilig mit Bäumen mehr oder minder dicht besetzt, die aber bei weiterem Sphagnum-Wachstum absterben und einer Torfmoos-Phase Platz machen. Diese wird wieder durch eine Bewaldungs-Phase abgelöst, usw.; im Tiefland mit relativ kontinentalem, gemäßigtem Klima.

S 1.2 Oligotrophe Sphagnum-Moore, deren Mineralstoff-Versorgung zumindest zeitweilig ausreicht, um die Zersetzung der absterbenden Teile der Torfmoose mit deren Spitzenzuwachs Schritt halten zu lassen. Oft in den Randzonen von Hochmooren (S 1.1), an Austritten von Quellen in diesen oder in Dellen (Schlenken) auf der Oberfläche der Hochmoore ausgebildet[4]. In der Regel gleichmäßiger naß als S 1.1 und von grasähnlichen Helophyten locker bewachsen. Auf etwas trockeneren Teilen auch einzelne Bäume.

S 1.21 Hochmoor-Schlenken und andere Hochmoorteile (s. o.).

S 1.22 Terrainbedeckende Tieflandsmoore: in extrem ozeanischem Klima unabhängig vom Grundwasser hochmoorähnlich wachsend, aber eine Torfmächtigkeit von 0,5–1 m selbst bei großer Ausdehnung kaum überschreitend.

4 Nach Untersuchungen von Sjörs, Overbeck und anderen sind diese Schlenken über Jahrhunderte konstant, also nicht durch zyklische Sukzessionen mit den extrem oligotrophen „Bulten“ verbunden.

Meist in Meeresnähe (z. B. in Irland) mit starker Mineralstoff-Zufuhr durch Sturmwinde. Oft erst nach Abholzung von Wäldern entstanden, also teilweise anthropogen.
S 1.23 Oligotrophe Hangmoore in stark ozeanischem Montan-Klima. Infolge Mineralstoff-Zufuhr bei der Schneeschmelze kommt es nicht zu starkem Torfwachstum.
S 1.24 Aapa-Moore in borealem (kühlgemäßigtem) subozeanischem Klima. In der Ebene oder an seichten Hängen entwickelte, meist sehr ausgedehnte Moore, denen bei der Schneeschmelze Nährstoffe und große Wassermengen zugeführt werden. Durch Eisdruck entstehen 0,5–3 m breite, in Höhenlinie verlaufende Wälle (Stränge), die den Charakter von Waldhochmooren haben.
S 1.25 Pals-Moore in subpolarem, subozeanischem Klima. Wahrscheinlich durch Klimaverschlechterung entstandene Zerstörungsformen von 1.24; mit Strängen, die 2–7 m hoch emporgepreßt wurden, aber in der Regel baumfrei sind.
S 1.3 Mäßig oligotrophe Sphagnum-Moore, zu den Laubmoos-Mooren (S 2) vermittelnd. Meist reich an graminoiden Helophyten.

S 2 Laubmoos-Moore: von Astmoosen (Hypnidae) und aufrechten Laubmoosen (Polytrichidae, Bryidae) oder ähnlich gebauten Moosen beherrschte und meist mit grasartigen Helophyten besetzte Moorbildungen mit mindestens 20 cm Torf. Die Astmoose haben keine Einrichtungen zur kapillaren Wasserleitung und bilden niemals Hochmoore, vermögen aber sogar weiterzuwachsen, wenn ihre beblätterten Zweige mit Kalk inkrustieren. Sie vertragen auch zeitweilige Überflutungen, vermögen also bei größerem Mineralbodenwasser-Zufluß zu gedeihen als Sphagnen.
S 2.1 Oligotrophe Laubmoos-Moore, an S 1.3 anschließend.
S 2.2 Mäßig oligotrophe Laubmoos-Moore.
S 2.3 Mäßig eutrophe Seggen-Laubmoos-Moore, zu den Seggen-Mooren (S 3) überleitend.

Vielleicht sind hier die Moosreichen Quellfluren anzuschließen (etwa als Einheit S 2.4), d. h. dauernd von Quellwasser durchtränkte und gleichmäßig mit Mineralstoffen versorgte, aber kalkarme Moosmore, in denen andere Familien dominieren (z. B. Bryaceen). Es wäre jedoch auch ein Anschluß an die Seggen-Moore (S 3.2) oder an die Quell-Ökosysteme (L 3.1) denkbar. Als Ökosysteme sind alle diese Formationen noch zu wenig untersucht worden.

S 3 Seggen-Moore: von grasähnlichen Helophyten als Hauptproduzenten beherrschte Sümpfe mit mindestens 20 cm mächtigem Torf, also vorwiegend organischen Ablagerungen und Resten abgestorbener Wurzeln. Dadurch und durch sehr geringe Ausmaße eines aeroben Bodenlebens grundsätzlich von den terrestrischen Grasländern unterschieden, obwohl sie diesen physiognomisch ähneln und oft zugeordnet werden.

Mannigfaltige, als Ökosysteme aber noch zu wenig untersuchte Gruppe. Hauptgliederung wohl am besten nach Höhe und Wuchsart der dominierenden Primär-Produzenten. Weitere Unterteilung nach dem Kalkgehalt des Bodenwassers üblich, der sich mehr im Artengefüge als in der Wuchsleistung auswirkt.

S 3.1 Großseggen-Moore mit mehr als 30–40 cm hohen Helophyten; im natürlichen Zustand häufig überschwemmt. Meist artenarm, typisch nur in gemäßigtem Klima ausgebildet.

Durch Torfansammlung aus Schilfröhrichten oder anderen Flachwasser-Ökosystemen (L 2) hervorgehend und die Entstehung von Strauchmooren (S 4.3) oder Waldmooren (z. B. S 5.2) vorbereitend, also Stadien in einer *Sukzessions-Serie*. Vom Menschen durch Mähen oft sowohl nach der nassen als auch nach der trockenen Seite hin ausgedehnt und vor Besiedlung mit Holzgewächsen geschützt.

S 3.2 Kleinseggen-Moore mit weniger als etwa 40 cm hohen Helophyten; meist artenreich. Selten überschwemmt, aber Boden ständig durchnäßt; meist nur geringe Torfmächtigkeit. Relativ wenig produktiv. Von der unteren alpinen Stufe bis ins Tiefland vorkommend.

Nur in der Nähe von Quellen oder Quellrinnsalen (L 4.1 und .2) von Natur aus gehölzfrei; vom Menschen aber auf größeren Flächen an die Stelle von Waldmooren gesetzt. Durch Mähen erhalten, aber auch an Nährstoffen verarmt.

S 3.3 Hartpolster-Moore aus hartblättrigen und kleinen, sehr dicht wachsenden Helophyten, die sich oft polsterartig wölben. In der hochmontanen bis alpinen Stufe tropischer Hochgebirge (z. B. in den Anden).

S 4 Zwergstrauch- und Strauch-Moore: von niedrigen, meist immergrünen Holzgewächsen dicht bewachsene Moorbildungen, an der auch grasähnliche Helophyten sowie Sphagnen und Laubmoose beteiligt sein können. Physiognomisch an anthropo-zoogene Zwergstrauchheiden, aber auch an Zwergstrauch-Tundren erinnernd. Von ersteren durch Torfakkumulation, von letzteren durch weniger lange Schneebedeckung und fehlenden Permafrost unterschieden.

Wurzelraum weniger lange durchnäßt als bei Sphagnum-Mooren und selten überschwemmt. Unterirdische Biomasse im Verhältnis zur oberirdischen geringer als bei terrestrischen Ökosystemen gleichen Aussehens.

S 4.1 Oligotrophe Zwergstrauch-Moore mit geringer primärer Stoffproduktion; den Zwergstrauch-Beständen auf Hochmooren (S 1.1) ähnlich und z. T. aus diesen hervorgegangen, wenn der natürliche Abfluß großer Hochmoore (durch sogenannte Rüllen) zu einer gewissen Drainage der Randgebiete führte. Durch schwache oder wieder vernachlässigte Entwässerung vom Menschen aus vielen ehemaligen Sphagnum-Hochmooren hervorgerufen.

S 4.2 Mesotrophe Strauch-Moore mit höherer primärer Produktion; oft in Randgebieten von oligotrophen Sphagnum- oder Zwergstrauch-Mooren als Sukzessionsstadien auftretend (z. B. mit Myrica gale), aber auch unabhängig davon, z. B. bei Zerstörung von Moorwäldern oder bei Vernachlässigung von Moorwiesen (als Sekundärgebüsch), entstehend. Oft zu Wäldern überleitend und dann unstabil.

S 4.3 Eutrophe Strauch-Moore: ähnlich vorigen, aber mit stärker Nährstoff-Zufuhr und produktiver.

S 5 Waldmoore: Ökosysteme auf Torfboden, z. T. selbst torfbildend. Hauptproduzenten Bäume, d. h. über 5 m hohe Holzgewächse. Durch die Dichte der Baumschicht unterschieden von den mit Bäumen besetzten Sphagnum-

oder Laubmoos-Mooren, wo die Holzgewächse nur kümmerlich gedeihende, gewissermaßen geduldete, oder aber nur zeitweilige Partner sind.

Den terrestrischen Wäldern zwar in vieler Hinsicht ähnlich und oft mit diesen eng verbunden, aber durch völlig anderes Bodenleben, Torfbildung und auffallend artenarme Baumschicht genügend deutlich zu unterscheiden. An der Biomasse der Bäume haben die unterirdischen Organe geringeren Anteil als bei terrestrischen Wäldern.

Waldmoore sind oft Endstadien von *Sukzessionsreihen,* die in flachen Stillwassern beginnen (Verlandungen); sie können aber auch durch Versumpfung unmittelbar auf Mineralböden entstehen.

Bei der Gliederung der Waldmoore muß die Beschaffenheit und Produktionsdauer der Baumschicht im Vordergrund stehen, die ihrerseits von den allgemeinen Klimabedingungen abhängt. Die Trophiegrade sind hier von untergeordneter Bedeutung.

S 5.1 Warme Waldmoore in niederschlagsreichen tropisch-subtropischem Klima, d. h. ohne Unterbrechung wachsend.

S 5.11 Extrem oligotrophe warme Waldmoore (tropisch-subtropische Wald-Hochmoore), von immergrünen Laubbäumen, belaubten Gymonospermen oder Palmen beherrscht, deren abgefallene Blätter breite, bultenartige Erhöhungen bilden. Nicht zu verwechseln mit den rhythmisch bewaldeten Wald-Hochmooren der gemäßigten Zone (S 1.13). Wie bei diesen reicht die Mineralstoff-Zufuhr nicht aus, um die Zersetzung mit dem Anfall organischer Reste Schritt halten zu lassen, so daß auch die tropisch-subtropischen Wald-Hochmoore mehrere Meter über den Grundwasserspiegel ihrer Umgebung emporwachsen.

S 5.12 Mäßig oligotrophe warme Waldmoore, meist von Fächerpalmen beherrscht (z. B. Mauritia) und mit einer zweiten Baumschicht oder Strauchschicht aus immergrünen Laubhölzern. Oft ebenfalls mit bultenartigen Humus-Ansammlungen (Moder), aber nicht über den Grundwasserspiegel emporwachsend. In den Schlenken häufig Atemwurzeln der Bäume.

S 5.13 Mäßig eutrophe warme Waldmoore, von immergrünen oder laubwechselnden Bäumen (z. B. Taxodium) beherrscht und .12 ähnlich, aber mit stärkerem Stoffumsatz. Boden oft mehr oder minder stark mit Auelehm durchsetzt, also nicht rein organisch.

Ob eutrophe Waldmoore in den Tropen vorkommen, ist dem Autor unbekannt.

S 5.2 Wechselwarme Waldmoore in gemäßigtem Klima mit geringerer Torfzersetzung infolge tiefer Temperaturen, aber auch unterbrochener Vegetationsperiode.

S 5.21 Oligotrophe wechselwarme Waldmoore, von lichtkronigen immergrünen Nadelbäumen (z. B. Pinus) oder lichtkronigen kältekahlen Laubbäumen (z. B. Betula) beherrscht. Torfboden mit (etwa 10–40 cm mächtiger, Auflage von saurem, in langsamer Zersetzung begriffenem Humus (Mör oder mörartiger Moder). Sehr wenige zur Zerkleinerung der Streu befähigte Bodentiere.

S 5.22 Mäßig eutrophe wechselwarme Waldmoore; zwischen .21 und .23 stehend; Baumschicht dichter und produktiver als bei .21, Auflagehumus meist Moder. Oft beteiligen sich dichtkronige Nadelbäume (z. B. Picea) am Aufbau.

S 5.23 Eutrophe wechselwarme Waldmoore, meist von breitblättrigen und dichtkronigen kältekahlen Laubbäumen (z. B. Alnus) beherrscht, aber trotzdem mit mehr oder minder produktiver Krautschicht. Keine Decke von Auflagehumus über dem Torf (höchstens auf Baumleichen oder ähnlichen Substrat-Partialsystemen).

S 5.3 Kühle Buschwaldmoore in subpolarem und subalpinem bis hochmontanem Klima mit kurzer Wachstumsperiode. Gehölze meist niedriger als 5 m und wenig produktiv.

Gliederung parallel zu 5.2; doch fehlt meist der eutrophe Typ (5.33).

Vielleicht gehören manche subalpinen Buschwälder tropischer Hochgebirge (z. B. die Erica-Sumpfwälder am Kilimandscharo) hierher; doch ist über ihre Torfbildung zu wenig bekannt. Möglicherweise bilden sie eine besondere Gruppe (S 5.34).

T TERRESTRISCHE ÖKOSYSTEME: Lebensmedien Luft und Boden, der nur ausnahmsweise und nur so kurze Zeit von Wasser überdeckt wird, daß keine Torfbildung stattfindet.

Für den Bau und die Leistung der Ökosysteme spielt unter natürlichen Verhältnissen die Wasserversorgung sowie die Länge der für die Photosynthese nutzbaren Jahreszeit eine größere Rolle als die Nährstoff-Versorgung. Diese ist in der Regel durch den Kreislauf im Ökosystem selbst gewährleistet und kann durch tiefgehende Wurzeln aus dem Unterboden ergänzt werden. Nur bei Stoffentzug durch Ernte von Pflanzen und Tieren, Viehweide, gesteigerte Erosion und häufigen Brand, also durch menschliche Einwirkungen, verarmt der Nährstoffkreislauf in einem über die Produktivität entscheidenden Maße.

Gliederung im wesentlichen nach Höhe, Dichte und Andauer des Blattwerks der *Primär-Produzenten* sowie Dauer der Vegetationsperiode, und zwar in Anlehnung an ELLENBERG u. MUELLER-DOMBOIS (1967). Da diese Übersicht der Pflanzenformationen und ihrer physiognomisch-standörtlichen Merkmale leicht greifbar ist, genügt hier eine Aufzählung, die nur durch Korrekturen verändert wurde. Einige Zwischenbemerkungen sollen den Charakter der Einheiten verdeutlichen oder die weitere Gliederung andeuten.

T 1 Dichtgeschlossene Wälder: mehr als 5 m hohe, von Bäumen beherrschte Ökosysteme; Kronen fast lückenlos aneinander schließend. Lichtenergie wird durch vielschichtiges Blattwerk, an dem sich krautige Pflanzen beteiligen, restlos ausgenutzt. Auch bei immergrünen Blättern ist die Lebensdauer begrenzt; Blatt- und Holzreste fallen laufend oder im Jahresrhythmus in großer Menge an. Unter den Heterotrophen spielen daher streuzersetzende Kleintiere, Pilze und Bakterien eine wesentliche Rolle. Herbivore erreichen weder hohe Anteile an der Biomasse noch am Umsatz.

T 1.1 Warm-humide immergrüne Laubwälder: „Regenwälder" der Tropen und Subtropen. Hochproduktiv; vorwiegend aus echten Bäumen (akroton verzweigten Holzgewächsen) bestehend. Wurzeltiefgang relativ gering. Die Gliederung in Mikro-Ökosysteme sei hier (sowie bei den folgenden Meso-Ökosystemen) nur angedeutet:

T 1.11 oft überflutet (tiefstgelegener Auenwald)[5]
T 1.12 selten überflutet
T 1.13 grundwassernah
T 1.14 perhumid-planar (mehr als etwa 4000 mm Jahresniederschlag)
T 1.15 humid-planar („normaler" Tieflands-Regenwald)
T 1.16 semihumid-planar, nur z. T. immergrün (Monsunwald u. ä.)
T 1.17 humid bis perhumid-submontan
T 1.18 humid bis perhumid-montan, mäßig-warm (besonders epiphytenreich)

T 1.2 Kühl-humide, frostfreie immergrüne Laubwälder: Ähnlich T 1.1, aber mäßig bis wenig produktiv.

T 1.21 tropisch (subtropisch)-hochmontan („Gebirgs-Nebelwald", außerordentlich epiphytenreich)
T 1.22 küstennebel-bedingt, tropisch-subtropisch („Loma-Wald")
T 1.23 temperiert-planar
T 1.24 subpolar (antarktisch), soweit nicht zu den Gebüschen gehörend (T 3)

T 1.3 Wechselwarme semihumide Hartlaubwälder: „mediterrane" Hartlaubwälder und „Lorbeerwälder"; von Natur aus dunkel und unterwuchsarm, aber oft aufgelichtet. Blätter mehr oder minder skleromorph und zu hohen Saugspannungen befähigt; Wurzeltiefgang sehr groß. Durch sommerliche (oder winterliche) Trockenzeit von 2–5 Monaten in der Produktion gehemmt. Winter kühl, aber frostarm (Extreme nicht unter −15° C). Jahreszeit größter Aktivität von Pflanzen und Tieren ist der Frühling.

T 1.31 warmtemperierter Lorbeerblatt-Wald, planar und submontan
T 1.32 wie .31, montan
T 1.33 Winterregen-Hartlaubwald, planar und submontan
T 1.34 wie .33, montan
T 1.35 Winterregen-Nadelwald, planar und submontan
T 1.36 wie .35, montan und hochmontan

T 1.4 Winterkalt-humide immergrüne Nadelwälder: dichtgeschlossene Nadelwälder der Nordhalbkugel. Vorwiegend schlankstämmige Bäume mit mehr oder minder harten Nadel- oder Schuppenblättern, die mehrere Jahre alt werden; deshalb relativ große „grüne Oberfläche". Streu von Regenwürmern nicht oder schwer, von kleinen Gliedertieren und Pilzen leichter angreifbar. Winter lang und meist schneereich; in der Regel kälter als in T 1.2 und T 1.6.

T 1.41 temperiert-grundwassernah
T 1.42 temperiert-planar
T 1.43 temperiert-submontan
T 1.44 temperiert-montan
T 1.45 temperiert-hochmontan, soweit nicht zu T 2 gehörend
T 1.46 temperiert-subalpin
T 1.47 boreal-grundwassernah
T 1.48 boreal-planar
T 1.49 subpolar

5 Von hier ab sind die Untereinheiten der Meso-Ökosysteme nicht mehr durch besonderen Druck hervorgehoben, weil sie in der Regel nur aufgezählt werden.

T 1.5 Trockenkahle Wälder: „regengrüne" Wälder der Tropen und Subtropen. In der 5–8 Monate dauernden humiden Jahreszeit raschwüchsig. Blätter weicher als in T 1.1–T 1.4, d. h. mesomorph und pro Gewichtseinheit produktiver als immergrüne Blätter. Trockenzeit macht Knospenschutz oder Wasserspeicherung und bei Holzgewächsen dicke Borke erforderlich. Krautige Pflanzen in der Trockenzeit verdorrend. In Regenzeit hohe Aktivität von Insekten und anderen Tieren. Keine Fröste.

T 1.51 teilimmergrün, besonders im Unterwuchs; planar und collin
T 1.52 wie .51, submontan
T 1.53 wie .51, montan; epiphytenreich
T 1.54 rein trockenkahl, planar und collin
T 1.55 wie .54, submontan
T 1.56 wie .54, montan; epiphytenreich

T 1.6 Kältekahle Wälder: „sommergrüne" Wälder der gemäßigten Zonen, mit wenig Immergrünen. In vieler Hinsicht ähnlich T 1.5, aber winterliche Ruhezeit nicht niederschlagsarm, sondern kalt und frostreich (tiefer als $-10°$ C, aber selten tiefer als $-25°$ C). Keine Gefäß-Epiphyten (die in T 1.1–1.3, 1.5 und 1.7 vorkommen können). Knospenschutz bei Bäumen sehr ausgeprägt; Wiederbelaubung im Frühjahr zieht sich über viele Wochen hin, so daß (im Gegensatz zu T 1.5) trotz dichtem Kronenschluß die Bodenflora reicher entwickelt ist als in anderen Wald-Ökosystemen.

T 1.61 oft überflutet (tiefstgelegener Auenwald)
T 1.62 selten überflutet
T 1.63 grundwassernah
T 1.64 ohne zusätzliche Wasserzufuhr, planar und collin
T 1.65 wie .64, submontan
T 1.66 wie .64, temperiert-montan oder subboreal
T 1.67 wie .64, temperiert-subalpin oder boreal bis subpolar (soweit nicht zu T 2 gehörend)

T 1.7 Extrem xeromorphe Wälder: nahe der Trockengrenze des Waldes aushaltende tropische und subtropische Ökosysteme, mit T 1.5 sowie T 2.5 und 2.7 durch Übergänge verbunden. Infolge der 7–9 Monate dauernden Trockenzeit wenig produktiv. Verschiedenste Anpassungsformen nebeneinander; Holzgewächse oft kleinblättrig und dornig oder stachelig. Relativ reich an Wirbeltieren. Geringe Streuzersetzung und Humusbildung.

T 1.71 hartlaubreich: immergrün-skleromorphe Bäume und Sträucher häufig
T 1.72 dorngehölzreich oder gemischt: laubwerfende kleinblättrige Holzgewächse mit Dornen oder Stacheln herrschen vor
T 1.73 sukkulentenreich: Stammsukkulenten häufig

T 2 Offene Wälder (ohne Parklandschaften und Savannen). Großenteils parallel zu T 1 (insbesondere T 1.3 bis 1.7) zu gliedern und oft in diese übergehend; aber Abtrennung wegen geringerer Produktivität unbedingt nötig. Hierher gehört auch z. B. die offene „Taiga" (T 2.48–2.49) oder der subpolare Birken-Buschwald (T 2.67).

T 3 Gebüsche (oft durch Einwirkung des Menschen aus Wäldern oder nach Verlassen von Kulturen entstanden):

T 3.1 Warm-humide Laubgebüsche (meist sekundär)
T 3.2 Kühl-humide immergrüne Laubgebüsche (oft natürlich)
T 3.3 Winterkalte immergrüne Laubgebüsche
T 3.4 Winterkalte Nadelgebüsche (oft natürlich)
T 3.5 Winterregen-Hartlaubgebüsche („Macchien", „Chaparral" u. dgl.)
T 3.6 Trockenkahle Gebüsche (meist durch Degradation von Wäldern entstanden)
T 3.7 Kältekahle Gebüsche (bis auf einige subpolare und subalpine meist sekundär)
T 3.8 Extrem xeromorphe geschlossene Gebüsche (teils natürlich, teils sekundär)
T 3.9 Extrem xeromorphe offene Gebüsche (meist natürlich; zu den Halbwüsten überleitend).

T 4 Zwergstrauchheiden: durchschnittlich weniger als 0,5 m (stellenweise bis 1 m) hoch; sonst ähnlich wie T 3 und entsprechend zu untergliedern (T 4.1–4.9). Oft „halbnatürlich" wie T 5.

T 5 Baumfähige Grasländer und verwandte Krautfluren: krautige und meist grasreiche Ökosysteme, die oft mit Bäumen, Buschgruppen o. dgl. locker besetzt sind. In der Regel vom Menschen durch Brand, Weide oder Mähen geschaffen und erhalten, aber oft schon sehr alt und natürlich wirkend („halbnatürlich"). Große und kleine Herbivore bilden wesentliche Bestandteile dieser Ökosysteme.

T 5.1 Savannen: tropisch-subtropisches Gras- und Parkland; frostfrei. Das verschieden gestaltete Mosaik mit Bäumen und Büschen kann durch Nano-Ökosysteme definiert werden.

T 5.11 Hochgras-Savannen (Breitblatt-S., Feucht-S.); meist aus T 1.51 oder 1.16 entstanden und mit immergrünen Bäumen durchsetzt.

T 5.12 Mittelgras-Savannen, zwischen 5.11 und 5.13 vermittelnd.

T 5.13 Kurzgras-Savannen (Schmalblatt-S., Trocken-S.); meist aus T 1.54 oder 1.7 entstanden und mit trockenkahlen Bäumen oder Sukkulenten durchsetzt.

T 5.2 Grasheiden: temperiertes, extensiv genutztes Weideland im natürlichen Verbreitungsbereich von T 1.6 (oder T 1.4), oft im Mosaik mit kältekahlen Büschen und Bäumen oder Zwergsträuchern. Pflanzen- und Tierbestand teilweise aus T 6 stammend.

T 5.3 Magerwiesen: temperiertes, nur oder vorwiegend durch Mähen genutztes Grasland; Streuwiesen u. dgl. (heute selten werdend). Im Gegensatz T 5.2 recht produktiv.

T 5.4 Dünge-Grasland: temperiertes Weide- oder Mähland, dessen Stoffverluste durch regelmäßige Düngung ausgeglichen oder überkompensiert werden. Infolge guter Ernährung und oftmaligen Schneidens hohe Produktion bei raschem Umsatz und geringer Biomasse; in dieser Hinsicht also aquatischen Ökosystemen ähnlich.

T 6 Baumfeindliche Grasländer und verwandte Ökosysteme auf nicht überfluteten und nicht grundwassernahen Böden. Holzgewächse durch Trockenheit, ungenügende Dauer der Vegetationszeit oder Kälte oder durch Zusammenwirken mehrerer dieser klimatischen Faktoren ausgeschlossen.

T 6.1 Steppen winterkalter Tieflagen, einschließlich mancher Prärien Nordamerikas. Der sehr kalte Winter und die Sommertrockenheit von 1–4 Monaten drosseln die oberirdische Produktivität ausdauernder Pflanzen. Außerordentlich tief wurzelnd; reiches Bodenleben. Kleine Herbivore (Nager und Insekten) und Saprovore bilden wesentliche Glieder des Ökosystems.

T 6.2 Gebirgssteppen der semiariden Tropen und Subtropen; mindestens 5–7 Monate dauernde regenarme Zeit. Allnächtliche Fröste möglich, aber keine langdauernde kalte Jahreszeit und keine extrem kalten Temperaturen (selten tiefer als $-10°$ C). Vorherrschend harte Horstgräser; auch Zwergsträucher und Polsterpflanzen.

T 6.3 Páramos und ähnliche Ökosysteme dauernd humider Tropengebirge. Gleichmäßig kühles, oft nebliges Klima.

T 6.31 Páramo-Grasland („Jalca"): dichtes und dauernd grünes Grasland, oft reich an Kryptogamen. Mit T 6.2 durch Übergänge verbunden.

T 6.32 Páramo-Wollkerzenheide: aus verschiedenen Wuchsformen gemischte lockere Formation mit kurzstämmigen, schopfig beblätterten und oft stark behaarten Holzgewächsen oder Stauden. Nur in perhumiden Hochgebirgen fast ohne Jahreszeitenwechsel.

T 6.4 Alpine Matten über der Waldgrenze in Hochgebirgen der gemäßigten Zone; dichte, trotz mehr als 6 monatiger Schneebedeckung immergrüne Rasen und Krautfluren. Durch Weidebetrieb oft bis in die subalpine Stufe, also unter die klimatische Waldgrenze hinab, ausgedehnt.

Im Sommer strahlungsreich trotz kurzer Tage. Kein Permafrost im Boden; im Winter meist von mehr als 1 m Schnee überlagert. Vernässung im Frühjahr nur sehr lokal („Schneetälchen"). Weder in Pflanzen- noch in Tierwelt ausgeprägter Massenwechsel. Dadurch ist T 6.4 von T 6.5 so sehr verschieden, daß beide Ökosystemkomplexe trotz vieler floristischer und faunistischer Verwandtschaften unbedingt auseinandergehalten werden müssen.

T 6.5 Tundren jenseits der Waldgrenze in polaren Breiten; gras- oder krautreich, z. T. aber auch mit lokal vorherrschenden Zwergsträuchern, Moosen oder Flechten. Ausgeprägter Jahresrhythmus: Sommer kurz und trotz Lang- bis Dauertagen nicht strahlungsreich; Winter lang und dunkel. Permafrost im Boden, darüber starke Vernässung im Frühjahr. Besonders artenarm; starker Massenwechsel von Jahr zu Jahr, bei Primär-Produzenten wie Konsumenten (z. B. Lemming-Zyklus).

T 6.6 Nivale Krautfluren auf zeitweilig oder dauernd schneefreien Flächen oberhalb bzw. jenseits der klimatischen Schneegrenze (Kälte-Halbwüsten). Sehr lückige Rasen mit krautigen oder verholzten, z. T. polsterförmigen Gewächsen. Starker Temperaturwechsel; zu jeder Jahreszeit Frost möglich. In manchen Jahren dauernd schneebedeckt. Sehr geringe Produktivität trotz beachtlicher Photosyntheseleistungen an günstigen Tagen.

T 7 Trocken-Halbwüsten und Wüsten: Pflanzendecke aus Wassermangel in der Regel so locker, daß der Abstand ausdauernder Gewächse größer ist als der Durchmesser des oberirdisch von ihnen eingenommenen Bereichs.

T 7.1 Trocken-Halbwüsten mit alljährlichen, wenn auch geringen Niederschlägen; Pflanzen zwar locker, aber ziemlich gleichmäßig über große Flächen verteilt und vorwiegend ausdauernd, z. T. holzig.

T 7.2 Trocken-Wüsten mit episodischen Niederschlägen, die oft jahrelang ausbleiben. Pflanzendecke in Mulden, Trockenrinnen o. dgl. konzentriert; oft vorwiegend kurzlebige Therophyten, die in Regenjahren vorübergehend dichte Bestände bilden.

T 8 Wüstenähnliche Ökosysteme außerhalb des Wüstenklimas, die durch mechanische Faktoren vegetationsarm gehalten werden und nach Stabilisierung des Substrats rasch in andere Ökosysteme, z. B. Wälder, übergehen.

T 8.1 Offene Dünen: locker bewachsene Flugsandhügel in mehr oder minder humidem Klima oder über erreichbarem Grundwasserspiegel im Wüstenklima.

T 8.2 Erosionswüsten: vegetationsarme, durch Wind- oder Wassererosion entblößte Erdflächen in einem Klima, das dichtere Vegetation zuläßt.

T 8.3 Gesteinsfluren: aus mechanischen Gründen vegetationsarme, vorwiegend steinige Flächen.

T 8.31 Gesteins-Schuttfluren am Fuße von Felswänden, von denen Steine herabwittern,

T 8.32 Felsfluren; steile Felsen, die von Gefäßpflanzen nur in feinerdehaltigen Spalten oder als Epilithen besiedelt werden können.

T 9 Kulturpflanzen-Bestände; leiten zu urban-industriellen Systemen über. Die Intensität der Stoffentnahme beim Ernten und bei der Düngung wird durch Zusatz der Dezimalen h 1 usw. ausgedrückt (s. Abschnitt 1.3). Weitere Unterteilung der folgenden Hauptgruppen nach Klimazonen und Eingriffen in den Wasserhaushalt (Be- und Entwässerung).

T 9.1 Holzplantagen (z. B. Pappeln),

T 9.2 Fruchtbaumplantagen,

T 9.3 Fruchtstrauchplantagen (z. B. Wein).

T 9.4 Hochkraut- und Hochgrasplantagen (z. B. Bananen, Zuckerrohr),

T 9.5 Staudenplantagen: ausdauernde Kulturen krautiger Pflanzen von weniger als ca. 1 m Höhe, die nicht oder nicht ausschließlich als Viehfutter geerntet werden.

T 9.6 Futteräcker: mehr- bis einjährige Ansaaten von Futtergräsern oder Leguminosen (z. B. Luzerne) oder Gemischen von beiden,

T 9.7 Getreideäcker: kurzlebige (ein- bis überjährige) Ansaaten von Gräsern, die in erster Linie ihrer Früchte wegen gebaut werden,

T 9.8 Hackfruchtäcker: kurzlebige Ansaaten oder Anpflanzungen von krautigen Gewächsen (z. B. Rüben, Kartoffeln, Kohl).

T 9.9 Gärten

Zweite Hauptgruppe:

Urban-industrielle Ökosysteme: Haushalt in erster Linie von zusätzlichen Energiequellen (fossilen Brennstoffe, Kernenergie) abhängig.
Klassifikation noch nicht entwickelt (s. Abschnitt 1.3).

3. Einordnung der in diesem Buch behandelten Ökosysteme in die Klassifikation

		in Abschnitt:
M 1	*Ozeanische* Ökosysteme (allgemein)	IV
M 5	*Ästuare* (allgemein)	(IV)
L 1.26	*Wechselkalter, mäßig oligotropher See* (Hochgebirgssee)	II
	–h 211.1 vom Menschen kaum bis nicht beeinflußt	
L 2.440.3	*Wechselwarmer, eutropher Flachsee,* insbesondere dessen Eulittoral (Schilfbestände)	III
	–h 340.2 mit geringer, unregelmäßiger Stoffentnahme und mäßiger Abwasserzufuhr	
L 4.7 u. 4.8	*Unterlauf und Süßwasser-Tidebereich* eines Flusses (Metapotamon und Hypopotamon), allgemein	(IV)
T 1.66	*Temperiert-montaner kältekahler Laubwald*	V
	–h 422.1 *naturnaher* Laubholzbestand mit mäßiger Stoffentnahme, sehr geringer Stoffzufuhr (aus der Luft) und sehr geringer Vergiftung (SO_2 aus der Luft)	
	–h 422.7 *Nadelholz-Ersatzgesellschaft,* die in mancher Hinsicht der Einheit T 1.44 (temperiert-montaner immergrüner Nadelwald) entspricht; sonst wie voriger	
T 3.37	*Winterkalt-subalpine immergrüne Zwergstrauchheiden* (die letzte Ziffer in Anlehnung an T 1.67 gegeben)	VI A, B
	–h 111.4 *Vaccinium*-Heide, die von der Beweidung durch einen Zaun ausgeschlossen ist. Sie entstand durch Entwaldung (also durch einseitige Verschiebung im Mengenverhältnis der natürlichen Partner des Waldes, zu denen die Heidelbeere gehörte)	
	–h 111.5 *Loiseleuria*-Heide, die an windexponierter Stelle durch Entwaldung entstand. (Die Alpenazalee fehlt im natürlichen Wald, kommt aber in der nahe gelegenen alpinen Stufe vor)	

T 3.38	*Winterkalt-alpiner immergrüner Zwergstrauchteppich* (natürliches *Loiseleurietum* oberhalb der Waldgrenze)	VI A
T 5.46	*Temperiert-montane Düngewiese* (die letzte Ziffer in Anlehnung an 1.66 gegeben), anthropo-zoogen	V A
	–h 412.2 nur einmal jährlich gemäht, aber seit 5 Jahren *nicht mehr gedüngt* und infolgedessen verarmt; noch keine eigentliche Magerwiese (T 4.36)	
	–h 552.3 mehrmals gemäht, *PK-gedüngt*; leguminosenreich	
	–h 772.4 mehrmals gemäht, *NPK-gedüngt*; grasreich und oberirdisch sehr produktiv	
T 6.60	*Nivale Gesteinsflur* (Die Untergliederung von 6.6 ist noch nicht ausgearbeitet)	VI C, D
T 9.60	*Grasacker*; angesäter Weidelgras-Bestand (Die Untergliederung von T 9 ist noch nicht ausgearbeitet)	V A

Literatur

Außer den übrigen Beiträgen in diesem Band und den in Beitrag I (Ziele und Stand der Ökosystemforschung) genannten Veröffentlichungen wurden namentlich die folgenden benutzt:

ÅBERG, B., RODHE, W.: Über die Milieufaktoren in einigen südschwedischen Seen. Symb. Botan. Upsal. **5** (1942).

DANSEREAU, P.: Biogeography; an ecological perspective, 394 p. New York: Ronald Press 1957.

DU RIETZ, G. E.: Die Mineralbodenwasserzeigergrenze als Grundlage einer natürlichen Zweigliederung der nord- und mitteleuropäischen Moore. Vegetatio **5/6**, 571—585 (1954).

DUVIGNEAUD, P.: Écosystèmes et biosphère. Minist. Educ. Nation. et Cult. Bruxelles, Documentation **23**, 2. Aufl. 137 S., 1967.

ELLENBERG, H.: Vegetation Mitteleuropas mit den Alpen in kausaler, dynamischer und historischer Sicht, 943 S. Stuttgart: E. Ulmer 1963.

ELLENBERG, H., MUELLER-DOMBOIS, D.: Tentative physiognomic-ecological classification of plant formations of the earth. Ber. Geobot. Inst. E.T.H., Stiftung Rübel, Zürich **37** (über die Jahre 1965/66) 1967.

ELSTER, H. J.: Das limnologische Seetypensystem. Rückblick und Ausblick. Verh. Internat. Ver. Theor. u. Angew. Limnol. **13**, 101—120 (1958).

EUROLA, S.: Über die regionale Einteilung der südfinnischen Moore. Ann. Botan. Soc. „Vanamo“ **33**, 2, 243 S. (1962).

ILLIES, J.: Versuch einer allgemeinen biozönotischen Gliederung der Fließgewässer. Internat. Rev. Gesamt. Hydrobiol. **46**, 2 (1961).

ILLIES, J., BOTOSANEANU, L.: Problèmes et méthodes de la classification et de la zonation écologique des eaux courantes, considérées surtout du point de vue faunistique. Mitt. Internat. Ver. Limnol. **12**, 57 S. (1963).

JAAG, O.: Untersuchungen über die Vegetation und Biologie der Algen des nackten Gesteins in den Alpen, im Jura und im schweizerischen Mittelland. Beitr. Kryptogamenflora Schweiz **9**, 3, 560 S. (1945).

JAEGER, F.: Die Trockenseen der Erde. Petermanns Geogr. Mitt. Erg. h. **236** (1939).

KALLE, K.: Der Stoffhaushalt des Meeres, 263 S. Leipzig: Akademische Verlagsges. 1943.

KALLE, K.: Zur Frage der Produktionsleistung des Meeres. Deut. Hydrogr. Z. **1**, 1—17 (1948).

KOPPE, F.: Die biologischen Moortypen Norddeutschlands. Ber. Deut. Botan. Ges. **44**, 584—587 (1926).

LOHMANN, H.: Untersuchungen über das Pflanzen- und Tierleben der Hochsee. Veröff. Inst. Meereskunde Univ. Berlin, N. F. A.: Geogr.-naturw. R. **1**, 92 S. (1912).

MOORE, H. B.: Marine Ecology, 493 p. New York: Wiley and Sons 1958.

ODUM, H. T., ODUM, E. P.: Trophic structure and productivity of a windward coral reef community on Eniwetok Atoll. Ecol. Monogr. **25**, 291—320 (1955).

ODUM, H. T.: Trophic structure and productivity of Silver Springs, Florida. Ecol. Monogr. **27**, 55—112 (1957).

ODUM, H. T.: Environment, power, and society, 331 p. New York: Wiley and Sons 1971.

OHLE, W.: Beiträge zur Produktionsbiologie der Gewässer. Archiv Hydrobiol., Suppl. **22**, 456—479 (1955).

OHLE, W.: Typologische Kennzeichnung der Gewässer auf Grund ihrer Bioaktivität. Verh. Internat. Ver. Limnol. **13**, 196—211 (1958).

OVERBECK, F.: Einige Hinweise zu den Exkursionen im nordwestdeutschen Flachland und in der Rhön. V. Internat. Sympos. Quartärbotaniker, 1—58, 1962.

OZENDA, P.: Biogéographie végétale, 374 S. Paris: Edit. Doin 1964.

PENNAK, R. W.: Regional lake typology in northern Colorado, U. S. A. Verh. Internat. Ver. Limnol. **13**, 264—283 (1958).

PHILIPS, J. F. V.: The ecosystem as a basis for the investigation and development of agriculture, forestry and related industries in the tropics and subtropics. Proc. Sympos. Recent Advances Trop. Ecol. **2**, 721—739 (1968).

REMANE, A.: Einführung in die zoologische Ökologie der Nord- und Ostsee, 238 S. Leipzig: Akad. Verlagsges. 1940.

ROBBINS, R. G.: The biogeography of tropical rainforest in S. E. Asia. Proc. Sympos. Recent Advances Trop. Ecol. **2**, 521—535 (1968).

ROHDE, W.: Primärproduktion und Seetypen. Verh. Internat. Ver. Limnol. **13**, 121—141 (1958).

SCHMASSMANN, H.: Die Stoffhaushaltstypen der Fließgewässer. Arch. Hydrobiol. Suppl. **22**, 504—509 (1955).

SCHMITHÜSEN, J.: Allgemeine Vegetationsgeographie. Berlin: Walter de Gruyter u. Co., 1. Aufl. 261 S., 1959, 3. Aufl. 463 S., 1968.

SCHMITZ, W.: Physiographische Aspekte der limnologischen Fließgewässertypen. Arch. Hydrobiol. **22**, 510—523 (1955).

SHEALS, J. G. (Ed.): The soil ecosystem. Systematics Assoc. Publ. (London) **8**, 247 p. 1969.

SJÖRS, H.: Oberflächenmuster in den borealen Torfgebieten. Endeavour **20**, 217—224 (1961).

STEEMANN-NIELSEN, E.: On organic production in the oceans. J. Cons. Internat. Explorat. Mer **19**, 309-328 (1954).

STEEMANN-NIELSEN, E. S.: The chlorophyll content and the light utilization in communities of plankton algae and terrestrial higher plants. Physiologia Plantarum **10**, 1009—1021 (1957).

STEPHENSON, T. A., STEPHENSON, A.: The universal features of zonation between tidemarks on rocky coasts. J. Ecol. **37**, 289—305 (1949).

TROLL, C.: Die Physiognomik der Gewächse als Ausdruck der ökologischen Lebensbedingungen. Deut. Geographentag Berlin, S. 97—122. Wiesbaden: Steiner 1959.

VILLAR, E. M. del: Geobotanica, 339 p. Barcelona-Buenos Aires: Editorial Labor 1929.

WALTER, H.: Die Vegetation der Erde in öko-physiologischer Betrachtung. Bd. I: Die tropischen und subtropischen Zonen, 2. Aufl. 592 S., 1964; Bd. II: Die gemäßigten und arktischen Zonen, 1001 S. Jena: VEB Gustav Fischer 1968.

WUNDSCH, H. H.: Lassen sich die sogenannten Alterserscheinungen bei Seen als normaler Vorgang in die Typeneinteilung einordnen? Verh. Internat. Ver. Limnol. **13**, 439—445 (1958).

Sachregister[1]

1 Zusammengestellt von Dr. E. GEYGER